“十三五”高职高专院校规划教材（食品类）

PENG REN YUAN LIAO

# 烹饪原料

（第二版）

郝志阔　李超　刘鑫峰　主编

中国质检出版社
中国标准出版社
北京

**图书在版编目(CIP)数据**

烹饪原料/郝志阔,李超,刘鑫峰主编. —2 版. —北京:中国质检出版社, 2017.8(2024.9 重印)
ISBN 978 - 7 - 5026 - 4441 - 3

Ⅰ.①烹… Ⅱ.①郝… ②李… ③刘… Ⅲ.①烹饪—原料—教材 Ⅳ.①TS972.111

中国版本图书馆 CIP 数据核字(2017)第 140837 号

**内 容 提 要**

本书主要内容包括：烹饪原料基础知识、粮食类烹饪原料、蔬菜类烹饪原料、果品类烹饪原料、畜类烹饪原料、禽类烹饪原料、水产品类烹饪原料、调辅类烹饪原料等。

本书可作为高职高专院校烹调工艺与营养、西餐工艺、营养配餐、中西点工艺、餐饮管理、酒店管理、食品加工技术、粮食工程、食品营养与检测等专业教材，也可供中等职业学校烹饪专业学生使用，亦可供烹饪培训人员、饭店从业人员及烹饪爱好者阅读。

中国质检出版社
中国标准出版社 出版发行

北京市朝阳区和平里西街甲 2 号（100029）

北京市西城区三里河北街 16 号（100045）

网址：www. spc. net. cn

总编室：（010）68533533　发行中心：（010）51780238

读者服务部：（010）68523946

中国标准出版社秦皇岛印刷厂印刷

各地新华书店经销

*

开本 787 × 1092　1/16　印张 21.75　字数 501 千字

2017 年 8 月第二版　　2024 年 9 月第八次印刷

*

定价：49.00 元

# 编委会


主　　编　郝志阔（广东环境保护工程职业学院）

李　超（吉林农业科技学院）

刘鑫峰（河北师范大学）

副 主 编　宋中辉（天津海运职业学院）

鲁　煊（广西经贸职业技术学院）

参　　编　姜　坤（广东环境保护工程职业学院）

李　桥（广东环境保护工程职业学院）

王银芬（广东环境保护工程职业学院）

龙宇航（吉林农业科技学院）

王晨旭（吉林农业科技学院）

杨子健（长沙商贸旅游职业技术学院）

陈济洋（吉林农业科技学院）

王昭曦（吉林农业科技学院）

邹越奇（佛山金城大酒店）

陆慧玲（广东酒店管理职业技术学院）

# 第二版前言

• FOREWORD •

本书第一版自出版以来，得到了有关专家、大专院校师生以及广大读者的充分肯定和好评。本次修订在保留第一版精华与特色的基础上，紧密结合岗位工作任务和职业能力培养要求，以任务为主线、模块为框架，对教材内容进行了重新编排。

2016年春，我们商讨了修订版编写思路、编写大纲和编写方法，并在全国部分院校的同行中征求意见，河北师范大学冯玉珠教授对教材的编写提出了许多建设性建议，最终按照60～72学时来设计教材内容。本书的特色在于专业知识讲解比较全面，以餐饮行业常见的烹饪原料为基础，并尽可能把随着现代社会发展出现的烹饪原料编入其中。在内容的取舍上，注意让学生能够较为全面地掌握烹饪原料的共性知识，但又不面面俱到，对具体原料的选择注重实用性与典型性的结合，对所选的原料一般从种类特征、品种与产地、质量标准、营养价值、烹饪应用等方面详细介绍，力求保证学生在有限的课时内掌握必备的知识。

本书由广东环境保护工程职业学院郝志阔、吉林农业科技学院李超、河北师范大学刘鑫峰担任主编；天津海运职业学院宋中辉、广西经贸职业技术学院鲁煊担任副主编。具体分工为：模块一任务一、任务二由广东环境保护工程职业学院郝志阔编写，任务三由广东环境保护工程职业学院王银芬编写；模块二由吉林农业科技学院李超、广东环境保护工程职业学院郝志阔共同编写；模块三由天津海运职业学院宋中辉、广东环境保护工程职业学院郝志阔共同编写；模块四任务一由佛山金城大酒店点心总厨、广东省粤式点心文化发展研究会会长、中式面点高级技师、中国烹饪大师、岭南点心研究发展中心副主任邹越奇编写，任务二由广东环境保护工程职业学院姜坤编写；模块五任务一、任务二、任务三、任务四由吉林农业科技学院李超、广东环境保护工程职业学院郝志阔共同编写，任务五由吉林农业科技学院王晨旭编写；模块六由广西经贸职业技术学院鲁煊编写；模块七任务一、任务二、任务三、任务四、任务五由广东环境保护工程职业学院郝志阔、李桥、河北师范大学刘鑫峰共同编写，任务六由广东酒店管理职业技术学院陆慧玲、长沙商贸旅游职业技术学院杨子健共同编写；模块八任务一由吉林农业科技学院龙宇航编写，任务二由吉林农业科技学院陈济洋编写，任务三由吉林农业科技学院王昭曦编写；综合试题由广东环境保护工程职业学院郝志阔整理编写。此外，吉林农业科技学院陈福玉，河南农业职业学院邹兰兰，河北科技学院侯晓勇，广西职业技术学院林梅，酒泉职业技术学院边振明，河源职业技术学院吴雄昌，新疆昌吉职业技术学院安朋朋，广东环境保护工程职业学院吴耀华、叶小文、钟晓霞、郑海云、郑晓洁、贾洪信、陈杭杰（学生），广州华商职业学院何洪健，安徽铜陵职业技术学院孙殷雷、李文雯，岭南师范学院马景球，中山职业技术学院黄立飞等参与了部分内容的编写。由郝志阔对全书进行统稿，并对部分内容进行了修改。

在编写过程中参考了一些专家的文献以及图片，在此一并表示感谢！由于编者水平有限，加之时间紧迫，书中尚存在错漏之处，恳请大家提出并指正。作者邮箱：576893295@qq.com。

郝志阔

2017年4月

# 第一版前言

• FOREWORD •

《烹饪原料》是高职院校烹饪工艺与营养、西餐工艺、餐饮管理与服务、食品加工技术等专业的专业基础课，在专业建设中占有极其重要的地位。《烹饪原料》是以上各专业的前提和基础。后续课程有《烹调工艺学》《面点工艺学》《烹饪营养学》等。在烹饪科学中，《烹饪原料》的主要作用是研究吃什么，《烹调工艺学》的主要作用是研究怎么吃，《烹饪营养学》的主要作用是研究为什么吃。由此可见，《烹饪原料》是高职烹饪专业学生的专业入门课程，是烹饪科学的重要组成部分。

虽然当前《烹饪原料》已有很多版本，但知识体系深浅适度，切合教学需要，并紧密联系实践环节的教材却是少数。我们紧紧围绕高职高专人才的培养目标，以“够用、适用”为基本原则编写了本书。本教材在介绍烹饪原料时，基本包括三大模块，分别是原料的品种和产地、营养价值、烹饪应用。编写本教材的老师全部来源于教授《烹饪原料》的教学第一线，并且大部分是烹饪营养专业毕业的。本教材最大程度地保证内容充分反映教学需要，并与实践环节紧密结合。

本教材主要内容包括：绪论、烹饪原料基础知识、粮食类烹饪原料、蔬菜类烹饪原料、果品类烹饪原料、畜类烹饪原料、禽类烹饪原料、乳蛋类及其制品、水产品类烹饪原料、调辅类烹饪原料等。在编写过程中，涉及国家保护类的原料，本书一概没有介绍。本教材由广东环境保护工程职业学院（广东省环境保护职业技术学校）郝志阔、河北师范大学旅游学院刘鑫锋、吉林农业科技学院陈福玉担任主编，中山职业技术学院马景球、河南农业职业学院邹兰兰担任副主编。全书由郝志阔构思并编写大纲、统稿并组织完成。具体分工为：第一章绪论由广东环境保护工程职业学院郝志阔编写；第二章烹饪原料基础知识由吉林农业科技学院陈福玉编写；第三章粮食类烹饪原料由河南农业职业学院邹兰兰编写；第四章蔬菜类烹饪原料由广东环境保护工程职业学院郝志阔、河北省武安市职教中心白利波共同编写；第五章果品类烹饪原料由河北科技学院侯晓勇编写；第六章畜类烹饪原料由吉林农业科技学院李超编写；第七章禽类烹饪原料由中山职业技术学院黄立飞、广东环境保护工程职业学院郝志阔共同编写；第八章乳蛋类及其制品由广东环境保护工程职业学院郝志阔编写；第九章水产品类烹饪原料由河北师范大学刘鑫锋、石家庄市旅游学校张景辉、石家庄城市职业学院张帅、石家庄新东方烹饪学校刘风梅共同编写；第十章调辅类烹饪原料由中山职业学院马景球编写；综合练习题由河北省武安市职教中心白利波编写；模拟试卷（1~5）由河北省灵寿县职教中心樊肖磊编写；插图部分由吉林农业科技学院王晨旭组织。此外，顺德职业技术学院王红梅、宁夏工商职业学院王红艳、湖南商业技术学院王飞、银川职教中心张学斌、大连职业技术学院刘丹、广东环境保护工程职业学院郑海云等参与了部分内容的编写，在统稿过程中广东环境保护工程职业学院谭叶老师做了大量的文字工作，最后由郝志阔对全书进行了统稿，并对部分内容进行了修改。

本教材在编写过程中，得到了河北师范大学旅游学院烹饪与食品科学系系主任冯玉珠教授的悉心指导，冯教授不辞辛劳拔冗主审并为之作序，在此谨表谢意。

在编写过程中参考了一些专家的著作和文献，以及大量的图片，在此一并表示感谢。由于编者水平有限，加之时间紧迫，书中错误和遗漏之处在所难免，恳请教师和学生提出并指正，以便修正。作者邮箱：k19840630@163.com。

郝志阔

2012年3月1日于广东南海

# 目 录

• CONTENTS •

# 模块一　烹饪原料基础知识

## 学习目标

1. 了解烹饪原料的分类。
2. 了解食物的性能与作用。
3. 掌握烹饪原料的定义及特点。
4. 掌握烹饪原料品质鉴别的依据、标准及方法。
5. 掌握影响烹饪原料品质的因素。
6. 掌握烹饪原料的营养成分及其在烹饪过程中的变化。
7. 掌握烹饪原料常用的储藏方法。

## 任务一　烹饪原料概述

### 一、烹饪原料的定义与特点

俗话说:“巧妇难为无米之炊。”无论是加工菜肴、汤品、面点,还是小吃、甜品,均离不开各种各样的烹饪原料。因此,烹饪原料是从事一切烹饪活动的物质基础。

#### (一)烹饪原料的定义

烹饪原料是指符合饮食要求,能满足人体的营养需要并能通过烹饪手段制作各种食品的可食性食物原材料。

烹饪原料的品质优劣,主要取决于烹饪原料的食用价值的高低和加工性能的好坏。其中,食用价值起决定性的作用。

烹饪原料的食用价值主要体现在以下方面:

**1. 具有一定的营养价值**

营养价值,是指烹饪原料中所含营养物质的多少。不同的烹饪原料其所含的营养物质的种类和数量不同,除了极少数调、辅原料(如糖精、色素等)不含营养物质外,绝大多数烹饪原料或多或少地都含有糖类、蛋白质、脂类、维生素、矿物质和水这六大类营养素中的一种或几种。如,有的畜禽等动物性原料含蛋白质较多,谷类则含糖类较多,蔬菜水果含维生素较多。在烹调过程中,我们可以通过对不同品种、不同数量原料的选择和配组,使原料间的营养互相补充,最大限度地提高烹饪产品的营养价值,从而满足人体健康的正常需求,达到平衡膳食、合理营养的目的。

**2. 具有良好的感官性状**

所谓的良好的感官性状就是烹饪原料要具有良好的色、香、味、形、质,它直接影响到成品的质量。有的原料具有一定的营养价值,但感官性状极差,也不宜作为烹饪原料。可以说,烹饪原料的感官性状越好,其应用价值越高。

**3. 具有无毒、无害的安全性**

所谓的安全性,是指由某种原料加工的菜点食用后对人体无毒副作用。《中华人民共和国食品卫生法》以及有关食品鉴定的法规都为选择烹饪原料提供了安全、卫生标准,在生产过程中应该严格照章办事,确保烹饪产品的安全、卫生。有些原料感官性状好但本身含有毒素(含有毒素的鱼类、菌类等),或受化学毒素污染、微生物侵染而变质,这些原料有的(河豚鱼、鲜黄花菜等)经过正确的加工可以食用,有的(毒菌、死河蟹等)坚决不能食用。

### (二)烹饪原料的特点

在我国漫长的烹饪文化发展过程中,逐渐形成了具有中国特色的烹饪原料应用特点。我国烹饪原料的特点有:

**1. 历史悠久,兼收并蓄**

中国烹饪的起源历史久远,根据中国考古界的研究论断,距今五六十万年以前的北京人已开始用火熟食,烹饪由此发端。因此,中国烹饪原料发展已具有五六十万年历史,这在世界烹饪原料史中是绝无仅有的一例。正是由于这一深厚的历史渊源,中国烹饪原料才具有不断增加、持续发展之势,从而形成今天的庞大体系。另外,中国烹饪对于原料的运用兼收并蓄,善于吸纳和运用域外原料,如在烹饪原料中凡是带"胡""番"字样的原料,如胡瓜、胡萝卜、番茄等都是舶来品。近几年,从海外引进的许多动植物也大都成了神州大地的土货。

**2. 选料广博,品种繁多**

在我国历史悠久的烹饪进程中,所使用的原料数以千计。据不完全统计,中国现代烹饪原料总数在10000种以上,常用的达到3000种左右。从植物、动物、菌类到矿物、人工合成物,都是中国烹饪原料涵盖范围,很多奇特之物更为中国烹饪原料增添了一笔浓彩,如龙虱、蝎子、青苔、红土、蚯蚓、豆蚕、蚁卵、土笋(星虫)等,为世界罕见。

**3. 精工再制,特产丰富**

中国烹饪原料善于将天然烹饪原料进行精细加工制成新的原料,使之成为别具特色的原料种类,如火腿、腊肉、风鸡、板鸭、驼峰、鱼翅、鱼肚、粉丝、皮蛋、榨菜、干菜、豆芽、豆腐、酱、醋、辣油等。而且,由于历史的传承、地域的不同和加工的区别,出现了数千计的不同品种,如豆腐,就有老豆腐、嫩豆腐、鲜豆腐、冻豆腐、豆腐乳、臭豆腐等,加上地域南北之别,总数不下数十种。在这些精细加工而形成的形形色色的品种中,著名特产十分丰富,如浙江金华火腿、云南宣威火腿、广东腊肉、湖南腊肉、湖北风干鸡、南京板鸭、山东松花蛋、西沙鱼翅、广东鱼肚、青海驼峰、吉林长白山哈士蟆油、龙口粉丝、四川榨菜等。

**4. 善于利用,善于运用**

在悠久的烹饪原料运用史中,中国烹饪原料还有一大特色,表现在一物多用、综合利用和废物利用。一物多用,如一条鲨鱼可利用的有鱼翅、鱼骨、鱼信、鱼皮、鱼唇、鱼肝油、鱼肉等;一只羊从头到尾可做上百款菜肴,称全羊席;废物利用,如豆腐渣、各种畜禽的内脏下货(心、肝、肠、肺、食管、筋、髓、头、蹄、皮、尾、耳、舌、血等)都可制成名馔佳肴。

**5. 药食同源,饮食养生**

中国自古就有"药食同源"之说。"药食同源"指许多食物即药物,它们之间并无绝对的分界线。古代医学家将中药的"四性""五味"理论运用到食物之中,认为每种食物也具有"四性"

"五味"。"药食同源"是说中药与食物是同时起源的。《淮南子·修务训》称:"神农尝百草之滋味,水泉之甘苦,令民知所避就。当此之时,一日而遇七十毒。"可见神农时代药与食不分,无毒者可就,有毒者当避。另外,《本草纲目》中收录的数百种药品,李时珍特别指出又可食用,就是药食同用的例子。

## 二、烹饪原料的分类

### (一)烹饪原料分类的意义

我国烹饪原料资源非常丰富,其形态、质地、化学成分、组织结构等差异较大,而且许多烹饪原料在自然界中存在的形式和关系非常复杂,因此,要系统、全面的研究、利用烹饪原料,把握同一类原料的烹饪应用规律,就必须对烹饪原料予以全面、科学、合理的分类。

烹饪原料的分类就是依据一定的标准,对种类繁多的烹饪原料进行分门别类,排成等级序列的过程。

烹饪原料的分类是一项细致、严密和具有科学性的研究工作。中国在烹饪中运用的原料品种之多,涉及面之广,在世界上没有一个国家能与之相比。对如此众多的烹饪原料进行科学的、适合学科特点和人们认识规律的分类,使每一种烹饪原料都比较合理地归属到各自的类别之下是非常必要的,具有重要的实际意义。

**1. 使烹饪原料的学科体系更加科学化、系统化**

通过对烹饪原料的分类,可以全面反映我国在烹饪中运用的所有原料的全貌,使我们能系统地认识烹饪原料的有关知识以及烹饪原料与烹饪技术内在的联系,进一步促进对烹饪原料的开发和运用,促进烹饪技术水平的不断提高。

**2. 有助于全面深入地认识烹饪原料的性质和特点**

通过对烹饪原料的分类,可以使烹饪学习者比较系统而有条理地了解各种烹饪原料的性质和特点,从理论高度对各种烹饪原料的共性和个性加以归纳阐述,深化对烹饪原料的认识,促进中国烹饪理论的不断完善和发展。

**3. 有助于科学、合理地利用烹饪原料**

通过对烹饪原料的分类,可以指导烹饪更好地结合现代自然科学知识,便于烹饪人员对所烹饪原料进行选择、检验、储存等实践,提高对烹饪原料合理加工的程度和水准。

### (二)烹饪原料的分类方法

(1)按原料的自然属性分类

①植物性原料:主要有粮食、蔬菜、果品等。

②动物性原料:主要有家禽、家畜、水产品、蛋奶等。

③矿物性原料:主要有食盐、碱、明矾、石膏等。

④人工合成原料:主要有人工合成色素、人工合成香精等。

(2)按原料的加工与否分类

①鲜活原料:包括蔬菜、水果、鲜鱼、鲜肉等。

②干货原料:包括干菜、干果、鱼翅、鱿鱼干等。

③复制品原料:包括糖桂花、香肠、五香粉等。

(3)按原料在烹饪加工中的作用分类

①主配料:指一道菜点的主要原料及配伍原料,是构成菜点的主体,也是人们食用的主要对象。

②调味料:指在烹调或者食用过程中用来调配菜点口味的原料。

③辅助原料:指在烹制菜点过程中使用的帮助菜点成熟、成型、着色的原料,如水、油脂等。

(4)按原料的商品种类分类

①粮食:主要有大米、面粉、大豆、杂粮等。

②蔬菜:主要有叶菜类、根茎类、果实类及食用菌、海藻等。

③果品:主要有各种水果、干果、蜜饯等。

④肉类及肉制品:主要有畜肉、禽肉、蛋、乳及其制品。

⑤水产品:主要有鱼类、虾蟹、贝类等。

⑥干货制品:主要有蹄筋、鱼翅、干贝、干菜、海参等。

⑦调味品:主要有盐、糖、味精、酱油、香料、食用油脂等。

该分类方法以原料的商品属性为分类标准,突出了原料在商品流通过程中的性质和特点,与人们的日常生活联系较紧,便于采购和销售。但该分类法缺乏严密的科学性,原料自身的性质突出不够,有时候有交叉、重复的现象。

(5)按照原料的生物学的分类体系分类

通常情况下,生物学的分类等级依次为界、门、纲、目、科、属、种,此种分类属于自然分类法,它有助于掌握同一类原料的共性。

(6)按照原料的营养成分分类

①热量素食品(又称黄色食品,主要含碳水化合物):包括粮食、瓜果、块根、块茎等。

②构成素食品(又称红色食品,主要含有蛋白质):包括畜肉、禽肉、鱼类、蛋奶、豆制品等。

③保全素食品(又称绿色食品,主要含有维生素和叶绿素):包括蔬菜、水果等。

该分类方法以原料中所含有的主要营养素为分类标准,突出了原料的营养价值。此分类法目前日本、美国应用较多。但其和烹饪联系不够紧密,不易被烹饪学习者和从业人员理解。

## 三、烹饪原料的品质检验与储存

### (一)烹饪原料的品质检验

**1. 品质检验的概念**

烹饪原料的品质检验是指从原料的用途和使用条件出发,利用一定的检验标准和方法,对原料食用品质和质量的优劣进行判定。

**2. 品质检验的意义**

正确掌握对原料进行品质鉴定的方法和技能,对于烹饪工作有重要意义。

(1)有利于掌握原料质量优劣和质量变化的规律,扬长避短,因材施艺,制作出优质菜肴;

(2)可以避免腐败变质原料和假冒伪劣原料进入烹调过程,保证菜肴的质量,防止有害因素危害食用者的健康;

(3)可为不同的烹饪原料采取有效的储藏保管方法提供理论依据,以保证原料的新鲜度,延长食用期,减少浪费。

因此,品质鉴别是烹制色、香、味、质俱全,营养合理的菜肴的前提,是保证菜肴卫生和做好储藏保管工作的基础。

**3. 影响烹饪原料品质的基本因素**

(1)原料的种类对原料品质的影响

烹饪原料种类繁多,每类原料都有自己的结构特点和化学组成,因此其品质也不相同。如植物性原料的细胞外有细胞壁,细胞内有体质和液泡等,所以植物性原料一般都比较脆硬,水分含量高并且色彩比较丰富;而构成动物性原料的细胞没有细胞壁、质体和液泡,所以动物性原料和植物性原料在烹饪中的用途不同。同时,由于栽培和饲养方法的不同,同一种原料还有不同的品种,品种之间也存在着品质的差异,如鸡中的九斤黄、鸭中的北京填鸭、苹果中的红富士等,都是同类原料中的优良品种。

(2)原料的产季对原料品质的影响

烹饪原料的生长受季节的影响比较大。生物有其生长的自然规律。如有生长的旺盛期,也有停滞期;有幼嫩期,也有成熟期;有肥壮期,也有瘦弱期等。处在这些不同时期的生物,其机体的状态差异较大,将它们作为烹饪原料,其品质、风味、营养差异较大。因此,我们必须掌握好原料在不同生长时期的特点,在不同的时期选不同的原料。如梭鱼有“开凌梭,鲜得没法说”之说,因为限于惊蛰前后十几天的时间捕捞的梭鱼品质最好;螃蟹以九月和十月份品质最佳;韭菜有“六月韭,驴不瞅;九月韭,佛开口”之说等。所以说,原料品质与其生长的季节有密切关系。

(3)原料的产地对原料品质的影响

由于各地区自然环境、气候条件不同,生物物种的分布也不一样,加上各地区动物饲养和植物种植方法以及加工方法的不同,所产的原料及品质也有差异,因此在各地形成了不同特点的烹饪原料。不同产地原料,制作的菜点的特点和风味也各不相同。例如,鳜鱼以微山湖野生的质量最好,莲子以湖南的湘莲为最佳,黄酒以浙江绍兴产的为上乘。

(4)原料的不同部位对原料品质的影响

同一烹饪原料的不同部位,其质地、结构、特点也各不相同,这也就影响了原料的品质和所适合的烹调方法。如家禽、家畜是由鸡肉组织、结缔组织、脂肪组织、骨骼组织等组成,由于不同部位的肉中这几种组织的含量不同,因而各个部位的肉有肥、瘦、老、嫩之别,烹饪的用途也不相同。以猪肉为例,“东坡肉”应选用五花肉,里脊肉则适宜于炸、炒、熘等烹调方法。

(5)原料加工储存方法对原料品质的影响

烹饪原料的加工和储存方法也直接影响到烹饪原料的品质,加工不好或储存不当,都会使原料的品质降低,营养价值下降,感官性状发生变化,严重时甚至会影响原料的食用价值。

(6)原料卫生状况对原料品质的影响

烹饪原料大多来自动物、植物,其品质极易发生变化。不卫生的烹饪原料不仅直接关系到菜肴的质量,更重要的是关系到人体的健康。如有病或带有病菌的原料、含有有毒物质的原料、受微生物污染而腐败变质的原料等,这些原料不仅品质下降,而且直接影响食用价值。如淡水螃蟹等死后不能食用,发霉的花生、粮食等不能食用。

**4. 烹饪原料品质检验的依据和标准**

根据人们对膳食的要求和合理营养的原则,结合人们对原料的使用习惯,烹饪原料必须具有一定的营养价值,符合一定的卫生标准。同时必须具有一定的食用价值,具有良好的感官性状,符合人们对口味、质地的要求。这就分别从外部和内部成分对原料提出了品质要求。具体而言,鉴别原料质量的最基本依据是原料的固有品质、纯度和成熟度、新鲜度、清洁程度等。

(1)原料的固有品质

烹饪原料的固有品质,是指原料本身所具有的食用价值和使用价值,包括固有的营养、口味和质地等指标。一般来讲,原料的食用价值越高,其品质就越高。原料的使用价值越高,其品质就越高,其适用的烹调方法就越多。

(2)原料的纯度

原料的纯度,是指原料中所含杂质、污染物的多少和加工净度的高低。原料的纯度越高,其品质就越好。如燕窝中的羽毛等杂质含量越少,其质量就越好。

(3)原料的成熟度

原料的成熟度,是指原料的生长年龄和生长时间。不同成熟度的原料,其品质会有差异。不同品种的原料对成熟度的要求是不同的,原料的成熟度恰到好处,其品质才最佳。

(4)原料的新鲜度

烹饪原料的新鲜度,是指烹饪原料的组织结构、营养物质、风味成分等在原料生产、加工、运输、销售以及储存过程中的变化程度。这是烹饪行业中检验原料品质的基本标准。原料的新鲜度越高,品质就越好。不同的原料,其新鲜度的标准是不同的,一般可以从原料的形态、色泽、水分、重量、质地和气味等感官性状来判断。

①感官指标

原料品质检验的感官指标,主要是指原料的色泽、气味、滋味、外观形状、杂质含量、水分含量、有无霉变、有无腐败变质等。

a)形态的变化。任何原料都有一定的形态,越是新鲜的,就越能保持其原有的形态。而当原料新鲜程度下降或变质时,其形态必然发生变化。

b)色泽的变化。每一种原料都有天然的色彩和光泽,称为原料的固有色泽。当受到外界条件的影响后,就会逐渐变色或失去光泽。凡是原料固有的色彩和光泽已变为灰暗或其他不应有的色泽,都说明其新鲜度已降低。

c)含水量的变化。含水量正常说明原料新鲜。特别是含水量丰富的蔬菜和水果,水分减少越多,新鲜度就越低。

d)重量的变化。原料重量的变化也能说明原料的新鲜程度。鲜活原料通过内部分解、水分蒸发,会减轻重量,新鲜度就降低。干货制品重量增加,则表明已经受潮,品质下降。

e)质地改变。新鲜程度降低的原料会改变质地,变得松软、不饱满、无弹性、无韧性,或分解产生其他物质。

f)气味的改变。新鲜原料一般都有其特有的气味。出现一些异味、怪味、臭味,以及产生不正常的酸味、甜味的,都说明原料的新鲜度已经降低。

②理化指标

原料品质检验的理化指标,主要指原料的营养成分、化学组成、农药残留量、重金属含量、腐败变质、霉变后产生的有毒及有害物质含量等。

③微生物指标

原料品质检验的微生物指标,主要指原料中细菌总数、大肠杆菌群数、致病菌数量与种类等。

不同原料的感官指标、理化指标和微生物指标各不相同。

**5. 烹饪原料品质检验的方法**

烹饪原料品质检验的方法,有感官检验和理化检验两大类。

(1)感官检验

感官检验就是凭借人体自身的感觉器官,即凭借眼、耳、鼻、口和手等感觉器官,对原料品质的好坏进行判断。感觉检验根据所用感官的不同,可分为视觉检验、嗅觉检验、听觉检验、触觉检验和味觉检验等五类。

①视觉检验

视觉检验是指利用人的视觉器官检验原料的包装完整度、保质期、形状、色泽、清洁程度、花纹等。如新鲜的蔬菜大都茎叶挺直、脆嫩、饱满、形状整齐;而不新鲜的蔬菜则干缩萎蔫、脱水变老或抽薹发芽。视觉检验应在自然光或日光灯冷光源下进行,以免发生干扰。检验液态调料时,应将调料倒入无色的玻璃器皿中或将瓶子倒过来检验。

②嗅觉检验

嗅觉检验是指利用人的嗅觉器官来鉴别原料的气味。许多烹饪原料都有其正常的气味,一旦腐败变质,就会产生异味,这些异味是我们利用嗅觉检验原料品质好坏的依据。原料中的气味,是一些具有挥发性的物质产生的,因此在进行嗅觉检验时可以适当加热,以增加挥发性物质的散发量和散发速度。但为了保证检验结果的准确性,最好是在15℃~25℃的常温下进行。嗅觉检验的顺序,应当是先识别气味淡的,后检验气味浓的,以免影响嗅觉的灵敏度。

③味觉检验

味觉检验是指以人的味觉器官来检验原料的滋味,从而判断原料品质的好坏。味觉检验不但能尝到食品的滋味,而且对于食品原料中极其微小的变化也能敏感地感觉到。味觉检验的准确性与食品的温度有关,最好使原料处于在20℃~45℃,以免温度变化影响分析结果的准确性。味觉检验的顺序,应当按照刺激性由弱到强的顺序,最后检验味道最强烈的原料。

④听觉检验

听觉检验是指利用人的听觉器官鉴别原料的振动声音来检验其品质。当原料内部结构发生改变时,可以通过其振动所发出声音表现出来。如用手拍击西瓜,听其发出的声响来判断其成熟度等。

⑤触觉检验

触觉检验是指通过人的触觉器官来检验原料的重量、质感等,从而判断原料的品质,这也是常用的检验方法之一。例如,检验肉类的硬度和弹性,检验蔬菜的柔韧性等。

在五种感官检验法中,以视觉检验和触觉检验应用得比较多。但这五种方法也不是孤立的,根据实际需要可以将几种不同的方法并用,这样检验出来的结果才准确可靠。

感官检验法是人们在长期实践中经验的积累。这种方法直观,手段简便,不需要借助特殊的仪器设备、专用的检验场所,并且能够觉察到理化检验方法所无法鉴别的某些微量变化。但感官检验也有缺陷,它只能凭人的感觉对原料的某些特点做出判断,而每个人的感觉和经验有一定的差别,感官的敏锐程度也有差异。

(2)理化检验

理化检验是指利用仪器设备和化学试剂对原料品质的好坏进行判断。

理化检验包括理化方法和生物学方法两类。理化方法可以准确地分析原料的营养成分、风味成分、有害成分等。生物学方法主要是测定原料或食品有无毒性或生物污染,常用小动物进行毒理实验或利用显微镜等进行微生物检验,从而检验出原料中污染细菌或寄生虫的繁殖情况。

应用理化检验鉴别原料的品质,能精确地分析出烹饪原料的成分和性质,得出原料品质和新鲜度的科学结论,还能查出原料变质的原因。然而,应用这种方法检验,必须要有专门的仪器设备和专业人员,并且检验的周期比较长,因此在烹饪实践中用得比较少。

## (二)烹饪原料的储存

烹饪原料的储存是指根据烹饪原料品质变化的规律,采用适当的方法延缓原料品质的变化,以保持其新鲜度。

烹饪原料的储存是烹饪的需要,这是因为,一方面,烹饪原料的生产都有明显的周期性变化,即各种原料的生产都有特定的时间。烹饪原料在生产旺季中产量较高,而其他时间产量较少或无任何生产,这样一来就会造成某些时候部分烹饪原料的供应短缺,而很多原料的市场需求却是常年不断的,因此为了延长某种原料的供应时间,就需要对其进行科学储存,保持其新鲜度,延缓其变质速度。另一方面,很多原料的生产具有地区性,如沿海地区海产品原料丰富,而内陆则需从沿海地区采购,为避免原料在运输和销售中变质,也需要对原料进行储存。此外,烹饪原料的储存也是餐饮企业短期原料周转的需要,通过储存原料以确保厨房中每日菜肴制作的原料供应,并保证原料的品质不变。

**1. 影响烹饪原料储藏过程中品质变化的因素**

烹饪原料在储存过程中往往由于本身的特性和外界因素的影响发生各种各样的变化,其中有属于酶引起的理化变化和生物学变化;有属于微生物污染造成的变化;有属于外界环境、温度、湿度的影响而出现物理变化,所有这些变化都会使烹饪原料的品质发生变化。搞清楚可能发生的变化和引起变化的原因,才能提出正确的储藏方法和处理手段。

(1)烹饪原料自身的特性

烹饪原料自身的特性主要表现在两大类原料上,一是植物性原料;二是动物性原料,它们的构成基本单位虽然都是细胞,但细胞物质组成有着明显不同。因此,动植物烹饪原料各有其独特的特性。

①植物性烹饪原料的特性

植物原料在采后仍进行生命活动,依然存在新陈代谢,如呼吸作用、后熟作用、蒸腾作用、发芽、抽薹等。这些作用会使烹饪原料的品质发生不同的变化。

a)呼吸作用

呼吸作用是生物体中的大分子能量物质在多酶类的参与下逐步降解为简单的小分子物质并释放能量的过程。

呼吸作用有利于原料抵御外界微生物的侵染,防止生理病害发生。但是,呼吸过程中产生的能量,除少量用于维持生命活动外,大部分都以热的形式释放。因此,呼吸热若不能及时散发,会使果蔬迅速腐烂变质。同时,呼吸作用会使原料中的营养成分逐渐被消耗,使其营养价值降低,并可能导致原料滋味淡化。因此,通过抑制植物原料的呼吸作用,可延长原料的食用期,并保证食用品质。

b)后熟作用

后熟作用是某些果蔬在采摘后继续成熟的过程。后熟作用的发生可使香蕉、橘子、猕猴桃、菠萝等水果具有良好的食用品质,表现为色泽改变、香味增加、甜味突出、酸味下降、涩味减轻、质地软化。对改善果蔬食用品质具有重要作用。但同时要注意,后熟作用也是生理老化的表现,当蔬果后熟完成时,就已处于生理衰退期而失去耐藏性。因此,可根据生活或工作中的实际需要而控制果蔬的后熟作用。如要延长原料储存时间,应尽量延缓后熟作用,其方法有:适宜而稳定的低温,较高的相对湿度和恰当比例的气体,及时排除刺激性气体(乙烯)。

c)蒸腾和萎蔫

新鲜果蔬的含水量很高,在储藏过程中容易因蒸腾脱水而引起组织萎蔫。若储存时温度高、湿度低、风速快,则会导致失水速度加快,使原料水分减轻,组织萎蔫,破坏正常的代谢,降低果蔬的储藏性。可通过对原料进行适当的包装、遮盖,控制储藏环境的温度、湿度,定时补水、喷雾等方法,减少失水对原料食用品质的影响。

d)发芽和抽薹

发芽和抽薹是两年或多年生植物终止休眠状态,开始新的生长时出现的一系列变化。蔬菜在休眠期生理代谢减低到最微弱的程度,其品质变化也极小,或者说没有什么变化,这对保持原料的食用价值和储藏都极为有利。但终止休眠期后,适宜的环境条件可使蔬菜随时萌芽和抽薹,随之其营养成分消耗很大,组织变得粗老,食用品质大为降低。低温是延缓蔬菜休眠状态的有效措施。例如,萝卜的萌芽和抽薹温度是2~5℃,如果将环境温度控制在0~2℃就可以延长有效储藏期。

②动物性原料的特性

家畜、家禽、鱼在宰杀或捕捞致死后,它们的肌肉组织会发生一系列变化,主要体现在以下方面:

a)僵直作用

僵直作用也称尸僵作用,是指动物在屠宰或死亡后发生生物化学变化促使肌肉伸展性消失而呈僵直的状态。僵直形成是由于肉中的糖原在缺氧情况下分解为乳酸,使动物肉的pH值下降,肉中的蛋白质发生酸性凝固,造成肌肉组织的硬度增加,因而出现僵直状态。尸僵阶段的肌肉组织紧密、挺硬、弹性差、无鲜肉的自然气味,烹调时不易煮烂,肉的食用品质较差。但由于僵直期的动物肉的pH值较低,组织结构也较紧密,不利于微生物繁殖,因此,从储藏角度来看,应尽量延长肉类的僵直期。僵直期的长短与动物的种类、所处的温度有密切关系。

b)成熟作用

成熟作用又称后熟作用,是指僵直的动物肉由于组织酶的自身消化,重新变得柔软并且具有特殊的鲜香风味,食用价值大大提高。成熟阶段肌肉多汁、柔软而富有弹性,表面微干,带有鲜肉自然的气味,味鲜而易烹调,肉的持水性和黏结性明显提高,达到肉的最佳食用期。肉的成熟与外界温度条件有很大的关系。外界温度低时,成熟作用缓慢;温度升高,成熟过程加快。

c)自溶作用

自溶又称自身分解。当成熟的肉在环境适宜时,在其自身的组织蛋白酶作用下,使肉中的复杂有机物,如蛋白质进一步水解为较低的物质,如氨基酸、肽等,这个过程称为自溶。处于自溶阶段的肉,其弹性逐渐消失,变得柔软而松弛,又由于空气中的二氧化碳与肉中的蛋白质相互作用,致使肉色发暗,并略带酸味和轻微异味,实际上是开始腐败的过程。这一阶段的肉尚无大量腐败菌侵入,经高温后尚可食用,但气味和滋味已大减,并不适宜再保存。

d)腐败

处于自溶阶段的肉,污染上其他微生物后,在适宜的温度下,肉中的蛋白质和脂肪进一步分解,使肉质变得毫无弹性,并有明显的异味和臭味,这个过程就是肉的腐败。腐败的生化过程很复杂,既有合成反应又有氧化还原反应。这些反应有的单独存在,也有的相互交错进行。一般情况是由蛋白质分解为氨基酸,再由氨基酸分解成更低级的产物,如硫化氢等这些物质不但有恶臭味还有毒性。另外,在肉中蛋白质分解的同时,脂肪会进行水解和氧化物,产生具有不良气味的酮类及有毒的尸碱。因此,腐败的肉类不能食用。

(2)外界因素对烹饪原料品质的影响

外界因素对烹饪原料储藏的影响主要有物理因素、化学因素和生物因素三方面。

①物理因素

影响原料质量变化的物理因素包括温度、湿度、空气、渗透压等。

a)光线

日光的照射会促进原料中某些成分的水解、氧化,引起变色、变味和营养成分损失。强光直接照射原料或包装容器可造成温度间接升高,产生与高温相类似的品质变化。另外,一些含有脂肪的原料还会因光照加速氧化酸败。

b)温度

温度过高或过低都会影响原料的品质。高温加速各种化学性的或生化性变化,增加挥发性物质和水分的损失,使原料成分、重量、体积和外观发生改变,产生干枯变质。而温度过低会在组织内产生冰冻,损伤细胞膜,解冻后使质地变软、腐烂、崩解。但低温又可以抑制原料中酶的活动和微生物的生长繁殖。所以,可通过适当地控制环境温度,造成不利于原料中酶的活动、微生物的生长繁殖和化学反应进行的条件,达到低温和高温储藏的目的。

c)湿度

环境湿度过高或原料含水量高,微生物可旺盛生长,导致食品变质加速。环境湿度太低,含水量大的新鲜原料产生剧烈的蒸腾,造成原料重量下降,外观萎蔫。因此,对于不同的原料,可以通过调节环境湿度及原料自身的含水量来达到保证食用品质的目的。如,对于干货制品、调味品等,应防止因吸湿受潮而霉变、结块;对于新鲜蔬菜水果,则可通过地面洒水等方式,适当增加储藏环境的湿度。

d)空气

空气中的氧气可加速氧化反应。有氧条件下,需氧微生物引起的变质速度比缺氧时快得多。一些兼性厌氧菌在有氧环境中引起的变质也比在厌氧环境中快得多。缺氧情况下只有厌氧性细菌及酵母菌能引起变质。

e)渗透压

渗透压通过抑制微生物生长繁殖而有利于原料的储藏。原料储藏过程中大多采用食盐、糖等物质来提高原料渗透压。

②生物因素

微生物是所有形态微小的单细胞、个体结构较为简单的多细胞甚至没有细胞结构的低等生物的统称。微生物的特点是种类繁多、生长繁殖迅速、分布广泛,在空气、土壤、水中无处不在,代谢能力强,绝大多数为腐生或寄生的,需从其他有生命的或无生命的有机体内获取营养。微生物一旦污染烹饪原料,就大量地消耗原料中的营养物质,使原料发生变质,甚至失去食用

价值。若这些微生物中有病原菌,可造成人类的食物中毒,甚至危及生命。微生物导致烹饪原料发生变质现象主要体现在以下方面:

a)腐败

腐败是指在微生物作用下原料中有机物的恶性分解。常发生在富含蛋白质的原料中,如肉类、蛋奶类、鱼类、豆制品等,大多由细菌引起。

b)霉变

霉变是由霉菌污染原料而产生的发霉现象。多发生在高糖、高盐、高酸或干燥的粮食、果品、蔬菜及其加工制品等原料中。霉变后的原料表面出现不同形状和颜色的霉斑,原料的组织变得松软,产生异样的酸味、霉味或其他异味。有的霉菌如黄曲霉、青霉等还会产生毒素,不但使原料失去食用价值,甚至危害人们的生命。

c)发酵

发酵是微生物在缺氧情况下使原料中的单糖分解产生各种醇、酸等代谢产物的过程。因此,发酵多出现在富含糖类的原料和食品中,如水果、果汁、蜂蜜等。原料出现发酵现象后,会产生异常的酒味、酸味等味道。

③化学因素

a)金属盐类

一些金属盐类能使蛋白质变性和凝固,使酶失去活性,从而抑制原料的生命活动和微生物的生长繁殖,有利于原料的储存。

b)酸和碱

大多数微生物要求生长环境的 pH 值接近中性,过酸或过碱性条件常造成对微生物的毒害,从而使微生物受到抑制或死亡;同时,原料中的酶蛋白也会发生变性而失活。所以,通过改变原料酸碱度,可以达到储藏的目的。

c)氧化剂

一些具有较强氧化能力的氧化剂具有一定的杀菌能力,可杀灭原料中的微生物。

**2. 烹饪原料的储存方法**

原料的储存,不管是采用传统的方法还是现代技术,其基本原理主要是减少物理作用和化学作用对原料的影响;消灭微生物(使酶失活或钝化)或造成不适于微生物生长(酶作用)的环境;防止食品与外界环境(水分、空气)接触,杜绝微生物的二次污染,从而尽量延长食品的保质期限。

(1)低温储藏法

是指降低烹饪原料的温度并维持在低温状态的储藏方法,也称为低温储藏法。该法能最大限度地保持原料的新鲜度、营养价值和固有风味。通过降低并维持原料的低温能有效抑制原料中酶的活性,减弱由于新陈代谢引起的各种变质现象,抑制微生物的生长繁殖,从而防止由于微生物污染而引起的食品腐败。低温还可延缓原料中所含各种化学成分之间发生的变化,降低原料中水分蒸发的速度,减少萎蔫现象。

①冷藏

指将原料在稍高于冰点的温度中进行储藏的方法。常用冷藏温度为 0 ~ 10℃。主要用于储藏蔬菜、水果、禽蛋以及畜禽肉、鱼等水产品的短期贮存,亦可用于加工性原料的防虫和延长贮存期限。在冷藏过程中,不同原料要求不同的冷藏温度,动物性原料要求温度越低越好,常用0~4℃;植物性原料要防止产生生理冷害。

②冻藏

将原料冻结并在低于冰点的温度中进行储藏的方法称为冻藏。常用于对肉、禽、水产品、预调理食品及一些组织紧密的果蔬的储藏。原料冻结后,原料所含水分绝大部分形成冰晶体,减少了生命活动与生化变化所必需的液态水分,能高度减缓原料的生化变化,可以更有效地抑制微生物的活动,保证原料在储藏期间的稳定性。

冻藏可分为缓冻和速冻两类。缓冻是在3~72h内使原料的温度降低到所需要的低温。冷冻的时间相对较长,解冻后可造成液状营养物质的流失,组织塌陷,从而使原料的营养价值、质地等食用品质降低。速冻则是在30min内使原料的温度迅速降低到-20℃左右,通常在0℃保存。由于冷冻迅速,解冻后营养物质一般不会流失,组织状态的改变不明显。所以,速冻原料的品质变化较小。

(2)活养储藏法

活养储藏法是对购进时为活体的动物性原料进行短期饲养而保持或提高其品质的特殊贮存方法。主要适用于对新鲜程度要求较高、烹调前需要动物排空肠肚内的泥沙或需去除土腥味的动物性原料。原料随用随杀,可以充分保证原料的新鲜度;短期饲养可消除原料不良风味,风味更加鲜美;经长途运输的原料躯体消瘦,活养后,可使其恢复体力,提高食用质量。

(3)常温储藏法

常温储藏法是指在常温状态下(通常指20~25℃)保存原料的方法,是餐饮业、生鲜超市对日常购进或出售的果蔬以及粮食、干货原料、调辅料等采用的储藏方法。该方法成本低,不需要特殊设备,仅需要控制适当的温度和湿度即可。可进行常温储藏的场所应洁净、干燥、通风,地面应避免积水,同时避免阳光的直射。

应注意的是,常温储藏法是一种较短期的储存方式。任何原料在常温下放置过久,都易发生品质的改变,尤其是被微生物侵染而腐败变质。因此,果蔬、粮食、干货等原料不宜一次大量购进,而且对于先购进的原料应先使用,从而避免浪费。

(4)高温储藏法

利用高温杀灭原料上粘附的微生物并破坏原料的酶活性而延长原料保存期的方法称为高温储藏法。由于微生物和酶对高温的耐受能力较弱,当温度超过60℃时,微生物的生理机能即减弱并逐渐死亡,从而防止微生物对原料的影响。同时,高温还可以破坏原料中酶的活性,防止原料因自身的呼吸作用、自溶等引起的变质,达到储藏的目的。

①巴士灭菌法

此法由法国的巴斯德发明。将原料在62~63℃的温度下加热30min以杀灭原料中致病菌。此法不毁坏原料的风味特点,但由于加热温度低,只能杀灭微生物营养细胞,不能杀灭孢子或芽孢,适合于保管那些不宜高温加热或只作短期储藏的原料,如啤酒、牛奶、酱油、醋等。

②高温灭菌法

高温灭菌法是采用100~126℃的高温短时间灭菌的方法杀灭原料中的微生物,从而达到储存效果的一种方法。这种方法在食品工业中使用普遍。

(5)干燥储藏法

利用各种方法将原料中的水分减少至足以防止腐败变质的程度并维持低水分进行长期储藏的储藏方法称为干燥储藏法。此法适用于大部分动、植物原料的储存。

①自然干燥法

利用日晒、阴干和风吹等自然条件使原料干燥的方法。此方法设备简单、经济方便、使用普遍。大部分干果、干菜、水产干制品等大都可以采用此法,而且在较长的干燥时间里原料可继续完成后熟,形成特殊的风味。

②人工干燥法

利用人工控制条件除去原料的水分,干燥效率高。常见的有热风干燥、真空干燥、冷冻干燥等,多见于食品工业化生产。

a)真空冻结干燥

这是一种比较理想的方法。先把原料经低温速冻,然后在0℃和真空环境下使冰晶直接升华,从而达到原料干燥的目的。由于是在低温和真空下进行的,排除了高温和空气中氧的影响,所以原料的色泽和营养成分变化小,而且不会变形,并能形成疏松多孔的组织结构,具有良好的复水性。目前,食品工业采用此法较多。

b)微波加热干燥法

20世纪80年代初采用的一种方法。利用微波的作用使原料中分子产生摩擦,微波可以被水分吸收,转换为热能,从而把水排除,达到干燥目的。实验证明,微波加热至60℃时灭菌力可达100%,有利于原料卫生。

c)远红外干燥法

利用远红外照射原料。由于原料吸收红外线,从而改变电子能量,使分子热运动加剧,原料温度升高、水分蒸发,达到干燥的目的。远红外线投入率高,可以使原料的表层和内部的水分同时受热而蒸发,干燥速度较快。

(6)腌渍储藏法

利用较高浓度的食糖、食盐、醋等对原料进行处理而延长保存期的保存方法称为腌渍储藏法。其中糖、盐产生的高渗透压,可降低原料的水分活度,造成微生物细胞的质壁分离现象,细胞内蛋白质成分变性,杀死或抑制微生物活动。同时,高渗透压可抑制酶的活力,达到储藏原料的目的。

①盐腌法

多用于肉类、禽类、蛋、水产品及蔬菜的储藏,依原料不同分别使用食盐及硝盐、香料等其他辅助腌剂。一般使用食盐浓度在6%~15%。盐腌有时与脱水干燥相结合。

②糖渍法

主要用于水果和部分蔬菜的储藏加工,可制成蜜饯、果脯、果酱等制品。一般糖浓度在50%以上才具有良好的储藏效果。

③酸渍法

是通过提高原料酸度而保存原料的方法。大多数腐败菌在pH 5.5以下时生长繁殖会受抑制,通过提高原料酸度,降低pH至5.5以下,即可达到贮存原料的目的。酸渍储藏法又可分为两种:一是利用风味纯正的可食用的有机酸,如乳酸、醋酸、柠檬酸等腌渍原料,除具有明显储藏作用外,还可使原料具有独特的风味;二是利用微生物发酵产酸,如泡菜、酸菜。应注意,用酸渍储藏法时酸度一般都不大,往往需与低温或盐渍、糖渍结合使用。

④酒渍法

利用酒精的抑菌杀菌作用储藏烹饪原料的方法称为酒渍储藏法。常用白酒、酒酿、香糟、黄酒来浸渍原料。白酒和酒酿等含酒精量高,杀菌力强。通常分为生醉和熟醉两种。生醉是将鲜活的原料如虾、蟹或鲜枣洗净后装入盛器加酒料等醉制的方法,如醉蟹、醉虾、醉枣等。熟醉是将原料经刀工处理切成片、丝、条、块或用整料,再经熟处理后醉制的方法,如醉蛋、醉冬笋、醉黄螺等。酒渍储藏法可以使制品带上特殊的酒香风味。

(7)烟熏储藏法

烟熏储藏法是在腌制或干制的基础上,利用木柴、树叶等不完全燃烧时产生的烟气来熏制原料达到储藏目的的方法。熏烟中含有醛、酚等具有抑菌作用的化学物质,烟熏过程中产生的热量可使原料部分脱水,同时温度升高也能有效地杀灭表面的微生物,减少表面粘附的微生物数量,具有较好的防腐效果。动物性腌腊制品的储藏,个别果蔬如乌枣、烟笋也用烟熏储藏。

(8)保鲜剂储藏法

保鲜剂储藏法是在原料中添加具有保鲜作用的化学试剂来增加原料储藏时间的方法,又称化学储藏法。通常在肉制品和罐头制品等中运用较多。不同种类的化学试剂具有不同的作用。有的可以控制微生物的生理活动,从而达到抑制或杀灭腐败微生物的目的;有的则可防止或减慢空气中氧与原料中的一些物质发生氧化还原反应,起到保存原料的作用;还有的可通过化学反应吸除包装容器内的游离氧及原料中的氧,生成稳定的化合物,从而防止原料氧化变质。

①防腐剂

食品防腐剂是能抑制原料中微生物的生长、延长保存期的一类食品添加剂。用量小、防腐效果明显,不改变食品原料的色香味,对人体无毒害作用。常用食品防腐剂有丙酸及其盐类、苯甲酸及其盐类、山梨酸及其盐类。

②抗氧化剂

能防止原料氧化变质,延长原料储藏期的一类化学物质称为抗氧化剂。抗氧化剂易与氧发生反应,从而可防止或减慢空气中氧与原料中的一些物质发生氧化还原反应,起到保存原料的作用。常用的抗氧化剂有叔丁基对羟基茴香醚、没食子酸丙酯及抗坏血酸等。

③脱氧剂

脱氧剂又称游离氧吸收剂,是一类能够吸除氧的化学物质。在包装原料中加入吸氧剂,能通过化学反应吸除包装容器内的游离氧及原料中的氧,生成稳定的化合物,从而防止原料氧化变质。常用的脱氧剂有连二亚硫酸钠、碱性糖制剂、特别铁粉等。

## 任务二　烹饪原料化学组成及其在烹饪中的变化

尽管烹饪原料种类繁多,形态各异,但从本质上讲,烹饪原料均含有多种化学成分。这些化学物质中有些是能够维持人体正常生理功能和能量所需的营养,烹饪原料中所含营养素的种类、含量及其在烹饪过程中的变化,是决定烹饪原料营养价值的主要方面。

### 一、蛋白质

蛋白质是烹饪原料中的重要营养素之一,是人类获得氮素营养的唯一来源,不但可提供人体合成蛋白质所需的各种氨基酸,而且对菜肴的色、香、味也具有重要作用。蛋白质是生命物质的主要成分,也是生物体中最复杂的一种化合物。因此,了解烹饪原料中蛋白质的主要种类、特点及其在烹饪原料加工过程中所发生的变化,具有很重要的意义。

### (一)烹饪原料中蛋白质的含量

在不同的烹饪原料中,蛋白质的含量和质量有很大的差别。在植物性原料中,蛋白质含量较高的是部分豆科植物的种子,在谷类粮食中也有一定蛋白质含量,如:黄豆的蛋白质含量为36%、小麦为22%~27%。动物性原料中的蛋白质比植物性原料含量丰富,且质量好,这是因为它们所含的必需氨基酸和非必需氨基酸的种类和比例不同,动物肉类中的蛋白质主要是完全蛋白质。

### (二)烹饪原料中蛋白质在烹调中的变化

**1. 变性作用和凝固作用**

当蛋白质受到物理作用、化学作用或酶的作用后,特定的空间结构遭到破坏,形成无规则的伸展肽链,从而使蛋白质的理化性质发生变化,这个过程称为变性作用。

有些蛋白质在热变性以后,常伴随发生热凝固现象。蛋白质的变性作用和凝固现象在烹饪实践中要引起注意,如蛋清受热凝固、瘦肉受热收缩等,都是蛋白质发生的热变性作用引起的。因此,焯制动物性原料应冷水下锅,以防表面蛋白质变性凝固。

**2. 水解作用**

蛋白质在酸、碱、酶作用或长时间加热情况下,会发生水解作用,逐步水解为氨基酸。在烹饪实践中常利用这些原理对蛋白质原料进行处理,如加入食碱或嫩肉粉对肉类进行嫩化处理,或采用长时间加热方法使原料中的蛋白质水解为鲜味物质。

**3. 迈拉德反应**

蛋白质在加热过程中,特别是有糖类物质存在的情况下,会发生迈拉德反应引起食物的褐变。如焙烤面包产生金黄色、烤鸭产生黄褐色、烤肉产生棕褐色,以及工业上酿造啤酒、酱油等,都利用这种反应形成食品需要的色泽。但迈拉德反应也会造成营养成分的损失,因此,蛋白质含量高的原料不宜长时间高温烤、炸等。

## 二、脂类

脂类是生物体内难溶于水而易溶于有机溶剂的有机物质的统称。脂类是构成生物体的组成部分之一,在烹饪原料中占有一定的比例。

### (一)烹饪原料中脂类的含量

在植物性原料中,根、茎、叶脂肪含量很少,脂肪主要存在于种子和果实中,其中以油料作物的种子含量最多,如黄豆的脂肪含量为19%,花生米为52%,葵花籽为53%。在动物性原料中,脂肪主要存在于皮下、腹腔内和肌肉间的结缔组织中,部分鱼类的肝脏中含量也较多。

### (二)烹饪原料中脂类的主要种类

烹饪原料中的脂类化合物通常分为以下几类。

**1. 脂肪**

脂肪是由脂肪酸和甘油所形成的甘油酯。脂肪能水解成甘油和脂肪酸。构成脂肪的脂肪酸种类很多,通常分为饱和脂肪酸和不饱和脂肪酸。其中,亚油酸、亚麻酸、花生四烯酸等不饱和脂肪酸在人体中不能自行合成,所以又称为必需脂肪酸。必需脂肪酸在脂肪中含量的多少,是脂肪营养价值高低的重要标志。

**2. 类脂**

类脂主要包括磷脂和固醇类等。

### (三)烹饪原料中脂类在烹调中的变化

**1. 热水解作用**

烹调过程中,在油水混合加热时,会引起油脂的水解,最终水解为甘油和脂肪酸,致使油脂的烟点降低。因此,在烹调过程中油脂很容易产生大量的油烟。

**2. 热分解作用**

油脂中的游离脂肪酸经加热或在金属离子的催化作用下,会产生分解作用,分解为低分子的酮类和醛类物质。其中,丙烯醛具有强烈的气味,常伴有刺鼻、催泪的蓝色烟雾释放出来。

**3. 热氧化聚合作用**

油脂在加热过程中,特别是在高温情况下,油脂的黏度增加,形成聚合物,出现泡沫。热变性的油脂不仅味感变差,而且丧失营养,甚至还有毒性。

**4. 油脂的酸败**

油脂在加工和储藏过程中,受空气、高温、紫外线、微生物、酶的作用,会发生一系列化学变化,产生不良气味,出现苦涩味甚至具有毒性,这种现象称为油脂的酸败。

油脂的酸败是由油脂的自动氧化反应引起的。油脂中不饱和脂肪酸暴露在空气中,被光、热及其他催化剂所催化,易发生自动氧化反应。油脂的酸败不仅使油脂的味感变坏,而且营养价值也降低。特别是不饱和脂肪酸和脂溶性维生素,都会在酸败过程中因氧化而失去生理作用。因此,烹调过程中应严禁使用酸败的油脂。

## 三、碳水化合物

碳水化合物,又称糖类,是生物的重要能源,又是所有植物和某些动物机体的主要结构物质。烹饪原料中的糖类主要存在于植物性原料中,动物性原料中含量较少。

### (一)烹饪原料中糖的种类

烹饪原料中含有的糖类较多,主要有以下三类:

**1. 单糖**

单糖是最简单的糖类。在烹饪原料中的单糖,主要有葡萄糖、果糖、半乳糖、甘露糖等。

**2. 双糖**

双糖可以看成是两分子单糖失水形成的化合物。原料中的双糖有两类:分子中有一个游离的半缩醛羟基的称为还原性双糖,如乳糖和麦芽糖等;分子中无游离半缩醛羟基存在的称为非还原性双糖,如蔗糖和海藻糖等。最主要的双糖是蔗糖和麦芽糖,也是烹饪中运用最多的糖。

**3. 多糖**

多糖是由糖苷键相连形成的天然高分子多聚物。原料中的多糖有两类:水解后可产生多个同一种单糖的称为"同多糖",如纤维素和淀粉等;水解后可产生多个不同的单糖或单糖衍生物的称为“异多糖”,如果胶、琼脂、海藻胶等。多糖在自然界分布很广,构成植物骨架的纤维素和植物储藏的淀粉是常见的多糖。动物性原料中的多糖主要是肌肉中的肌糖原和肝脏中的肝糖原,在畜类的肝脏中肝糖原含量较高。

## (二)烹饪原料中碳水化合物在烹饪中的变化

**1. 淀粉**

淀粉是植物性原料中最重要的多糖,主要存在于粮食作物的种子和一些植物变态的根、茎中,粮食中的淀粉含量最高,可达80%。它是由许多葡萄糖单位组成的长链大分子。可以分为直链淀粉和支链淀粉。淀粉不溶于冷水,且在冷水中易沉淀,但将淀粉液加热到一定的温度时,淀粉粒被破坏而形成半透明黏稠状的淀粉糊,这种现象称为淀粉的糊化。烹饪过程中的常用的上浆、挂糊、勾芡等工艺过程,就是利用淀粉的糊化这一特点,可以使菜肴鲜嫩、饱满。糊化以后的淀粉在常温下放置一段时间后,会出现变硬、变稠,产生凝结甚至沉淀的现象,称为淀粉的老化。食物中的淀粉老化后,口感变硬,消化率也降低。但粉丝、粉皮、米线等的制作却是利用了淀粉老化这一特点。

**2. 蔗糖**

蔗糖主要存在于甘蔗和甜菜中,大多数水果中也含有蔗糖,是烹饪中应用的主要食糖,其分子由一分子葡萄糖和一分子果糖组成。蔗糖的许多化学反应在烹饪过程中应用广泛。

(1)水解反应。蔗糖可以水解为等量的葡萄糖和果糖混合物,该混合物称之为转化糖,其甜度大、黏度低、吸湿性强。因此,以转化糖制作糕点,能使糕点松软爽口,甜度增加,而且还具有类似蜂蜜的良好风味。

(2)重结晶现象。蔗糖的过饱和溶液能重新形成晶体析出,烹饪过程中能以此性质来制作挂霜菜肴。

(3)无定形体(玻璃体)的形成。在蔗糖溶液过饱和程度稍低的情况下,熬制至含水量低于2%左右时,快速冷却,会形成无定形体,在低温下呈透明状、具有脆性。烹饪过程中利用此性质制作拔丝类菜肴。

(4)焦糖化反应。蔗糖在没有含氨基化合物存在的情况下,直接加热到150~200℃时,会生成黏稠状的黑褐色物质,这种反应称为蔗糖的焦糖化反应。根据这一反应,常用来制作焦糖色(糖色)和风味物质。烹饪过程中可据此性质制作红烧类菜肴。

**3. 其他糖类**

纤维素在蔬菜和粗粮中含量较多,含纤维素多的蔬菜吃起来口感粗老,但果胶类物质可使蔬菜具有一定的硬度和脆度。

果胶物质是植物组织中普遍存在的一类比较复杂的多糖物质,是构成细胞壁的成分之一,也是影响果实质地软硬的重要因素。果胶物质主要存在于果实、块茎、块根等植物器官中,山楂、苹果、番石榴、柑橘等果实中含量丰富。果胶物质以原果胶、果胶(可溶性)和果胶酸三种不同形态存在于植物性原料中,不同形态的果胶物质具有不同的特性,因此,原料中果胶物质存在的形态,直接影响到原料的食用性、加工性和耐贮性。果胶为白色无定形的物质,无味,能溶于水成为胶体溶液。果胶具有很好的凝冻能力,它与适量的糖及酸结合,可形成凝胶。果冻、果酱的加工即据此特性。

## 四、维生素

维生素是人体为维持正常的生理活动而必需从食物中获取的一类小分子微量有机物质。大多数维生素都不能由人体自身合成,而必须从食物中摄入,以维持需要。

### (一)烹饪原料中维生素的主要种类

烹饪原料中发现的维生素大概有30多种。按其溶解性不同,可以分为水溶性维生素和脂溶性维生素。

**1. 水溶性维生素**

水溶性维生素包括B族和C族两大类,比较重要的有维生素$B_1$、维生素$B_2$、维生素$B_3$、维生素$B_5$、维生素C。水溶性维生素的共同特点是易溶于水,除维生素$B_{12}$外,在人体内基本上都不能储存,一旦在体液中的浓度超过正常需要量,则随尿液排出体外。

**2. 脂溶性维生素**

脂溶性维生素只溶于脂类或脂类溶剂,包括维生素A、维生素D、维生素E、维生素K等,主要存在于动物性原料中,在食物中常与脂类共同存在,在消化吸收过程中也同脂类一道进行。

### (二)烹饪原料中维生素在烹饪中的变化

**1. 易溶解流失**

烹饪原料中水溶性的维生素,如维生素$B_1$、维生素$B_2$、维生素$B_3$、维生素$B_5$、维生素C等,很容易通过扩散或者渗透作用从原料内渗析出到水里。因此,烹饪过程中切洗、焯水、盐腌等处理,会导致大量水溶性维生素的流失。

**2. 易被氧化**

有些维生素,如维生素A、维生素E、维生素K、维生素C、维生素$B_1$,对氧化非常敏感,在原料储藏和烹调加工过程中,特别容易被氧化破坏,失去活性。

**3. 易受热分解**

水溶性维生素$B_1$、维生素$B_2$、维生素C和叶酸等,对热较敏感,易被热分解,特别是在碱性条件下分解得更迅速。例如,在烹制蔬菜时添加碱,会使大量维生素C被破坏;制作稀饭、馒头时,会使大量的维生素$B_1$分解。

**4. 易被酶催化分解**

烹饪原料中一些酶也能催化维生素的分解,如水果、蔬菜中的抗坏血酸氧化酶,能催化抗坏血酸的氧化;贝类和淡水鱼中的抗硫胺素酶,能催化分解硫胺素。因此,我们必须根据维生素的性质,在烹饪实践中采取有效的保护措施,尽量保护维生素,减少营养成分的损失。

## 五、矿物质

在构成人体的各种元素中,除了碳、氢、氧、氮四种元素主要以有机物质的形式出现外,其他各种元素,无论以何种形式存在,均称为矿物质。

### (一)烹饪原料中矿物质的主要种类

根据矿物质元素在人体内的含量和对膳食需要量的不同,可分为常量元素和微量元素。

**1. 常量元素**

常量元素是指在人体内的含量在0.01%以上,每天需要量在100mg以上的元素,包括硫、磷、氯、钠、钾、镁、钙等7种元素。

**2. 微量元素**

微量元素是指低于上述含量的其他元素,主要有铁、锌、铜、铬、钴、锰、锡、钒、硒、氟、碘等14种元素。

### (二)烹饪原料中矿物质在烹饪中的变化

矿物质在烹饪过程中可以发生很多变化,但主要是存在形式和存在位置的变化。烹饪过程中,动植物原料的细胞膜破裂,细胞内溶物溢出,原料中的矿物质转移到汤液中。食物原料加热时会发生收缩现象,内部的水分和矿物质一并溢出。如蔬菜中的矿物质在沸水中可能流失8%~30%;用动物性原料熬汤,其中所含的矿物质会溶解到汤里。

## 六、水

### (一)烹饪原料的含水量

烹饪原料的含水量主要与原料的种类有关。在植物性原料中,新鲜的蔬菜、水果及食用菌的含水量比较高,一般都大于70%,粮食和豆类约含12%~15%,油料种子只有3%~4%。在动物性原料中,乳类含水量为87%~89%,蛋类72%~75%,鱼类67%~81%,鸡肉71%~73%,牛肉46%~76%,猪肉43%~59%。禽畜骨骼含水量仅为12%~15%,脂肪组织含水量更低。

### (二)烹饪原料中水分存在的形式

烹饪原料中的水分可以分为束缚水和自由水两类。

**1. 束缚水**

束缚水又称结合水,主要是指以较强的水合作用与原料中其他成分相结合的水。束缚水又可分解为胶体结合水和化合水。

(1)胶体结合水。这部分水分与原料本身所含的蛋白质、淀粉、果胶等亲水性胶体物质有比较牢固的结合能力,对那些在游离水中易溶解的物质不表现溶剂作用,不易蒸发散失,也不能为微生物所利用,其热容量比游离水小,低温下不易结冰。

(2)化合水。是指存在于原料化学物质中并与这些化学物质分子呈化合状态的水。这部分水很稳定,一般不会因干燥作用而被排出,也不能为微生物所利用。

烹饪原料中束缚水含量的高低对原料的储存影响不大。

**2. 自由水**

自由水又称为游离水,是指原料中不与其他成分结合而游离于细胞和组织间隙中的水。自由水是鲜活动植物原料中含量最多的水。自由水主要包括滞化水、毛细管水、自由流动水。

自由水容易结冰,能够溶解溶质,流动性大,也会因蒸发而散失。烹饪原料中的自由水可为微生物所利用,故原料中自由水含量的高低对原料的储存影响较大。在实际应用中,只要尽量减少原料中自由水的含量,就能抑制微生物生长、繁殖,从而保持原料的品质不发生变化。

### (三)烹饪原料中水在烹饪中的变化

水分变化对烹饪原料的品质有很大影响。水分的蒸发使新鲜的蔬菜和水果等重量减轻,外观萎蔫干缩,色泽发生变化,硬度下降,直接影响其食用品质。因此,保存此类原料宜采用降温、增湿的措施。如果对动物原料的冻结温度不够低,冻结速度慢,则细胞组织易受损伤,细胞质脱水导致液汁大量流失,同时会发生蛋白质变性和凝固现象,也会影响菜肴的食用品质。干货中的含水量超过一定的范围,也会引起品质劣变。降低含水量,特别是自由水的含量,可以抑制微生物的生长,防止腐败和霉变,减少营养成分的损失。但是含水量不能降得过低,否则会影响其涨发,加快脂肪的氧化,降低其食用品质。

烹饪原料水分的变化对其所烹制菜肴的质感、形态和色泽也有很大的影响,如,影响菜肴的硬度、脆度、黏度、韧度。因此,在烹饪实际工作中,常需根据原料的特点及对菜肴的要求,选择合适的烹制方法和有效措施,如挂糊、上浆、勾芡,使菜肴含有适宜的水分,以保证较好的质感。

## 任务三　食物的性能与作用

食物的性能,古代简称为"食性""食气""食味"等,是对食物的各种性质和功能的一种概括,是古人在长期的生活与临床实践中对食物的营养作用和医疗作用的经验总结,其具体内容包括性(气)味。归经、升降浮沉、补泻等。

### 一、食物的"性"

食物的"性"又称"气",古人按寒、凉、平(温)、热将食物分为三大类性质和作用,概括为"四气"。历代中医食疗书籍所记载的食性有很多,如大热、热、大温、温、微温、平、凉、微寒、大寒等,则是在程度上再进一步划分,都是表明食物性能方面的差异,但这种差异并没有明显的界限。

寒凉性质食物多属阴性,具有滋阴、清热、泻火、解毒等作用,能够保护人体阴液,纠正热性体质或治疗热性病证,例如,小米、大麦、薏苡仁、绿豆等食物都具有寒凉性质,遇热证或在炎暑季节就可选用,能起到清热的作用。温热性质食物多属阳性,具有助阳、补虚、温里、散寒等作用,能够扶助人体阳气,纠正寒性体质或治疗寒性病证,例如,羊肉、牛肉、黄鳝、糯米、小麦等食物性质都偏温,遇寒证、虚证、寒凉季节可选用,能起到益气、补中、祛寒的作用。此外,还有一些食物性质平和,偏凉偏热之性不很明显,此类食物性质为平性,平性食物适合一般体质。以常见三百多种食物统计数字来看,平性食物居多,温热性次之,寒凉性更次之。

食养或食疗首先必须辨明食物的寒热性质,才能根据不同的要求进行选择,所谓"热者寒之,寒者热之"的医疗保健原则,就是在这个基础上建立起来的。

### 二、食物的"味"

食物的"味",是指食物的主要味道,概括为"五味",即辛、甘(淡)、酸(涩)、苦、咸五种味道。习惯上将淡味和涩味分别附于甘味和酸味,因此仍称为五味。以常见三百多种食物统计数字来看,甘味食物最多,咸味与酸(涩)味食物次子,辛味食物更次之,而苦味食物较少。各种食物所具有的味可以是一种,也可以兼有几种,这表明了食物作用的多样性。至于五味的阴阳属性,则辛、甘属阳,酸、苦、咸属阴。

### (一)辛味

一般认为,凡是能宣、能散、能行气血、能润的食物都属辛味,对于表证以及气血瘀滞等可选用辛味的食物,例如,利用葱、姜、大蒜、白胡椒、萝卜等食物辛味宣散的功效来治疗风寒感冒、胃寒呕吐、胃痛等。此外,各种酒剂,更是利用了酒的辛味以达到辛散、行气、通血脉的目的,比如虎骨酒治疗筋骨寒痛等。

### (二)甘味与淡味

甘味食物能起补益、和中、缓急的作用,多用以滋补强壮,以治疗人体气、血、阴、阳之虚证。例如,糯米、红枣粥可治疗脾胃气虚或胃阳不足,糯米酒加鸡蛋共煮后可补益产妇。

淡味一般认为可渗湿利水,能治疗水肿病症,例如,性味甘淡的冬瓜、薏苡仁对水肿病极为有益。

### (三)酸味与涩味

对与酸味与涩味,一般认为,都具有收敛、固涩的功效。气虚、阳虚不摄而致的多汗症,以及腹泻、尿频、遗精等,皆可配合酸味的食物来治疗,效果较好。例如,米醋煮豆腐可治疗腹泻,此方取米醋性味酸温苦,有收敛止泻功效,豆腐性味甘凉,可益气和中、清热解毒。

### (四)苦味

苦味的作用在于能泻、能燥、能坚,多用来解除热证、湿证、气逆等方面的病症。例如,苦瓜味苦性寒,用苦瓜炒菜,佐餐食用,能达到清热、明目、解毒的目的,常吃对于热病烦渴、中暑、目赤等症极为有利。再如,茶叶味为苦甘,性凉,也有清泻的功效,夏季将苦瓜和茶叶同用,煮水冲泡,频频饮用,则能祛暑清热、除烦止渴、利尿,效果甚为明显。

### (五)咸味

咸味,一般能软坚、散结,亦能泻下,多用来治疗热结、痰核等症。具有咸味的食物多为海产及一些肉类,例如,猪肾味咸性平,能治疗肾虚的腰酸遗精、小便不利、水肿等;海参,甘咸性温,用于补肾、养血润燥,搭配木耳还可治疗阴虚肠燥引起的便秘。

## 三、食物的归经

食物的“归经”也是食物性能的一个主要方面,归经显示某种食物对人体某些脏腑、经络、部位等比较突出的作用,它表明了食物具有选择性,对指导养生、食疗食物的选择具有重要意义。

一般情况下,辛味食物归肺经,用辛味发散性食物(如葱、姜)治疗表证、肺气不宣的咳嗽症状;甘味食物归脾经,用甘味补虚性食物(如红枣、山药)治疗贫血、体弱等症状;酸性食物归甘经,用酸性食物(如乌梅、山楂)治疗肝胆脏腑方面的疾患;苦味食物归心经,用苦味食物(如苦瓜、绿茶)治疗心火上炎或小肠热证;咸味食物归肾经,用咸味食物(如甲鱼、海藻)治疗肝肾不足,消耗性疾患(如甲亢、糖尿病)。

## 四、升降浮沉

升降浮沉是指食物的定向作用,即食物在人体内作用的四种趋向。升浮:升,上升之意;浮,发散之意。升浮具有向上向外的趋势,属阳,有升阳、发表、散寒、催吐等作用。降沉:降,下降之意;沉,泻利之意。降沉具有向下向内的趋向,属阴,有潜阳、降逆、泻下、利尿等作用。

食物的升、降、浮、沉,是根据食物的气、味厚薄和阴阳属性而定。一般来说,质地轻薄、食性温热、食味辛甘淡的食物,其属性为阳,多具有升浮的作用趋向,具有发散、宣通开窍等功效,如香菜、薄荷能解表而治疗感冒;反之,质地沉实,食性寒凉,食味酸苦咸的食物,其属性为阴,多具有沉降的作用趋向,具有清热、平喘、止咳、利尿、敛汗、补益等功效,如西瓜清热而治热病烦渴,冬瓜利尿而治小便不通,乌梅收敛而治腹泻。以常见三百多种食物统计数字来看,具有沉降趋向的食物多于升浮趋向的食物。

正常情况下,人体功能活动有升有降,有浮有沉,升与降,浮与沉的相互协调平衡构成了人体的正常生理过程,如果升降浮沉失调就会导致病理变化。利用食物的升降浮沉性能,可以纠正机体功能的失调,使之恢复正常。

## 五、食物的作用

食物的作用,概括起来具有三个方面,即"补""泻""调"。

### (一)补益正气

人体机能低下,是导致疾病的重要原因,中医学把这种"正气虚"所引起的病症称为"虚证"。虚证的临床表现为阴虚、阳虚、气虚、血虚,但总体上表现为精神萎靡、倦怠乏力、心悸气短、食欲不振、腰疼腿软等。

凡是能够补益脏腑,扶助正气,提高防病抗病能力,改善或者消除虚弱症候的食物,都属于补益类。这类食物大多为动物类、乳蛋类等。补益类食物多甘味,或温或寒,均具有补益正气、扶虚补弱的功效,适用于各种虚证,能够补益人体的气、血、阴、阳不足。

按照补益的不同,可分为补气类、补血类、补阴类、补阳类食物,具体包括:

(1)补气类:粳米、糯米、小米、籼米、黄豆、豆腐、牛肉、鸡肉、兔肉、鸡蛋、土豆、胡萝卜、大枣等。

(2)补血类:羊肉、猪肝、羊肝、牛肝、甲鱼、海参、菠菜、黑木耳、桑葚等。

(3)补阴类:鸭蛋、甲鱼、乌贼、猪肉、猪皮、鸭肉、桑葚、银耳等。

(4)补阳类:核桃仁、韭菜、刀豆、羊肉、狗肉、虾等。

### (二)泻实祛邪

外界致病因素侵袭人体,或者内脏机能活动失调,皆可使人发生疾病。如果病邪较盛,中医称为"邪气实",其症候称为"实证"。实证范围很广,如邪闭经络或脏腑,或者气滞、血瘀、痰湿、积滞等都属于实证范围。一般实证的症状有呼吸气粗、精神烦躁、脘腹胀满、疼痛难忍、大便密结、小便不通、淋沥涩痛、舌苔黄腻、脉实有力等。

用于实证的食物,大都有去除病邪的作用,邪去则脏安,身体康复。这类食物较多,包括:

(1)辛温解表类:生姜、大葱、蒜、香菜等,适用于风寒感冒。

(2)心凉解表类:淡豆豉、杨桃、绿茶等,适用于风热感冒。

(3)清热泻火类:苦瓜、苦菜、蕨菜、芦根、西瓜等、适用于实热症。

(4)清热利湿类:薏苡仁、绿豆、黄瓜、冬瓜皮、马齿笕等,适用于湿热症。

(5)清热解毒类:赤小豆、绿豆、马齿笕、苦瓜、蓟菜、豆腐等,适用于热毒症。

(6)清热凉血类:茄子、藕、丝瓜、黑木耳等,适用于血热证。

(7)通便润肠类:香蕉、菠菜、竹笋、蜂蜜、核桃仁、黑芝麻等,适用于便秘。

(8)利水渗湿类:玉米须、黑豆、绿豆、赤小豆、冬瓜、冬瓜皮、白菜、鲫鱼等,适用于小便不利、水肿、淋病、痰饮等。

(9)祛风化湿类:薏苡仁、扁豆、蚕豆、木瓜、樱桃、鳝鱼等,适用于风湿病、暑湿、脾虚湿盛、痰湿等。

(10)温里类:干姜、肉桂、花椒、茴香、胡椒、辣椒、羊肉等,适用于里寒证。

(11)行气类:刀豆、玫瑰花、橙子、橙子皮、柚子、柚子皮等,适用于气郁症。

(12)活血类:山楂、茄子、酒、醋等,适用于淤血症。

(13)化痰类:海藻、海带、紫菜、萝卜、橘络、杏仁、生姜等,适用于痰症。

(14)止咳平喘类:杏仁、梨、白果、枇杷、百合等,适用于咳喘症。

(15)安神类:莲子、酸枣仁、小麦、百合、龙眼肉、猪心等,适用于失眠、神经衰弱。

(16)收涩类:乌梅、莲子、石榴、石榴皮等,适用于泄泻、尿频等滑脱不禁证。

### (三)调和脏腑

调和脏腑也是食物的一个重要作用。中国传统营养学认为,脏和腑虽然各有不同的生理功能,但它们之间既分工又合作,互相帮助,相互依赖,构成了有机整体,从而保证身体正常的生命活动。如果脏腑之间或脏与脏、腑与腑之间失去协调、平衡的关系,也会导致疾病的发生。如脾胃都是饮食消化的主要器官,胃主受纳、腐熟,脾主运化;脾气以升为顺,胃气以降为和。若脾胃不和,脾气该升不升,则出现食欲不振、食后腹胀、倦怠乏力、头晕脑胀等清阳不升、脾不健运的症状;胃气当降不降则出现食停胃脘的胃脘胀满、胃痛、恶心欲呕的症状。治宜调和脾胃,予以扁豆、生姜、山药、猪肚、胡萝卜、麦芽、谷芽等食物。调和脏腑也是食物的一个重要作用。

## 练习题

**一、填空题**

1. 烹饪原料的营养素主要有________、____、______、______、______及__________。

2. 感官鉴别包括________、________、________、________、________。

3. 中医药性理论包括五味,即酸、苦、甘、辛、咸,五味中的________味药味具有收敛、固涩、止泻的作用。

4. 古时又称“四气”为“四性”,按食物的性质分为________、热、温、凉。

二、选择题

1. 当温度超过(　　)时,微生物的生理机能即减弱并逐渐死亡,可防止微生物对原料的影响。

A. 40℃　　B. 60℃　　C. 80℃　　D. 100℃

2. 速冻在(　　)内使原料的温度迅速降低到 -20℃左右。

A. 30min　　B. 3h　　C. 7h　　D. 45min

3. 挂糊、上浆、勾芡,可使菜肴含有适宜的(　　),以保证较好的质感。

A. 蛋白质　　B. 脂肪　　C. 碳水化合物　　D. 水分

4. 具有升浮性能的食物可以具有(　　)的作用。

A. 平喘　　B. 止吐　　C. 通便　　D. 涌吐

5. 外感风热证,应选择(　　)的食物。

A. 辛、凉　　B. 辛、温　　C. 苦、寒　　D. 甘、温

三、简答题

1. 什么是烹饪原料? 烹饪原料必须同时具备哪些条件才有可食性?
2. 中国烹饪原料的特点有哪些?
3. 烹饪原料的常用分类方法有哪些?
4. 烹饪原料品质检验的方法主要有哪些?
5. 影响烹饪原料品质的因素有哪些?

## 参考答案

一、1. 碳水化合物、脂肪、蛋白质、维生素、矿物质及水

2. 味觉检验、视觉检验、触觉检验、嗅觉检验、听觉检验

3. 酸

4. 寒

二、1. B

2. A

3. D

4. D

5. A

三、(略)

# 模块二　粮食类烹饪原料

**学习目标**

1. 了解各类粮食原料的结构特点。
2. 熟悉粮食类原料的概念及分类方法。
3. 了解粮食类原料的主要产地及其品种区别。
4. 掌握粮食类原料的质量鉴别方法及品质特点。
5. 掌握粮食类原料的营养价值及其在烹饪中的应用。

## 任务一　粮食原料概述

### 一、粮食的概念与分类

#### (一)粮食的概念

粮食是烹饪食品中作为主食的各种植物种子的总称,也可概括称为"谷物"。粮食是制作各类主食的主要原料,主要包括谷类、豆类、薯类及其制品原料。粮食所含营养物质主要是淀粉,其次是蛋白质。粮食是人们膳食的重要组成部分,是最基本的食物原料,是人们所需能量的主要来源。因此,粮食是关系国计民生的重要物资。

我国粮食生产的历史悠久,早在6000多年前,我们的祖先就已经在长江流域种植水稻,在黄河流域种植粟米。我国自进入农业社会后,就以粮食作物为主食。粮食作物古代统称"五谷"或"六谷",至于"五谷""六谷"所包括的品种,则历来说法不一,比较可信的说法是黍、稷、麦、菽、麻为"五谷","六谷"则再加上稻。随着社会经济的不断发展和遗传育种技术的应用,粮食的品种不断增加,粮食的质量也逐渐增高。

#### (二)粮食的分类

粮食按性质分类,可分为豆类粮食、谷类粮食、薯类粮食以及粮食制品。豆类粮食包括黄豆、大豆、绿豆、蚕豆、扁豆、赤豆等。谷类粮食包括稻、小麦、燕麦、玉米、高粱、粟、黍等。薯类粮食包括甘薯、马铃薯、木薯等。粮食制品包括面筋、烤麸、米线、豆腐、豆干、百叶、腐竹、粉丝、粉条、粉皮、薯粉等。

粮食按产量分类,主要分为主粮和杂粮。主粮指稻谷与小麦。杂粮一般指粗粮,是除主粮以外的各种粮食作物的总称。我国栽培粮食作物具有悠久的历史,而且长期以农业生产方式为主,故杂粮作物种类繁多。

## 二、粮食的营养与烹饪

### (一)粮食的营养价值

**1. 谷类粮食**

(1)蛋白质

谷类蛋白质含量一般在7.5%~15%,由醇溶蛋白、谷蛋白、白蛋白、球蛋白组成。我国居民膳食中的蛋白质有50%以上来自于谷类粮食。

(2)脂肪

谷类脂肪含量较低,约占2%,主要为不饱和脂肪酸,其中亚油酸极为丰富,质量较好,主要集中在糊粉层和谷胚中。米糠油、小麦胚油、玉米油就是从米糠、小麦、玉米中提炼出来的谷类油脂,对降低血清胆固醇、防止动脉硬化有很好的作用。

(3)碳水化合物

谷类碳水化合物主要为淀粉,含量可达70%以上,以支链淀粉为主,主要集中在胚乳的淀粉细胞中。由于淀粉易被人体吸收,在体内大部分用于热量消耗。

(4)矿物质

谷类矿物质含量约为1.5%~3%,主要是钙和磷,多以植酸盐形式存在,不易被人体充分吸收利用,主要集中在谷皮和糊粉层中。

(5)维生素

谷类是膳食中B族维生素的重要来源,尤其是维生素$B_1$和尼克酸含量较高。另外,还含有一定量的维生素E。谷类不含维生素C、维生素A和维生素D。

**2. 豆类粮食**

(1)蛋白质

豆类蛋白质含量为20%~40%,其中含有人体所需的各种必需氨基酸,特别是谷类蛋白质中缺乏的赖氨酸,在豆类蛋白质中含量丰富。但由于其蛋氨酸含量较少,单独食用时蛋白质利用率相对较低,可以与谷类、肉类食品共同食用,提高其蛋白质利用率。豆类蛋白质由球蛋白、清蛋白、谷蛋白及醇溶蛋白组成,其中球蛋白含量最高。

(2)碳水化合物

豆类中除大豆外,碳水化合物含量多数在50%以上。豆类中的碳水化合物的主成分是淀粉,占碳水化合物总量的75%~80%。大豆中还没有发现淀粉的存在,其主要成分是蛋白质和油脂,碳水化合物中阿拉伯半乳聚糖和半乳糖含量分别占了3.6%和2.3%。

(3)脂肪

除大豆外,豆类中脂肪含量较低,一般为0.5%~2.5%,主要脂肪酸为亚油酸、亚麻酸、油酸及软脂酸,其中不饱和脂肪酸含量高于饱和脂肪酸,比动物脂和乳脂要好。

(4)维生素和矿物质

豆类中维生素和矿物质的含量较高,富含硫胺素、核黄素和尼克酸,其中硫胺素及核黄素含量均高于谷类及某些动物食品,被视为维生素$B_1$的最佳来源。豆芽中的维生素C含量丰富,可作为一年四季的常备蔬菜。豆类的钙、磷、铁、锌等矿物质的含量较高,钠含量低,是人体矿物元素的重要来源。

**3. 薯类粮食**

薯类蛋白质含量在1%~2%,从蛋白质的氨基酸组成来看,甘薯蛋白质含量与大米相近,而赖氨酸含量高于大米。薯类脂肪含量较低,一般小于0.2%,主要由不饱和脂肪酸组成。薯类富含淀粉,容易被人体消化吸收。薯类富含膳食纤维,主要以纤维素为主,特别是甘薯含量较高。薯类富含矿物质,其中钾含量较高,其次是磷、钙、镁等。薯类含有各种B族维生素及丰富的维生素C。

### (二)粮食的烹饪运用

(1)用于制作主食。南方人的主食主要以大米为原料,如米饭、菜饭、粥等;北方主要盛产小麦,故主食主要是馒头、面条、饺子等。

(2)制作各种地方特色小吃,如扬州的三丁包子、北京的窝窝头,天津的麻花、新疆的馕饼、敦煌黄面等。

(3)制作特色点心,如甘露酥、糯米糕、特色月饼等。

(4)粮食制品作为菜肴的主料或配料,可以丰富宴会的菜品,如面筋、粉条、淀粉。

(5)制作多种调味品,如酱油、味精、米醋、醪糟和调味用酒。

# 任务二　烹饪中常用的粮食原料

## 一、谷类粮食

谷类粮食又称“五谷”,也叫谷类作物,包括麻、黍、稷、麦、豆;也有“八谷”之称,包括黍、稷、稻、粱、禾、麻、菽、麦。

### (一)谷类粮食的结构

谷类粮食的基本结构大致相同,一般都由谷皮、糊粉层、胚乳和胚四部分组成,如图2-1所示。

**1. 谷皮**

谷皮为谷粒的外壳,对胚和胚乳起保护作用。主要成分为纤维素,半纤维素,木质素,少量蛋白质,脂肪,B族维生素,食用价值不高,影响口感,在加工时应去除。

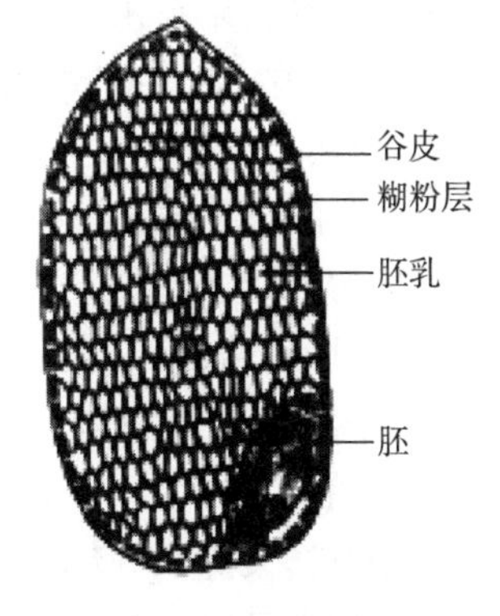

**图2-1　谷类种子结构**

**2. 糊粉层**

糊粉层位于谷皮与胚乳之间。含有较多的磷,B族维生素及矿物质,在碾磨加工时与谷皮同时脱落而被丢弃。

**3. 胚乳**

胚乳位于谷粒的中部,是谷类的主要部分。含大量淀粉和一定量蛋白质,越靠近胚乳周边部位,蛋白质质量分数越高。

**4. 胚**

胚位于谷粒的下端。富含脂肪,蛋白质,矿物质,B族维生素和维生素E,质地较软而有韧性,不易粉碎,但加工时易与胚乳分离而损失。

## (二)谷类粮食的主要种类

**1. 大米**

大米是稻谷经脱壳碾去糠皮所得成品粮的统称,如图2-2所示。

图2-2 稻及大米

(1)品种及产地

大米分籼米、粳米和糯米三类。

籼米是用籼型非糯性稻谷制成的米。米粒呈细长或长圆形,蒸煮后出饭率高,黏性较小,米质较脆,加工时易破碎,横断面呈扁圆形,颜色白色透明的较多,也有半透明和不透明的。我国广东省生产的齐眉、丝苗是代表品种,主要产地在两湖、两广、江西、四川等地。

粳米是用粳型非糯性稻谷碾制成的米。米粒一般呈椭圆形或圆形,横断面近于圆形,颜色蜡白,呈透明或半透明,质地硬而有韧性,煮后黏性油性均大,柔软可口,但出饭率低。粳米主要产于我国华北、东北和苏南等地。著名的小站米、上海白粳米等都是优良的粳米。

糯米用糯性稻谷制成,又称江米,呈乳白色,不透明,米粒呈长椭圆形或细长形,煮后透明,黏性大,胀性小,江苏南部及浙江出产较多。

(2)质量标准

籼米以透明或半透明,有光亮,腹白较小,硬质粒多,油性较大者为质量优。粳米以有光亮,白色或蜡白色,腹白小,米粒均匀整齐者为质量优。糯米以米粒呈长椭圆形或细长形,有光亮,乳白不透明,腹白较小,米粒完整,黏性大者为质量优。

(3)营养价值

大米碳水化合物、蛋白质、脂肪、维生素 $B_1$、维生素 $B_2$、钙、铁、锌等。中医认为大米味甘,性平,有补中益气、健脾养胃、益精强志、通血脉等功效。

(4)烹饪运用

粳米与籼米通常用来制作米饭和粥类,还可以用干磨、湿磨、水磨等方法加工成米线、河粉等,用其磨制的米粉用于制作粉蒸牛肉、粉蒸排骨等粉蒸类菜肴。糯米一般不做主食,可制作各种风味小吃,如八宝饭、元宵、粽子等。

**2. 面粉**

小麦经过磨制加工后,即成为面粉,也称为小麦粉,如图2-3所示。

(1)品种及产地

根据加工精度的高低,面粉包括特制粉、标准粉、普通粉和全麦粉。特制粉,又称精白粉,富强粉,加工精度高,色白,筋力强(无断条),适宜制作高档点心,如荷花酥等。标准粉,又称八五粉,色稍黄,筋性稍差,适宜制作大众面食,如面条等。普通粉,色较黄,筋性差,适宜制作大众化面食,如油条、麻花等。全麦粉,整个子粒磨成的粉,色较黄,口感粗糙,与其他粉掺和制作大众化面食,如面包、馒头等。

图2-3 小麦与面粉

根据生产工艺需要通过混合制成的面粉包括:面包粉、饼干粉、蛋糕粉、面条粉等。

根据面筋质量高低,面粉分为高筋粉、中筋粉、低筋粉、无筋粉。高筋粉,又称强筋粉,颜色较深,手抓不易成团状,适宜制作面包、起酥糕点、泡芙和松酥饼等。中筋粉,又称通用粉,颜色乳白,适宜制作大众面点,如包子、馒头等。低筋粉,又称弱筋粉,颜色较白,用手抓易成团,适宜制作蛋糕、饼干、混酥糕点等。无筋粉,又称澄粉,色白,无筋力,可塑性强,用来制作象形面点或用于装饰面花。

我国面粉主产区在河南、山东、江苏、河北、湖北、安徽等地。

(2)质量标准

面粉一般以色白,粉质细腻,无异味者为质量优。

(3)营养价值

标准粉含有蛋白质、脂肪、碳水化合物、维生素 $B_1$、维生素 $B_2$、烟酸、钙、钾、铁、锌等。中医认为小麦味甘,性凉,有养心益肾、健脾厚肠、除热止渴的功效。

(4)烹饪运用

面粉可用于制作馒头、包子、饺子、面条、馄饨、饼等食物。在某些油炸食品中用面粉调制面糊作为裹料加以应用。

## (三)其他谷类粮食

**1. 玉米**

玉米又称玉蜀黍、苞米、苞谷、棒子等,为禾本科植物。原产于中美洲墨西哥和秘鲁,16 世纪传入我国,如图 2-4 所示。

(1)品种及产地

玉米的种类很多,按颜色可分为黄玉米、白玉米、黑玉米、杂色玉米;按玉米的粒可分为硬粒型、马齿型、半马齿型、糯质型、甜质型、粉质型、甜粉型、爆裂型、有稃型等九种,以硬粒型玉米品质最好。硬粒型玉米主要作粮食;马齿型玉米适宜制作淀粉,也可用于酒精的生产;粉质型玉米在我国栽种较少,适于制作淀粉和酿酒;甜质型玉米多在未完全成熟时收获,用来制作罐头食品和充当蔬菜。玉米在我国各地都有种植,尤以东北、华北和西南各省较多。东北地区普遍种植硬粒型玉米,华北地区多种植适于磨粉的马齿型玉米。

**图 2-4　玉米粒**

(2)质量标准

玉米粒以大小均匀,呈扁平状,坚硬饱满,有光泽,具有本身固有香味者为质量优。

(3)营养价值

玉米含有蛋白质、脂肪、碳水化合物、维生素 A、维生素 E、维生素 $B_1$、维生素 $B_2$、维生素 C、钾、磷、镁、烟酸等。中医认为玉米味甘,性平,有开胃、健脾、除湿、利尿、降压、促进胆汁分泌、增加血中凝血酶和加速血液凝固等作用。

(4)烹饪运用

玉米可制作主食或粥品、小吃,如窝头、玉米饼、玉米糁等;尚未成熟、极嫩的玉米可用于制作菜肴,如海米珍珠笋、珍珠笋乌鱼片等。

**2. 小米**

小米又称籼粟、粟谷、谷子,今多称小米。小米是粟脱壳制成的粮食,因其粒小,直径1mm左右,故名小米。粟起源于我国黄河流域,具有悠久的栽培和食用历史。粟在秦汉以前就被列为"五谷"之首,为我国古代的主要粮食作物,如图2-5所示。

图2-5 小米

(1)品种及产地

小米分为粳性小米、糯性小米两种。粳性小米由非糯性粟加工制成,米粒有光泽、黏性小,种皮多为黄、白色;糯性小米由糯性粟加工而成,米粒略有光泽,黏性大,种皮多为深浅不一的红色。一般来说,谷壳色浅者皮薄,出米率高,米质好;而谷壳色深者皮厚,出米率低,米质差。现主要分布于我国华北、西北和东北各地区,著名品种有旱地小米、广灵小米、金谷小米、什社小米、鲁村黄小米等。

(2)质量标准

小米以大小均匀,色泽金黄,有光泽,少有碎米,无虫,无杂质,闻起来具有清香味,无其他异味者为质量优。

(3)营养价值

小米含有碳水化合物、脂肪、蛋白质、维生素E、维生素$B_1$、维生素$B_2$、烟酸、镁、铁、锌、钾、磷、钠等。中医认为小米味甘、咸,性凉,具有健脾和胃、补益虚损、和中益肾、除热、解毒的功效。

(4)烹饪运用

小米可蒸饭、煮粥;磨成粉后可以制作窝头、丝糕等;糯性小米也可酿酒、酿醋等。

**3. 高粱**

高粱又称木稷、乌禾、芦粟等,禾木科植物。高粱脱壳后即为高粱米,子粒呈椭圆形、倒卵形或圆形、大小不一,呈白、黄、红、褐、黑等颜色,一般随种皮中单宁含量的增加,粒色由浅变深。胚乳按结构分为粉质、角质、蜡质、爆粒等类型,按颜色又有白胚乳和黄胚乳之别,如图2-6所示。

(1)品种及产地

高粱分类方式比较多,按用途可分为食用高粱、糖用高粱、帚用高粱等;按口感分为甜的、黏的;按株型分有高杆的,中高杆的,多穗的等;高粱杆还有甜的与不甜的之分。我国主要产于东北地区,山东、河南、河北等地也有栽培。

图2-6 高粱米

(2)质量标准

高粱米以色泽呈乳白色,有光泽,颗粒饱满完整,均匀一致,质地紧密,无杂质、无虫害、无霉变者为质量优。

(3)营养价值

高粱米含有蛋白质、脂肪、碳水化合物、维生素E、维生素$B_1$、维生素$B_2$、烟酸、钙、镁、铁、锌、钾、磷、钠等。中医认为高粱米味甘,性温、涩,具有和胃、消积、温中、涩肠胃、止霍乱的功效。

(4)烹饪运用

高粱米可制作干饭、稀粥,还可磨粉用于制作糕团、饼等。高粱也是酿酒、制醋、提取淀粉、加工饴糖的原料。

高粱的皮层中含有单宁,单宁有涩味,食用后会妨碍人体对食物的消化吸收,还容易引起便秘。加工粗糙的高粱米中含单宁较多,加工精度较高时,可以消除单宁的不良影响,还可以提高蛋白质的消化吸收率。

**4. 黍**

(1)品种与产地

黍又称黍稷,黍稷子粒有糯性和粳性之分,糯性为黍、黍子、黄粟,粳性为稷、稷子、糜子,如图2-7所示。子粒为带壳颖果,呈红、黄、白、褐、灰等色,以白色种子的出米率较高。磨米去皮后称黍米,俗称黄米,为黄色小圆颗粒,比小米稍大,颜色淡黄,主要产于我国西北、华北、东北地区,南方只有少量栽培。

(2)质量标准

黍米以黄色,有光泽,颗粒饱满、完整,均匀一致,质地紧密,无杂质、无虫害、无霉变者为质量优。

**图2-7　黍米**

(3)营养价值

黍米含有蛋白质、脂肪、碳水化合物、维生素E、维生素$B_1$、维生素$B_2$、锌、钠等。中医认为黍米味甘,性微寒,具有补中益气、凉血解暑、益阴、利肺、利大肠的功效。

(4)烹饪运用

黍米是酿造黄酒的原料;用子粒加工而成的炒米,是蒙古族人民喜爱的食品。黍及黍面可以制作多种小吃,如茶汤、驴打滚、炸糕、窝窝、火烧、油馍等。

**5. 荞麦**

(1)品种及产地

荞麦也称乌麦,因子粒为三棱形瘦果,俗称三角米,如图2-8所示。荞麦有甜荞、苦荞、翅荞三种。甜荞又称普通荞麦,我国栽培较多,瘦果较大,三棱形,表面与边缘光滑,品质好。苦荞在我国西南地区栽培较多,瘦果较小,棱不明显,两棱中间有深凹线,壳厚,果实略苦,品质一般。翅荞又称有翅荞麦,我国北方和西南地区有少量栽培,瘦果有棱而呈翼状,品质差。

**图2-8　荞麦**

(2)营养价值

荞麦含有蛋白质、脂肪、碳水化合物、维生素A、维生素E、维生素$B_1$、维生素$B_2$、烟酸、钙、镁、钾、磷、铁、锌、钠、硒等。中医认为荞麦味甘,性凉,具有开胃宽肠、下气消积的功效。

(3)烹饪运用

荞麦去壳后,可制作饭、粥食用;也可以磨成粉,制作面条、饸烙、饼、饺子、馒头等。荞麦粉还可以与面粉混合制作各种面食,如朝鲜冷面。

**6. 青稞**

(1)品种及产地

青稞又称裸大麦、元麦、米大麦,如图 2-9 所示。青稞种子为颖果,子粒是裸粒,与颖壳完全分离。形状有纺锤形、椭圆形、菱形、锥形等,青稞子粒比皮大麦表面更光滑,颜色多种多样,有黄色、灰绿色、绿色、蓝色、红色、白色、褐色、紫色及黑色等。我国分布在西藏、青海、云南西北部、四川西北部、甘肃等高寒地带,以西藏最为盛产。

图 2-9　青稞

(2)质量标准

青稞以子粒色泽纯正,形状完整,子粒表面光滑,大小均匀,子粒饱满者为质量优。

(3)营养价值

青稞含有蛋白质、脂肪、碳水化合物、维生素 E、维生素 A、维生素 $B_1$、维生素 $B_2$、钙、磷、钠、钾、镁、铁、锌等。中医认为青稞味咸,性平,具有补脾养胃、益气止泻、壮筋益力、除湿发汗的功效。

(4)烹饪运用

青稞可以熬粥,磨成面后作馒头、面条等各种面食,还可以酿青稞酒等。

**7. 燕麦**

(1)品种及产地

燕麦又称莜麦、油麦,如图 2-10 所示。颖果腹面有纵沟,子粒瘦长,有腹沟,无稃子,表面生有茸毛。子粒有筒形、圆卵形、纺锤形等,颜色有黄、白、褐等,子粒饱满。主要种植在内蒙古、河北、河南、山西等地。

(2)营养价值

燕麦含有蛋白质、脂肪、碳水化合物、维生素 E、维生素 $B_1$、维生素 $B_2$、叶酸、烟酸、钙、钾、镁、铁、锌等。中医认为燕麦味甘,性温,具有降血压、降胆固醇、防治大肠癌、防治心脏疾病等作用。

图 2-10　燕麦

(3)烹饪运用

燕麦质地较硬,口感不好,多用于煮粥,如燕麦粥等;也可蒸熟后磨粉用作小吃、面点、面条等。燕麦经过精加工制成麦片,口感得到改善,食用更加方便;燕麦还可以发酵后制作啤酒。

**8. 大麦**

(1)品种及产地

大麦,别名牟麦、饭麦、赤膊麦,如图 2-11 所示。大麦原产生于中东,可追溯到西元前

5000年，为16世纪犹太人、希腊人、罗马人和大部分欧洲人的主要粮食作物。世界谷类作物中，大麦的种植总面积和总产量仅次于小麦、水稻、玉米而居第四位。大麦按用途分，可分为啤酒大麦、饲用大麦、食用大麦（含食品加工）三种类型。根据大麦子粒与麦稃的分离程度可将大麦分成青稞（元麦，裸大麦）和皮麦（有稃大麦）。我国大麦现多产于淮河流域及其以北地区。

图2-11 大麦

（2）营养价值

大麦含有蛋白质、脂肪、碳水化合物、维生素E、维生素$B_1$、维生素$B_2$、烟酸、镁、钙、铁、锌、钾、磷等。中医认为大麦味甘、咸，性凉，具有益气宽中、消渴除热等功效。

（3）烹饪运用

大麦磨成粉，可制作饼、馍等。大麦去麸皮后压成片，可制作粥、饭等。

## 二、豆类粮食

### （一）豆类粮食的结构

豆类粮食种类繁多，但均属于豆科植物，种子的结构基本相同，主要由种皮、胚和子叶三部分组成，如图2-12所示。

**1. 种皮**

种皮位于种子最外层，种皮颜色有黄、青、黑、褐、红及杂色，是区别不同品种豆类的重要标志。种皮质量占种子总质量的3%左右，主要化学成分为纤维素、半纤维素、蛋白质。种皮具有保护胚和子叶的作用。

**2. 胚**

豆类种子的胚由子叶、胚芽、胚轴和胚根构成。这类作物种子成熟时，其胚乳退化，子叶是储藏营养物质的部位，故豆粒显得非常肥厚，营养丰富。胚较小，其质量只占种子总重量的2%左右。

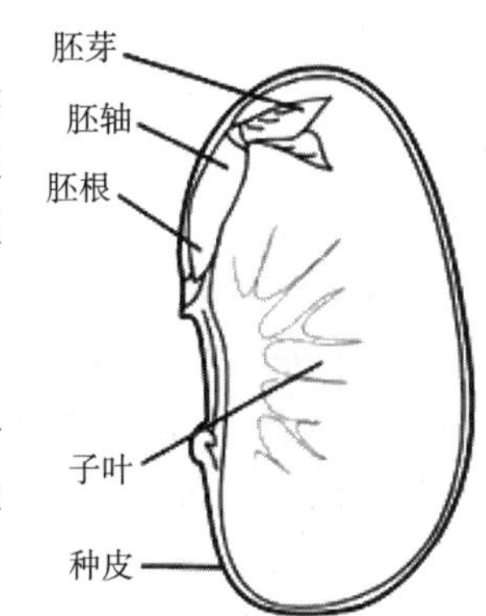


图2-12 豆类种子结构

**3. 子叶**

子叶俗称“豆瓣”，是储藏营养物质的部位，被称为大豆种子的“营养仓库”。子叶体积大，非常肥厚，其重量占全种子质量的90%以上。

### （二）豆类粮食的主要种类

**1. 大豆**

大豆为豆科属草本植物的种子，又称菽、黄豆、戎豆，呈椭圆形、球形，如图2-13所示。大豆荚果呈长方披针形，长5~7cm，宽约1cm，密布棕色绒毛。

（1）品种及产地

大豆根据种皮颜色主要分为黄大豆、黑大豆、青大豆、其他大豆四类。

黄大豆可细分为白黄、淡黄、深黄、暗黄四种，中国大豆绝大部分为黄大豆。

图 2-13 大豆

黑大豆包括黑皮青仁大豆、黑皮黄仁大豆,可细分为乌黑、黑两种,著名品种有山西太谷小黑豆、五寨小黑豆、广西柳江黑豆、灵川黑豆等。

青大豆包括青皮青仁大豆、青皮黄仁大豆,可细分为绿色、淡绿色、暗绿色三种,广西产小青豆,大部分地区产大青豆。

其他大豆包括种皮为褐色、棕色、赤色等单一颜色的大豆,著名品种有广西、四川的小粒褐色泥豆,云南的酱色豆、马科豆,湖南的褐泥豆。

大豆在我国大部分地区都有出产,其中以东北所产质量最佳。

(2)质量标准

大豆品质以色黄,籽粒圆形,整齐饱满,坚硬,皮薄,无霉变者为质量优。

(3)营养价值

大豆含有蛋白质、脂肪、碳水化合物、维生素 A、维生素 E、维生素 $B_1$、维生素 $B_2$、烟酸、钾、磷、镁、钙、碘、铁、硒、锌、钠等。中医认为大豆味甘,性平,具有健脾宽中、润燥消水、清热解毒、益气的功效。

(4)烹饪运用

大豆可以加工豆腐、豆浆、腐竹等豆制品。大豆经发酵可加工腐乳、臭豆腐、豆瓣酱、酱油、豆豉等制品。大豆也可以磨粉,用于制作主食和各种面点。

**2. 赤豆**

赤豆又名红小豆、小豆等。赤豆的种皮多为赤褐色,也有些品种为黑色、白色、灰色、浅黄色以及杂色,赤豆的粒形与绿豆相似,多为短矩形,如图 2-14 所示。

图 2-14 赤小豆

(1)品种与产地

赤豆的品种较多,根据纯度分为纯赤豆和杂赤豆两类。纯赤豆是指各色小豆互混限度总量为 10% 以下的赤豆;杂赤豆则为超过 10% 的互混限度或混入其他如菜豆、豇豆、绿豆等豆类的赤豆。

黑龙江、吉林、辽宁、河北、河南、山东、安徽、江苏等省以及陕西的关中平原和甘肃的陇南等地都是赤豆的主要产区。

(2)质量标准

赤豆品质以粒大饱满、皮薄、红紫色有光泽、脐上有白纹者为质量优。

(3)营养价值

赤豆含有蛋白质、脂肪、碳水化合物、维生素 A、维生素 E、维生素 $B_1$、维生素 $B_2$、钙、镁、铁、锌、钾、磷、钠等。中医认为赤豆性味甘、酸,性平,具有滋补强壮、健脾养胃、利水除湿、和气排脓、清热解毒、通乳汁和补血的功能。

(4)烹饪运用

赤豆多用于制作羹汤、粥品;煮烂退皮后可加工制成赤豆泥、豆沙等,是制作糕点甜馅的主要原料；与面粉掺和后可作各式糕点；在菜肴的制作中可作为甜味夹酿菜的馅料，如夹沙肉、龙眼烧白、高丽肉、酿枇杷等。

**3. 绿豆**

绿豆又名青小豆、菉豆、植豆，原产印度、缅甸地区。绿豆的种子大多为短矩形，种子外被蜡质层包裹，较坚硬，绿豆大多数品种的种皮呈翠绿色，有的为黄绿色和蓝绿色，种脐凸出呈白色，如图 2－15 所示。

（1）品种与产地

绿豆的品种按照其种脐的长短可分为长脐绿豆和短脐绿豆。长脐绿豆为青绿豆，在我国很少栽培，我国栽培的主要是短脐绿豆。绿豆按生产季节可分为春播绿豆和夏播绿豆，春播绿豆在 7 月份便可收获，夏播绿豆一般在 9 月中旬至 10 月中旬间收获。我国绿豆产区在华北及黄河平原地区，其中河南、山东、安徽、江西等省是我国绿豆栽培面积较大的地区。此外，吉林、江苏、河北等省产量也较大。

**图 2－15　绿豆**

（2）质量标准

绿豆以色绿而富有光泽，形圆且粒大整齐饱满，皮薄，煮后较软者为质量优。

（3）营养价值

绿豆含有蛋白质、脂肪、碳水化合物、维生素 A、维生素 E、维生素 $B_1$、维生素 $B_2$、钙、镁、铁、锌、钾、磷、钠等。中医认为绿豆味甘，性凉，具有清热解毒、利尿、消暑除烦、止渴健胃、利水消肿的功效。

（4）烹饪运用

绿豆可单独或与大米等原料混合，制作饭、粥等；也常制成绿豆沙，在面点中作为馅心使用。另外，绿豆还是制取优质淀粉的原料，可用于品质优良的粉丝、粉皮的制作。

**4. 蚕豆**

蚕豆又名胡豆、佛豆、川豆、倭豆、南豆、罗汉豆，为豆科植物蚕豆的种子。相传西汉张骞自西域引入中国。蚕豆种子扁平，略呈矩圆形，种皮颜色因品种而异，有乳白、灰白、黄、肉红、褐、紫、青绿等色，脐色有黑色与无色两种，如图 2－16 所示。

（1）品种与产地

蚕豆根据地域特点分为北方品种与南方品种，特别是北方品种中的青海蚕豆、甘肃蚕豆具有抗病性强、高产、优质、粒大适应性广的特点。我国大部分地区都有种植，以四川、云南、江苏、湖北等地为多。

（2）质量标准

蚕豆以粒成扁平椭圆形，油润有光泽，香气浓郁者为质量优。

**图 2－16　蚕豆**

（3）营养价值

蚕豆含有蛋白质、脂肪、碳水化合物、维生素 $B_1$、维生素 $B_2$、钙、镁、铁、锌、钾、磷、钠等。中医认为蚕豆味甘，性平，具有补中益气、健脾益胃、清热利湿、止血降压、涩精止带的功效。

(4)烹饪运用

嫩蚕豆可制作多种菜肴,如作主料制作酸菜蚕豆、春芽蚕豆,作配料制作鸡米蚕豆、翡翠虾仁等。老蚕豆多用于点心、小吃等面点中,也可以制汤。

**5. 豌豆**

豌豆又名麦豌豆、寒豆、麦豆、雪豆、毕豆、麻累、国豆等。豌豆种子形状大多为圆球形,还有椭圆、扁圆、凹圆、皱缩等形状。颜色有黄白、绿、红、玫瑰、褐、黑等颜色。豌豆起源亚洲西部、地中海地区和埃塞俄比亚、小亚细亚西部,因其适应性很强,在全世界的地理分布很广。如图2-17所示。

**图2-17 豌豆**

(1)品种与产地

豌豆可按株形分为软荚、谷实、矮生豌豆3个变种,或按豆荚壳内层革质膜的有无和厚薄分为软荚和硬荚豌豆,也可按花色分为白色和紫(红)色豌豆。我国主要产区为四川、河南、湖北、江苏、青海等。

(2)质量标准

豌豆以色泽黄绿而富有光泽,形较圆且粒大而整齐者为质量优。

(3)营养价值

豌豆含有蛋白质、脂肪、碳水化合物、维生素A、维生素E、维生素$B_1$、维生素$B_2$、钙、镁、铁、锌、钾、磷、钠等。中医认为豌豆味甘,性平,具有益中气、止泻痢、利小便、消痈肿、解乳石毒的功效。

(4)烹饪运用

嫩豌豆大多整粒使用,一般用于制作菜肴,如腊肉焖豌豆、清炒豌豆。老豌豆常磨粉后使用,可以制作糕点和馅心。用豌豆制取的淀粉可制作粉丝、凉粉等食品。

## 三、薯类粮食

### (一)薯类粮食的营养特点

薯类粮食含有优质的淀粉,尤其是由木薯生产的淀粉极易消化,常适宜于婴儿及病弱者食用。其次,含有丰富的膳食纤维,胡萝卜素和维生素C。另外,薯类粮食含有某些特殊的营养保健成分,如黏液蛋白,可以预防心血管系统的脂肪沉积,保持动脉血管弹性,防止动脉粥样硬化过早发生。

### (二)薯类粮食的主要种类

**1. 山芋**

山芋又称番薯、红薯、白薯、甘薯、地瓜、红苕等,为旋花科一年生或多年生草本块根植物。山芋起源于美洲的热带地区,由印第安人人工种植成功,明朝中后期方引入中国,与马铃薯、木薯并称为世界三大薯类。如图2-18所示。

(1)品种与产地

图 2－18　山芋

山芋为根浅叶密、茎多匍匐生长、部分根可膨大成块根的蔓生型作物。块根按形状分为纺锤形、圆筒形、球形和块形等，皮色有白、黄、红、紫、淡红、紫红等，肉色可分为白、黄、蛋黄、橘红或带有紫晕等。山芋在我国广为栽培，以淮海平原、长江流域及东南沿海各省区为主要产地。

(2)质量标准

山芋以大小整齐，皮浅红色，肉质黄白、脆嫩，香味浓郁者为质量优。

(3)营养价值

山芋含有蛋白质、脂肪、碳水化合物、维生素 A、维生素 E、维生素 $B_1$、维生素 $B_2$、钙、镁、铁、锌、钾、磷、钠等。中医认为山芋味甘，性平，有补脾益气、宽肠通便、生津止渴的功效。

(4)烹饪运用

山芋除直接煮、蒸、烤食用外，还可以在煮熟后捣制成泥与米粉、面粉等混合，制成各种点心和小吃，如红薯饼、苕梨等；晒干磨成粉后与小麦粉等掺和，可作馒头、面条、饺子等；可作甜菜用料或蒸类菜肴的垫底，如拔丝山芋、粉蒸牛肉等；可作雕刻用料；可提取淀粉制作红薯粉条、红薯粉等。

**2. 木薯**

木薯又称树薯、木番薯、槐薯等，原产于美洲热带，全世界热带地区广为栽培。木薯块根呈圆锥形、圆柱形或纺锤形，如图 2－19 所示。

(1)品种与产地

图 2－19　木薯

木薯主要有苦木薯和甜木薯两种。前者淀粉含量高于甜味品种，氰酸较多，专门用来生产木薯粉，后者食用方法类似马铃薯。木薯广泛分布于华南地区，广东和广西的栽培面积最大，福建和台湾次之，云南、贵州、四川、湖南、江西等地亦有少量栽培。

(2)质量标准

木薯以色泽一致，表面干燥，无虫蛀、霉变、烂斑及异味者为质量优。

(3)营养价值

木薯含有蛋白质、脂肪、碳水化合物、维生素 A、维生素 E、维生素 $B_1$、维生素 $B_2$、钙、镁、铁、锌、钾、磷、钠等。中医认为木薯味苦，性寒，具有解毒消肿的功效。

(4)烹饪运用

木薯的烹饪应用与甘薯基本相同。另外，木薯常用于提取淀粉，成品色白细腻，为优质淀粉，可用于西米的加工。木薯块根中含有木薯氰苷，须用水浸去毒，并经过加工至熟后方可食用。

# 任务三　粮食制品

## 一、粮食制品概述

粮食制品是将原粮经加工后制成的,主要包括谷制品、豆制品和淀粉制品。谷制品是以面粉、稻米为原料加工而成的粮食制品,主要分为面制品和米制品两大类,品种繁多。豆制品是以大豆等原料加工而成的各种制品或半制品,分为豆浆制品、豆腐制品、豆芽制品。淀粉制品主要指以从粮食中加工提炼出的淀粉为原料再经加工而成的制品。

粮食制品本身大多没有特别显著的口味,搭配的适应性较强,适用于多种烹调方法,如煮、蒸、炸、炒、烧、煨、炖等。粮食制品也是制作素馔和仿荤菜肴的重要原料,如素鸡、素鸭、素火腿、素香肠、素肉丝等。另外,粮食制品是制作各种风味小吃的原料,如四川的汤圆、云南的米线等。

## 二、粮食制品的主要种类

### (一)谷制品

**1. 面筋**

面筋是将小麦面粉加水和成面团,在水中揉洗除去可溶性物质、淀粉和麸皮后得到的一种浅灰色、柔软而有弹性、不溶于水的胶状物,如图 2-20 所示。

图 2-20　面筋

(1)品种与产地

面筋品种包括水面筋、素肠、烤麸、油面筋。水面筋是将生面筋制成块状或条状,用沸水煮熟制成,色灰白、有弹性。素肠是将生面筋捏成扁平长条,缠绕在筷子上,沸水煮熟后抽去筷子,成型为管状的熟面筋,质地、色泽均同水面筋。烤麸是将大块生面筋盛入容器内,保温让其自然发酵成泡,但发酵时间不宜过长,然后用高温蒸制成大块饼状,色橙黄,松软而有弹性,质地多孔,呈海绵状。油面筋是将生面筋吸干水分,按每 1000g 面筋加入 300g 面粉拌合,揉至面粉全部融入面筋中且外观光亮为止,摘成小团块,放入六成热油中油炸成圆球状,色泽金黄,中间多孔而酥脆,重量轻,体积大。面筋在全国各地均有生产。

(2)营养价值

水面筋含有蛋白质、脂肪、碳水化合物、维生素 $B_1$、维生素 $B_2$、钙、镁、铁、锌、钾、磷、钠等。中医认为水面筋味甘,性凉,有和中益气、解热、止烦渴的功效。

(3)烹饪运用

面筋口感柔韧,富有弹性。在烹调中,既可以单独使用,也可以与其他原料配合,最宜与鲜美的动物性原料合烹,适用于炒、烩、烧、蒸及填馅作汤。

**2. 米线**

米线又称米粉、沙河粉,是以大米为原料,经过多道加工程序制成的线状原料,如图 2-21 所示。

(1)品种

米线的著名品种有云南的玉溪小锅米线、大锅肠旺米线、豆花米线;福建兴化粉、桐口粉干;广东沙河粉;江西石城粉干等。

(2)营养价值

米线含有蛋白质、脂肪、碳水化合物、维生素 $B_1$、维生素 $B_2$、钙、镁、铁、锌、钾、磷、钠等。

(3)烹饪运用

米线的食用方法很多,可以炒、煮、烩等,凉热皆宜,如云南的“过桥米线”“小锅米线”、广西的“桂林马肉米粉”、贵州“遵义牛肉米粉”等。

图 2-21 米线

## (二)豆制品

### 1. 豆腐

豆腐是以大豆为原料,经浸泡、研磨、滤浆、煮浆、点卤或加石膏等工序,使豆浆中的蛋白质凝固后压榨成型的产品,如图 2-22 所示。

(1)品种

图 2-22 豆腐

豆腐按使用凝固剂的不同,可分为南豆腐、北豆腐、内酯豆腐等。南豆腐又称嫩豆腐,是以石膏点制凝固,成豆腐脑后在布包内转压成型的豆腐。水分含量约为 90%,质地细腻,口感较嫩,适于拌、炒、烩、烧及制羹、汆汤,不适于炸、煎。北豆腐又称老豆腐,是经点卤凝固,成豆腐脑后在模具中紧压成型的豆腐,其水分含量约为 85%,质地紧密,口感较老,适于煎、炸、炒、制馅等。内酯豆腐是以葡萄糖酸-δ-内酯作凝固剂制作的豆腐。内酯豆腐细腻有弹性,但微有酸味,适用烹饪技法同南豆腐。

(2)质量标准

豆腐以表面光润,白洁细嫩,成块不碎,气味清香,柔嫩适口,无苦涩味或酸味,炸时易起蜂窝者为质量优。

(3)营养价值

豆腐含有蛋白质、脂肪、碳水化合物、维生素 $B_1$、维生素 $B_2$、钙、镁、铁、锌、钾、磷、钠等。中医认为豆腐味甘,性凉,具有益气宽中、生津润燥、清热解毒、和脾胃、抗癌等功效。

(4)烹饪运用

豆腐烹饪应用十分广泛,适于各种烹调方法,制作的菜肴多达上百种。著名的菜肴有小葱拌豆腐、麻婆豆腐、生煎豆腐、泥鳅钻豆腐、锅贴豆腐、沙锅豆腐等。

### 2. 豆干

豆干又名豆腐干、白干,是以大豆为原料,经浸泡、研磨、出浆、凝固、压榨等工序加工而成的豆制品,如图 2-23 所示。

图 2-23　豆干

(1)品种

直接用豆腐制成的豆腐干称为白豆腐干或白干。白豆腐干可进一步加工成五香干、茶干、臭干、兰花干等。名产有安徽采石矶茶干、四川五香豆腐干、江苏苏州卤干、如皋蒲茶干等。

(2)质量标准

豆干以色泽金黄,绵醇厚道,质地细腻,质地硬中有韧者为质量优。

(3)营养价值

豆干含有蛋白质、脂肪、碳水化合物、维生素 $B_1$、维生素 $B_2$、钙、镁、铁、锌、钾、磷、钠等。

(4)烹饪运用

豆干可加工成卤干、熏干、酱油干等,可切成片、丝、丁、粒等用作菜肴的主、配料,是宴席中拌凉菜、炒热菜的上乘原料,如扬州名菜大煮干丝、烫干丝等。

**3. 腐竹**

腐竹是大豆磨浆烧煮后,将蛋白质上浮凝结而成的薄皮挑出后,卷成杆状烘干而成的豆制品,如图 2-24 所示。

(1)品种

腐竹著名的品种有河街腐竹、阳埠腐竹、桂林腐竹、长葛腐竹、陈留豆腐棍等。其中,河南许昌河街素有"腐竹之乡"之称。

(2)质量标准

腐竹的品质以颜色浅麦黄,有光泽,蜂窝均匀,折之易断,外形整齐者为优。

(3)营养价值

腐竹含有蛋白质、脂肪、碳水化合物、维生素 $B_1$、维生素 $B_2$、钙、镁、铁、锌、钾、磷、钠等。

图 2-24　腐竹

(4)烹饪运用

腐竹适于烧、拌或作配料。腐竹须用凉水泡发,这样可使腐竹整洁美观,如用热水泡,则腐竹易碎,可单独炒、烩、烧、炸等成菜,如油焖腐竹、干炸响铃、卤腐竹等;也可与荤素原料配合成菜,如虾籽烧腐竹、烩三鲜腐竹、奶油腐竹、油焖腐竹等。

## (三)淀粉制品

**1. 粉丝**

粉丝又称粉条、粉干、线粉等,将绿豆、红薯、土豆等淀粉含量高的原料用糊化和老化的原理,是经浸泡、磨浆、提粉、打糊、漏粉、理粉、晒粉、泡粉、挂晒等多道加工工艺制成的丝线状制品,如图 2-25 所示。

(1)品种

粉丝按照原料的不同分为豆粉丝、薯粉丝、混合粉丝。豆粉丝以各种豆类为原料制成,以绿豆制作的粉丝质量为佳,呈半透明状,弹性和韧性好,为粉丝中的上品,如山东龙口粉丝。薯粉丝一般以甘薯、马铃薯等为原料加工而成,不透明,色泽暗。混合粉丝一般以豆类原料为主,兼以薯类、玉米、高粱等混合制作而成,品质优于薯粉丝。

图 2-25 粉丝

(2)营养价值

粉丝含有蛋白质、脂肪、碳水化合物、维生素 $B_2$、钙、镁、铁、锌、钾、磷、钠等。

(3)烹饪运用

粉丝广泛用于烹调中,既可以作为菜肴主料、配料,用于拌、炒、烧、作汤,也可以制作面点的馅心。代表菜式有蚂蚁上树、五色龙须等。

**2. 粉皮**

粉皮是以豆类或薯类的淀粉为原料,利用糊化、老化的原理制成的片状制品,如图 2-26 所示。

(1)品种

粉皮以纯绿豆制作的较好,粉皮外形有方形和圆形。制成后未经干制的称为水粉皮;经干制的称为干粉皮,著名品种有河北邯郸粉皮、河南汝州粉皮、安徽寿县粉皮等。

图 2-26 粉皮

(2)质量标准

干粉皮以片薄平整,色泽亮中透绿,质地干燥,韧性较强,久煮不化者为质量优。

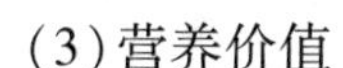

(3)营养价值

粉皮含有蛋白质、脂肪、碳水化合物、维生素 $B_1$、维生素 $B_2$、钙、镁、铁、锌、钾、磷、钠等。

(4)烹饪运用

粉皮经切成块状、条状后,可以直接调拌作小吃或作冷菜,如黄瓜拌粉皮、鸡丝拉皮等;配荤料可以制作砂锅鱼头粉皮、汤卷、猴戴帽等热菜;油炸后可制作拔丝粉皮、火腿蛋粉皮等菜肴。

## 练习题

**一、填空题**

1. 粮食类原料按性质分类,可分为________、________、________及________。
2. 大米分为________、________和________三类。
3. 大豆制品有________、________、________等。
4. ________、________、________被称为世界三大薯类。

**二、选择题**

1. (　　)是制取优质淀粉的原料,可用于品质优良的粉丝、粉皮的制作。

A. 绿豆　　B. 黄豆　　C. 赤豆　　D. 豌豆

2. 低筋粉不适宜制作的面点是(　　)

A. 蛋糕　　B. 饼干　　C. 混酥糕点　　D. 面包

3. 南豆腐是由(　　)点制凝固而制成。

A. 卤　　B. 石膏　　C. 醋精　　D. 葡萄糖酸 - δ - 内酯

**三、简答题**

1. 试述粮食类原料的营养特点。
2. 试举例说明粮食类原料的烹饪运用。
3. 试述南豆腐、北豆腐的特点。

## 参考答案

一、1. 豆类粮食、谷类粮食、薯类粮食、粮食制品

2. 粘米、粳米和糯米

3. 豆腐、豆干、腐竹

4. 山芋、马铃薯、木薯

二、1. A

2. D

3. B

三、(略)

# 模块三　蔬菜类烹饪原料

**学习目标**

1. 了解蔬菜类原料的主要产地及其品种区别。
2. 熟悉蔬菜类原料的概念及分类方法。
3. 掌握蔬菜类原料的营养成分及其在烹饪过程中的变化。
4. 掌握蔬菜类原料的营养价值及其在烹饪中的应用。
5. 掌握蔬菜类原料的品质特点及辨别方法。

## 任务一　蔬菜原料概述

### 一、蔬菜的概念与分类

#### (一)蔬菜的概念

蔬菜是指可作副食品的草本植物的总称,也包括少数可作副食品的木本植物的幼芽、嫩叶以及食用菌类和藻类。

蔬菜是重要的烹饪原料,是人们日常生活中不可缺少的副食品。蔬菜中含有丰富的营养成分,对保持人体的酸碱平衡有着重要的作用。

我国蔬菜栽培历史悠久,品种繁多,产量丰富,品质优良。随着农业科技的不断发展,绿色蔬菜、特色蔬菜等新品种不断涌现,使我们的蔬菜市场更加丰富多彩。

#### (二)蔬菜的分类

蔬菜的种类繁多,在不同的领域有不同的分类方法。本书中,蔬菜以下列三种方式分类,即植物学分类、农业生物学分类以及按食用部位分类。

**1. 植物学分类**

即根据植物的形态特点按照科、属、种、变种进行分类。我国蔬菜植物共有20多科,其中绝大多数属于种子植物,而重要的蔬菜又多包括在双子叶植物的十字花科、豆科、葫芦科、伞科、菊科及单子叶植物的百合科和禾本科等八大科。

**2. 农业生物学分类**

该分类方法根据蔬菜生长发育的习性和栽培方法,以蔬菜的农业生物学特性作为分类的依据。

我国蔬菜的农业生物学分类如下:

(1)根菜类

根菜类以其膨大的直根为食用部分,包括萝卜、胡萝卜、根用芥菜(大头菜)、芜菁甘蓝、根用甜菜等。

(2)白菜类

白菜类以柔嫩的叶丛或叶球为食用部分,包括大白菜、小白菜、芥菜、甘蓝等。

(3)绿叶蔬菜类

绿叶蔬菜以幼嫩的绿叶或嫩茎为食用部分,包括莴苣、芹菜、菠菜、茼蒿、苋菜、木耳菜等。

(4)葱蒜类

葱蒜类叶鞘基部能形成鳞茎,所以也叫作"鳞茎类",以鳞茎、叶片及花薹为食用部分,包括洋葱、大蒜、大葱、韭菜等。

(5)茄果类

茄果类以肉质的浆果作为食用部分,包括茄子、辣椒、番茄等。

(6)瓜类

瓜类以瓠果作为食用部分,包括南瓜、黄瓜、西瓜、甜瓜、瓠瓜、冬瓜、丝瓜、苦瓜等。

(7)豆类

豆类以鲜嫩的种子或豆荚供食用,包括菜豆、豇豆、毛豆、刀豆、扁豆、豌豆、蚕豆等。

(8)薯芋类

薯芋类以地下根和地下茎供食用,包括马铃薯、红薯、山药、姜等。

(9)水生蔬菜类

水生蔬菜生长在沼泽地区,以地下茎、球茎或嫩茎叶供食用,包括藕、茭白、慈姑、荸荠、菱、水芹、蒲菜等。

(10)多年生蔬菜类

多年生蔬菜一次繁殖后可以连续采收数年,以嫩茎、芽叶等供食用,包括竹笋、金针菜、百合等。

(11)食用菌类

食用菌类为孢子植物,以其肉质化的子实体供食用,包括蘑菇、草菇、香菇、金针菇、木耳、银耳、猴头菇、竹荪、平菇、牛肝菌等。

**3. 按食用部位分类**

(1)根菜类蔬菜

是指具有粗大的且有食用价值的根部的蔬菜,如萝卜、胡萝卜、根用甜菜等。

(2)茎菜类蔬菜

是指以嫩茎或变态茎为可食用部分的蔬菜,包括地上茎类蔬菜和地下茎类蔬菜,如竹笋、蒜等。

(3)叶菜类蔬菜

是指以叶片和叶柄为主要食用部分的蔬菜,如白菜、生菜等。

(4)花菜类蔬菜

是指以花为食用部位的蔬菜,如黄花菜、花椰菜等。

(5)果菜类蔬菜

是指以果实或幼嫩的种子为食用部分的蔬菜,如菜豆、黄瓜等。

(6)菌藻类蔬菜

是指可供食用的菌类、藻类、地衣类等蔬菜。

## 二、蔬菜的营养与烹饪

### (一)蔬菜的营养价值

蔬菜含有很多化学物质,这些化学物质大多数是人体所需要的营养成分,是维持人体正常的生理机能、保持人体健康所不可缺少的物质。但因各种蔬菜的品种、产地、气候、栽培、管理等方面的不同,所以在化学成分的组成及含量上也有很大的差别。

**1. 水分**

水分是很多蔬菜类原料的重要组成成分,一般占原料的65%~90%。含水量是检验蔬菜类原料新鲜度的一个重要标准。蔬菜中的水分以两种形态存在:自由水和束缚水。

自由水。是指不被植物细胞内胶体颗粒或大分子所吸附,能自由移动,并具有溶剂作用的水。在蔬菜体内流动性强、易蒸发、加压可析离,是可以参与物质代谢过程的水。自由水还具有一定的运输作用,在生物体内流动,可以把营养物质运送到各个细胞,同时也把各个细胞在新陈代谢中产生的废物运送到排泄器官或者直接排出体外。

束缚水。是被细胞内胶体颗粒或大分子吸附或存在于大分子结构空间,不能自由移动,具有较低的蒸汽压,在远低于0℃以下的温度下结冰,不起溶剂作用。它有两个特点:其一是不易结冰(冰点为-40℃);其二是不能作为溶质的溶剂。

**2. 碳水化合物**

碳水化合物是蔬菜的主要成分,在蔬菜体内的主要存在形式有单糖、双糖、淀粉、果胶、纤维素等。

(1)单糖、双糖和糖醇

包括葡萄糖、果糖、蔗糖、麦芽糖,这些糖类与植物中的许多营养物质搭配形成不同的风味,使蔬菜类原料具有不同的口味。

(2)多糖

在蔬菜原料中,多糖主要以淀粉的形式存在,主要存在于根类和茎类蔬菜中。其中,马铃薯含淀粉14%~25%、藕含12.77%,荸荠和芋头当中淀粉含量也较多。因此,这些果蔬经熟制后具有面、沙、粉的质感。

纤维素是一类复杂的多糖,是构成植物细胞壁的主要成分,多存在于蔬菜的茎、叶、果实和海藻类等。纤维素不能为人体所利用,但在人体的代谢过程中有着很重要的作用。

此外,果蔬中还含有丰富的果胶质。果胶物质是细胞壁的基质多糖,在浆果、果实和茎中最丰富。利用果胶的性质,蔬菜可以被制作成很多酱品类原料,如番茄酱、南瓜酱等。

**3. 维生素**

蔬菜中含有丰富的水溶性维生素和胡萝卜素,是人体获得维生素的重要来源。水溶性维生素包括维生素C、维生素$B_1$,脂溶性维生素包括胡萝卜素、维生素E和维生素K。

维生素C广泛存在于蔬菜中,受清洗、烹调方法、加热时间、保存管理等方面的影响,蔬菜中的维生素C会受到损失。因此,要注意烹调时间不要过长,不要盛装在铁或铜的器皿中,加热时不要加碱等,以减少维生素C的流失。

维生素A原、维生素E及维生素K都为脂溶性维生素。因此,在烹制富含这些成分的蔬菜时,宜多加油,如炝炒豌豆苗、胡萝卜烧肉、韭菜炒鸡蛋等,以利于人体的吸收。

维生素 $B_1$ 其分子组成中含有硫和氨基,所以叫做硫胺素或抗脚气病维生素,其在酸性条件下稳定,在中性和碱性条件中遇热容易遭到破坏。所以,在烹调过程中如果过多加碱就会造成维生素 $B_1$ 的损失。

维生素 $B_2$ 微溶于水而不溶于脂肪,性质比较稳定,短时间加热不会被破坏。

**4. 蛋白质**

蔬菜中含氮的物质主要以蛋白质的形式存在,其中,豆类菜、果菜类含有丰富的蛋白质,而叶菜类蔬菜则蛋白质较少。

**5. 无机盐**

蔬菜中的矿物质含量非常少,钙、磷、铁、镁、钾、钠、碘、铝、铜等以无机盐或有机盐的形式存在于蔬菜中。由于无机盐溶于水,在烹饪加工时易流失,所以,应避免在水中长时间浸泡蔬菜或先切后洗。

**6. 有机酸**

有机酸在蔬菜中含量丰富,主要包括柠檬酸、苹果酸、酒石酸,一般通称为果酸。此外,蔬菜中还含有少量的草酸、水杨酸、琥珀酸。这些有机酸以游离状态或结合成盐类的形式存在,形成了果实特有的酸味。有机酸和果实中所含的糖分共同构成的糖酸会直接影响果实的风味。

有机酸可以刺激食欲,保护蔬菜原料中的维生素 C,丰富菜肴的味感。但是某些蔬菜中含有较多的草酸,如,菠菜、竹笋、叶用甜菜、食用大黄等,在烹制前应焯水处理,除去草酸,从而避免影响钙质的吸收,减少对胃肠道的刺激,降低酸涩味。

**7. 色素**

蔬菜中的色素分为两大类,一类是水溶性色素,如花青素,花黄素等;另一类是非水溶性色素,如叶绿素和类胡萝卜素等。色素在烹调过程中的变化跟受热程度有很大的关系,色素是影响菜肴色泽鲜亮的一个重要条件。

**8. 芳香物质**

蔬菜中芳香物质含量虽少但成分非常复杂,主要包括酯、醛、酮、烃、萜、烯等。有些以糖或氨基酸的形式存在,在酶的作用下分解生成挥发油才有香气,如蒜油。

烹饪中可以利用蔬菜的特异性芳香气味制作出各式冷盘、冷点;利用蔬菜的香辛气味赋味增香、去腥除异,从而达到丰富菜肴的品种、刺激食欲的目的。

**9. 单宁**

单宁又称鞣质,为多酚类物质,蔬菜中含量较少。单宁有一定的涩味,在未成熟的果实中含量高。随着果实的成熟,单宁逐渐分解或被结合、转化,涩味减弱。一方面,单宁与单双糖和有机酸比例适当时会表现出果品良好的风味。另一方面,单宁遇氧后在氧化酶的作用下会发生酶促褐变反应,使蔬菜颜色劣变,如马铃薯、莲藕、茄子等切开后变褐就是这个原因。实际工作中,可通过加酸、隔氧等措施阻止此变化。此外,果汁中的蛋白质可以与单宁结合成不溶于水的沉淀,因此,在果汁加工时加入一定量的单宁可使果汁变得澄清。

**10. 苷类**

苷类即甙类,或称生物碱,是由糖类和其他含羟基的化合物(如醇、醛、酚)结合而成的物质。蔬菜中苷类物质含量较多,并且呈现出不同的性质。大多数苷类具有苦味或特殊香味,但有的有毒性。如甜叶菊茎叶中的甜叶菊苷是最甜的天然甜味剂,芥菜和辣根中的芥子苷具有独特的辛辣味道,柑橘果皮中的橘皮苷具有特有的苦香味。而存在于马铃薯发芽或变青部位的茄碱则是一种有毒的苷类物质。

**11. 油脂和蜡质**

蔬菜中的油脂主要存在于种子和部分果实中(如油橄榄、牛油果等),而在根茎、叶中含量很少。

某些果蔬的茎、叶和表面有一层薄的蜡质,可以防止原料的枯萎、水分的蒸发和微生物的侵入,对于保护原料的新鲜度具有一定的意义。有的蔬菜在成熟后表皮会有蜡粉产生,是蔬菜成熟的标志之一,如冬瓜、南瓜等。

**12. 酶**

酶是由生物活细胞产生的具有催化功能的蛋白质,大量分布于植物性原料的组织细胞内,虽含量很低,但与原料的品质特点关系密切。如多酚氧化酶可使切开的茄子、马铃薯发生酶促褐变反应;果胶酶会促进果实的成熟和果肉组织的软化。可利用酶的作用或控制酶的活性达到改善原料的品质或抑制原料变质的目的。

### (二)蔬菜在烹饪中的运用

蔬菜在人类饮食中具有重要的意义。长期以来,蔬菜受到世界各地人们的喜爱,并在烹饪中被加以广泛应用。

**1. 蔬菜可作为制作菜肴的主料**

蔬菜做主料应用广泛,如拔丝山药、开水白菜、鱼香茄子等。

**2. 蔬菜可作为制作菜肴的配料**

蔬菜作配料,既可配鸡、鸭、鱼、肉、蛋等动物性原料,也可配豆腐、白干等豆制品,还可相互之间搭配,如鸡丝银芽、青椒肉丝、鱼香肉丝、回锅肉、萝卜烧青菜等。

**3. 部分蔬菜类原料是重要的调味品**

有些蔬菜既能作菜食用,又能去除异味,矫正菜肴的风味,如葱、姜、蒜等原料可以除去异味增加香味,在炖羊肉的时候加入适当的萝卜可以去除羊膻味。

**4. 部分蔬菜类原料是面点中的重要馅心原料**

许多蔬菜可作为制作糕点、小吃的馅心原料,如萝卜、白菜、韭菜、大葱、冬瓜等都是制作包子、饺子、糕点的重要馅心原料。

**5. 蔬菜是食品雕刻的重要原料**

食品雕刻是中国烹饪的一朵奇葩,而其所用的原料大多是蔬菜,如萝卜、南瓜、西瓜、冬瓜等。利用它们可雕刻成各种花、鸟、鱼、虫等动物造型,也可雕刻成各地的名胜古迹。

**6. 蔬菜是菜点重要的装饰、配色和点缀原料**

由于蔬菜具有丰富的色彩,又有一定的硬度可以成形,故可用于菜肴的围边、垫底、拼衬、填充等,既可以荤素搭配使菜肴营养更全面,又能使菜肴色香味形俱佳而增加人们的食欲和进餐的兴趣。

此外,南瓜、土豆、藕、荸荠、慈姑、豆类等淀粉含量较高的蔬菜,还可以代替粮食制作主食,很多蔬菜还可以腌制、泡制、酱制、干制成各种加工制品,一些蔬菜可制作成罐头制品。

## 三、蔬菜的品质检验

蔬菜原料的品质主要从其感官指标来判断,主要指标包括蔬菜类原料的色泽、质地、含水量及病虫害等。

### (一)色泽

正常的蔬菜都有其固有的颜色。优质的蔬菜色泽鲜艳、有光泽,如叶茎类通常都是翠绿色,萝卜有红、白、绿、青等色,番茄有红、黄;质次的蔬菜虽有一定的光泽,但其色泽较优质的暗淡;劣质的蔬菜则色泽较暗,无光泽。

### (二)质地

质地是检验蔬菜品质的重要指标。优质的蔬菜质地鲜嫩、挺拔,发育充分,无黄叶,无刀伤;次质的蔬菜则梗硬,叶子较老且枯萎;劣质的蔬菜黄叶多,梗粗老,有刀伤,萎缩严重。

### (三)含水量

蔬菜是水分含量较多的原料。优质的蔬菜保持着正常的水分,表面有润泽的光亮,刀口断面会有汁液流出;劣质的蔬菜则外形干瘪,失去水色光泽。

### (四)病虫害

病虫害是指昆虫和微生物侵染蔬菜的情况。优质的蔬菜无霉烂及虫害的情况,植株饱满完整;次质的蔬菜有少量霉斑或病虫害,经拣挑后仍可以食用;劣质的蔬菜严重霉烂,有很重的霉味或虫蛀、空心现象,基本失去食用价值。

此外,蔬菜的品质还与存放的时间有很大的关系。存放时间越长,蔬菜的质量就下降得越严重。

## 任务二　烹饪中常用的蔬菜原料

### 一、根菜类蔬菜

### (一)根菜类蔬菜的特点

根菜类是以植物膨大的变态根作为食用部位的蔬菜,可分为肉质直根和肉质块根,直根主要是植物的主根,如萝卜、胡萝卜;块根主要是植物的侧根,如甘薯等。一般根菜类质地脆爽,富含水分,含淀粉、蛋白质较多。根菜类蔬菜一般可以生吃,富含淀粉多的原料可以制作拔丝类菜肴,或者面点馅心等。

### (二)根菜类蔬菜常见品种

**1. 萝卜**

萝卜,又称莱菔,原产我国,一年四季均产。如图 3-1 所示。

(1)品种和产地

萝卜品种繁多,按上市期分为春萝卜、夏萝卜、秋萝卜和四季萝卜。春、夏萝卜有泡黑红、五月扬花萝卜、青岛刀把萝卜等。秋萝卜有青园脆、心里美、卫青萝卜、长白萝卜。四季萝卜有

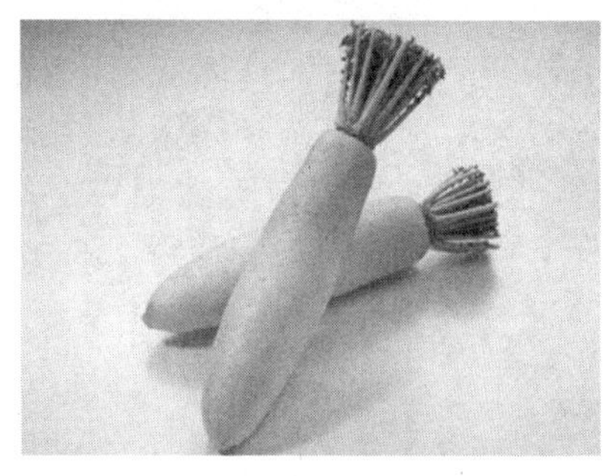

图 3－1　白萝卜

小寒萝卜、四缨萝卜、扬花萝卜、上海红萝卜。其中,以红萝卜、白萝卜、青萝卜三种为最多。我国著名的优良品种有北京心里美、成都春不老等。

(2)质量标准

萝卜以外形美观、外皮光滑、大小适中、组织细密、粗纤维少、新鲜脆嫩、多汁者为优。

(3)营养价值

白萝卜含钠、钙、磷、维生素 C、胡萝卜素、镁、叶酸、碳水化合物、维生素 A、维生素 E、蛋白质、硒等。中医认为萝卜性平,味辛,甘,入脾、胃经,具有消积滞、化痰止咳、下气宽中、解毒等功效。民间有“冬吃萝卜夏吃姜,不劳医生开药方”之说。

(4)烹饪运用

萝卜可以生吃,可以制作凉菜,如糖醋萝卜皮等。萝卜还可以制汤,如银鱼萝卜汤。同时,萝卜还是很多雕刻作品及菜肴装饰物的重要原料。

**2. 胡萝卜**

胡萝卜,又称红萝卜、黄萝卜、番萝卜、丁香萝卜。如图 3－2 所示。

(1)品种和产地

图 3－2　胡萝卜

原产地中海沿岸,我国栽培甚为普遍,以山东、河南、浙江、云南等地种植最多。春季种植的胡萝卜一般在 6 ~ 7 月初收获,秋季播种的在 11 月上旬收获。

胡萝卜的品种很多,按色泽可分为红、黄、白、紫等数种,我国栽培最多的是红、黄两种。按形状可分为圆锥形和圆柱形。

(2)质量标准

胡萝卜以粗壮、光滑、形状整齐、肉厚、质细味甜、脆嫩多汁,色呈紫色、橘红、黄或白色,色泽靓丽、肉质致密,有特殊的香味者为优。

(3)营养价值

胡萝卜含蛋白质、脂肪、糖类、铁、维生素 A 原(胡萝卜素)、维生素 $B_1$、维生素 $B_2$、维生素 C 等,另含果胶、淀粉、无机盐和多种氨基酸。中医认为胡萝卜能健脾化滞、润燥明目,主治脾虚、消化不良、食积胀满、肝虚目暗、夜盲或小儿疳积目昏。

(4)烹饪运用

胡萝卜质细味甜、脆嫩多汁,可以生食,也可以熟食,适合多种刀法的操作,适于炒、烧、拌、拔丝等多种烹调方法,还可以做多种菜品的配料及多种菜肴的色泽搭配原料。亦可作雕刻的重要原料。

**3. 根用甜菜**

根用甜菜,又称红菜头、甜菜根、紫菜头等。如图 3－3 所示。

(1)品种和产地

根用甜菜原产欧洲地中海沿岸,我国有少量栽培。甜菜是二年生草本植物,古称忝菜,属藜科甜菜属,是我国的主要糖料作物之一。甜菜生长的第一年主要是营养生长,在肥大的

图3－3　根用甜菜

根中积累丰富的营养物质，第二年以生殖生长为主，抽出花枝经异花受粉形成种子。根用甜菜的肉质根有球形、卵圆形、纺锤形、圆锥形、扁圆形等，以扁圆形的品质最好。根肉有紫色和黄色。叶卵圆形、长圆形或近三角形，浓绿或赤色。

(2)质量标准

根用甜菜以形状完整、质地致密、无空心、烂心者为佳。

(3)营养价值

甜菜含蛋白质、糖类、脂肪、纤维素、维生素 $B_1$、维生素 $B_2$、维生素 C、维生素 E、钙、磷、铁、铜、锌、钾等。中医认为甜菜根味甘，性平微凉，具有健胃消食、止咳化痰、顺气利尿、消热解毒、肝脏解毒等功效。

(4)烹饪运用

甜菜在西餐中可生食、凉拌、煮汤，在中餐中可单独成菜，也可以与肉类等配用。由于其表皮和肉质均成红色，纹路美观，亦是装饰、点缀及雕刻的良好原料。菜品有莫斯科红菜汤、甜菜奶油汤等。

**4. 辣根**

辣根，又称西洋葵菜、山葵萝卜等。见图3－4。

(1)品种和产地

辣根原产欧洲东部和土耳其，我国的青岛、上海郊区栽培较早，其他城郊或蔬菜加工基地有少量栽培。辣根的收获期可在当年的11月至翌年3月，一般在当年11月上中旬收获。霜后叶片干枯，要及时挖出，留足种根，其余即可加工或出售。

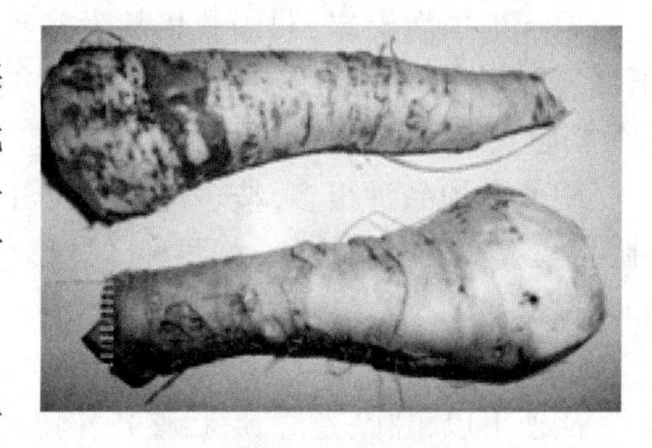

图3－4　辣根

(2)质量标准

辣根以质地细嫩、色正、分枝小而少、水分充足者为佳。

(3)营养价值

辣根含铁、镁、烟酸、核黄素、硫胺素、蛋白质、脂肪等。肉质根的辛辣成分主要为黑芥子甙，经水解后产生挥发油，有刺鼻的辛辣味。中医认为辣根味辛、性温，归胃、胆、膀胱经，有利尿、兴奋中枢神经和抗过敏的作用。

(4)烹饪运用

辣根在烹饪应用中多用于调味。辣根以肥大的肉质供食用。鲜用时将辣根磨碎制成酱，作为“芥末糊”使用。或制成干粉作为肉类的调味品，也用于咖喱粉的调配。

**5. 山葵**

山葵，又称为山嵛菜、雪花菜、冬寒菜、冬苋菜、滑肠菜、蕲菜、蜀葵、锦葵、黄葵、终葵、菟葵等。如图3－5所示。

(1)品种和产地

肉质根茎圆柱形，叶痕凹凸明显；根外皮绿色，粗糙；根肉绿色。分布于中国大陆、中国台湾以及日本。

(2)质量标准

山葵以色泽碧绿、形状整齐、质嫩者为佳。

(3)营养价值

山葵主茎含蛋白质、脂肪、维生素C、铁、硫、钾、镁、钙、锰、铜、锌、纤维素、可溶性无氮物等。中医认为山葵性辛、寒,有促进食欲、杀菌、防腐、镇痛的功效。

图3-5 山葵

(4)烹饪运用

山葵的辣味是挥发性的,较难保存,应现磨现吃,以免其风味物质ITCs的降解散失。研磨的山葵酱15min内食用,其香、辛、甘、黏之口感最佳,当然也可以密封(甚至真空、避光)冷藏(0~5℃)保存。

山葵酱不能放在酱油里搅拌,否则一瞬间味道就被破坏了。可以蘸一小撮卷在生鱼片里面,然后夹起生鱼片用另外一面蘸酱油,不可以让酱油和山葵有直接的接触。

**6. 牛蒡**

牛蒡,又称为牛菜、恶实、牛蒡子、东洋参大力子、蝙蝠刺、东洋萝卜、黑萝卜、蒡翁菜牛鞭菜等。如图3-6所示。

图3-6 牛蒡

(1)品种和产地

牛蒡肉质根呈长圆柱;表皮粗糙,暗黑色;根肉灰白色,水分少,有香味,质地细嫩而爽嫩。牛蒡原产于中国,以野生为主,公元940年前后传入日本,并被培育成优良品种,现日本人把牛蒡奉为营养和保健价值极佳的高档蔬菜。

(2)质量标准

牛蒡以色正、形状整齐、无损伤者为佳。

(3)营养价值

牛蒡含蛋白质、碳水化合物、脂肪、纤维素、胡萝卜、维生素C、钙、磷、铁等。中医认为牛蒡性苦、辛,寒,有清热解毒、疏风利咽的功效,可用于治疗风热感冒、咳嗽、咽喉肿痛、疮疖肿痛、脚癣、湿疹。

(4)烹饪运用

牛蒡除肉质根外,嫩叶也可食用。其根肉细胞中含较多的多酚物质及氧化酶,切开后易发生氧化褐变,初加工时应注意保色。烹饪中将牛蒡除去外皮,放在清水中脱涩后,可单独或配排骨、鱼等炖、烧、煮食,或切成片裹面糊后炸食,还是制作酱菜、渍菜的原料。此外,牛蒡嫩茎叶为西餐的冷餐佳品,用于色拉的制作及煮汤等。代表菜品有香辣牛蒡丝、沙茶牛蒡、牛蒡排骨汤、蜜汁牛蒡等。

**7. 芜菁**

芜菁,又称蔓菁、圆根、马王菜、扁萝卜、诸葛菜、油头菜等。如图3-7所示。

(1)品种和产地

芜菁原产于地中海沿岸,我国主要分布于华北、西北及华东江浙一带。肉质根肥大,圆形、长圆形、圆锥形或扁圆形。根皮多为白色,也有上部绿或紫而下部白色者,还有紫、黄等色。质

图3-7　芜菁

地较萝卜致密,有甜味、无辣味。

(2)质量标准

芜菁以鲜嫩、光滑、形状端正、个头均匀、无网状花纹、无裂伤者为佳。

(3)营养价值

芜菁含蛋白质、碳水化合物、胡萝卜素、粗纤维、钙、磷、铁、硫胺素、核黄素、烟酸、抗坏血酸等。中医认为芜菁味辛、甘、苦,性温,入胃、肝经,可消食下气、解毒消肿。

(4)烹饪运用

芜菁在烹饪中可采用蒸、煮、炖、炒等多种烹调方法,也可腌渍、酱制。但腌制后质地变软,质感变差。代表菜品有酱大头菜、红辣大头菜、鲜虾煸大头菜等。

**8. 芜菁甘蓝**

芜菁甘蓝,又称洋蔓菁、土苤蓝、大头菜、洋大头菜、洋疙瘩等。如图3-8所示。

(1)品种和产地

芜菁甘蓝为芜菁的变种,原产欧美各国及西南亚,肉质根卵球形或圆锥形,根皮光滑,上部淡紫红色,下部白色微黄;根肉质地坚实,常呈黄色,有时为白色,无辛辣味,味甜美。

图3-8　芜菁甘蓝

(2)质量标准

芜菁甘蓝以色正、整齐、皮光滑、无开裂、无糠心者为佳。

(3)营养价值

芜菁甘蓝含碳水化合物、脂肪、蛋白质、纤维素等。中医认为其具有清湿热、散热毒、消食下气的功效,主治湿热黄疸、便秘(便秘食品)腹胀、热毒乳痈、小儿头疮、无名肿毒、骨疽。

(4)烹饪运用

芜菁甘蓝在烹饪中除鲜食,用于拌、炒、煮等外,主要用于腌制或酱制。

**9. 根用芥菜**

根用芥菜又称大头菜、疙瘩菜、冲菜等,为十字花科芥菜的变种之一。如图3-9所示。

(1)品种和产地

根用芥菜原产我国。肉质根肥大,呈圆锥或圆筒形,上部绿色,下部灰白色。质地紧密,水分少,粗纤维多,有强烈的芥辣味,稍有苦味。除肉质根外,叶也可供食。

图3-9　根用芥菜

(2)质量标准

根用芥菜以形状端正、皮嫩洁净、含水量少、无空心、无分叉者为佳。

(3)营养价值

根用芥菜含锰、铁、钠、纤维素、蛋白质、脂肪、碳水化合物等。中医认为根用芥菜辛,温,入肺、胃、肾经。

(4)烹饪运用

根用芥菜在烹饪中主要供加工制成腌菜、泡菜、酱菜、辣菜和干菜等。若鲜食,可炒、煮、做汤等。

**10. 豆薯**

豆薯,又称地瓜、凉薯、沙葛、土萝卜、地萝卜、草瓜茄等,为豆科一年生蔓性草本植物。如图3-10所示。

(1)品种和产地

豆薯原产热带美洲,我国南部和西南各地普遍栽培。主根膨大形成纺锤形肉质根,根皮黄白色,因含丰富的根皮纤维,很易撕去。根肉白色,脆嫩多汁、味甜。其豆荚称四棱豆,也可供食用。

图3-10　豆薯

(2)质量标准

豆薯以个大均匀、皮薄光滑、肉质洁白、无损伤者为佳。

(3)营养价值

豆薯含蛋白质、碳水化合物、膳食纤维、维生素C、维生素E、钙、磷、钾、钠、镁、铁等。中医认为豆薯性凉、味甘,归胃经,可生津止渴、解酒毒、降血压。

(4)烹饪运用

豆薯除生食代水果外,烹饪中可拌、炒,宜配荤,如地瓜炒肉丁。亦可作垫底。老熟后可提取淀粉。

**11. 婆罗门参**

婆罗门参,又称为蒜叶婆罗门参、西洋牛蒡。如图3-11所示。

(1)品种和产地

婆罗门参原产欧洲南部。人工栽培的历史有200多年,以比利时所产较多。我国上海、江苏一带有栽培。婆罗门参为二年生草本,通常高60~100cm。肥大肉质根呈长圆锥形,长约30cm,直径3.5cm左右。外皮黄白色,根肉白色,致密、脆嫩。破损后有乳白色汁液流出。根据主根的皮色,可分为白皮婆罗门参、黑皮婆罗门参两种,其中,白皮婆罗门参味似鲜蚝,质较佳。

图3-11　婆罗门参

(2)质量标准

婆罗门参选择时以根皮色浅、形状整齐、鲜嫩、无破损者为佳。

(3)营养价值

婆罗门参含蛋白质、脂肪、糖类、维生素$B_1$、维生素$B_2$、维生素C、钙、磷、铁等。中医认为其味甘、淡,性平,可健脾益气,主治病后体虚、小儿疳积、头癣。

(4)烹饪运用

婆罗门参的肉质根可采用烘烤、挂面糊油炸、黄油煎炒、煮汤等方法成菜。其嫩叶可生吃、做色拉,也可炒食或做汤。在烹调婆罗门参肉质根时,应在煮或蒸熟后再去皮,去皮后即放于有醋或柠檬汁的水中浸泡。一方面,可防止肉质根褐变;另一方面,可避免乳白色汁液的流失,保留婆罗门参特有的牡蛎风味。

**12. 美洲防风**

美洲防风,又称为洋防风、美国防风、欧洲防风、芹菜萝卜、荷兰防风等,简称欧防风。如图 3－12 所示。

图 3－12　美洲防风

(1)品种和产地

美洲防风原产于欧洲和西伯利亚地区,作为蔬菜栽培已有 2000 余年历史。我国北京、上海有少量栽培。美洲防风肉质根长圆锥形,似胡萝卜,长可达 45～60cm。根皮淡黄色,肉质白色,质地粗糙而软。有甜味和香气,但较淡。

(2)质量标准

美洲防风以新鲜质嫩、无断裂、无损伤者为佳。

(3)营养价值

美洲防风鲜根中含蛋白质、脂肪、碳水化合物、纤维素、β－胡萝卜素、维生素 $B_1$、维生素 $B_2$、维生素 C、钾、钠、钙、镁、磷、铜、铁、锌、锰、锶等。中医认为防风根味辛甘,性温,入膀胱、肝经,能散寒解表,并有祛风湿的作用。

(4)烹饪运用

西餐中,美洲防风肉质根主要用于制作肉汤或清汤;或用炖熟的肉质根与油、面包干调制,制成具有独特风味的防风饼;也可煮食、炒食,或作为配菜。幼嫩叶片需用沸水烫后再煮食或作沙拉用料。此外,还用于制作罐头食品的调味品。

**13. 根芹菜**

根芹菜,又称为根香芹、香芹菜根、根用香芹菜、荷兰芹、球根塘蒿等,为香芹菜的变种。如图 3－13 所示。

(1)品种和产地

根芹菜原产于地中海沿岸的沼泽盐渍土地,由叶用芹菜演变形成。1600 年以前意大利及瑞士已有根芹菜栽培。目前,主要分布在欧洲地区。我国近年引进,但仅有少量栽培。根芹菜肉质根肥大,外形似芋;嫩叶柄也可食用。质脆嫩,有芹菜的清香味。

(2)质量标准

根芹菜以主根肥大、表面光洁、形状整齐、无褐变、无腐烂者为佳。

图 3－13　根芹菜

(3)营养价值

根芹菜含蛋白质、脂肪、糖类、维生素 $B_1$、维生素 $B_2$、维生素 C、钙、磷、铁等。中医认为其味甘辛,无毒,具有降血压、镇静、利尿、增进食欲等功效。

(4)烹饪运用

根芹菜可凉拌、炒食、煮食,或作汤菜辛香料。西餐烹饪中,可切丝、条、块拌制色拉生食;或焯烫后熟食;也常制成柔软润口的马铃薯根芹酱。

## 二、茎菜类蔬菜

### (一)茎菜类蔬菜的特点

茎菜类是以植物的嫩茎或变态茎作为食用部分的蔬菜。按照供食部位的生长环境,可分为地上茎菜类和地下茎菜类蔬菜。

茎菜类蔬菜营养价值高,用途广,含纤维素较少,质地脆嫩。由于茎上容易长芽,所以茎菜类一般适于短期贮存,并需防止发芽、冒苔等现象。

在烹饪运用上,茎菜类大都可以生食。另外,地上茎类、根状茎类常适于炒、炝、拌等加热时间较短的烹饪方法,以体现其脆嫩、清香;地下茎中的块茎、球茎、鳞茎等一般含淀粉较多,适于烧、煮、炖等长时间加热的方法,以突出其柔软、香糯。此外,许多茎菜类的品种还可作为面点的馅心;或作为调味蔬菜;或用于食品雕刻、造型;或用于腌渍、干制。

### (二)茎菜类蔬菜主要品种

**1. 地上茎菜类蔬菜**

(1)竹笋

竹笋,又称笋或闽笋,竹笋即竹类的嫩茎。如图 3 – 14 所示。

①品种和产地

竹笋原产于中国,有毛竹、桂竹、慈竹、淡竹等 10 多个品种,类型众多,适应性强,分布极广。竹喜温怕冷,主要分布在年降雨量 1000 ~ 2000mm 的地区。毛竹生长的最适温度是年平均 16 ~ 17℃,夏季平均在 30℃以下,冬季平均在 4℃左右。麻竹和绿竹要求年平均温度 18 ~ 20℃,1 月份平均温度在 10℃以上。全世界共计有 30 个属 550 种,盛产于热带、亚热带和温带地区。中国是世界上产竹最多的国家之一,共有 22 个属、200 多种,分布全国各地,以珠江流域和长江流域最多,秦岭以北雨量少、气温低,仅有少数矮小竹类生长。

**图 3 – 14 竹笋**

按竹笋的收获季节可分为冬笋、春笋和夏末秋初的笋鞭。笋鞭和笋芽借土层保护,冬季不易受冻害,出笋期主要在春季。麻竹、绿竹等丛生型竹种地下茎入土浅,笋芽常露出土面,冬季易受冻害,出笋期主要在夏秋季。

②质量标准

竹笋以色泽纯正、条形肥大、顶端圆钝而芽苞紧实、上下粗细均匀、质鲜脆嫩者为佳。

③营养价值

竹笋鲜品含蛋白质、脂肪、碳水化合物、膳食纤维、硫胺素、核黄素、烟酸、维生素 C、维生素 E、钙、磷、钠、镁、铁、锌、硒、铜、锰、钾等。中医认为竹笋性微寒,味甘,归肺、胃,具有滋阴凉血、和中润肠、清热化痰的功效。另外,竹笋的肉质脆嫩,因含有大量的氨基酸、胆碱、嘌呤等而具有非常鲜美的风味。但同时,有的品种因草酸含量较高,或含有酪氨酸生成的类龙胆酸,从而具有苦味或苦涩味。因此,鲜竹笋在食用之前,一般均需用水煮及清水漂洗,以除去苦味,突出鲜香,并有利于钙质吸收。

④烹饪运用

鲜竹笋细嫩,肉厚质脆,味清鲜,无邪味,是优良的烹饪原料,在烹调中的用途极为广泛。刀工成形时可加工成块、片、丝、丁、条等,适宜焖、炖、蒸、煨等多种烹调方法,可作主料制作油焖冬笋、虾子烧冬笋、鸡汁冬笋等多种菜肴,竹笋还是很多菜肴的辅料。

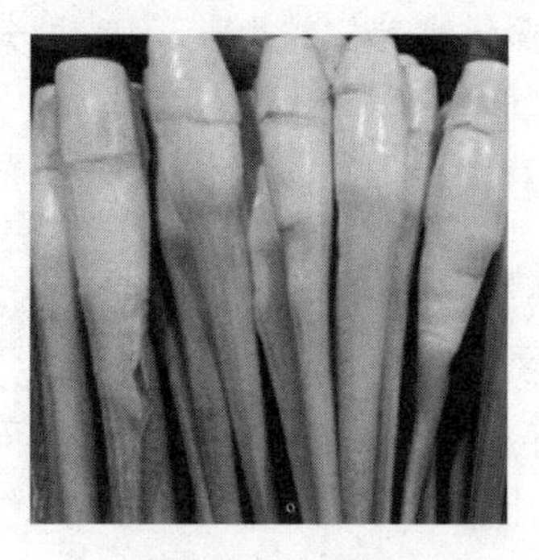
图3-15　茭白

(2)茭白

茭白,又称茭首、菰首、菰笋、菰手、茭笋、茭粑、茭瓜、茭耳菜,禾本科多年生水生宿根草本植物。菰的花茎经菰黑粉菌侵入后,刺激其细胞增生而形成肥大嫩茎,肥嫩似笋,较笋柔软。如图3-15所示。

①品种和产地

茭白原产于我国,为我国特有蔬菜之一,与莼菜、鲈鱼并称为江南三大名菜。主要分布在长江以南的水泽地区,特别是江浙一带较多。北方黄河中下游流域,如山东济南等地亦有少量出产。茭白每年6~10月上市,按其采集季节可分为秋季单季茭、夏秋双季茭两种。

②质量标准

茭白以色正味纯、肥大鲜嫩、完整、干净整齐、无外伤及虫害者为佳。

③营养价值

茭白中含有蛋白质、脂肪、碳水化合物、维生素A、胡萝卜素等营养素。中医认为茭白性寒味甘,具有清湿热解毒、催乳等功效,适宜高血压、高血脂者及减肥人群食用。

④烹饪运用

茭白在烹调运用中较广泛,可用作主料亦可用作辅料,多用于荤菜的配料,可以增加菜肴的色泽,口感脆爽。因含草酸,烹调前可焯水处理。

(3)芦笋

芦笋,又称龙须菜、石刁柏。如图3-16所示。

①品种和产地

芦笋原产于欧洲,现在全球各地都有栽培,其中以我国和美国种植最多。芦笋在春季收获。

②质量标准

芦笋以色泽纯正、条形肥大、顶端圆钝而芽孢紧实、上下粗细均匀、质鲜脆嫩者为佳。

③营养价值

鲜芦笋嫩茎中含钾、胡萝卜素、维生素C、磷、维生素A、钙、镁、碳水化合物、钠、膳食纤维、蛋白质、铁、烟酸、锌等。中医认为芦笋味甘、性寒,归肺、胃经,有清热解毒、生津利水的功效。

图3-16　芦笋

④烹饪运用

芦笋纤维柔软、细嫩,具有特殊的清香。在烹调中刀工成形较少,一般是整条或切段使用,适合炝、扒、烩、烧等烹调方法,作主料时可以制作白扒芦笋、上汤芦笋等;亦可作辅料,但不宜加热时间过长。

(4)茎用芥菜

茎用芥菜,又称青菜头、菜头、儿菜、羊角菜等。如图3-17所示。

①品种和产地

茎用芥菜产于我国,是我国东北及华北地区冬春两季的主要蔬菜。茎基部有瘤状突起,青绿色,分长茎和圆茎两类。长茎类又称榨菜类,肉质茎粗短,呈扁圆、圆或矩圆筒状,节间有各种形状的瘤状突起物,主要供腌制榨菜;圆茎类又称笋子菜类,肉质茎细长,下部较大,上部较小,主要用于鲜食。

图3-17 茎用芥菜

②质量标准

茎用芥菜以茎肥大、鲜嫩、纤维少、质地细嫩紧密、无空心者为佳。

③营养价值

茎用芥菜含蛋白质、脂肪、碳水化合物、钙、铁等,还含有丰富的维生素。中医认为茎用芥菜能健脾开胃、补气添精、增食助神。

④烹饪运用

茎用芥菜以食用肉质茎为主,可生拌、炒煮和腌制。烹饪中若用于鲜食,可炒、烧、煮或做汤,如干贝菜头、鸡油菜头;也可泡制成泡菜或用于榨菜的腌制。

(5)茎用莴苣

茎用莴苣,又称为莴笋、青笋、白笋、生笋等,为菊科草本植物莴苣的嫩茎。如图3-18所示。

图3-18 茎用莴苣

①品种和产地

莴苣原产于地中海沿岸、亚洲北部、非洲等地,隋唐时引入我国。莴苣可分为叶用莴苣和茎用莴苣,叶用莴苣也叫生菜,叶片从根部长出,有的结成球状,称结球莴苣。广州地区的玻璃生菜、青生菜都是其优良品种。茎用莴苣根茎发达,除绿色外还有紫色,叶片绿中带有紫色红晕或全紫色。云南的紫皮香、重庆的红莴苣都是其优良品种。还有一种台湾莴苣,是一种野菜,各地均有分布。

②质量标准

茎用莴苣以茎粗大、节间长、质地脆嫩、无枯叶、空心和苦涩味者为佳。

③营养价值

鲜莴苣含蛋白质、脂肪、碳水化合物、粗纤维、钙、硒、磷、钠、镁、钾、铁等。中医认为,莴苣的功效很多,有益五脏、通经脉、坚筋骨、开胸膈、利小便等功效,还有助于降血压和血糖,还有抑制癌细胞的功效。

④烹饪运用

莴笋的肉质脆嫩,是秋季餐桌上的美食,可生食、凉拌、炒食或腌渍,也可用制汤和配料等,最常见的做法是凉拌或清炒莴笋。

(6)球茎甘蓝

球茎甘蓝,又称苤蓝、疙瘩菜等。如图 3－19 所示。

①品种和产地

球茎甘蓝原产地中海沿岸。肉质茎短缩肥大成球茎,呈扁圆、椭圆或球形,茎皮绿白、绿或紫色。球茎肉质致密、脆嫩,含水量较多,味甜。

图 3－19　球茎甘蓝

②质量标准

球茎甘蓝以鲜嫩、光滑、形状端正、个头均匀、无网状花纹、无裂伤者为佳。

③营养价值

苤蓝含蛋白质、糖、粗纤维、灰分、钙、磷、铁、硫胺素、核黄素、烟酸、维生素 C 等。球茎甘蓝中的吲哚可在消化道中诱导出某种代谢酶,从而灭活致癌原;所含微量元素钼,能抑制酸胺的合成,因而具有一定的防癌作用。中医认为它还有止咳化痰、清神明目、醒酒降火的作用。

④烹饪运用

球茎甘蓝在烹饪中适宜凉拌、炒食或炖、煮,如酸辣苤蓝、鸡丝苤蓝、炝拌苤蓝丝;也可腌制、酱制或酸渍。

(7)仙人掌

①品种和产地

仙人掌,原产于墨西哥,是墨西哥等拉美国家甚至欧洲各国人民喜食的普通蔬菜。目前,我国已在海南省建成菜用仙人掌基地,北京、成都等地的温室大棚也已试种成功。如图 3－20 所示。

图 3－20　仙人掌

②质量标准

可食仙人掌生长期 30 天之内、色泽嫩绿、质地饱满、表面无裂痕者为佳。

③营养价值

可食仙人掌含维生素 A、维生素 C、蛋白质、铁等。中医认为仙人掌具有行气活血,凉血止血,解毒消肿之功效,可用于胃痛、痞块、痢疾、喉痛、肺热咳嗽、肺痨咯血、吐血、痔血、疮疡疔疖、乳痈、痄腮、癣疾、蛇虫咬伤、烫伤、冻伤。

④烹饪运用

仙人掌可制作果酱、蜜饯或酿酒等,还可以鲜食。食用时,选用仙人掌的嫩茎(以出茎 1 个月之内者为最佳),去刺去皮、洗净、刀工处理后,用盐水煮几分钟或在沸水中焯烫以去掉黏液,即可凉拌、炒食,或挂糊油炸、炖煮等。代表菜有凉拌仙人掌、仙人掌炒肉丝、仙人掌芦荟熘鱼片。

**2. 地下茎菜类蔬菜**

(1)马铃薯

马铃薯,又称土豆、山药蛋、地蛋、洋芋等。如图 3－21 所示。

①品种和产地

马铃薯原产于南美洲,现我国各地均有栽培。马铃薯产于初夏,耐储存,故全年均有供应。

②质量标准

马铃薯以块形大而均匀整齐、皮薄光滑、芽眼浅、肉质细密者为佳。

图 3－21　马铃薯

③营养价值

马铃薯含钙、磷、铁、钾、胡萝卜素、硫胺素、核黄素、烟酸等。中医认为马铃薯性平,味甘,归胃、大肠,具有益气健脾,调中和胃之功效。马铃薯即可以作蔬菜,也可以作粮食,被列为世界五大粮食作物(玉米、小麦、水稻、燕麦、马铃薯)之一,被一些国家称为"蔬菜之王""第二面包"。

马铃薯含有多酚类的鞣酸,切制后在氧化酶的作用下会变成褐色。故切制后应放入水中浸泡一会儿并及时烹制。发芽的马铃薯中含有龙葵素,不宜食用,否则会产生中毒现象。

④烹饪运用

马铃薯适于炒、煮、烧、炸、煎、煨、蒸等烹调方法,也可代粮作主食、入菜、制作小吃、提取淀粉等,还常用于冷盘的拼摆及雕花。适于各种调味,荤素皆宜,如拔丝土豆、醋熘土豆丝、土豆烧肉、土豆丸子、炸薯条、土豆泥,土豆粉等。

(2)山药

山药,又称薯蓣、淮山药、土薯、玉延。如图 3－22 所示。

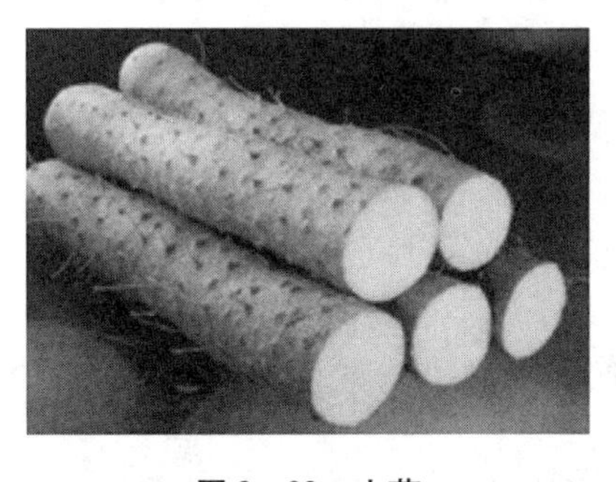

图 3－22　山药

①品种和产地

山药原产于山西平遥,主产于河南省北部、山东、河北、山西及中南、西南等地区。山药产于秋季,耐储存。

②质量标准

山药以色正、形状完整、肥厚、皮细而薄者为佳。

③营养价值

山药含碳水化合物、蛋白质、脂肪、薯蓣皂苷等,另含 B 族维生素、维生素 C、维生素 E,碳水化合物以淀粉为主。中医认为山药有强健机体、滋肾益精的作用,还可益肺气、养肺阴,治疗肺虚痰嗽久咳之症。

④烹饪运用

山药是一种药食兼用的植物,在烹饪中,常以甜食为主,咸食次之,适用于炒、蒸、烩、烧、扒、拔丝等烹饪方法,亦可作糕点、做粥,如山药粥,薯蓣糕等。

(3)菊芋

菊芋,又称洋姜、鬼子姜、洋大头、姜不辣等。如图 3－23 所示。

①品种和产地

原产北美洲,17 世纪传入欧洲,后传入中国。

块茎皮色可分为红皮和白皮两个品种。菊芋耐寒、耐旱,块茎在 6 ~ 7℃时萌动发芽,8 ~ 10℃出苗,幼苗能耐 1 ~ 2℃低温,18 ~ 22℃和 12h 日照有利于块茎形成,块茎可在 －25 ~ －40℃ 的冻土层内能安全越冬。秋季开花秋季收获。

图3－23　菊芋

②质量标准

洋姜以块形丰满、皮薄质细、新鲜脆嫩者为佳。

③营养价值

洋姜含硫胺素、钙、蛋白质、核黄、镁、烟酸、铁、碳水化合物、维生素C、锰等。中医认为性味甘平,无毒,利水去湿,可防治糖尿病。

④烹饪运用

块茎主要供腌渍,也可鲜食,采用拌、炒、烧、煮、炖、炸等烹调方法制作菜肴、汤品或粥食,老熟后可制取淀粉。

(4)藕

藕,又称莲藕、莲菜等。如图3－24所示。

①品种和产地

藕原产于中国和印度,是中国特产之一。按上市季节可分为果藕、鲜藕和老藕。果藕7月份上市,质嫩色白,可生吃;鲜藕中秋前后上市,味鲜质脆;老藕全年都有出产。

图3－24　藕

我国的食用藕大体可分为白花藕,红花藕,麻花藕。白花藕的鲜藕表皮白色,老藕黄白色,全藕一般2～4节,个别5～6节,皮薄、肉质脆嫩,纤维少、味甜,熟食脆而绵,品质较好。红花藕的鲜藕表皮褐黄色,全藕共3节,个别4～5节,藕形共3节。藕形瘦长,肉质粗糙,老藕含淀粉多,水分少,藕丝较多,品质中等。麻花藕的外表略呈粉红色,粗糙,藕丝多,含淀粉多,质量差。著名品种有:苏州花藕、杭州白花藕、宝应贡藕、雪湖贡藕、广州丝苗、长沙丝叶红等。

②质量标准

藕以藕节肥大饱满、色正、脆嫩多汁、清香味甜、不带藕尾者为佳。

③营养价值

藕含碳水化合物、脂肪、蛋白质、纤维素等。中医认为藕味甘,性凉,主补中焦,养神,益气力,能清热生津,凉血止血,散瘀血。熟用微温,能补益脾胃,止泻,益血,生肌。

④烹饪运用

鲜藕既可单独成菜,也可作配料。如藕肉丸子、藕香肠、虾茸藕饺、炸脆藕丝、油炸藕蟹、煨炖藕汤、鲜藕炖排骨、凉拌藕片等,都是佐酒下饭的家常菜肴。

(5)荸荠

荸荠,又称马蹄、水芋、红慈菇、乌芋、地栗等。如图3－25所示。

①品种和产地

原产印度,我国主要分布在江苏、安徽、浙江、广东、湖南等地区。荸荠皮色紫黑,肉质洁白,味甜多汁,清脆可口,自古有地下雪梨之美誉,北方人视之为江南人参。荸荠既可作为水果,又可当作蔬菜。

②质量标准

荸荠以个大饱满、皮色红黑、顶芽完整、质地细嫩、皮薄味甜、无渣者为佳。

③营养价值

荸荠鲜品含碳水化合物、蛋白质、脂肪、粗纤维、钙、磷、铁、胡萝卜素、维生素 $B_1$、维生素 $B_2$、维生素 C、烟酸等。中医认为荸荠性寒，具有清热解毒、凉血生津、利尿通便、化湿祛痰、消食除胀的功效，可用于治疗黄疸、痢疾、小儿麻痹、便秘等疾病。

图 3－25　荸荠

④烹饪运用

荸荠可生食代替水果。烹饪上适于熟食，制成甜菜；也可采用炒、烧、炖、煮的方法烹制菜肴，常配荤料，如荸荠炒肉片、地栗炒豆腐、荸荠丸子等；还可提取淀粉，称为“马蹄粉”；也是制罐头的原料，如糖水荸荠。

(6)姜

姜，又称生姜、鲜姜、黄姜等。如图 3－26 所示。

①品种和产地

原产于热带多雨的森林地区，要求阴湿而温暖的环境，生育期间的适宜温度为 22～28℃，不耐寒，地上部遇霜会冻枯死。8～11 月(秋分)前后生长的嫩姜质量较好，秋分以后收获的姜经过霜冻后就老了，不宜食用。

图 3－26　姜

北方品种姜球小、辣味浓、姜肉蜡黄，分枝多；南方品种姜球大水分多，姜肉灰白，辣味淡；中部品种介于两者之间。著名的品种有山东莱芜生姜、湖北来凤姜等。

②质量标准

姜以姜块完整饱满、节疏肉厚、味浓，嫩姜肉质雪白者为好。腐烂后的姜块中会产生毒性很强的黄樟素，不宜食用。

③营养价值

姜含碳水化合物、脂肪、蛋白质、纤维素、维生素 A、维生素 C、维生素 E、胡萝卜素、硫胺素、核黄素等。中医认为生姜味辛、性微温，入脾、胃、肺经，具有发汗解表、温中止呕、温肺止咳、解毒的功效，主治外感风寒、胃寒呕吐、风寒咳嗽、腹痛腹泻、中鱼蟹毒等病症。还有醒胃开脾、增进食欲的作用。

④烹饪运用

嫩姜适于炒、拌、泡，如子姜牛肉丝、姜爆鸭丝等；老姜主要用于调味，去腥除异增香。此外，还可干制、酱制、糖制、醋渍及加工成姜汁、姜粉、干姜、姜油等。

(7)百合

百合，又称为白百合、蒜脑薯、蒜瓣薯、中逢花等。如图 3－27 所示。

①品种和产地

我国甘肃、湖南等地所产百合享有盛名。地下鳞茎近球形，由片状鳞片层层抱和而成。芳香中略带苦味。

图 3-27　百合

②质量标准

百合以鳞茎完整,色味纯正,无泥土、损伤者为佳。

③营养价值

鲜百合含有蛋白质、脂肪、淀粉、糖、钾等。中医认为百合具有养心安神、润肺止咳的功效,对病后虚弱的人非常有益。

④烹饪运用

在烹饪中,百合主要作甜菜的用料,如西芹炒百合、百合羹、百合莲藕等;也可配荤素原料用于炒、煮、蒸、炖等菜式,如甲鱼百合红枣汤、百合炒肉片、百合猪蹄;或用于酿式菜肴,如百合酿肉;还可以煮粥,或提取淀粉制作糕点。

(8)藠头

藠头,又称为薤、荞头、荞葱、火葱等。如图 3-28 所示。

①品种和产地

藠头鳞茎呈狭卵形,横径 1~3cm,不分瓣;肉质白色,质地脆嫩,有特殊辛辣香味。主要品种有南藠、长柄藠和黑皮藠。

图 3-28　藠头

②质量标准

藠头以鳞茎肥大、肉质紧实、肉色洁白、无枯黄叶、无泥沙者为佳。

③营养价值

藠头含蛋白质、脂肪、碳水化合物、钙、磷、铁、维生素 C 等。中医认为藠头性未辛苦温,具理气、宽胸、通阳、散结的功效,治胸痹心痛彻骨、脘腹痞痛不舒、泻痢后重、疮疖等。

④烹饪运用

藠头用于腌渍和制罐,制成酱菜、甜渍菜,如甜藠头;也可鲜食,用作馅、配菜、拌食、煮粥,如藠头炒剁鸡、薤白粥。

(9)茨菰

茨菰,又称为慈姑、剪头草、白慈姑、白地栗等。如图 3-29 所示。

图 3-29　茨菰

①品种和产地

茨菰为淡水植物,多年生,草本,生长于浅湖、池塘和溪流。叶似箭头,有肉质球茎,可食。花有 3 枚圆形花瓣。茨菰原产于中国,亚洲、欧洲、非洲的温、热带均有分布。

②质量标准

茨菰以球茎肥大、表皮光滑、肉色洁白、洁净者为佳。

③营养价值

茨菰含蛋白质、脂肪、碳水化合物、膳食纤维、维生素 $B_1$、维生素 $B_2$、烟酸、维生素 C、维生素 E、钙、磷、钾等。中医认为茨菰性味甘平,能生津润肺、补中益气。

④烹饪运用

茨菰在烹饪中可炒、烧、煮、炖食，如慈姑烧鸡块、椒盐慈姑、慈姑烧咸菜；或蒸煮后碾成泥状，拌以肉沫制成慈姑饼；也常作为蒸菜类的垫底；还可加工制取淀粉。

(10)魔芋

魔芋，又称为蛇六谷、蒟蒻、花杆莲。如图 3－30 所示。

①品种和产地

魔芋地下块茎为扁球形，其球茎大，直径 3～35cm，表皮褐色。主要产于东半球热带、亚热带，中国为原产地之一，四川、湖北、云南、贵州、陕西、广东、广西、台湾等地山区均有分布。魔芋种类很多，据统计全世界有 260 多个品种，中国有记载的为 19 种，其中 8 种为中国特有。

图 3－30　魔芋

②质量标准

魔芋以表皮干燥、形态美观、无破损者为佳。

③营养价值

魔芋含碳水化合物、蛋白质、纤维素、核黄素、烟酸、镁、钙、铁、锌、铜、锰、钾、磷等。中医认为魔芋性温、辛，有毒，可活血化瘀、解毒消肿、宽肠通便、化痰软坚，主治瘰疬痰核、损伤瘀肿、便秘腹痛、咽喉肿痛、牙龈肿痛等症。

④烹饪运用

魔芋含有毒的生物碱，需加工成魔芋粉再经石灰水或碱水进一步处理去毒后，加工成魔芋豆腐、魔芋粉条、素鸡胗、素肚花、雪魔芋等制品。口感柔韧，富有弹性。魔芋豆腐在烹饪中常用于烧烩菜式，如魔芋烧鸭、家常魔芋等；素鸡胗、素肚花可用于炒、拌等方法。此外，魔芋制品也是涮火锅的常用原料。

(11)蒜

蒜，又称为大蒜、蒜头、胡蒜、独蒜等。如图 3－31 所示。

①品种和产地

地下鳞茎由灰白色外皮包裹，称为“蒜头”，内有小鳞茎 5～30 枚，称为“蒜瓣”。按蒜瓣外皮呈色的不同，分紫皮蒜、白皮蒜两类，蒜肉均呈乳白色；按蒜瓣大小不同，分为大瓣种和小瓣种两类；按分瓣与否，分为瓣蒜、独蒜。大蒜原产中亚和欧洲南部，我国南北各地均有栽培。一般在夏秋季收获。主要的品种有辽宁海城大蒜、山东苍山大蒜、山西应县大蒜、河南宋城大蒜、西藏拉萨大蒜等。

图 3－31　蒜

②质量标准

蒜以蒜瓣丰满、鳞茎肥壮、干爽、无干枯开裂者为佳。

③营养价值

蒜含蛋白质、脂肪、碳水化合物、钙、磷、铁、维生素 C 等。中医认为大蒜性温，味辛平；入脾、胃、肺经。阴虚火旺及慢性胃炎溃疡病患者应慎食；外用能引起皮肤发红、灼热、起泡，故不宜敷之过久，皮肤过敏者慎用。

④烹饪运用

蒜在烹饪中常用作调味配料,具有增加风味、去腥除异、杀菌消毒的作用,与葱、姜、辣椒合称为调味四辣,用于生食凉拌、烹调、糖渍、腌渍或制成大蒜粉;也可作为蔬菜应用于烧、炒的菜式中,如蒜茸苋菜、大蒜烧肚条、大蒜烧鲢鱼等。

(12)洋葱

洋葱,又称为葱头、球葱、圆葱等。如图 3-32 所示。

①品种和产地

鳞茎大,呈球形、扁球形或椭圆形。品种繁多,按生长习性可分为普通洋葱、分蘖洋葱和顶生洋葱。其中,普通洋葱按鳞茎的皮色又分为黄皮洋葱、紫皮洋葱和白皮洋葱。洋葱原产于亚洲西部,现在我国普遍种植,夏秋收获。

图 3-32 洋葱

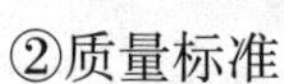

②质量标准

洋葱以鳞茎肥大、外皮干燥不抽薹、无腐烂者为佳。

③营养价值

鲜洋葱头含蛋白质、脂肪、碳水化合物、粗纤维、钙、磷、铁、维生素 C、烟酸、核黄素、硫胺素、胡萝卜素等。中医认为洋葱味甘、微辛、性温,入肝、脾、胃、肺经,具有润肠、理气和胃、健脾进食、发散风寒、温中通阳、消食化肉、提神健体、散瘀解毒的功效,主治外感风寒无汗、鼻塞、食积纳呆、宿食不消、高血压、高血脂、痢疾等症。

④烹饪运用

洋葱是西餐中重要的烹饪原料,中餐烹饪中主要供蔬食,可生拌、炒、烧、炸等,与荤类原料相配更佳,如炸洋葱圈、洋葱炒肉片、洋葱烧肉。我国西北饮食行业常用。

(13)芋

芋,又称为芋艿、芋头、芋魁、芋根等。如图 3-33 所示。

图 3-33 芋

①品种和产地

芋原产于东南亚。我国南方省份栽培较多。地下肉质球茎呈圆、卵圆、椭圆或长形;皮薄粗糙,褐色或黄褐色。肉质细嫩,多为白色或白色带紫色花纹,熟制后芳香软糯。芋的品种繁多,主要分水芋和旱芋两类。旱芋栽培较为普遍,但水芋品质较好。以生长发育先后和球茎分蘖习性,分为魁芋、多头芋及母芋、子芋、孙芋等。著名的优良品种有广西荔浦槟榔芋、台湾槟榔芋和竹节芋等。除球茎外,芋花、芋叶均可入菜。

②质量标准

芋以球茎肥大、形状端正、组织饱满、未长侧芽、无干枯损伤为佳。

③营养价值

芋球茎中含糖类、粗蛋白质、粗纤维、蔗糖、聚糖以及 B 族维生素、维生素 C 等多种人体必需的营养物质。聚糖能增强机体的免疫机制,增加对疾病的抵抗力。中医认为芋有清热解毒、健脾强身、滋补身体的作用。

④烹饪运用

芋在烹饪制作中可采用烧、炖、煮、蒸等烹制方法入菜，荤素皆宜，如，芋艿全鸭、双菇芋艿、芋母烧肉；也用以制作小吃、糕点，如五香芋头糕、桂花糖芋艿；或用于淀粉的提取及制浆。

## 三、叶菜类蔬菜

### (一)叶菜类蔬菜的特点

叶菜类蔬菜是指以植物的叶片和叶柄为食用部位的蔬菜。该类蔬菜水分含量较大，富含维生素、无机盐等营养成分，品种多，用途广，在烹饪原料中占有很重要的地位，是人们日常生活中不可缺少的烹饪原材料。

### (二)叶菜类蔬菜的种类

叶菜类蔬菜原料可以分为普通叶菜类、香辛叶菜类、结球叶菜类三种类型。

**1. 普通叶菜类**

(1)青菜

①品种和产地

青菜又称为白菜秧，在北京称油菜，为十字花科一年生或二年生草本植物。我国各地均产。叶片绿色，倒卵形，叶面光滑，不结球，叶柄明显，绿色或白色，分为青梗青菜、白梗青菜。青菜纤维少，质地柔嫩，味清香。青菜是我国南方产量最大的蔬菜，但是夏季青菜常有苦味。常见的品种有上海青等。如图 3－34 所示。

**图 3－34 青菜**

②质量标准

青菜以无黄叶、无烂叶、外形整齐者为佳。

③营养价值

青菜含蛋白质、脂肪、碳水化合物、粗纤维、胡萝卜素、维生素 $B_1$、维生素 $B_2$、烟酸、维生素 C、钙、磷、铁、钾、钠、镁等。中医认为青菜味甘，性微寒，清热除烦、利小便，对感冒、百日咳、消化性溃疡出血、燥热咳嗽、咽炎声嘶有疗效。

④烹饪运用

青菜在烹饪中用于炒、拌、煮等，或作馅心。筵席上多取用其嫩心，如鸡蓉菜心、海米菜心；并常作为白汁或鲜味菜肴的配料。秋冬青菜常干制、腌制。

(2)乌塌菜

乌塌菜，又称瓢儿菜，油塌菜、黑菜、塌棵菜等。如图 3－35 所示。

①品种和产地

乌塌菜原产于中国，主要分布在长江流域。在上海市、江苏、安徽等地是食用很普遍、栽培面积较大的大路蔬菜。特别是冬季，是主要的越冬蔬菜之一。四季均产。乌塌菜叶成椭圆形，叶色浓绿至墨绿，叶面平滑或皱缩。

②质量标准

乌塌菜以无黄叶、无烂叶、叶肉厚实、外形整齐者为佳。

③营养价值

图 3-35　乌塌菜

乌塌菜的可食部分含蛋白质、脂肪、纤维素、维生素 C、胡萝卜素、维生素 $B_1$、维生素 $B_2$、钾、钠、钙、磷、铜、锰、硒、铁、锌等。中医认为乌塌菜甘、平,无毒,能滑肠、疏肝、利五脏。常吃乌塌菜可防止便秘,增强人体防病抗病能力,泽肤健美。

④烹饪运用

乌塌菜口感鲜嫩,入冬经霜后味更鲜美,可炒食、煲汤、凉拌、腌渍,又是烹调各种肉类菜的配菜,色、香、味俱佳。需注意的是炒乌塌菜不宜放酱油。

(3)菠菜

①品种和产地

菠菜,又称赤根菜、鹦鹉菜、鼠根菜,为藜科菠菜一年或二年生草本植物,以叶片及嫩茎供食用。菠菜原产于亚洲西部的伊朗,约唐代传入我国,现全国各地均有栽培。一年四季均产。如图 3-36 所示。

图 3-36　菠菜

菠菜根略带红色,有甜味,按品种可分为尖叶菠菜和圆叶菠菜两大类,代表品种有:黑龙江双城尖叶、北京尖叶菠菜、广州铁线梗、春不老菠菜等。

②质量标准

菠菜以无黄叶、无烂叶、叶肉厚实、外形整齐、色泽鲜绿者为佳。

③营养价值

菠菜含蛋白质、脂肪、碳水化合物、粗纤维、灰分、胡萝卜素、维生素 $B_1$、维生素 $B_2$、烟酸、维生素 C、钙、磷、铁、钾、钠、镁等。中医认为菠菜味甘、性凉,入大肠、胃经,具有补血止血、利五脏、通肠胃、调中气、活血脉、止渴润肠、敛阴润燥、滋阴平肝、助消化的功效,主治高血压、头痛、目眩、风火赤眼、糖尿病、便秘、消化不良、跌打损伤、衄血、便血、坏血病、大便涩滞等症。

菠菜中的草酸含量较高,有涩味,并且影响人体对钙、镁的吸收,故菠菜烹调前应先焯水,以除去草酸。

④烹饪运用

菠菜在烹调中应用广泛,作为主料,适用于锅塌、拌、炒、作汤等烹调方法,也可作配料或围边点缀。菠菜还能作包子、饺子、元宵等点心的馅料。此外,用菠菜茎叶挤成的汁,是烹调中常用的绿色素之一。

(4)叶用芥菜

叶用芥菜,又称芥菜、主园菜、梨叶、辣菜等。如图 3-37 所示。

①品种和产地

叶用芥菜的叶有深绿、浅绿、绿间紫、紫红等颜色,叶面光滑或皱缩,叶背有蜡粉或茸毛。

按主要供食部位的不同一般分为根用芥菜、茎用芥菜、叶用芥菜、薹用芥菜、芽用芥菜、籽用芥菜等六个变种。叶用芥菜可分为花叶芥、大叶芥、瘤芥、包心芥、分蘖芥、长柄芥、卷心芥等。

②质量标准

芥菜以无黄叶、无烂叶、叶肉厚实、外形整齐、色泽鲜绿者为佳。

图 3－37　叶用芥菜

③营养价值

芥菜含胡萝卜素、钾、钙、维生素 A、磷、维生素 C、钠、镁、碳水化合物、铁、蛋白质、膳食纤维、维生素 E、硒等。中医认为芥菜性温、味辛,归肺、胃经,有宣肺豁痰、利气温中、解毒消肿、开胃消食、温中利气、明目利膈的功效,主治咳嗽痰滞、胸隔满闷、疮痈肿痛、耳目失聪、牙龈肿烂、寒腹痛、便秘等症。

④烹饪运用

芥菜主要用于配菜炒制食用,或煮成汤,也可做饺子,馄饨等面食的馅料。另外,还可以腌制或腌制后晒干久贮,如福建的永定菜干、浙江梅干菜等。

(5)苋菜

苋菜,又称青香苋、米苋、仁汉菜等。如图 3－38 所示。

图 3－38　苋菜

①品种和产地

苋菜依叶型的不同有圆叶和尖叶之分,以圆叶种品质为佳;依颜色有红苋、绿苋、彩色苋之分。此外,在浙江、江西等省还有专取食肥大茎部的茎用苋菜。

②质量标准

苋菜以无黄叶、无烂叶、外形整齐、色正者为佳。

③营养价值

苋菜中含蛋白质、脂肪、碳水化合物、膳食纤维、灰分、维生素 A、胡萝卜素、硫胺素、核黄素、烟酸、维生素 C、维生素 E 等。中医认为苋菜味甘,性寒,清热解毒、利尿除湿、通利大便。苋菜能补气、清热、明目、滑胎、利大小肠,且对牙齿和骨骼的生长可起到促进作用,并能维持正常的心肌活动,防止肌肉痉挛。

④烹饪运用

苋菜在烹饪中可炒、煸、拌、作汤或配菜食用。烹调时要旺火速成。可做凉拌苋菜、鸡茸苋菜等,清炒时宜加蒜米。老茎用来腌渍、蒸食,有似腐乳之风味。

(6)叶用莴苣

叶用莴苣,又称生菜、莴菜、千金菜、千层剥。如图 3－39 所示。

①品种和产地

叶用莴苣原产欧洲地中海沿岸,传入我国的历史较悠久,东南沿海,特别是大城市近郊、两广地区栽培较多,特别是台湾种植尤为普遍。近年来,栽培面积迅速扩大。

叶用莴苣按叶片的色泽区分有绿生菜、紫生菜两种。按叶的生长状态区分,有散叶生菜、结球生菜两种。前者叶片散生,后者叶片抱合成球状。

②质量标准

叶用莴苣以无黄叶、无烂叶、外形整齐、无杂质、色泽鲜艳者为佳。

③营养价值

叶用莴苣含有碳水化合物、脂肪、蛋白质、纤维素、维生素 A、维生素 C、胡萝卜素等。中医认为叶用莴苣味甘、性凉;具有清热爽神、清肝利胆、养胃的功效。

图 3-39 叶用莴苣

④烹饪运用

叶用莴苣是西餐常用蔬菜之一,以生食为主,可用于凉拌、蘸酱、拼盘或包上已烹调好的菜饭一同进食。中餐中常炒制或作汤菜,其叶色彩艳丽,可用作菜肴的点缀。

(7)蕹菜

蕹菜,又称空心菜、藤藤菜等。如图 3-40 所示。

图 3-40 蕹菜

①品种和产地

蕹菜原产于我国南部,以中、南部地区栽种较多,近年来北方已开始引进栽种。蕹菜性喜温暖湿润、耐炎热、为夏、秋高温季节的蔬菜。

②质量标准

蕹菜以无黄叶、无烂叶、外形整齐、无杂质、色泽鲜艳者为佳。

③营养价值

蕹菜含碳水化合物、脂肪、蛋白质、纤维素、维生素 A 等。蕹菜营养价值高,维生素 A、维生素 C、钙、铁、粗纤维等含量较高,堪称“南方奇蔬”。空心菜中的叶绿素有“绿色精灵”之称,可洁齿、防龋、除口臭,健美皮肤,堪称美容佳品。中医认为蕹菜性寒,味甘,有清热、凉血、止血之功效。广东民间有吃多会抽筋的说法。

④烹饪运用

蕹菜可凉拌、炝炒、作汤,味美可口,如姜汁蕹菜、炒蕹菜等。

(8)冬葵

冬葵,又称莙达菜、忝菜、甜菜、葵菜、达菜、冬寒菜、滑菜等。如图 3-41 所示。

图 3-41 冬葵

①品种和产地

冬葵在我国主要分布于湖南、四川、贵州、云南、江西、甘肃等。植株较矮,叶半圆形扇状。叶柄长约 10~12cm,浅绿色。清香鲜美,入口柔滑。

②质量标准

冬葵以无黄叶、无烂叶、外形整齐、无杂质、色泽鲜艳者为佳。

③营养价值

冬葵嫩茎叶含蛋白质、脂肪、碳水化合物、钙、磷、铁、胡萝卜素、维生素 E、维生素 $B_2$、烟酸、维生素 C 等。中医认为冬葵味甘,性寒,具有清热、舒水、滑肠的功效。

④烹饪运用

冬葵主要用于煮汤、煮粥或炒、拌等,如鸡蒙葵菜;也可作为奶汤海参的垫底。

(9)落葵

落葵,又称胭脂菜、胭脂豆、藤菜、蒸葵、紫角叶软浆叶、木耳菜、豆腐菜等。如图 3-42 所示。

①品种和产地

落葵按花的颜色分为红落葵和白落葵。柔嫩爽滑、清香多汁。原产亚洲热带地区,包括中国南方、印度等地。

②质量标准

落葵以无黄叶、无烂叶、外形整齐、无杂质、色泽鲜艳、肉质厚者为佳。

③营养价值

图 3-42 落葵

落葵含蛋白质、碳水化合物、膳食纤维、烟酸、胡萝卜素、维生素 A、维生素 C、维生素 E、钙、磷、钾、钠、镁、铁、硒等。中医认为落葵有降血压、益肝、清热凉血、利尿、防止便秘等疗效,极适宜老年人食用。

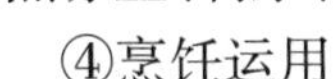

④烹饪运用

落葵因果实可提取食用红色染料,民间常用于糕团、馒头的印花。烹饪上多用以煮汤或爆炒成菜,如落葵豆腐肉片汤、蒜茸炒软浆叶。

(10)辣椒叶

①品种和产地

辣椒叶为茄科植物辣椒的叶,是一种药食两用的植物。辣椒叶可当蔬菜食用,其味甘甜鲜嫩,口感也好。辣椒叶作为时兴蔬菜,在港、澳及东南亚等地颇受欢迎。如图 3-43 所示。

②质量标准

辣椒叶以无黄叶、无烂叶、外形整齐、无杂质、色泽鲜艳者为佳。

③营养价值

图 3-43 辣椒叶

辣椒叶蛋白氨基酸种类齐全,总含量高出辣椒果实近 3 倍。铁、钙、锰、铜、锌含量均明显高于果实,硒含量也高于果实近 1 倍。此外,辣椒叶还含丰富的胡萝卜素与多种维生素等有益成分。中医认为辣椒叶无毒,有驱寒、养血、健胃功效,常吃能起到驱寒温胃、除湿健脾、增强食欲作用,尤其对虚寒性胃痛有较好的食疗效果。因其富含维生素、矿物质,常吃还有补肝明目、减肥美容等保健作用。

④烹饪运用

辣椒叶味甘而鲜嫩,口感好,吃法也多样。凉拌:用开水焯一下,然后在凉水过一下,加入姜末,用盐、味精、醋凉拌,不用再加辣椒。煮汤:鲜辣椒叶150g,鸡蛋2个。先用食用油将去壳鸡蛋煎黄,加入适量清水,煮沸后加入辣椒叶同煮,最后加食盐调味。煎饼:将面糊拌上辣椒叶(稍切碎),加少许盐,用油炸酥即可直接食用。此外,辣椒叶还可素炒、炒肉丝等。如果将辣椒叶放入鸡杂汤、猪肝汤、鱼汤中煮食,吃起来味道鲜香、滑腻,更是别有一番风味。

(11)番薯叶

番薯叶,又称红薯叶、甘薯叶、地瓜叶、山芋叶等。如图3－44所示。

图3－44　番薯叶

①品种和产地

番薯叶为旋花科植物番薯的叶。我国各地均有栽培。夏、秋季采收。

②质量标准

番薯叶以无黄叶、无烂叶、外形整齐、无杂质、色泽鲜艳、质嫩者为佳。

③营养价值

鲜番薯叶含蛋白质、脂肪、糖、钾、铁、磷、胡萝卜素、维生素C等。将其与常见的蔬菜比较,矿物质与维生素的含量均属上乘,胡萝卜素含量甚至高过胡萝卜。中医认为番薯叶性平,味甘,归大肠,有生津润燥、健脾宽肠、养血止血、通乳功效,治消渴、便血、血崩、乳汁不通等症。因其食疗保健作用被称为“蔬菜皇后”。近年,在欧美、日本、香港等地掀起一股“番薯叶热”。

④烹饪运用

番薯叶因色泽碧绿,可作为菜肴的颜色装饰。可以凉拌制作菜肴,还可以制作热菜,如清炒番薯叶、蚝油番薯叶等。

(12)芦荟

①品种和产地

菜用芦荟多选择肥厚多汁的品种,如翠绿芦荟、中国芦荟、花叶芦荟等。叶片去皮后呈白色半透明状,味清淡、质柔滑,富含黏液。如图3－45所示。

图3－45　芦荟

②质量标准

芦荟以生长两年以上、宽厚、结实、边缘硬、切开后能拉出黏丝的叶片为佳。

③营养价值

芦荟富含烟酸、维生素$B_6$等,还富含铬元素,具有胰岛素的作用,能调节体内的血糖代谢,是糖尿病人的理想食物和药物。芦荟富含生物素等,是美容、减肥、防治便秘的佳品,对脂肪代谢、胃肠功能、排泄系统都有很好的调理作用。芦荟多糖的免疫复活作用可提高机体的抗病能力。中医认为芦荟味苦,性寒,能清热、通便、杀虫。

④烹饪运用

烹饪中,芦荟可凉拌生食;可事先将去皮后的新鲜芦荟叶肉整块放入沸水中浸煮10min左右,以去除黏液,然后炒、煮、焖、炸或作汤;也可用酱油腌渍成芦荟酱菜,风味独特。代表菜式有酥炸芦荟条、芦荟软炸虾仁、芦荟炒鸡丁。

(13)叶用甜菜

叶用甜菜,又称牛皮菜、甜白菜等。依照叶柄颜色分为白梗甜菜、绿梗甜菜和红梗甜菜等。如图3-46所示。

①品种和产地

叶用甜菜是我国北方夏淡季节的常见食用叶菜,鲜嫩多汁,适口性好。

②质量标准

叶用甜菜以叶片较大、有光泽、肥厚、多汁、味甘甜者为佳。

③营养价值

叶用甜菜含粗蛋白、纤维素、胡萝卜素、钾、钙等。另含丰富的维生素C、维生素$B_1$、维生素$B_2$。中医认为叶用甜菜性凉味甘,能清热解毒、行淤止血,补中下气、理脾气、去头风、利五脏。

图3-46　叶用甜菜

④烹饪运用

叶用甜菜适于炒、煮、凉拌或用于汤中。由于植株中含草酸,故需用沸水煮烫后冷水浸漂,再行烹制。

(14)球茎茴香

球茎茴香又称佛罗伦萨茴香、意大利茴香、甜茴香等。如图3-47所示。

①品种和产地

球茎茴香的叶柄粗大,且向下扩展成为肥大的叶鞘并相互抱合成质地脆嫩多汁的球茎,成为供食的主要部分;其根和种子也可作香料和蔬菜。球茎茴香在食用前要把外周坚硬的叶柄去掉,中心部位的嫩叶可保留。

图3-47　球茎茴香

②质量标准

球茎茴香以叶柄肥大、质嫩多汁、无泥土、色泽鲜艳者为佳。

③营养价值

球茎茴香含蛋白质、脂肪、糖类、纤维素、维生素C、钾、钙等。中医认为球茎茴香性味甘温、辛,健胃散寒。

④烹饪运用

球茎茴香食用方法多样。球茎茴香膨大肥厚的叶鞘部鲜嫩质脆,味清甜,具有比小茴香略淡的清香,一般切成细丝放入调味品凉拌生食,也可配以各种肉类炒食。西餐制作中,常榨汁或直接作为调味蔬菜使用。中餐中可生食凉拌、炒、作汤、腌渍,也可用于调味。

(15)豆瓣菜

豆瓣菜,又称为水蔊菜、无心菜、水田芥等,俗称西洋菜。如图3-48所示。

①品种和产地

小叶卵形或椭圆形,深绿色,具一定的香辛气味,为十字花科豆瓣菜属多年生水生草本植物。其嫩茎叶可食,气味辛香。豆瓣菜植株高约30cm,匍匐或半匍匐状丛生茎圆形,在幼嫩时实心,长老后中空,青绿色,具多数节;每节均能发生分枝和须根,遇潮湿环境须根即伸长生长。

豆瓣菜原产欧洲,19 世纪由葡萄牙引入中国,我国、印度和东南亚很多地区都有野生品种。我国以广州、汕头一带和广西栽培较多。近几年北方地区又从欧洲引进大叶优质品种,利用旱地种植或无土栽培,已较大面积开发利用。

②质量标准

豆瓣菜以无黄叶、老叶、质嫩、无泥土、色泽鲜艳者为佳。

图 3-48　豆瓣菜

③营养价值

豆瓣菜嫩茎叶中含蛋白质、纤维、钙、磷、铁、铅、锌、镁、钾、胡萝卜素、维生素 $B_2$、维生素 C 等。据分析研究,豆瓣菜含有较高抗衰老素——过氧化物歧化酶。豆瓣菜有“天然清燥救肺汤”的美誉。秋天常吃些豆瓣菜,对呼吸系统十分有益。中医认为西洋菜味甘微苦,性寒,入肺、膀胱经,具有能清热止咳、清燥润肺、化痰止咳、利尿等功效。

④烹饪运用

豆瓣菜口感脆嫩,营养丰富,适合制作各种菜肴,还可制成清凉饮料或干制品,很有食用价值。豆瓣菜的食法很多,可作沙拉生吃,作火锅和盘菜的配料,作汤粉和面条的菜料、汤料。

(16)香椿

香椿,又称椿芽,为楝科椿树的嫩芽。如图 3-49 所示。

图 3-49　香椿

①品种和产地

香椿素有“树上青菜”之称。清明前后上市。质柔嫩,纤维少,味鲜美,具独特清香气味。

②质量标准

香椿以芽质柔嫩、纤维少、新鲜、香味浓郁者为佳。

③营养价值

香椿芽含蛋白质、脂肪、碳水化合物、膳食纤维、灰分、维生 A、胡萝卜素、硫胺素、核黄素、烟酸、维生素 C、维生素 E 等。中医认为,香椿味苦,性寒,具有清热解毒、健胃理气等功效,是蔬菜中不可多得的珍品。

④烹饪运用

可拌、炒、煎,如椿芽炒蛋、椿芽拌豆腐等;亦常加工成腌制品或干菜,如腌香椿。

(17)莼菜

莼菜,又称淳菜、水葵、湖菜、水荷叶等。如图 3-50 所示。

①品种和产地

莼菜为地方特产,以我国太湖、西湖所产为佳。按色泽分为红花品种(叶背、嫩梢、卷叶均为暗红色)和绿花品种(叶背的边缘为暗红色)。莼菜的叶子呈椭圆形、深绿色,嫩茎和叶背部都有胶状透明物质。由于其有黏液,故食用时口感润滑,风味淡雅。

②质量标准

莼菜以形态完整、色正、质嫩者为佳。

③营养价值

莼菜中含蛋白质、碳水化合物、膳食纤维、胡萝卜素、维生素 A、维生素 C、维生素 E、钙、磷、钾、钠等。中医认为莼菜味甘、性寒,具有清热、利水、消肿、解毒的功效,可治热痢、黄疸、痈肿、疔疮。

④烹饪运用

莼菜烹调时应先用开水焯熟,然后下入做好的汤或菜中。烹饪中多制高级汤菜,润滑清香,如芙蓉莼菜、清汤莼菜等;也可拌、熘、烩,如鸡绒莼菜、莼菜禾花雀等。

**图 3-50 莼菜**

**2. 香辛叶菜类**

(1)香菜

香菜,又称芫荽、芫荽、香荽、胡菜、原荽等。如图 3-51 所示。

**图 3-51 香菜**

①品种和产地

香菜原产于亚洲西部、波斯及埃及一带,唐时由阿拉伯人传入中国。现在我国各地均有栽培,以华北最多。

②质量标准

香菜以新鲜质嫩、无老叶、黄叶、杂质、香味浓郁者为佳。

③营养价值

香菜含蛋白质、碳水化合物、脂肪、钙、磷、铁、胡萝卜素、维生素 C 以及硫胺素、核黄素、尼克酸等。中医认为香菜辛、温,归肺、脾经,具有发汗透疹、消食下气、醒脾和中的功效。

④烹饪运用

香菜可冷拌,可切末撒在成熟的菜肴上,如"涮羊肉""水爆肚""酸辣肚丝汤""羊肉汤""汤爆双脆""九转大肠"等,以增加菜肴的特殊香味。香菜是鲁菜中芫爆菜肴的主要原料,可制作"芫爆里脊丝""芫爆鱿鱼卷"等。香菜的作用主要是调味,一般在菜肴成熟时加入,过早加入,会失去脆嫩感和翠绿色。种子粉末为欧洲人常用之调料,是"咖喱粉"的原料之一。

(2)芹菜

①品种和产地

芹菜,原产于中南海沿岸,我国南北均有栽培。四季均产。其性喜冷凉、不耐炎热,故以秋冬季较多。生于沼泽地带的叫水芹,又名水英、野芹菜等;生于旱地的叫旱芹,又名药芹、香芹。如图 3-52 所示。

②质量标准

芹菜以新鲜、质地脆嫩、叶柄肥厚、纤维少、无杂质者为佳。

③营养价值

**图 3-52 芹菜**

芹菜中含蛋白质、钙、磷、铁等,其中蛋白质含量比一般瓜果蔬菜高 1 倍,铁含量为蕃茄的 20 倍左右,芹菜中还含丰富的胡萝卜素和多种维生素等,对人体健康十分有益。中医认为,芹菜有甘凉清胃、涤热祛风、利口齿、咽喉、明目和养精益气、补血健脾、止咳利尿、降压镇静等功用。

④烹饪运用

芹菜适宜炒、拌、炝等烹调方法,刀工成形比较多。可以作主料、辅料以及配色原料。还可以作面点的馅心。芹菜不可加热过度,否则会失去脆嫩感及翠绿色。

(3)韭菜

又称韭,山韭,长生韭,起阳草等。如图3-53所示。

图3-53 韭菜

①品种和产地

韭菜原产于亚洲东部,现我国各地均有栽培。韭菜四季均有,但因韭菜喜凉冷气候,故以春、秋为佳,俗话说"三月韭,佛开口;六月韭,驴不瞅"。我国著名的品种有陕西汉中冬韭,山东寿光九巷的马蔺韭,甘肃兰州的小韭等。

②质量标准

韭菜以植株粗壮鲜嫩、叶肉肥厚、不带烂叶、中心不抽薹者为佳。

③营养价值

韭菜含脂肪、蛋白质、碳水化合物、膳食纤维、硫胺素、钙、核黄素、镁、烟酸、维生素C、锰、维生素E等。此外,韭菜含有挥发性的硫化丙烯,因此具有辛辣味,有促进食欲的作用。韭菜的营养价值很高,有良好的药用价值。有一个很响亮的名字叫"壮阳草",还有人把韭菜称为"洗肠草"。中医认为其味甘辛咸,性温,入胃,肝,肾经,温中行气,散瘀,补肝肾,暖腰膝,壮阳固精。

④烹饪运用

韭菜可以炒、拌,作配料、馅等,隔夜的熟韭菜不宜再吃。夏季韭菜抽出的嫩茎又名"韭菜薹",可以炒食,或作馅心。韭菜花经腌制后为火锅的调料。

(4)葱

①品种和产地

葱属百合科,多年生草本植物,如图3-54所示。原产于西伯利亚,我国栽培历史悠久,分布广泛,而以山东、河北、河南等省为重要产地。我国主要栽培大葱,龙爪葱(大葱的变种)、分葱、细香葱和韭葱等品种。分葱和细香葱以南方栽培较多,韭葱只有少量栽培。

②质量标准

葱以葱白长、无烂叶、老叶、新鲜质嫩者为佳。

③营养价值

大葱含蛋白质、脂肪、碳水化合物、膳食纤维、维生素A、胡萝卜素、硫胺素、核黄素、烟酸、维生素C、维生素E等。我国有谚语说道:"常吃葱,人轻松""一天一棵葱,薄袄能过冬",这两句谚语充分说明了葱的保健作用。中医认为葱味辛、性温;能通阳活血、驱虫解毒、发汗解表,主治风寒感冒轻症、痈肿疮毒、痢疾脉微、寒凝腹痛、小便不利

图3-54 葱

等病症,对感冒、风寒、头痛、阴寒腹痛、虫积内阻、痢疾等有较好的治疗作用。

④烹饪运用

葱在烹调中是重要的调味蔬菜,可起到去腥解腻的作用。葱在菜肴制作中应用广泛,几乎绝大多数菜肴都要用葱来调味。代表菜肴有葱烧海参、葱爆肉等。

(5)茴香苗

①品种和产地

茴香苗原产地中海地区,现我国南北各地普遍栽培,但北方栽培较普遍。一般可常年收获。茴香苗是茴香的嫩茎及叶,其梗叶瘦小、叶色浓绿,呈羽状分裂。如图 3-55 所示。

图 3-55 茴香苗

②质量标准

茴香苗以新鲜幼嫩、香味足、纤维少、无杂质、无老叶、黄叶者为佳。

③营养价值

茴香苗叶含有挥发油,故具有强烈的芳香气味,含有较多的维生素 A 原和无机盐,胡萝卜素和钙的含量很高,维生素 $B_1$、维生素 $B_2$、维生素 C、维生素 $B_3$ 和铁的含量也比较高。中医认为茴香苗性温,味辛,归肝、肾、脾、胃经,有温肝肾、暖胃气、散塞结、散寒止痛、理气和胃的功效。

④烹饪运用

茴香苗在烹调中多作面点馅心,也可以炒食,亦可作冷盘的点缀原料。

(6)茼蒿

①品种和产地

茼蒿,又称同蒿、蓬蒿等。原产于我国,现各地已普通栽培。性喜冷凉,冬、春上市。茼蒿幼苗及嫩茎和叶可食用,较柔软,具有特殊的香气。如图 3-56 所示。

②质量标准

茼蒿以外形完整、新鲜质嫩、洁净无虫害者为佳。

③营养价值

茼蒿含蛋白质、脂肪、碳水化合物、粗纤维、灰分、胡萝卜素、维生素 $B_1$、维生素 $B_2$、烟酸、维生素 C、钙、磷、铁、钾、钠、镁等。中医认为茼蒿味辛甘,性平,有消痰利便之功效,所含精油有开胃、健脾作用。

④烹饪运用

茼蒿可炒、拌、制汤等。我国朝鲜族喜食茼蒿。

图 3-56 茼蒿

**3. 结球叶菜类**

(1)卷心菜

①品种和产地

卷心菜,又称结球甘蓝、包心菜、圆白菜、洋白菜等。原产地中海沿岸,现我国各地均有栽培。卷心菜耐存放,一般 6 月份上市,晚春栽培的于 7 月份成熟,夏季栽培的于 10 月初上市。如图 3-57 所示。

图3-57　卷心菜

卷心菜叶片厚,卵圆形,叶柄段,叶心包合成球。按其叶片的颜色大体可分为两类:一种叶片是蓝绿色;另一种叶片为紫色,有人称其为紫卷心菜、紫甘蓝等。

②质量标准

卷心菜以外形整齐、新鲜洁净、叶球坚实、形状端正、不带烂叶、无病虫害、无损伤者为佳。

③营养价值

卷心菜含蛋白质、脂肪、碳水化合物、叶酸、膳食纤维、维生素A、胡萝卜素、硫胺素、核黄素、烟酸、维生素C、维生素E、钙、磷、钾、钠、镁、铁、锌、硒、铜等。卷心菜含有丰富的维生素U,对消化道溃疡有一定的止痛愈合作用。

④烹饪运用

卷心菜适合于炒、拌、炝及制汤等,还可以利用其叶片大的特点做成菜卷,紫色卷心菜还可以作菜肴的点缀等。

(2)白菜

①品种和产地

白菜原产于我国北方,俗称大白菜。引种南方,南北各地均有栽培。白菜按生长时节可分为春白菜、秋白菜、秋冬白菜。大白菜在我国北方的冬季餐桌上必不可少,有“冬日白菜美如笋”之说。如图3-58所示。

②质量标准

白菜以外形整齐、新鲜洁净、叶球坚实、形状端正、不带烂叶、无病虫害、无损伤者为佳。

③营养价值

白菜含胡萝卜素、钠、钙、磷、维生素C、维生素A、镁、碳水化合物、蛋白质、膳食纤维、维生素E、铁、烟酸、硒等。中医认为,白菜微寒、味甘、性平,归肠、胃经,有解热除烦、通利肠胃、养胃生津、除烦解渴、利尿通便、清热解毒的功效,可用于肺热咳嗽、便秘、丹毒、漆疮。俗话说,鱼生火,肉生痰,白菜豆腐保平安。即所谓的“百菜唯有白菜美”。

图3-58　白菜

④烹饪运用

大白菜在烹饪中的应用极为广泛。常用于炒、拌、扒、熘、煮等以及馅心的制作,亦可腌、泡制成冬菜、泡菜、酸菜,或制干菜。筵席上作主辅料时,常选用菜心,如金边白菜、油淋芽白菜、干贝秧白、炒冬菇白菜等。此外,还常作为包卷料使用,如菜包鸡、白菜腐乳等。还是食品雕刻的原料之一,如用于凤凰尾部的装饰。

(3)菊苣

①品种和产地

菊苣,又称欧洲菊苣、比利时苣荬菜、法国苣莫菜、苦白菜等,是以嫩叶、叶球为食用部分的野生菊苣的变种。原产于法国、意大利、亚洲北部和北非地区。菊苣为结球叶菜或经软化栽培后收获芽球的散叶状叶菜。芽球的叶呈黄白色或叶脉及叶缘具红紫色花纹。如图3-59所示。

②质量标准

菊苣以外形整齐、新鲜洁净、叶球坚实、形状端正、不带烂叶、无病虫害、无损伤者为佳。

③营养价值

菊苣中含碳水化合物、脂肪、蛋白质、纤维素、维生素C、核黄素、烟酸、镁等。中医认为其味苦,性寒,可清热解毒、利尿消肿,主治湿热黄疸、肾炎水肿、胃脘胀痛、食欲不振。

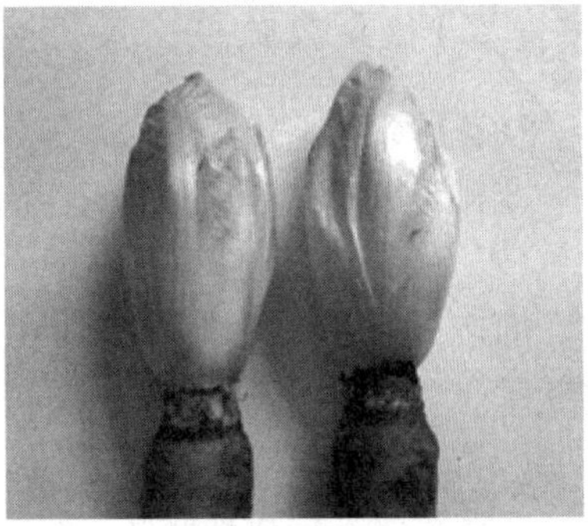

图 3-59　菊苣

④烹饪运用

在烹饪中,菊苣的芽球主要用于生吃,高温烹制后会变为黑褐色。芽球的外叶可炒食。菊苣的根经过烤炒磨碎后,可加工成咖啡的代用品或添加剂。

(4)抱子甘蓝

①品种和产地

抱子甘蓝,又称球芽甘蓝、子持甘蓝。原产于地中海沿岸,我国于近年引进。抱子甘蓝主茎上的叶片较结球甘蓝小,近圆形,叶缘上卷呈勺子形,有长叶柄。每一叶腋的腋芽均能膨大发育成小叶球,近圆形的小叶球环抱于主茎之上,有深绿、黄绿、紫红等色。按叶球的大小又分为大抱子甘蓝及小抱子甘蓝(直径小于4cm),后者的质地较为细嫩。如图3-60所示。

②质量标准

抱子甘蓝以包心紧实、鲜嫩、干净者为佳。

③营养价值

抱子甘蓝嫩叶中含有粗蛋白、脂肪、糖类、维生素C、维生素$B_1$、维生素$B_2$、钙、磷、铁等,其蛋白含量在甘蓝类蔬菜中是最高的。抱子甘蓝种维生素C的含量比近亲种结球甘蓝高3倍左右,且含丰富的矿物质,包括微量元素钼,是营养丰富的珍贵特色蔬菜。中医认为其性味甘平,具有益脾和胃、缓急止痛作用,可以治疗上腹胀气疼痛、嗜睡、脘腹拘急疼痛等疾病。

图 3-60　抱子甘蓝

④烹饪运用

抱子甘蓝可清炒、清烧、凉拌、煮汤、腌渍等,方法多样,如奶汤小包菜、蚝油小甘蓝等。

## 四、花菜类蔬菜

### (一)花菜类蔬菜的特点

花菜是以木本或草本植物的花为食用部位的蔬菜,主要品种有花椰菜、黄花菜、食用菊等。此类蔬菜品种不多但食用价值较高,是我们日常生活中常用到的烹饪原料。大部分原料质地柔嫩或脆嫩,具有特殊的清香气味或辛香气味。

## (二)花菜类蔬菜主要种类

**1. 花椰菜**

花椰菜,又称花菜、菜花、椰菜花。如图 3－61 所示。

(1)品种和产地

原产于地中海东部海岸,约在 19 世纪初引进中国。花椰菜在夏秋季收获较多。

(2)质量标准

花椰菜以花球质地坚实、表面平整、边缘为散开、色泽美丽者为佳。

(3)营养价值

**图 3－61　花椰菜**

花椰菜含蛋白质、碳水化合物、脂肪、水分、膳食纤维、灰分、胡萝卜素、视黄醇、维生素 $B_1$、维生素 $B_2$、烟酸、维生素 C、维生素 E、钾、钠、钙等。花椰菜含有多种营养成分,特别是其含有的维生素 U 对于防止消化道溃疡有一定作用。中医认为菜花性凉、味甘,可补肾填精、健脑壮骨、补脾和胃,主治久病体虚、肢体痿软、耳鸣健忘、脾胃虚弱、小儿发育迟缓等病症。

(4)烹饪运用

花椰菜肥嫩,洁白。作主料适宜炒,拌,炝等烹调方法,可制作海米拌菜花、火腿烧花椰菜、茄汁菜花等。

**2. 食用菊**

食用菊,又称甘菊、臭菊。如图 3－62 所示。

**图 3－62　食用菊**

(1)品种和产地

原产于中国,现在以江苏、浙江、江西、四川等省为主要产区,其中浙江生的抗菊驰名中外。食用菊秋季上市。

(2)质量标准

食用菊以朵形完整、无虫害、无机械损伤、香味浓郁者为佳。

(3)营养价值

食用菊中含蛋白质、脂肪、碳水化合物、膳食纤维、烟酸、胡萝卜素、维生素 C、维生素 E、钙、磷、钾、钠等。中医认为,菊花味甘,性平,无毒,具有轻身、利耳目、润肌肤、消水肿的功效,治腰痛、风湿性关节炎、风热头痛等症。

(4)烹饪运用

菊花气味芬芳,绵软爽口,是入肴佳品。吃法也很多,可鲜食、干食、生食、熟食,焖、蒸、煮、炒、烧、拌皆宜,还可切丝入馅,菊花酥饼和菊花饺都自有可人之处。

**3. 朝鲜蓟**

朝鲜蓟,又称洋蓟、洋百合、菜蓟等。如图 3－63 所示。

(1)品种和产地

图3－63　朝鲜蓟

朝鲜蓟主要食用部位为幼嫩的头状花序的总苞、总花托及嫩茎叶。味清香，脆嫩似藕。茎叶经软化后可作菜煮食，味清新。原产地中海沿岸，是由菜蓟演变而成。以法国栽培最多。19 世纪由法国传入我国上海。目前我国主要在上海、浙江、湖南、云南等地有少量栽培。

(2)质量标准

朝鲜蓟以花蕾丰满、总苞抱合紧密、无干枯、无开裂、花茎断面呈绿色者为佳。

(3)营养价值

洋蓟含蛋白质、脂肪、碳水化合物、维生素 $B_1$、维生素 $B_2$、维生素 C、钙、磷、铁、钾等。中医认为朝鲜蓟性味凉，能清热去毒、排毒养颜，有宣肺祛痰、利尿的效用。

(4)烹饪运用

食用花蕾时，放入沸水中煮 25～45min，至萼片易拨开时取出，剥下苞片，将总花托切片，将两者放入盆内，撒入精盐腌片刻，捞起稍挤去水分，拌以调料，制成色拉。或拌以鸡蛋、淀粉等制成的浆，放油锅炸至表面金黄色，捞出沥油，蘸花椒盐食用，都具独特风味。朝鲜蓟的花蕾可以制作开胃酒，法国、西班牙、意大利等国均有洋蓟罐头和洋蓟开胃酒销售。

**4. 金针菜**

金针菜，又称黄花菜、忘忧草、金针菜、萱草花、健脑菜、安神菜、绿葱、鹿葱花、萱萼等，以幼嫩花蕾供食。如图 3－64 所示。

图3－64　金针菜

(1)品种和产地

金针菜以山西大同所产质量最好，湖南产量最多。金针菜常见品种有陕西省大荔县的沙苑金针菜、湖南省邵东县的荆州花、猛子花、茶子花、四川省渠县、巴中等地的渠县黄花、山西省雁北地区的大同黄花菜等。

(2)质量标准

鲜黄花菜以色黄洁净、鲜嫩、不蔫、不干、花未开放、长而粗、干燥、柔软有弹性、清香味浓、无杂物者为佳。

(3)营养价值

金针菜含蛋白质、脂肪、碳水化合物、膳食纤维、维生素 A、胡萝卜素、硫胺素、核黄素、烟酸、维生素 C、维生素 E、钙等。黄花菜含有丰富的卵磷脂，这种物质是机体中许多细胞，特别是大脑细胞的组成成分，对增强和改善大脑功能有重要作用，同时能清除动脉内的沉积物，对注意力不集中、记忆力减退、脑动脉阻塞等症状有特殊疗效，故人们称之为“健脑菜”。鲜黄花菜中含有一种“秋水仙碱”的物质，它本身虽无毒，但经过肠胃道的吸收，在体内氧化为“二秋水仙碱”，则具有较大的毒性。所以，在食用鲜品时，每次不要多吃。中医认为黄花菜性味甘凉，有止血、消炎、清热、利湿、消食、明目、安神等功效，对吐血、大便带血、小便不通、失眠、乳汁不下等有疗效，可作为病后或产后的调补品。

(4)烹饪运用

烹饪中主要以干制的黄花菜为主，可用以炒菜、氽汤，或作为面食馅心和臊子的原料，如黄花炒肉丝、黄花鸡丝汤等。

**5. 霸王花**

霸王花,又称量天尺花、剑花、霸王鞭。如图 3－65 所示。

图 3－65　霸王花

(1)品种和产地

霸王花,花白色,漏斗状,长 25～30cm,宽 6～8cm,花开时达 11cm,夜开晨凋。原产墨西哥、南美热带雨林,现全世界的热带、亚热带地区均有栽培。我国主要分布在广东、广西,以广州、肇庆、佛山、岭南等为主产区。

(2)质量标准

霸王花以新鲜、色正、朵形完整、无虫蛀、无损伤者为佳。

(3)营养价值

霸王花的干制品含蛋白质、粗纤维、灰分、钙、磷等。中医认为霸王花性味甘微寒,具有丰富的营养价值和药用价值,对治疗脑动脉硬化、肺结核、支气管炎、颈淋巴结核、腮腺炎、心血管疾病有明显疗效,具有清热润肺、除痰止咳、滋补养颜之功能。

(4)烹饪运用

霸王花可鲜用或凋后蒸熟干制。烹饪中用以制汤,味鲜美,亦可作为配料使用。霸王花制汤后,其味清香、汤甜滑,深为“煲汤一族”的广东人所喜爱,是极佳的清补汤料。

**6. 南瓜花**

(1)品种和产地

南瓜花全球各地均产,亦蔬亦药。杏黄色,雌雄同株,单生。雄花花冠裂片大,先端长而尖;雌花花萼裂片叶状;柱头三枚,膨大,两裂。花柄长约 30cm。花托绿色,五角钟形。花柄、花托、花冠都能食用。如图 3－66 所示。

(2)质量标准

南瓜花以新鲜、色正、朵形完整、无虫蛀、无损伤者为佳。

图 3－66　南瓜花

(3)营养价值

南瓜花含脂肪、碳水化合物、蛋白质、维生素 C、钙、铁等。中医认为南瓜花具有清利湿热、消肿散瘀等特性,对幼儿贫血、黄疸、痢疾、咳嗽、慢性便秘、大肠疾患、高血压、头痛、中风等症有一定的疗效,还能调整神经状态,改善失眠。据新加坡营养学家研究发现,食用南瓜花能有效地提高智商。

(4)烹饪运用

南瓜花适合烹调方法较多,包括蒸、炒、煲汤、制作馅心等,如青椒炒南瓜花、酿南瓜花、苦瓜拌南瓜花等。

**7. 荷花**

荷花,又称莲、水花等,为睡莲科多年生水生草本植物。如图 3－67 所示。

(1)品种和产地

荷花一般分布在亚热带和温带地区。荷花在中国除西藏自治区和青海省外,全国大部分地区都有分布。垂直分布可达海拔2000m,在秦岭和神农架的深山池沼中也可见到。夏季开花,花大,红色、粉红色或白色,单瓣或重瓣,质地柔嫩,味道清香。

图3-67 荷花

(2)质量标准

荷花以新鲜、色正、朵形完整、无虫蛀、无损伤者为佳。

(3)营养价值

荷花含粗纤维、矿物质、维生素C、硫胺素、核黄素、胡萝卜素等。中医认为,荷花能活血止血、去湿消风、清心凉血、解热解毒。荷叶能清暑利湿、止血。藕节能止血、解热毒。

(4)烹饪运用

烹饪中选择白色或粉色荷花的中层花瓣供食,如山东的炸荷花,广东的荔荷炖鸭等。

**8. 玉兰花**

玉兰花,又称辛夷。如图3-68所示。

图3-68 玉兰花

(1)品种和产地

玉兰原产于中国中部各省,现北京及黄河流域以南均有栽培。花大,芳香,纯白色,单生于枝顶。玉兰花瓣肉质较厚,而且具有清香的风味。

(2)质量标准

玉兰花以新鲜、色正、朵形完整、无虫蛀、无损伤者为佳。

(3)营养价值

玉兰花的营养价值非常高,含有柠檬醛、丁香油酸、木兰花碱、望春花素、癸酸、芦丁、油酸、维生素A等成分。中医认为,玉兰花性味辛、温,且有祛风散寒通窍、宣肺通鼻的功效。

(4)烹饪运用

玉兰花烹饪中可挂糊后油炸,为筵席菜品;或夹豆沙后挂糊炸食,如云南的樱桃肉烧玉兰,福建的玉兰酥香肉。

## 五、果菜类蔬菜

### (一)果菜类蔬菜特点

果菜类蔬菜是以植物的果实和幼嫩的种子为食用部位的蔬菜。

植物的果实构造比较简单,由果皮和种子两部分构成。果皮又有外果皮、中果皮和内果皮之分。果实是由花发育而来的,当花受精后,其各部分发生显著的变化,花萼、花冠一般枯萎(花萼有宿存的),雄蕊以及雌蕊的柱头和花柱也都萎谢,剩下来的只有子房。子房中受精的胚珠发育成种子,而子房也随着长大,则发育成果实。多数植物的果实是只由子房发育而来的,叫真果;也有些植物的果实除子房外尚有其他部分,最普遍的是子房和花被或花托一起形成果实,这样的果实叫假果。

果菜类蔬菜依照供食果实的结构特点不同可分为三大类,即豆类蔬菜(荚果类蔬菜)、茄果类蔬菜(浆果类蔬菜)和瓠果类蔬菜(瓜类蔬菜)。

## (二)果菜类蔬菜的主要种类

### 1. 豆类蔬菜

豆类蔬菜是指以豆科植物的嫩豆荚或嫩豆粒供食用的蔬菜。豆类蔬菜其果实呈长刀状,果皮嫩时肉质化(大豆、蚕豆除外)可食,成熟后果皮干燥而裂开,不可食用。豆类蔬菜富含蛋白质及较多的碳水化合物、脂肪、钙、磷和多种维生素,营养丰富,滋味鲜美。除鲜食外,还可制作罐头和脱水蔬菜。

(1)菜豆

菜豆,又称豆角、芸豆、四季豆、梅豆等。如图 3-69 所示。

①品种和产地

菜豆品种繁多。菜豆原产于美洲的墨西哥和阿根廷,我国在 16 世纪末才开始引种栽培。

菜豆为一年生草本植物,一般夏秋季节收获。荚果扁平、顶端有尖,嫩荚或成熟的种子都可作蔬菜,现多以嫩荚做蔬菜应用。菜豆按栽培方法可分为矮生和蔓生两种。

图 3-69 菜豆

②质量标准

菜豆以色正、有光泽、无茸毛、肉质肥厚、鲜嫩饱满、种子不显露、无折断者为佳。

③营养价值

菜豆中含碳水化合物、脂肪、蛋白质、纤维素、维生素 A、维生素 C、胡萝卜素等。菜豆的抗营养因子主要是存在于籽粒和嫩荚中的植物血细胞凝集素(PHA),其对人体是有毒的,但对热呈不稳定性。因此,在食用菜豆籽粒或豆荚时,一定要经过加热处理,使之变为无毒食物。中医认为菜豆性甘、淡、微温,归脾、胃经化,湿而不燥烈,健脾而不滞腻,为脾虚湿停常用之品,有调和脏腑、安养精神、益气健脾、消暑化湿和利水消肿的功效,主治脾虚兼湿、食少便溏、湿浊下注、妇女带下过多,还可用于暑湿伤中、吐泻转筋等症。

④烹饪运用

菜豆刀工成型可为丝、段等形状,适宜于拌、炝、炒、焖等烹调方法,作主料可制作拌豆角、海米炝菜豆、炒菜豆等菜肴。亦可作为面点馅心,制作水饺、蒸包等。

(2)刀豆

①品种和产地

刀豆原产于美洲热带地区,我国长江流域及南方各地均有栽培,见图 3-70。刀豆的嫩豆荚大而宽厚,表面光滑,浅绿色,质地较脆嫩,肉厚味美。品种有大刀豆、洋刀豆之分。

②质量标准

刀豆以色正、有光泽、肉质肥厚、鲜嫩饱满、种子不显露、无折断者为佳。

③营养价值

刀豆含蛋白质、脂肪、碳水化合物、膳食纤维、灰分、维生素 A 等。中医认为刀豆味甘,性平,无毒。刀豆具有温中下气、止呕逆、益肾的功效,可以有效治疗病后及虚寒性呃逆、呕吐、腹胀以及肾虚所致的腰痛等病症。

④烹饪运用

刀豆在烹饪中可炒、煮、焖或腌渍、糖渍、干制。成熟的籽粒供煮食或磨粉代粮。

图 3-70 刀豆

(3)嫩豌豆

①品种和产地

嫩豌豆为菜用豌豆的软豆荚嫩果或幼嫩种子。豌豆在我国已有两千多年的栽培历史,现在各地均有栽培,主要产区有四川、河南、湖北、江苏、青海等。

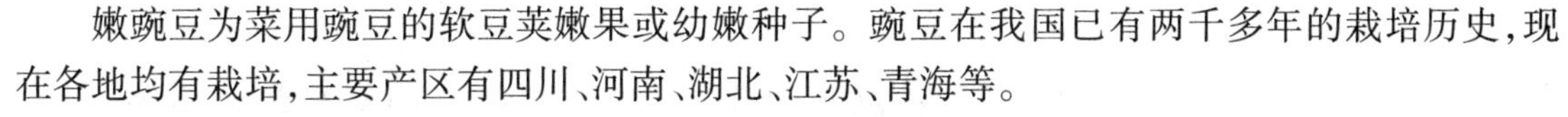

菜用豌豆分为硬荚及软荚两类。软荚豌豆即甜荚豌豆,以嫩荚和豆粒供蔬食,常称为荷兰豆,原产英国。嫩豆荚质地脆嫩,味鲜甜,纤维少;当豆粒成熟后果皮即纤维化,失去食用价值。如图 3-71(a)所示。

甜脆豌豆为软荚豌豆新品种,又称为蜜豆,原产欧洲,以嫩荚果、嫩梢供食。与其他荚用豌豆相比,其荚果呈小圆棍形,果皮肉质化直至种子长大充满豆荚,仍脆嫩爽口。如图 3-71(b)所示。

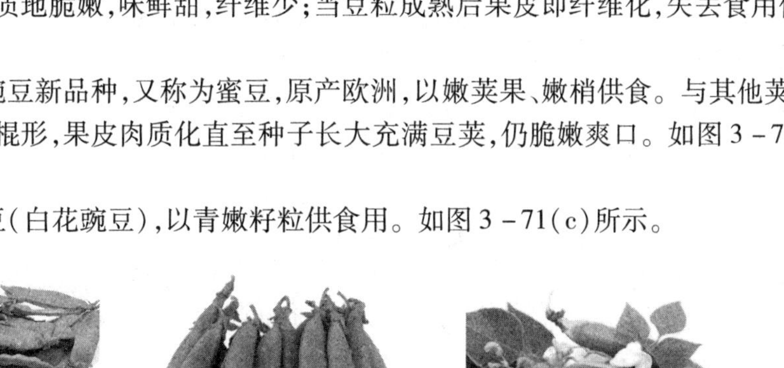

硬荚豌豆即矮豌豆(白花豌豆),以青嫩籽粒供食用。如图 3-71(c)所示。

(a)荷兰豆

(b)甜脆豌豆

(c)嫩豌豆粒

图 3-71 豌豆

①质量标准

豌豆以色正、有光泽、籽粒饱满、无虫蛀者为佳。

②营养价值

嫩豌豆中含蛋白质、脂肪、碳水化合物、膳食纤维、维生素 A、胡萝卜素、硫胺素、核黄素、烟酸、维生素 C、维生素 E、钙、磷、钾、钠、碘、镁、铁等。中医认为豌豆味甘、性平,归脾、胃经,具有益中气、止泻痢、利小便、消痈肿、解乳石毒之功效,对脚气、痈肿、乳汁不通、脾胃不适、呃逆呕吐、心腹胀痛、口渴泄痢等病症有一定的食疗作用。

③烹饪运用

豌豆在烹饪中常用于烩、烧、煮、拌,也可制泥炒食,或作配料,筵席上亦常选用,如豌豆泥、金钩青元、鱼香豌豆等,亦可速冻罐藏。

(4)豇豆

豇豆,又称腰豆、长豆、浆豆、带豆等,为豆科植物一年生草本。如图3－72所示。

图3－72　豇豆

①品种和产地

豇豆原产于印度和中东,但中国很早就有栽培。荚果为长圆条形,呈墨绿色、青绿色、浅青白色或紫红色。供食用的有三种,即豇豆、长豇豆和饭豇豆。其中,长豇豆肉质肥厚脆嫩,品种又有粗细之分,分称为菜豇豆和泡豇豆。

②质量标准

豇豆以豆荚鲜嫩、充实饱满、不卷曲、不显籽粒者为佳。

③营养价值

豇豆中含蛋白质、脂肪、碳水化合物、膳食纤维、灰分、维生素A、胡萝卜素、硫胺素、核黄素、烟酸、维生素C、钙、磷、钾、钠、镁、铁、锌、硒、铜、锰等。中医认为豇豆具有理中益气、健胃补肾、和五脏、调颜养身、生精髓、止消渴、吐逆泄痢、解毒的功效。

④烹饪运用

烹饪中,豇豆荤素搭配皆宜,以酱烧、烧肉为主,也可拌食、炒食,还可以干制、腌制。代表菜式有蒜泥豇豆、姜汁豇豆、烂肉豇豆、干豇豆烧肉等。

(5)扁豆

扁豆,又称鹊豆、峨嵋豆等。如图3－73所示。

①品种和产地

扁豆在热带、亚热带地区均有栽培。扁豆花有红白两种,豆荚有绿白、浅绿、粉红或紫红等色。荚果微弯扁平,宽而短,倒卵状长椭圆形,呈淡绿、红或紫色,每荚有种子3～5粒。以嫩豆荚或豆粒供食。因嫩豆荚含有毒蛋白、菜豆凝集素及可引发溶血症的皂素,所以需长时间加热后方可食用。

图3－73　扁豆

②质量标准

扁豆以色正、整齐、鲜嫩饱满、肥厚结实、无虫蛀、不带豆梗者为佳。

③营养价值

扁豆含钾、磷、钙、镁、维生素A、叶酸、碳水化合物、维生素C、钠、蛋白质、碘、膳食纤维、铁、维生素E等。中医认为扁豆味甘、性平,归、胃经,气清香而不串,性温和而色微黄,与脾性最合,有健脾、和中、益气、化湿、消暑之功效,主治脾虚兼湿、食少便溏、湿浊下注、妇女带下过多、暑湿伤中、吐泻转筋等症。

④烹饪运用

扁豆在烹饪中常炒、烧、焖、煮成菜,如酱烧扁豆、扁豆烧肉、扁豆烧百页等。也可作馅,或腌渍和干制,干制后的豆荚烧肉,风味独特。

**2. 茄果类蔬菜**

又称浆果类蔬菜,即茄科植物中以浆果供食用的蔬菜,此类果实的中果皮或内果皮呈浆状,是食用的主要对象。茄果类蔬菜富含维生素、矿物质、碳水化合物、有机酸及少量蛋白质,营养丰富。可供生吃、熟食、干制及加工制作罐头。产量高,供应期长,在果菜中占有很大比重。

(1)茄子

茄子,又称茄瓜、落苏等。如图3-74所示。

①品种和产地

茄子最早产于印度,公元4、5世纪传入中国,南北朝栽培的茄子为圆形,与野生形状相似,元代则培养出长形茄子,到清朝末年,这种长茄被引入日本,现在主要在北半球种植。夏季大量应市。茄子品种繁多,按果形可分为长茄、矮茄和圆茄三种,主要品种有天津二敏茄、南京紫线茄、广东紫茄、成都墨茄、济南一窝猴、北京小圆茄等。

**图3-74 茄子**

②质量标准

茄子以果形端正、色正、有光泽、鲜嫩、萼片新鲜者为佳。

③营养价值

茄子含胡萝卜素、硫胺素、核黄素、烟酸、抗坏血酸、蛋白质等。中医认为茄子味甘性寒,入脾胃大肠经,具有清热活血化瘀、利尿消肿、宽肠之功效,治肠风下血、热毒疮痛、皮肤溃疡。

④烹饪运用

烹饪中茄子常用以红烧、油焖、蒸、烩、炸、拌;或腌渍、干制。茄子适于多种调味,并常配以大蒜烹制,代表菜式有鱼香茄子、软炸茄饼、酱烧茄条、琉璃茄子等。

(2)番茄

番茄,又称西红柿、洋柿子、爱情果等。如图3-75所示。

①品种和产地

番茄为茄科一年生或多年生草本植物。番茄品种繁多,大小差异较大。果形有圆球形、扁圆形、椭圆形、梨形、樱桃形等多种。成熟的果色有火红、粉红、淡黄、橙黄、金黄等多种。番茄是全世界栽培最为普遍的果菜之一。

②质量标准

番茄以果形周正,无裂口、无虫咬,成熟适度,酸甜适口,肉肥厚,心室小者为佳。

**图3-75 番茄**

③营养价值

番茄含胡萝卜素、钾、维生素A、磷、维生素C、钙、镁、叶酸、钠、碳水化合物、碘、蛋白质、烟酸、维生素E等。中医认为西红柿有生津止渴、健胃消食、清热消暑、补肾利尿等功能。

④烹饪运用

番茄可当水果生食,适于拌、炒、烩、酿、汆汤,也可加鸡蛋、肉片、鸡丝等炒食,或与其他荤素料一起制汤。还可制番茄酱。代表菜式有酿番茄、番茄烩鸭腰、番茄鱼片、番茄炒蛋等。

(3)辣椒

辣椒,又称海椒、番椒、香椒、大椒、辣子等。如图3-76所示。

图3-76 辣椒

①品种和产地

辣椒原产于南美洲。辣椒有许多品种,果形多样。根据辣味的有无,通常将蔬食的辣椒分为辣椒和甜椒两大类。甜椒果形较大,色红、绿、紫、黄、橙黄等,果肉厚,味略甜,无辣味或略带辣味。甜椒按果型大小可分为大甜椒、大柿子椒和小圆椒三种。辣椒果形较小,常为绿色,偶见红色、黄色,果肉较薄,味辛辣。辣椒按果型可分为长角椒,簇生椒,灯笼椒,樱桃椒,圆锥椒等。

②质量标准

辣椒以果实鲜艳、大小均匀、无病虫害、无腐烂、无机械损伤者为佳。

③营养价值

辣椒含蛋白质、脂肪、碳水化合物、钙、磷、铁、胡萝卜素、维生素C等。中医认为辣椒味辛,性热,能温中健胃、散寒燥湿、发汗。

④烹饪运用

烹饪中辣椒的嫩果可酿、拌、泡、炒、煎或调味、制酱等,代表菜式有酿青椒、虎皮青椒、青椒肉丝、青椒皮蛋等。

**3. 瓠果类蔬菜**

又称瓜类蔬菜,指葫芦科植物中以果实供食用的蔬菜。该类蔬菜大多起源于亚洲、非洲、南美洲的热带或亚热带区域,其果皮肥厚而肉质化,花托和果皮愈合,胎座呈肉质并充满子房。瓠果类蔬菜富含糖类、蛋白质、脂肪、维生素与矿物质,可供生吃、熟食及加工、制作罐头,亦是食品雕刻的常用原料之一。

(1)冬瓜

冬瓜,又称白瓜、枕瓜、水芝等。如图3-77所示。

①品种和产地

冬瓜起源于中国和印度东部,我国各地均有栽培,以广东、台湾产量最多。夏、秋季供应上市。冬瓜一般按其果实大小分为小果型冬瓜和大果型冬瓜两类,主要品种有北京一串铃、四川成都五叶子、南京一窝蜂、广东青皮冬瓜、湖南粉皮冬瓜、江西扬子洲冬瓜、上海白皮冬瓜等。

图3-77 冬瓜

②质量标准

冬瓜以瓜形端正、果皮光滑、肉厚、无损伤者为佳。

③营养价值

冬瓜中含有蛋白质、碳水化合物、膳食纤维、钾、钠、磷、镁、铁、抗坏血酸、维生素E、核黄素、硫胺素、烟酸等。中医认为冬瓜味甘、性寒,有消热、利水、消肿的功效。

④烹饪运用

冬瓜入馔,多用于烧、扒、烩、蒸或作汤,或瓤制"盅式"菜。冬瓜还可用于加工蜜饯,也是食品雕刻的重要原料。

(2)南瓜

南瓜,又名麦瓜、番瓜、倭瓜、金冬瓜,台湾称为金瓜。如图3－78所示。

①品种和产地

南瓜原产地为墨西哥,世界各地普遍栽培。中国明代李时珍著的《本草纲目》中已有栽培南瓜的记载,现全国各地普遍栽培,夏秋季大量上市。南瓜按果实的形状分为圆南瓜和长南瓜两类,著名品种有:湖北柿饼南瓜、甘肃磨盘南瓜、广东盆瓜、山东长南瓜、浙江十姐妹、江苏牛腿番瓜等。

图3－78　南瓜

②质量标准

南瓜以果实坚实、果形端正、组织紧密、果肉肥厚、色正味纯、瓜皮坚硬、有蜡粉、不破裂者为佳。

③营养价值

南瓜中含蛋白质、脂肪、碳水化合物、粗纤维、灰分、钙、磷、铁、胡萝卜素、核黄素、烟酸、抗坏血酸等。中医认为南瓜味甘、性温,入脾,胃经,具有补中益气、消炎止痛、解毒杀虫、降糖止渴的功效。

④烹饪运用

嫩南瓜味清鲜、多汁,通常炒食或酿馅,如酿南瓜、醋熘南瓜丝等。老南瓜质沙味甜,是菜粮相兼的传统食物,适宜烧、焖、蒸或作主食、小吃、馅心,代表菜点有铁扒南瓜、南瓜蒸肉、南瓜八宝饭、焖南瓜、南瓜饼等。南瓜还是雕刻大型作品如龙、凤、寿星等的常用原料。

(3)黄瓜

黄瓜,又称胡瓜、青瓜、王瓜等。如图3－79所示。

图3－79　黄瓜

①品种和产地

黄瓜原产于印度,现我国各地均普遍栽培。黄瓜盛产在夏秋季,冬春季可在温室栽培。黄瓜果实表面疏生短刺,并有明显的瘤状突起;也有的表面光滑。按果形可分为刺黄瓜、鞭黄瓜、短黄瓜、小黄瓜。

②质量标准

黄瓜以青绿鲜嫩、顶花未脱、带刺、无苦味者为佳。

③营养价值

黄瓜中含蛋白质、脂肪、碳水化合物、灰分、钙、磷、铁、胡萝卜素、硫胺素、核黄素、烟酸、抗坏血酸等。中医认为黄瓜味甘、甜,性凉、苦,无毒,入脾、胃、大肠,具有除热、利水利尿、清热解毒的功效,主治烦渴、咽喉肿痛、火眼、火烫伤。

④烹饪运用

黄瓜生熟均可,可拌、炒、焖、炝、酿或作菜肴配料、制汤,并常用于冷盘拼摆、围边装饰及雕刻,还常作为酸渍、酱渍、腌制菜品的原料。代表菜式如炝黄瓜条、干贝黄瓜、蒜泥黄瓜、翡翠清汤等。

(4)佛手瓜

佛手瓜,又名隼人瓜、安南瓜、寿瓜等。如图3-80所示。

图3-80 佛手瓜

①品种和产地

佛手瓜原产墨西哥和中美洲,19世纪初传入中国,目前华东、华南和西南地区均有栽培,以云南、浙江、福建等省栽培最多。佛手瓜夏季上市。瓠果短圆锥形,果面具不规则浅纵沟;果皮呈淡绿色;果实尖端膨大处有种子一枚;长8~20cm,单重约350g。果肉脆嫩,微甜,具清香风味。佛手瓜按果皮颜色可分为绿皮佛手瓜和白皮佛手瓜两种。

②质量标准

佛手瓜以果皮绿色、纤维少、具清香味道、质嫩者为佳。

③营养价值

佛手瓜中含蛋白质、碳水化合物、维生素C、胡萝卜素、钾、核黄素、钙、磷、铁、钠、铜、镁、锌、硒等。中医认为其具有理气和中、疏肝止咳的作用,适于消化不良、胸闷气胀、呕吐、肝胃气痛以及咳嗽多痰者食用。

④烹饪运用

佛手瓜可生食,其嫩果可炒、熘,老熟后可炖、煮,也可腌渍;此外,其嫩叶、块根亦可入烹,块根肥大如薯,除鲜食外,可提制淀粉。

(5)西葫芦

西葫芦,又称茭瓜、白瓜、番瓜、美洲南瓜、云南小瓜、菜瓜、荨瓜。如图3-81所示。

①品种和产地

西葫芦原产于北美洲南部,今广泛栽培。一年生草质藤本(蔓生),春季上市。西葫芦有矮生、半蔓生、蔓生三大品系。

②质量标准

西葫芦以表面光滑无伤疤、质嫩、瓜形端正者为佳。

图3-81 西葫芦

③营养价值

西葫芦中含钾、胡萝卜素、磷、钙、镁、维生素C、钠、维生素A、碳水化合物、蛋白质、膳食纤维、碘、维生素E、铁等。中医认为西葫芦具有清热利尿、除烦止渴、润肺止咳、消肿散结的功效,可用于辅助治疗水肿腹胀、烦渴、疮毒以及肾炎、肝硬化腹水等症。

④烹饪运用

西葫芦可供炒、烧、烩、熘,或作为荤素菜肴的配料及制汤、作馅。西葫芦不宜生食,加热时间不宜过长。

(6)苦瓜

苦瓜,又称凉瓜、锦荔枝、癞葡萄。如图3－82所示。

①品种和产地

苦瓜原产于亚热带地区印度尼西亚、印度东部。目前我国各地均有分布,以广东、广西等地栽培较多。夏秋两季应市。苦瓜按果形可分为短圆锥形苦瓜、长圆锥形苦瓜和长棒形苦瓜三类。主要品种有广东三元里的大顶苦瓜、江门苦瓜、沙河滑身,四川、湖南的白苦瓜,江苏的小型白苦瓜。

图3－82 苦瓜

②质量标准

苦瓜以质嫩、形状端正、有光泽、肉质厚者为佳。

③营养价值

苦瓜含蛋白质、脂肪、碳水化合物、钾、钠、磷、胡萝卜素、烟酸、抗坏血酸等。中医认为,苦瓜有清暑涤热,明目、解毒,美容、降压降糖、利尿凉血、解劳清心、益气壮阳之功效的功效。

④烹饪运用

苦瓜在烹调中多作配料,适宜炒、烧、煎、焖、蒸及作汤。若嫌苦瓜味苦,可用盐稍腌,苦味即可减轻。

(7)瓠瓜

瓠瓜,又称葫芦、瓠子等。如图3－83所示。

①品种和产地

原产于印度和非洲。在中国广泛分布,南方为主产区。夏季重要蔬菜之一。著名品种有浙江早蒲、济南长蒲、江西南丰甜葫芦、台湾牛腿蒲等。

②质量标准

瓠瓜以个形周正,皮色绿白,肉色洁白,质地柔嫩,无损伤,水分含量足者为佳。

图3－83 瓠瓜

③营养价值

瓠瓜含蛋白质、脂肪、碳水化合物、粗纤维、灰分、胡萝卜素、维生素$B_2$、烟酸、维生素C、钙、磷、铁、钾、钠、镁等。中医认为瓠瓜具有利水消肿、止渴除烦、通淋散结的功效,主治水肿腹水、烦热口渴、疮毒、黄疸、淋病、痈肿等症。带有苦味的瓠瓜,食后易中毒,应弃之勿食。

④烹饪运用

瓠瓜常于夏季作汤菜,也可单独烹制或作配料,适宜炒、烧、烩等烹调方法,有时还可作馅心。民间也将瓠瓜刨丝后和入面粉,制成煎饼。

(8)金丝瓜

金丝瓜,又称搅丝瓜、粉丝瓜。如图3-84所示。

图3-84　金丝瓜

①品种和产地

金丝瓜原产于墨西哥,明朝时传入中国,现部分地区有栽培,主要产于上海崇明。金丝瓜以老熟瓜供食用,食用前剖开,除去瓜瓤,隔水蒸10min,冷却后用筷子搅动,可搅出黄色粗纤维状组织,如同粉丝。根据金瓜果实的颜色可分为两类:一种为果皮橘黄色,瓜丝金黄色,即平时常见的"金瓜";另一种为果皮浅黄色,瓜丝黄里带白,俗称"银瓜",此类型较少。瓜皮颜色还有深绿及花皮等色。

②质量标准

金丝瓜以果形小而周正,皮肉橘黄色,丝状物细致、脆爽,无损伤者为佳。

③营养价值

金瓜丝含蛋白质、糖分、铁、钙、磷、维生素B、维生素C、粗纤维,另含18种氨基酸,特别的是含有普通瓜类没有的"葫芦巴碱"和丙醇二酸等物质,能调节人体代谢,具有减肥、美容、抗癌、防癌的药用功效,有"绿色保健果蔬"之美称。中医认为其有清热化痰,凉血解毒的功效。

④烹饪运用

金丝瓜作冷菜较多,适宜于拌、炝等烹调方法,也可炒食或作汤、制馅心。

(9)丝瓜

丝瓜又称天罗、锦瓜、布瓜、天络瓜等,为葫芦科一年生草本攀缘植物,以嫩果供食。如图3-85所示。

①品种和产地

丝瓜原产于印度尼西亚,我国普遍栽培,夏季上市。丝瓜按瓠果上有棱与否,分为普通丝瓜和棱角丝瓜。普通丝瓜又称圆筒丝瓜、水瓜,瓠果呈短圆柱形或长圆柱形,表面粗糙,无棱,有纵向浅槽,肉厚,质柔软。棱角丝瓜又称粤丝瓜、胜瓜,瓠果为短或长圆柱形,具8~10条纵向的棱和沟,表皮硬,嫩果的肉质柔嫩,味微清香,水分多。

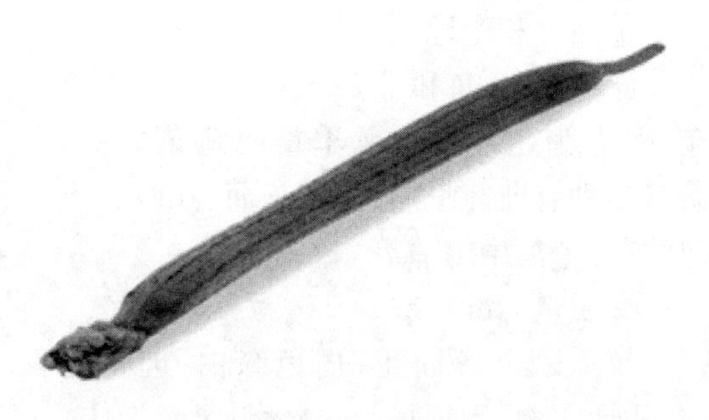

图3-85　丝瓜

②质量标准

丝瓜以果形端正、皮色青绿有光泽、新鲜柔嫩、果肉组织不松弛、不带果柄者为佳。

③营养价值

丝瓜含蛋白质、脂肪、碳水化合物、粗纤维、灰分、钙、磷、铁、胡萝卜素、硫胺素等。中医认为丝瓜味甘、性凉,入肝、胃经,具有消热化痰、凉血解毒、解暑除烦、通经活络、祛风的功效,可用于治疗热病身热烦渴、痰喘咳嗽、肠风痔漏、崩漏、带下、血淋、疔疮痈肿、妇女乳汁不下等病症。

④烹饪运用

烹饪中丝瓜适于炒、烧、扒、烩,或作菜肴配料,并最宜于做汤;筵席上还常用其脆嫩肉皮配色作菜。代表菜式有丝瓜卷、丝瓜肉茸、丝瓜熘鸡丝、菱米烧丝瓜、滚龙丝瓜等。

(10)蛇瓜

蛇瓜,又称印度丝瓜、蛇豆、蛇形丝瓜、长栝楼。如图3-86所示。

①品种和产地

蛇瓜主要以嫩果供食,嫩茎和嫩叶也可食用。原产印度,中国、日本、马来西亚、菲律宾以及非洲东部均有栽培。瓠果呈细圆柱条状,果皮光滑,绿白色,有深绿色或浅绿色相间的条斑,长1~2m,直径3~4cm,重0.5~1.5kg。果肉疏松,白色,具特殊清香,老熟后瓜瓤红色。蛇瓜依颜色可分为白皮、青皮两种,依条纹可分为青皮白条、白皮青丝、灰皮青斑三种。

图3-86　蛇瓜

②质量标准

蛇瓜以果实鲜嫩、无断裂、无损伤者为佳。

③营养价值

蛇瓜中含蛋白质、脂肪、碳水化合物、粗纤维、灰分等。中医认为蛇瓜性凉,入肺、胃、大肠经,能清热化痰、润肺滑肠。

④烹饪运用

烹饪中蛇瓜以炒食、作汤为主,亦可腌渍、干制。蛇瓜果肉中含有蛋白酶,可助食物中蛋白质的吸收。

(11)节瓜

节瓜,又称毛瓜、水影瓜,为冬瓜的变种,以嫩果供食。如图3-87所示。

①品种和产地

节瓜原产于我国,主要产于广东、广西、海南、台湾等地。瓠果比冬瓜小,密布粗硬短茸毛。按果形可分为短圆柱形和长圆柱形两类;按栽培适应性分为春节瓜、夏节瓜和秋节瓜。果肉质地嫩滑,味清淡。

图3-87　节瓜

②质量标准

节瓜以瓜形端正、皮色青绿、新鲜嫩滑、茸毛鲜明、带顶花、无黏液者为佳。

③营养价值

节瓜含钾、维生素C、磷、镁、钙、碳水化合物、膳食纤维、蛋白质、烟酸、维生素E、硒、钠、铁、脂肪等。中医认为节瓜味甘,性平,能生津、止渴、解暑湿、健脾胃、通利大小便。

④烹饪运用

节瓜可代替冬瓜使用。多用于烧、扒、烩、蒸或作汤,也可用于加工蜜饯。

## 六、菌藻类蔬菜

### (一)菌藻类蔬菜的特点

菌藻蔬菜是食用菌类、食用藻类,食用地衣类苔藓和蕨类植物的总称。该类蔬菜的营养价值和食用价值均很高,在烹饪中用途广泛,许多品种一直被人们作为珍品和滋补品,具有极高的经济价值。该类蔬菜独特的风味深受食客的喜爱,而且营养价值比一般的蔬菜高,含有大量人体必需的氨基酸、矿物质、维生素和酶类,尤其它们所含的某些特殊成分还具有一定的药用价值。常见的品种有蘑菇、香菇、草菇、平菇、木耳、银耳、发菜、紫菜、海带等。

### (二)菌藻类蔬菜的品种

**1. 食用菌类**

(1)蘑菇

蘑菇,又称洋蘑菇、白蘑菇等。如图 3 – 88 所示。

**图 3 – 88 蘑菇**

①品种和产地

18 世纪初起源于法国,中国在 20 世纪 30 年代在上海、福州等地已开始引种,现以发展到江苏、浙江、四川、广东、广西、安徽、湖南等省,以福建的产量居全国之首。蘑菇品种常见的有双环蘑菇、双孢蘑菇、四孢蘑菇。质地致密,鲜嫩可口。按菌盖的颜色可分为白色、奶油色、棕色三种。

②质量标准

蘑菇以表面干爽、色正、质地紧密、鲜嫩可口者为佳。

③营养价值

蘑菇可食部含蛋白质、脂肪、碳水化物、粗纤维、灰分、钙、磷、铁。中医认为蘑菇味甘,性平,能消食、清神、平肝阳,主治消化不良、高血压。

④烹饪运用

蘑菇在烹调中刀工成形以整形、片状较多,适宜拌、炝、烧等烹调方法,作为主料可制作炝蘑菇、海米烧蘑菇、扒蘑菇等菜肴,是制作素菜中的上好原材料,是素菜中的“三菇”(蘑菇、香菇、草菇)之首。

(2)香菇

香菇,又称香菌、草蕈、冬菇,如图 3 – 89 所示。

①品种和产地

香菇为口蘑科香菇属木腐性伞菌,有“菌中皇后”的美誉。香菇自我国南宋时就已有人工栽培,主要产地为浙江、福建、江西、安徽等省。香菇不耐高温,子实体常在立冬后至来年清明前发育。香菇多以干品应市。按外形和质量可分为花菇、厚菇、薄菇和菇丁四种,其中花菇质量最优;按生长季节可分为春菇、秋菇、冬菇三类。

②质量标准

香菇以表面干爽、色正、质地紧密、肉质厚实、鲜嫩可口者为佳。

③营养价值

干香菇中含脂肪、碳水化合物、粗纤维、灰分、钙、磷、铁、维生素 $B_1$、维生素 $B_2$、烟酸等。中医认为香菇性味甘、平、凉,入肝、胃经,有补肝肾、健脾胃、益气血、益智安神、美容颜之功效。

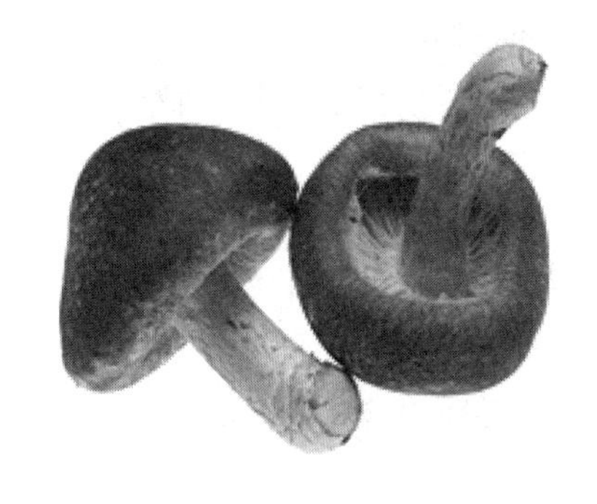
图 3-89 香菇

④烹饪运用

香菇在烹调中用途广泛,可作主料单烹,也可作辅料配用,适宜于卤、拌、炝、炒、烧、烹、煎、炸、烩、炖等多种烹调方法。香菇还可作面点的馅心和点缀料。

(3)金针菇

金针菇,又称毛柄小火菇、构菌、朴菇、冬菇等。如图 3-90 所示。

①品种和产地

金针菇在自然界广为分布,在中国,北起黑龙江,南至云南,东起江苏,西至新疆均适合金针菇的生长。金针菇不含叶绿素,其肉质脆嫩、滑爽,清香味美。金针菇一般冬季出菇。

图 3-90 金针菇

②质量标准

金针菇以外表清爽、伞盖大而均匀、无杂质、鲜嫩者为佳。

③营养价值

金针菇含钾、磷、胡萝卜素、镁、碳水化合物、维生素 A、钠、烟酸、膳食纤维、蛋白质、维生素 C、铁、维生素 E、脂肪等。中医认为金针菇性寒,味甘、咸,具有补肝、益肠胃、抗癌的功效,主治肝病、胃肠道炎症、溃疡、肿瘤等。金针菇中锌含量较高,对预防男性前列腺疾病较有帮助。而且金针菇还是高钾低钠食品,可防治高血压,对老年人也有益。

④烹饪运用

金针菇在烹调中刀工成形较少,作主料适宜拌、炝、炒烩等烹调方法,可制作杏仁金针菇、金针菇炒肉丝等。

(4)木耳

木耳,又称黑木耳、黑菜等。如图 3-91 所示。

图 3-91 木耳

①品种和产地

中国是木耳的主要生产国。人们经常食用的木耳主要有两种:一种是腹面平滑、色黑而背面多毛呈灰色或灰褐色的,称毛木耳(通称野木耳);另一种是两面光滑、黑褐色、半透明的,称为光木耳。毛木耳朵较大,但质地粗韧,不易嚼碎,味不佳,价格低廉。光木耳质软味鲜,滑而带爽,营养丰富,是人工大量栽培的一种。

②质量标准

黑木耳以色黑有光泽,肉厚,朵形大而均匀,体轻干燥,无杂质,无碎屑,无霉烂者为佳。

③营养价值

干品黑木耳中含蛋白质、碳水化合物、钙、磷、铁等。中医认为木耳性平,味甘,入肺、脾、肝经,具补气养血、润肺止咳、止血、降压、抗癌之功效。

④烹饪运用

黑木耳既可作主料,又可作配料,适用于炒、烧、烩、炖、拌等烹调方法,还可作菜肴的配色、装饰料。

(5)平菇

平菇,又称蚝菌、北风菌、侧耳等。如图3-92所示。

图3-92 平菇

①品种和产地

平菇最早由欧洲开始人工栽培,目前我国已广泛栽培,是家常广泛应用的食用菌之一,也是世界四大栽培食用菌之一。按子实体的色泽,平菇可分为深色种(黑色种)、浅色种、乳白色种和白色种四大品种。

②质量标准

平菇以色白,肉嫩肥厚,质地柔脆腴滑,具有一定鲜香气味者为佳。

③营养价值

平菇含钾、磷、叶酸、镁、胡萝卜素、钙、碳水化合物、维生素C、钠、烟酸、膳食纤维、维生素A、蛋白质、硒等。中医认为平菇性温、味甘,具有驱风散寒、舒筋活络的功效,用于治腰腿疼痛、手足麻木、筋络不通等症。平菇中的蛋白多糖体对癌细胞有很强的抑制作用,能增强机体免疫功能。

④烹饪运用

平菇通常以鲜品供食用,适宜于炒、烧、拌、扒、烩、炝及作汤菜。

(6)草菇

草菇,又称苞脚菇、兰花菇。如图3-93所示。

①品种和产地

草菇原产于我国,约20世纪30年代由华侨传到世界各国,是世界上第三大栽培食用菌。我国草菇产量居世界之首,主要分布于华南地区。草菇菌株按个体大小分大、中、小三个类型,单个重在20g以下属小型,20~30g属中型,30g以上为大型。色泽有鼠灰、淡灰、灰白等,因菌株而不同。草菇肉质脆嫩滑爽,味鲜美,带甜味,香气浓郁。由于草菇在低温条件下易出现黄褐色粘液,并很快变质,所以不宜冷藏。

图3-93 草菇

②质量标准

草菇以菌盖灰色或黑灰色,有褐色条纹,肉质脆嫩滑爽,味鲜甜,香气浓郁者为佳。

③营养价值

鲜草菇含维生素 C、糖分、粗蛋白、脂肪、灰分等。中医认为草菇性寒、味甘、微咸、无毒。

④烹饪运用

草菇可炒、熘、烩、烧、酿、蒸等,也可作汤或素炒,或作各种荤菜的配料,且适于做汤。无论鲜品还是干品都不宜浸泡时间过长。代表菜式有草菇蒸鸡、面筋扒草菇、鼎湖上素,均为名菜佳肴。

(7)猴头菌

猴头菌,又称猴头菇、阴阳菇、刺猥菌等。如图 3－94 所示。

①品种和产地

猴头菌,我国大多数省份均产,以东北大、小兴安岭所产最著名。子实体肉质,块状,除基部外,均密生肉质、针状的刺,整体形似猴头。肉质柔软,嫩滑鲜美,微带酸味,柄蒂部略带苦味。

**图 3－94　猴头菌**

②质量标准

猴头菇以无虫洞、腐烂变质,头大柄短,菌刺长,干燥,色正者为佳。

③营养价值

猴头菌含脂肪、铁、碳水化合物、胡萝卜素、硫胺素、粗纤维、核黄素、灰分、烟酸、钙、磷、蛋白质等。中医认为猴头菌助消化、利五脏,对消化道恶性肿瘤及胃、十二指肠溃疡、慢性胃炎等有较好的疗效。

④烹饪运用

干品在食用前,需浸水一昼夜涨发,蒸煮后切片,炒食或烧汤。代表菜式如白扒猴头蘑、砂锅凤脯猴头。

(8)银耳

银耳,又称白木耳、雪耳、银耳子等。如图 3－95 所示。

①品种和产地

银耳有“菌中之冠”的美称。银耳干、鲜品均可食用,市场上一般干货制品较多。分布于中国浙江、福建、江苏、江西、安徽等十几个省份。

**图 3－95　银耳**

②质量标准

银耳以色泽白略有淡黄,有光泽、肥厚、朵形整、无脚耳、地板小、无碎渣、无杂质、个大体轻、干燥、无斑点杂色者为佳品。

③营养价值

银耳含钾、磷、钠、碳水化合物、镁、胡萝卜素、钙、膳食纤维、蛋白质、维生素 A、烟酸、铁、锌、硒等。中医认为银耳有强精补肾、滋阴润肺、生津目咳、清润益胃、补气和血、强心壮身、补脑提神、嫩肤美容、延年益寿、抗癌之功效。但银耳的质量尤为重要。历代皇家贵族将银耳看作是"延年益寿之品""长生不老良药"。

④烹饪运用

烹制中,银耳常与冰糖、枸杞等共煮后作滋补饮料;也可采用炒、熘等方法与鸡、鸭、虾仁等配制成佳肴。代表菜式有珍珠银耳、雪塔银耳、银耳虾仁。

(9)竹荪

竹荪,又称僧笠蕈、竹参、竹菌。如图3-96所示。

图3-96 竹荪

①品种和产地

竹荪多见于我国四川、云南、广西、海南等地夏秋季的竹林和树林中,为名贵的野生食用菌类,现已有人工栽培。子实体幼时呈卵球形,白色至淡紫褐色,称为竹荪蛋,亦可供食。成熟时包被开裂,伸出笔状菌体,高12~26cm;顶部有具显著网格的钟状菌盖。菌盖下有白色网状菌幕,下垂如裙,长10~20cm,网眼多角形。菌柄白色、中空,基部粗,向上渐细。竹荪肉质细腻,脆嫩爽口,味鲜美。依菌裙长短,可分为长裙竹荪和短裙竹荪。食用时需切去有臭味的菌盖和菌托部分。

②质量标准

优质竹荪质地粗壮,长短均匀,表面无杂物,肉杆无断碎,干燥无霉,有淡淡的鲜香。

③营养价值

竹荪含碳水化合物、脂肪、蛋白质等。中医认为,竹荪性寒、味甘、无毒,有滋阴养血、益气补脑、止咳化痰及减少腹壁脂肪积储的功效,对高血压、高血脂、高胆固醇、冠心病、动脉硬化及肥胖症等有良好疗效,所以被称为菇中皇后,不仅是疱厨之珍,也是药房之宝。

④烹饪运用

烹制时竹荪常用烧、炒、扒、焖的方法,尤适于制清汤菜肴,并常利用其特殊的菌裙制作工艺菜,如竹荪汆鸡片、鸡茸酿竹荪汤、明月竹荪、竹荪云片鸽蛋、竹荪汆刺参等。

(10)冬虫夏草

冬虫夏草,又名中华虫草,夏草冬虫,简称虫草。如图3-97所示。

①品种和产地

冬虫夏草,是麦角菌科真菌冬虫夏草寄生在蝙蝠蛾科昆虫幼虫上的子座及幼虫尸体的复合体,是一种传统的名贵滋补中药材。主要产于中国青海、西藏、新疆、四川、云南、甘肃、贵州等地的高寒地带和雪山草原。

图3-97 冬虫夏草

②质量标准

冬虫夏草以形体丰满、色正、有光泽、菌座粗壮、无异味、无杂质、无腐烂者为佳。

③营养价值

冬虫夏草含硫胺素、钙、蛋白质、核黄素、镁、脂肪、烟酸、铁、碳水化合物、维生素C、锰、膳食纤维、锌、铜等,营养价值非常高。中医认为,虫草入肺肾二经,既能补肺阴,又能补肾阳,主治肾虚、阳痿遗精、腰膝酸痛、病后虚弱、久咳虚弱、劳咳痰血、自汗盗汗等,是唯一的一种能同时平衡、调节阴阳的中药。

④烹饪运用

冬虫夏草烹饪上通常可用烧、炖、煮、蒸等烹调方法,常与鸡鸭鸽子同炖,如虫草炖鸡。

**2. 食用藻类**

(1)紫菜

①品种和产地

紫菜藻体呈薄膜状,紫色、褐黄或褐绿色,形态随种类而异,固着器为盘状,生长于浅海潮间带的岩石上。紫菜在辽东半岛、山东半岛、浙江、福建沿海均有出产。紫菜种类较多,我国沿海主要产有圆紫菜,坛紫菜、条斑紫菜、甘紫菜等。现人工养殖较多。如图 3-98 所示。

②质量标准

紫菜以色泽鲜润、干燥、不带泥沙、无虫蛀者为佳。

**图 3-98 紫菜**

③营养价值

干紫菜含蛋白质、脂肪、碳水化合物、钙、磷、铁、胡萝卜素、核黄素、烟酸、丙氨酸、谷氨酸、甘氨酸、白氨酸、异白氨酸,其蛋白质、铁、磷、钙、核黄素、胡萝卜素等含量居各种蔬菜之冠,故紫菜又有"营养宝库"的美称。中医认为紫菜性味甘咸寒,具有化痰软坚、清热利水、补肾养心的功效,用于甲状腺肿、水肿、慢性支气管炎、咳嗽、脚气、高血压等。

④烹饪运用

紫菜多用水发泡洗后沏汤。其实紫菜的吃法还有很多,如凉拌,炒食、制馅、炸丸子、脆爆,作为配菜或主菜与鸡蛋、肉类、冬菇、豌豆尖和胡萝卜等搭配作菜,另外还可以制作海藻色拉、日本寿司、韩国饭团等。紫菜食用前应用清水泡发,并换 1~2 次水以清除污染、毒素。

(2)海带

海带,别名昆布、江白菜。如图 3-99 所示。

①品种和产地

我国海带主要产于辽东半岛、山东半岛、浙江、福建沿海。现已大量人工养殖。海带一般夏季收获。商品海带是干货制品,分为淡干和盐干两种。淡干海带因营养成分损失较少,较盐干海带质量好,且易于储存保管。

②质量标准

海带以体厚宽大,长 150cm 以上,浓黑色或浓褐色,尖端无白烂,干燥,食盐量不超过 25%,无沙土,无杂质者为佳品。

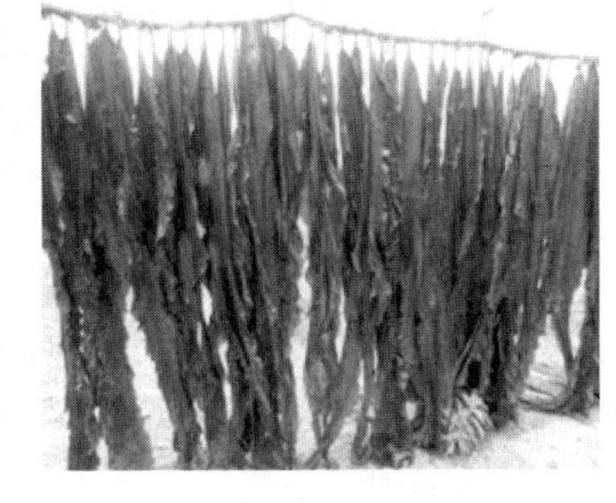

**图 3-99 海带**

③营养价值

海带含钾、碘、钙、镁、磷、硒、钠、碳水化合物、维生素 E、烟酸、蛋白质、铁、膳食纤维、锌等。

中医认为其味咸、性寒,入肝、胃、肾、肺经,可软坚化痰、祛湿止痒、清热行水,用于甲状腺肿、噎膈、疝气、睾丸肿痛、带下、水肿、脚气等。

④烹饪运用

海带在烹调中可切丝、片等形状,作主料适宜于拌、炒、酥等烹调方法,可制作拌海带丝、酥海带等,西餐可做开胃菜、配菜、汤品等。

(3)石花菜

石花菜,又称海冻菜、红丝、凤尾等。如图3-100所示。

图3-100　石花菜

①品种和产地

石花菜是红藻的一种。石花菜颜色有紫红、深红或绛紫色,在受多光的海区生长的往往呈淡黄色。通体透明,犹如胶冻,口感爽利脆嫩。产于黄海、渤海、东海等水域。

②质量标准

干品石花菜以色乳白或乳黄,干燥,无砂石者为佳。

③营养价值

石花菜含多不饱和脂肪酸、单不饱和脂肪酸、钠盐、膳食纤维、糖分、蛋白质等。中医认为石花菜能清肺化痰、清热燥湿,滋阴降火、凉血止血,并有解暑功效。

④烹饪运用

石花菜泡发后可制作凉菜,又能制成凉粉,制作时应适当加些姜末或姜汁,以缓解寒性;也可以酱腌。石花菜还是提炼琼脂的主要原料。琼脂又叫洋菜、洋粉、石花胶,是一种重要的植物胶,属于纤维类的食物。琼脂可用来制作冷食、果冻或微生物的培养基等。

**3. 食用地衣类**

(1)石耳

石耳,又称石木耳。如图3-101所示。

①品种和产地

石耳多产于江西、安徽,因其形似耳,并生长在悬崖峭壁阴湿石缝中而得名。体扁平,呈不规则圆形,上面褐色,背面被黑色绒毛。干时质脆,易碎,折断面可见明显的黑白二层。

②质量标准

石耳以质干、气微、味淡、片大、完整者为佳。

③营养价值

图3-101　石耳

石耳含蛋白质、脂肪、灰分、硫胺素、核黄素、烟酸、钙、铁、磷等。中医认为石耳养阴润肺、凉血止血、清热解毒,主肺虚劳咳、吐血、衄血、崩漏、肠风下血、痔漏、脱肛、淋浊、带下、毒蛇咬伤、烫伤和刀伤。

④烹饪运用

石耳干制品,用时需先用沸水加少许盐泡发,泡软后轻轻揉搓,将细沙除净。然后,磨去背面毛刺,以免口感糙涩。因其自身无明显味道,制作菜肴须与鲜味原料相配,或用上汤赋味。

需要注意的是,石耳入馔,最好与生姜同烹,否则有异味。适用于炖、蒸、烧、炒等烹调方法,代表菜式有“石耳炖鸡”“石耳肉片”等。

(2)树花

树花,又称为树花菜、柴花、树胡子等。如图 3 – 102 所示。

①品种和产地

树花地衣体着生于树皮上,下垂,呈灌木状,多分枝,形似石花菜。采摘后以草木灰水或碱水煮去苦涩味后,漂净晒干。

②质量标准

树花以干燥、无杂质者为佳。

③营养价值

树花的干制品中含蛋白质、脂肪、粗纤维、灰分、铁、钙等。中医认为其味淡微苦,性凉、能清肝、化痰、止血、解毒,治头痛、目赤、咳嗽痰多、疟疾、瘰疬、白带、崩漏、外伤出血、痈肿、毒蛇咬伤。

**图 3 – 102　树花**

④烹饪运用

食用时以冷水泡发,沸水烫后拌食,口感脆嫩香美。代表菜式有树花拌猪肝、酸辣树花。

# 任务三　蔬菜制品

## 一、蔬菜制品的概述

### (一)蔬菜制品的概念

以蔬菜为原料经一定的加工处理而得到的制品。

### (二)蔬菜制品的分类

按照加工方法的不同,蔬菜制品可分为酱腌菜类、干菜类、速冻菜、蔬菜蜜饯、蔬菜罐头以及菜汁(酱、泥)等六大类。

## 二、蔬菜制品的常见品种

### (一)腌菜类

**1. 榨菜**

(1)品种和产地

榨菜为世界三大著名腌菜(四川榨菜、德国甜酸甘蓝、欧洲酸黄瓜)之一,同时也是四川四大腌菜之一,以涪陵榨菜最为著名。榨菜是以茎用芥菜为原料,经穿剥、晾架、腌制、修剪、淘洗、拌料、分级装坛而成。因嫩茎经盐腌后榨去了多余的水分,故称之为榨菜。成品咸淡适口,芳香脆嫩,爽利开胃。如图 3 – 103 所示。

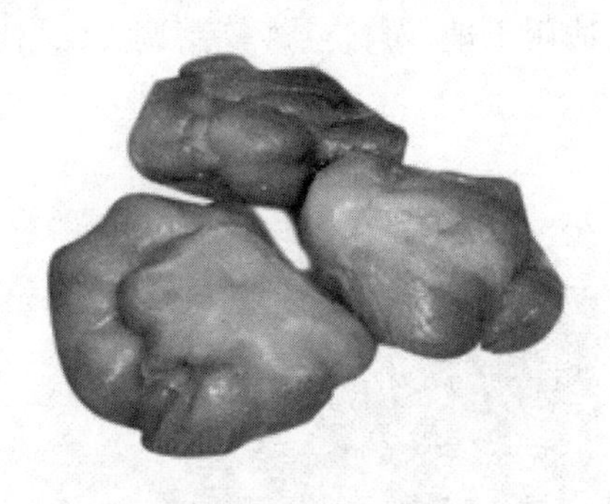
图 3-103　榨菜

(2)质量标准

榨菜以霰弹适中、老筋少、脆嫩者为佳。

(3)营养价值

榨菜含蛋白质、脂肪、碳水化合物、膳食纤维、灰分、维生素 A、胡萝卜素、硫胺素、核黄素等。中医认为榨菜能健脾开胃、补气添精、增食助神。

(4)烹饪运用

榨菜除直接供食外,还常作为菜肴配料,用于拌、炒、烩或制汤、面码等,如榨菜炒肉丝、榨菜汤、香油榨菜、榨菜馅心等。

**2. 腌雪里蕻**

(1)品种

腌雪里蕻,又称石榴红、春不老、雪菜。以叶用芥菜中的鲜雪里蕻为原料,以食盐、花椒等为辅料腌制而成,味鲜香微酸。如图 3-104 所示。

(2)质量标准

腌雪里蕻以色青绿,具有香气和鲜味,咸度适口,质地脆嫩,无根须、老梗、泥沙、污物者为佳。

(3)营养价值

腌雪里蕻含蛋白质、脂肪、碳水化合物、灰分、钙、磷、铁、胡萝卜素、硫胺素(维生素 $B_1$)、核黄素(维生素 $B_2$)、烟酸(维生素 $B_3$)、抗坏血酸(维生素 C)等。中医认为其性味凉,归肺、脾、胃经,具有利尿止泻,祛风散血,消肿止痛的作用。

图 3-104　腌雪里蕻

(4)烹饪运用

加工后的雪菜色泽鲜黄,香气浓郁,滋味清脆鲜美,可以是炒、蒸、煮、作汤或馅心,如素炒雪里蕻、雪菜炒肉沫等。

**3. 梅干菜**

(1)品种和产地

梅干菜,又称咸干菜、梅菜等。主要产于浙江绍兴、慈溪、余姚、萧山等地和广东惠阳一带。如图 3-105 所示。

(2)质量标准

梅干菜以质地柔嫩,干燥、泥沙杂质少,具有特殊的清鲜味道者为佳。

(3)营养价值

梅干菜含蛋白质、脂肪、碳水化合物、膳食纤维、维生素 A、胡萝卜素、核黄素、烟酸、钙、磷、钾、钠、镁、铁等。中医认为其味甘,可开胃下气、益血生津、补虚劳。年久者泡汤饮,治声音不出。

图 3-105　梅干菜

(4)烹饪运用

梅干菜咸淡适宜、质嫩鲜香。在食用前,先用冷水迅速洗净,便可蒸炒、烧汤,制成荤素食品,如梅干菜炒肉、虾米干菜汤、面筋干菜汤等。用梅干菜制作包子馅心也别有风味。

**4. 酸菜**

(1)品种和产地

酸菜以新鲜蔬菜为原料,经晾晒、烫熟、腌制、装缸发酵制成。由于各地制法不同,风味各有特点。可分为东北酸菜、四川酸菜、贵州酸菜、云南富源酸菜等,不同地区的酸菜口味风格也不尽相同。味酸咸、爽口。酸菜经长期贮放后,易霉变,同时产生大量硝酸盐,有害于身体健康。如图 3 – 106 所示。

(2)质量标准

优质酸菜闻起来有自然的酸味及发酵香气,无异味,咸淡适度、色正。

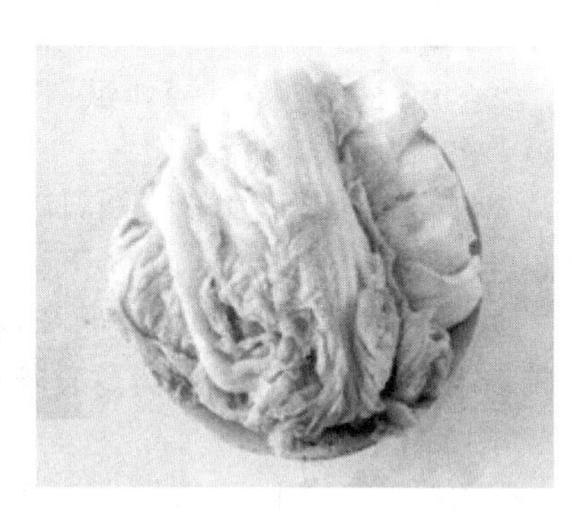

图 3 – 106　酸菜

(3)营养价值

酸菜含钙、蛋白质、镁、铁、碳水化合物等。酸菜采用的是乳酸菌优势菌群的储存方法,所以含有大量的乳酸菌。有资料表明乳酸菌是人体肠道内的正常菌群,有保持胃肠道正常生理功能之功效。

(4)烹饪运用

酸菜除供直接佐餐外,也常作菜肴配料、馅料,或用于面条、面片以及汤菜。酸菜在中国的北方饭桌上尤显重要,既可作主料也可作辅料,所制菜肴香气扑鼻,酸爽利口,典型的菜肴有酸菜鱼、酸菜粉丝炖豆腐、酸菜粉丝汤等。

**5. 冬菜**

(1)品种和产地

冬菜,是一种半干态非发酵性咸菜。如图 3 – 107 所示。

中国名特产之一,有川冬菜、京冬菜、津冬菜、上海五香冬菜之分。后三者是以大白菜为原料腌制发酵而成,其中京冬菜在腌制时未加蒜,称为素冬菜;津冬菜因腌制时加蒜,称为荤冬菜。成品色金黄,味微酸。

图 3 – 107　冬菜

(2)质量标准

冬菜以咸淡适度,具有特殊的清香味,色正者为佳。

(3)营养价值

冬菜含钠、钾、钙、磷、胡萝卜素、维生素 A、铁、碳水化合物、蛋白质、膳食纤维、硒、锌、烟酸、锰等。冬菜具有开胃健脑的作用。

(4)烹饪运用

冬菜既可生食,又可作汤、炖鱼、炒羊肉、制作馅心等。代表菜有叶儿粑、冬菜包子、冬菜腰片汤等。

## (二)干菜类

**1. 玉兰片**

(1)品种和产地

玉兰片是用鲜嫩的冬笋或春笋经加工而成的干制品,由于形状和色泽很像玉兰花的花瓣,故称"玉兰片",如图3-108所示。主要产于浙江、福建、湖南、湖北等地。玉兰片按采收季节的不同分为尖片、冬片、桃片、春片。

①尖片,又称笋尖、尖宝、玉兰宝,以冬笋或春笋的嫩尖制成,表面光洁,笋节密集,肉质细嫩,为玉兰片中的上品。

②冬片,是以冬笋为原料纵劈两片制成,片面光洁,节距紧密,质嫩味鲜。

③桃片,又称为桃花片,是以刚出土或尚未出土的春笋制成,肉质稍薄,质地尚嫩。

④春片,又称大片,是以清明节后出土的春笋为原料制成,节距较疏,节楞突起,肉薄质老,品质最差。

图3-108　玉兰片

(2)质量标准

玉兰片以色泽玉白,表面光洁,肉质细嫩,体小肉质厚实,笋节紧密,无老根,无焦片和霉变者为佳。

(3)营养价值

玉兰片含硫胺素、钙、蛋白质、核黄、镁、脂肪、烟酸、铁、碳水化合物、维生素、锰等。中医认为玉兰片味甘、性平,可定喘消痰。

(4)烹饪运用

玉兰片是笋类干制品中的珍品,使用前要涨发。其应用广泛,刀工成形时可切成丝、片、丁、块、条等。作主料时适于烧、炒、烩等烹调方法,可制作虾子烧玉兰片等。玉兰片刀工成形较多,可以做很多菜肴的配料。

**2. 笋干**

(1)品种和产地

笋干以笋为原料,通过去壳、蒸煮、压片、烘干、整形等工艺制取。如图3-109所示。笋干所用的鲜笋以清明节前后的为好,福建等地区挖笋期可长达45天。

图3-109　笋干

笋干的品种很多,一般福建、浙江所产多为白笋干,江西产的多为烟笋干,其他地区大多为烟笋干和乌笋干。白笋干的制作要经削笋、煮笋、榨笋、晒笋四道工序。乌笋干则在榨压后经烘焙之成。烟笋干则是把鲜笋对劈两片,经烧煮后,放入竹篓内,压去水,晒干或利用烧饭的烟火余热熏干。

(2)质量标准

笋干以色泽黄亮,肉质肥嫩,干燥,无异味,色正者为佳。

(3)营养价值

笋干含蛋白质、碳水化合物、纤维素、脂肪、钙、磷、铁等。中医认为笋干性微寒、味甘,有清热消痰、利膈健胃的功效。

(4)烹饪运用

笋干须经水涨发后使用,是大众化的干菜。刀工成形时多切成丝、片等;多作辅料使用;烧汤、炒菜时荤素皆宜。

## 练 习 题

### 一、填空题

1. 蔬菜按食用部位不同分为________、________、________、________、______、______。

2. 素菜中的“三菇”指________、________、________。

3. 玉兰片按采收季节的不同分为________、________、________、________。

### 二、选择题

1. 属于地下块茎类的蔬菜品种是(　　)

A. 莴笋　　B. 马铃薯　　C. 根用芥菜　　D. 竹笋

2. 蕹菜的别名叫(　　)

A. 茼蒿　　B. 木耳菜　　C. 赤根菜　　D. 空心菜

3. 新鲜黄花菜中含有(　　　)不能直接食用。

A. 秋水仙碱　　B. 黄樟素　　C. 龙葵素　　D. 单宁

### 三、简答题

1. 蔬菜类原料品质检验主要有哪些方面?

2. 发芽的马铃薯为什么不能食用,应怎么预防发芽?

3. 蔬菜类原料在烹饪中有哪些应用?

## 参 考 答 案

一、1. 根菜类、叶菜类、茎菜类、花菜类、果菜类、菌藻类

2. 蘑菇、香菇、草菇

3. 尖片、春片、桃片、冬片

二、1. B

2. D

3. A

三、(略)

# 模块四　果品类烹饪原料

**学习目标**

1. 了解果品类原料的基本形态。
2. 了解果品类原料的产地及品种。
3. 掌握果品类原料的营养价值及其在烹饪中的应用。
4. 掌握果品类原料的品质特点及辨别方法。

## 任务一　果品原料概述

### 一、果品的概念与分类

#### (一)果品的概念

果品,一般是指木本果树和部分草本植物所产的可以直接生食的果实(如苹果、草莓、西瓜等),也常包括种子植物所产的种仁(如裸子植物的银杏、香榧子、松子及被子植物所产的莲子、花生等)。目前人类栽培的果品已达数百种,其中比较重要的有300余种,作为商品供应的有100多种。

#### (二)果品的分类

在商品经营中,一般将果品分为鲜果、干果和果品制品。其中,鲜果,是果品中种类最多也是最为重要的一类。按照上市季节,鲜果可以分为伏果和秋果两大类。伏果,即夏季采收的果实,包括伏苹果、桃、李、杏、樱桃等,不耐贮运;秋果,是在晚秋或初冬采收的果实,如梨、秋苹果、柿子、鲜枣等,较耐贮运。按照分布,鲜果可分为南鲜和北鲜。南鲜水果,一般指常绿果树所产的果实,如柑橘、香蕉、荔枝、芒果、火龙果、山竹、榴莲、菠萝、枇杷、油梨等;北鲜水果,一般指落叶果树所产的果实,如梨、苹果、桃、杏、葡萄等。

### 二、果品的烹饪运用与品质检验

#### (一)果品的烹饪运用

果品除了直接供食用外,在烹饪中的应用也较广,主要表现为:

(1)果品可作为菜肴的主料,如蜜汁三鲜、拔丝白果、水果沙拉。

(2)果品可以作为菜肴的配料,可与畜肉、禽肉、水产品以及蔬菜,粮食制品等原料相配成菜,如中菜的荔枝虾仁、板栗烧鸡、腰果鲜贝、西芹杏仁等。

(3)可用于菜点、饮品等的点缀、围边和装饰,如猕猴桃、樱桃、柠檬、火龙果等常作为装饰。

(4)常用于面点馅心、馅料的制作。果仁中的花生仁、瓜子仁、核桃仁、杏仁、松子仁等以及鲜果和水果罐头、果酱、果干等常用作中西式面点的馅料、馅心装饰料,制成五仁月饼、水果匹萨、核仁面包等。

(5)可作为食品雕刻、水果塔制作的重要原料,如中餐中的西瓜盅,西式酒会中集装饰和食用为一体的各种造型水果塔。

(6)可用于果汁的制取,如西瓜汁、橙汁、木瓜汁等已成为中西餐宴会中的常用饮品。

(7)可用于菜点的调味,如柠檬汁是西餐中重要的酸味调味剂,而熟花生、松子等则为菜点赋香,甜味突出的果酱则可为甜菜、甜点等赋甜味。

(8)果品也常用于药膳及保健粥品的制作,如红枣莲子粥、冰糖贝母蒸梨等。

(9)可用于榨取食用油脂。某些果品如牛油果、油橄榄等鲜果以及花生、瓜子仁等干果含有丰富的油脂,为食用油的来源之一。

### (二)果品原料的品质检验

果品原料的品质检验有两种方法,理化检验法和感官检验法。理化检验法需要一定的理化仪器设备和具有专门技术的人员进行操作,在果品原料检验的实际应用中受到了限制。而感官检验法则是利用人的眼、耳、鼻、口、手等对原料进行鉴别,较为方便实用。感官检验法通过看原料是否符合其原有的品质和形态来判断其好坏,检验指标包括含水量、形态的大小、是否虫蛀等。

(1)一般优良品质的果品应表皮色泽光亮、洁净,成熟度适宜,肉质鲜嫩,清脆,具有本品固有的清香味,已成熟的果品应具有水分饱满和其固有的一切特征,可以供食用和销售。

(2)次质果品一般都表皮较平,不够光泽丰满,肉质鲜嫩程度较差,清香味较淡,可略有烂斑小点或有少量的虫蛀现象,去除腐烂斑点和虫蛀部分,仍可供食用及销售,但必须限期售完。

(3)劣质的果品,无论干鲜,几乎都有严重的腐烂、虫蛀、发苦等现象,不可供食用及销售,应该毁弃。

## 任务二　烹饪中常用的果品类原料

### 一、鲜果类

### (一)鲜果的概念和特点

鲜果,通常是指新鲜的、可食部分肉质化、柔嫩多汁或爽脆适口的植物果实。在植物学分类中,包括梨果(苹果、梨、山楂、枇杷等)、核果(桃、杏、李、樱桃等)、柑果(橘、柑、橙、柚等)、瓠果(西瓜、哈密瓜、甜瓜等)、浆果(葡萄、草莓等)及复果(菠萝、无花果等)等。

鲜果的通用选择标准以果皮细薄、有光泽、果肉脆嫩或柔嫩、汁多味甜、香气浓郁、果形完整、无疤痕、无虫蛀、无腐烂为佳。

需要注意的是,有些水果不可一次性食用过多,如柿子中含有大量的可溶性收敛剂,不宜空腹食用且一次不宜多食,以免形成“胃柿石”,也不宜与寒性的螃蟹同食;荔枝一次大量食用或短时间内连续食用会引发低血糖症等。

## (二)鲜果的常用品种

**1. 苹果**

(1)形态特征

苹果果实由花托和子房两部分发育而来,子房形成果心,花托形成果肉。果实呈圆、扁圆、长圆、椭圆等形状,果皮青、黄或红色。外形如图 4-1 所示。

**图 4-1 苹果**

(2)品种和产地

苹果为世界四大水果(苹果、葡萄、柑橘、香蕉)之一。我国栽培苹果已有 2000 多年的历史。按照原产地,苹果分为西洋苹果和中国苹果两大类。西洋苹果原产于欧洲、中亚西亚一带,果实汁多、脆嫩、甜酸适口、耐储藏。中国苹果原产于新疆一带,色泽美丽、富有香气,为我国果品经营的四大水果(苹果、梨、柑橘、香蕉)之首。我国现有苹果品种 400 多种,市场常见的有 30 余种,均为西洋苹果。按照果实的成熟期不同,分为早熟种、中熟种和晚熟种,其中,以晚熟种占有较大的比例,如红富士、青冠、秦冠、胜利等。

(3)质量标准

苹果品质以色泽鲜艳,香气浓郁,风味适口,果形端正,表面光滑,无刺伤、病虫害者为佳。

(4)营养价值

苹果含蛋白质、脂肪、碳水化合物、膳食纤维、钾、钙、磷、铁、胡萝卜素、硫胺素、核黄素、烟酸等。研究发现,多吃苹果有增进记忆、提高智能的效果,因此,苹果有“智慧果”“记忆果”的美称。中医认为,苹果性凉、味甘,具有补心益气、生津止咳、健脾胃、醒酒、除烦的功效。

(5)烹饪运用

苹果除鲜食外,烹饪中多用于甜品制作。苹果去皮、核后,既可整只使用,又可切成块、条、片、丁等形状,适用于炸、熘、炒、蒸、烩、扒、拔丝、蜜汁等烹调方法成菜,也可将苹果加工成果干、果脯、果汁、果酱、果酒等制品。以苹果制作的菜肴有拔丝苹果、高丽苹果、熘苹果、炒苹果泥、苹果焖鸡、瓤四喜苹果等。

**2. 梨**

(1)形态特征

梨又称为甘棠、快果、玉乳、果宗、玉露、蜜父、生梨、梨子等,为蔷薇科梨属植物的果实。一般梨的外皮呈现出金黄色或暖黄色,里面果肉则为通亮白色,鲜嫩多汁,口味甘甜,核味微酸。外形如图 4-2 所示。

(2)品种和产地

梨可分为中国梨和西洋梨两大类。西洋梨原产于欧洲中部、东南部及中亚地区,在欧洲的栽培历史也很悠久,传入中国后已有 100 多年的栽培历史。中国梨为我国的特产,至今已有 2000 多年的栽培历史,是我国主要的果品,其产量仅次于苹果,以华北和西北栽培为多。

梨在我国果品市场的品种主要有:

①秋子梨类　如京白梨、香水梨、鸭广梨、延吉苹果梨等。

②白梨类　如鸭梨、雪花梨、秋白梨、长把梨、新疆库尔勒香梨等。

③沙梨类　如浙江三花梨、诸暨黄樟梨、江西麻酥梨、四川苍溪梨等。

④洋梨类　如巴梨、三季梨等。

图4-2　梨

(3)质量标准

梨的品质以果皮细薄,果肉脆嫩,汁多味甜,香气浓,有光泽,果形完整,无疤痕,无虫害者为佳。

(4)营养价值

梨含蛋白质、脂肪、碳水化合物、膳食纤维、钙、磷、铁、胡萝卜素、硫胺素、核黄素、烟酸、维生素C等。梨中含有的柠檬酸和苹果酸,具有使肠收敛的作用。中医认为梨味甘、微酸、性寒凉,可助消化、润肺清心,具有消痰止咳、退热、解毒疮的功效,还有利尿、润便的作用。

(5)烹饪运用

梨通常用作水果供鲜食,烹饪中一般多作甜食。冷食,可单独成菜;也可与香蕉、桃、山楂糕等切条拌食。热食,可用炒、熘、扒、蒸、炖、蜜汁等烹调方法制馔,如八宝梨、鸡丁炒梨丁、雪梨炒牛肉片、烩梨丁黄瓜、京糕拌梨丝、拔丝梨块、雪梨山鸡片、雪梨熘仔鸽、酿八宝梨、雪梨蛤士蟆等。梨还可制成罐头制品,或加工成梨膏、梨脯、梨干等,亦是制醋、酿酒的原料。

**3. 山楂**

(1)形态特征

山楂果实近似球形,直径约1.5cm,表面棕色至棕红色,有细密纹路,并有淡褐色斑。顶端凹陷,有花萼残迹,基部有果梗或已脱落。外形如图4-3所示。

(2)品种和产地

山楂按照其口味分为酸甜两种。甜口山楂,外表呈粉红色,个头较小,表面光滑,食之略有甜味。酸口山楂又分为几个品种,如歪把红、大金星、大绵球和普通山楂,是我国特产果品之一。

图4-3　山楂

(3)质量标准

山楂品质以色泽深红,果大均匀,果肉较硬,酸中带甜,无虫蛀、伤痕者为佳。

(4)营养价值

山楂含蛋白质、脂肪、碳水化合物、膳食纤维、钠、磷、铁、素生素A、硫胺素、核黄素、烟酸、维生素C、维生素D等。中医认为山楂性微温,味酸、甘,具有消食健胃、活血化瘀、收敛止痢、驱虫之功效。主治肉食积滞、小儿乳食停滞、胃脘腹痛、瘀血经闭、心腹刺痛、高血脂症等。

(5)烹饪运用

因山楂的果肉酸味较重,多加工食用,如冰糖葫芦、白糖炒山楂。也可制成京糕、果酱等。京糕,即山楂糕,可制作拔丝京糕,或做菜肴的装饰、糕点馅料等。

**4. 桃**

(1)形态特征

桃的果实形状和大小均有变异,有卵形、宽椭圆形或扁圆形,色泽由淡绿白色至橙黄色,常在向阳面具红晕,果梗短而深入果洼;果肉白色、浅绿白色、黄色、橙黄色或红色,多汁有香味,甜或酸甜;核大,离核或粘核,椭圆形或近圆形,两侧扁平,顶端渐尖,表面具纵、横沟纹和孔穴。外形如图4-4所示。

图4-4 桃

(2)品种和产地

桃原产于我国,各地均有栽培,根据其分布地区和果实类型可分为:

①北方品种群　主要分布于黄河流域的华北、西北地区,如蜜桃、硬桃、黄桃、油桃等。

②南方品种群　主要分布在长江流域的华东、华中、西南地区,如水蜜桃、蟠桃等。

③南欧品种群　系引入品种,如新瑞阳(主要产于陕西关中一带)、西洋黄肉(主要产于江苏、浙江一带)等。

(3)质量标准

大小适中、颜色发白的桃较成熟。用手触摸桃表面,桃毛扎手的桃是未添加保鲜剂的桃子,这样的桃质量比较好。同样大小的桃重的质量较好。

(4)营养价值

桃营养丰富含蛋白质、脂肪、碳水化合物、膳食纤维、有机酸、钙、磷、铁、维生素C、硫胺素、核黄素等。中医认为桃性热味甘酸,有补益、补心、生津解渴和润肠的效果。

(5)烹饪运用

烹饪中桃适于酿、蜜渍等方法,如枸杞桃丝、蜜汁桃、猪肉炒桃丁、脆皮鲜桃夹、鲜桃栗子羹等。此外,还可加工成桃脯、桃酱、桃汁、蜜桃罐头等。

**5.杏**

(1)形态特征

杏的果实呈球形,颜色为白色、黄色至黄红色,常具红晕;果肉多汁,成熟时不开裂;核呈卵形或椭圆形,两侧扁平,顶端圆钝,基部对称,表面稍粗糙或平滑,腹棱较圆;种仁味苦或甜。外形如图4-5所示。

(2)品种和产地

杏原产我国,栽培历史悠久,在西北、华北、东北各省区分布很广,黄河流域为其分布的中心地带。杏的主要种类有变通杏、辽杏、西伯利亚杏及其变种和自然杂交种。分为生食用杏、仁用杏和加工用杏三大类。

(3)质量标准

杏以个大,色泽漂亮,味甜多汁,纤维少,核小,有香味,表皮光滑者为佳。要观察其成熟度,过于生的果实酸而不甜,过成熟的果实肉质酥软而缺乏水分。一般果皮颜色为黄泛红的口感较好。

图4-5 杏

(4)营养价值

杏含蛋白质、脂肪、碳水化合物、膳食纤维、镁、铁、锌、硫胺素、钙、铜、钠、胡萝卜素、烟酸、维生素 A、核黄素、锰、磷、维生素 E、胆固醇、维生素 A、钾等。杏仁味微甜者,为甜杏仁,味辛、甘、性温,可润肠、止咳、补气;杏仁味微苦者,为苦杏仁,味辛、苦、性温、有毒,入肺、大肠经,具有润肺、止咳定喘、生津止渴的功效,可用于胃阴不足、口渴咽干等症。

(5)烹饪运用

杏可生食,亦可制杏干、杏脯、杏酱或榨取杏汁、酿制杏酒及制罐等。烹饪上杏主要有煮、煨、炖、炒、蒸、焖、熘、烩、烧等10余种烹调方法。民间用杏仁、粳米、绿豆磨成浆,加白糖煮熟饮用,是夏天解暑、清热润肺的好选择,名曰“杏仁茶”。

**6. 李子**

(1)形态特征

李子呈球形、卵球形或近圆锥形,直径3.5~5cm,外皮黄色或红色,有时为绿色或紫色,梗凹陷入,顶端微尖,基部有纵沟,外被蜡粉;核卵圆形或长圆形,有皱纹。外形如图4-6所示。

(2)品种和产地

李,又称李子,我国栽培历史悠久,广为分布。李的品种有40种左右,常见的品种有樵李、朱砂红李、玉黄李、西安大黄李、济源黄甘李、三华李等。从颜色上分有红皮红肉、红皮黄心、青皮红心、青皮青肉和黄皮黄肉等种类。李在夏季成熟,香气馥郁,但不耐储藏。

**图4-6 李子**

(3)质量标准

李子品质的好坏,与它的成熟度和采后放置时间的长短有关。手捏李子,感觉很硬,尝起来带有涩味的则太生;感觉略有弹性,尝起来脆甜适度的,则成熟度适中;感觉柔软的,则太熟,不利于贮存。形状饱满、外观新鲜、颜色一致、果皮有蜡粉的李子质量较好。

(4)营养价值

李子含蛋白质、脂肪、碳水化合物、膳食纤维、胆固醇、维生素 A、胡萝卜素、核黄素、烟酸、维生素 C、磷、钾、钠等。中医认为李性温,味甘、酸,归肝、肾经,具有生津止渴、清肝除热、利水等功效。

(5)烹饪运用

李适合在成熟后食用,且不宜过多食用。除鲜食外,烹饪中可制作甜品,还可加工成李干、蜜饯、果酱和罐头等。

**7. 枇杷**

(1)形态特征

成熟的枇杷长3~5cm,成圆形、椭圆或长状“琵琶形”。枇杷表面被有绒毛,未熟时青绿色,较硬实,芳香气味较浓。成熟后外皮一般为淡黄色,亦有颜色较深,接近橙红色的。外形如图4-7所示。

(2)品种和产地

枇杷又称为卢橘,原产于我国湖北西部与四川东部一带,福建、浙江、江苏等地栽培最多。

图4-7 枇杷

枇杷果根据其品质特点可分为草种枇杷、红种枇杷和白沙枇杷。草种枇杷,呈卵圆形,皮厚韧,果肉和果面均为淡黄色,核大肉薄,肉质较粗,味甜中带酸,主要产于浙江余杭一带,上市较早。红种枇杷果实为圆形或倒卵形,果皮橙红色或浓红色,较厚,易剥离,味甜质细,品质较好,上市较草种枇杷略迟,主要产于浙江、福建、安徽的一些地区。白沙枇杷,果实呈圆形或稍扁,果皮薄,易剥离,果面淡黄或微带白色,果肉洁白或微带黄色,汁多味甜,质细而鲜美,核小,上市较晚,质量最好。

(3)质量标准

枇杷品质以新鲜成熟,果皮茸毛不脱落,果肉厚而质细,汁多味甜,个大均匀者为佳。

(4)营养价值

枇杷含蛋白质、脂肪、碳水化合物、膳食纤维、维生素A、维生素C、维生素E、胡萝卜素、硫胺素、核黄素、烟酸、胆固醇、镁、钙、铁、锌、铜等。中医认为枇杷性凉、味甘,具有清肺止咳、降逆止呕之功效,可用于治疗肺热咳嗽、气逆喘急、胃热呕吐、哕逆等病症。

(5)烹饪运用

枇杷为初夏佳果,可鲜食,也可加工成罐头、果酒、果酱、果膏等。枇杷核含淀粉,可用于酿酒。枇杷入馔主要做甜品,如西米枇杷、豆茸酿枇杷、珊瑚枇杷等。

**8. 葡萄**

(1)形态特征

葡萄果实球形或椭圆形,为浆果,由子房发育而成,因品种不同其果粒形状、颜色、大小、着生紧密度、肉质软硬松脆、有无种子、种子多少等性状有所不同。果实形状有圆形、椭圆形、卵圆形、长圆形、鸡心形等。果皮颜色有白色、黄色、红色、紫色、黑紫色等。果粒分有核和无核两种。外形如图4-8所示。

(2)品种和产地

葡萄原产于里海、黑海和地中海沿岸。我国引进历史约有2000余年,广为栽培。常见的品种有玫瑰香、龙眼、巨峰、牛奶、无核白等。

图4-8 葡萄

(3)质量标准

葡萄品质以外观新鲜,大小均匀整齐,枝梗新鲜牢固,颗粒饱满,青籽和瘪籽较少,外有白霜者为佳。品质好的葡萄,果汁多而浓,味甜,有香气;品质差的葡萄,果汁少或者汁多而味淡,无香气,具有明显的酸味。葡萄的品质与成熟度有关,而一串葡萄中最下面的一颗往往由于光照程度最差,成熟度不佳,故而在一般情况下,最下面那颗是最不甜的。如果这颗葡萄很甜,就表示整串葡萄都很甜。

(4)营养价值

葡萄含蛋白质、脂肪、碳水化合物、膳食纤维、叶酸、维生素A、胡萝卜素、硫胺素、核黄素、烟酸、维生素 C、维生素 E、钙、磷、钾、钠、镁、铁、锌、硒、铜、锰等。中医认为葡萄性平、味甘酸，入肺、脾、肾经，有补气血、益肝肾、生津液、强筋骨、止咳除烦、补益气血、通利小便的功效。

(5)烹饪运用

葡萄除鲜食外，还可干制、酿酒、制醋等。烹饪中，鲜葡萄可作为甜品用料；葡萄干可作为面点、甜品的配料或装饰用料。代表菜式有拔丝葡萄、酒酿葡萄羹、八宝甜饭等。

**9. 柿子**

(1)形态特征

柿子果实有球形、扁球形、球形而略呈方形、卵形等，直径 3.5 ~ 8.5cm，基部通常有棱，嫩时绿色，后变黄色、橙黄色，果肉较脆硬，老熟时果肉变成柔软多汁，果皮呈橙红色或大红色等。外形如图 4 – 9 所示。

(2)品种和产地

柿原产于我国，栽培历史至少有 2500 余年。目前，以山东、河北、河南、山西、陕西等 5 省栽培最多。常见的品种有磨盘柿、火柿、火晶柿、桔蜜柿等。

图 4 – 9 柿子

(3)质量标准

软柿表皮橙红色，软而甜，选购时要注意整体应同等柔软，有硬有软者则不佳。硬柿表皮青色，偏硬而不脆，甜度稍差一些，选购时用手摸试，手感硬实者为佳。

(4)营养价值

柿子含蛋白质、脂肪、碳水化合物、磷、铁、钙、维生素 C 等，还含有胡萝卜素等多种营养成分。中医认为柿子果味甘涩、性寒、无毒。柿蒂味涩，性平，入肺、脾、胃、大肠经。有清热去燥、润肺化痰、止渴生津、健脾、治痢、止血等功能，可以缓解大便干结、痔疮疼痛或出血、干咳、喉痛、高血压等症。

(5)烹饪运用

柿子主要制成柿饼，肉质干爽，味清甜且存放久不变质。在烹调制作中，柿子也可用于菜肴的制作，如柿子沙拉、酿水果柿子、柿子炒火腿等。

**10. 香瓜**

(1)形态特征

香瓜果实的形状、颜色因品种而异，通常为球形或长椭圆形，果皮平滑，有纵沟纹或斑纹，无刺状突起，果肉白色、黄色或绿色，有香甜味；种子白色或黄白色，卵形或长圆形，先端尖，基部钝，表面光滑，无边缘。外形如图 4 – 10 所示。

(2)品种和产地

远在三四千年前我国长江、黄河流域就已栽培香瓜。现产地几乎遍及全国各地，特别是新疆、山东等地所产的香瓜以品质好、产量高而享誉中外。香瓜的优良品种较多，如山东益都银瓜，辽宁黄金道、青羊头，江西梨瓜，河北小面瓜、大面瓜等。

(3)质量标准

香瓜瓜形端正，瓜蒂、瓜脐收得紧密，略微缩入，靠地面的瓜皮颜色变黄，就是成熟的标志；

图 4－10　香瓜

声音刚而脆,如击木板的“咚咚”或“得得”声,是未熟的象征。生瓜含水量多,瓜身较重;成熟的瓜,因瓜肉细脆、组织松弛,体重就比生瓜轻些。还要注意,如果瓜皮柔软、瘀黑,敲声太沉,瓜身太轻,甚至摇瓜有响声的不宜选购。

(4)营养价值

香瓜含蛋白质、脂肪、碳水化合物、钙、磷、铁、胡萝卜素、硫胺素、核黄素、烟酸、维生素 C 等。中医认为,香瓜味甘,性寒,果实无毒,瓜蒂含毒性,归心、胃经,具有清热解暑,除烦止渴、利尿的功效,可治暑热所致的胸膈满闷不舒、食欲不振、烦热口渴、热结膀胱、小便不利等症。

(5)烹饪运用

香瓜主要供鲜食,烹饪中可用于制作甜菜,如香瓜拌梨丝、蜜渍香瓜等。

**11. 哈密瓜**

(1)形态特征

哈密瓜的果实较大,呈卵圆形至橄榄形;果皮黄色或青色,有网纹;果皮和果肉均较厚。果肉绵软,青色或红色,味极香甜。种子白色或黄白色,卵形或长圆形,先端尖,基部钝,表面光滑,无边缘。外形如图 4－11 所示。

图 4－11　哈密瓜

(2)品种和产地

哈密瓜按成熟期不同,分早熟、中熟和晚熟品种。早、中熟的称为夏瓜,晚熟的称为冬瓜。中国各地广泛栽培。全世界温带至热带地区也广泛栽培。

(3)质量标准

哈密瓜以果实色泽鲜艳,坚实而微软者为佳;太软则过熟,没成熟的哈密瓜味很淡甚至没有香味。

(4)营养价值

哈密瓜含有丰富的蛋白质、膳食纤维、果胶、胡萝卜素、糖类、维生素 A、维生素 B、维生素 C、钠、磷、钾等。中医认为哈密瓜性寒味甘,果肉有利小便、止渴、除烦热、防暑气等作用,可治发烧、中暑、口渴、尿路感染、口鼻生疮等。

(5)烹饪运用

哈密瓜可供鲜食,或作餐后果品,或制作果盘、瓜盅,是维吾尔族人制作抓饭的必备配料,还可晒制瓜干、制作蜜饯等。

**12. 白兰瓜**

(1)形态特征

白兰瓜,又称兰州蜜瓜、绿瓤甜瓜,属于厚皮甜瓜的一个栽培变种。单瓜重一般为 1 ~ 2. 5kg。果实近球形。幼瓜期外皮为绿色,接近成熟时逐渐变为黄白色,充分成熟时,瓜皮向阳面为黄色,着地面为白色。肉质柔软,汁液丰富,气味清香,味甘甜。外形如图 4－12 所示。

(2)品种和产地

白兰瓜起源于中亚,后传入欧美,20 世纪 40 年代传入中国。白兰瓜主要产于甘肃兰州市郊和皋兰、武威等县,成熟期以 7 月份为主,主要品种有兰州蜜瓜、变种兰州蜜瓜和新疆兰州蜜瓜,以兰州蜜瓜品质最好。

(3)质量标准

成熟的白兰瓜呈圆球形,个头均匀,皮色白中泛黄,外形十分美观。肉厚汁多,脆而细嫩,清香扑鼻。挑选白兰瓜的时候可以看其底部的纹路以及闻白兰瓜的香味。

(4)营养价值

白兰瓜含蛋白质、脂肪、碳水化合物、膳食纤维、维生素 A、胡萝卜素、硫胺素、核黄素、烟酸、维生素 C、钙、磷、铁等。中医认为白兰瓜性寒,味甘,归胃、膀胱,具有清暑解热、解渴利尿、开胃健脾等功效。

**图 4-12　白兰瓜**

(5)烹饪运用

白兰瓜以鲜食为主,可制作果盘,还可制作菜肴或甜羹。

**13. 石榴**

(1)形态特征

石榴,又名安石榴、海石榴、金罂、沃丹、丹若等,是一种落叶灌木,树高可达 7m,有很高的食用和观赏价值。石榴的花和果实素有“天下名花”“九州奇果”之誉。成熟的石榴皮色鲜红或粉红,常会裂开,露出晶莹如宝石般的籽粒,籽粒酸甜多汁,虽吃着麻烦,却回味无穷。外形如图 4-13 所示。

(2)品种和产地

石榴原产于中国。主要有玛瑙石榴、粉皮石榴、青皮石榴、玉石子等不同品种。名品有安徽怀远水晶石榴、陕西临潼大红蛋石榴、粉红石榴等。

**图 4-13　石榴**

(3)质量标准

成熟石榴果皮由绿变黄,有色品种充分着色,果面出现光泽,果棱显现;果肉细胞中的红色或银白色针芒充分显现,籽粒饱满;果实汁液的可溶性固形物含量达到该品种固有的浓度。

(4)营养价值

石榴含蛋白质、脂肪、碳水化合物、膳食纤维、硫胺素、核黄素、维生素 C、维生素 E、钾、钠、钙、镁、铁、锰、锌、铜、磷等。石榴性温、味甘酸涩,入肺、肾、大肠经,具有生津止渴,收敛固涩,止泻止血的功效,主治津亏口燥咽干,烦渴,久泻,久痢,便血,崩漏等病症。

(5)烹饪运用

石榴主要供鲜食,也用于制作果汁与清凉饮料。

**14. 草莓**

(1)形态特征

草莓又称洋莓果、洋莓等。果实为聚合果,花托增大肉质化、柔软多汁,其上生有多枚种子状瘦果,聚合成红色浆果状体,形状有圆锥形、圆形、心形。外形如图 4－14 所示。

图 4－14 草莓

(2)品种和产地

草莓原产于南美洲,现在我国南北各地都有栽培。一般 5 月上旬到 6 月上旬逐渐上市,著名品种如五月香、小鸡心、紫晶等。

(3)质量标准

草莓品质以果粒大而整齐,色泽新鲜,汁液多,香气浓,甜酸适口,无污物者为好。

(4)营养价值

草莓含蛋白质、脂肪、碳水化合物、膳食纤维、烟酸、维生素 A、硫胺素、核黄素、维生素 C、胡萝卜素、钙、铁、锌、磷、钠、硒等。中医认为草莓味甘、酸,性凉,无毒,具有润肺生津、清热凉血、健脾解酒等功效。

(5)烹饪运用

草莓宜鲜食,也可拌以奶油或甜奶,制成“奶油草莓”食用,风味别致。若能稍加冰镇味道更佳,也可加糖制成果酱、果汁、果酒和罐头等。

**15. 樱桃**

(1)形态特征

樱桃,又称含桃、莺桃、车厘子等。樱桃成熟时颜色鲜红,玲珑剔透,果形呈宽心形,果柄长。外形如图 4－15 所示。

(2)品种和产地

我国是樱桃起源地之一。世界上樱桃主要分布在美国、加拿大、智利、澳洲、欧洲等地,中国主要产地有山东、安徽、江苏、浙江、河南、甘肃、陕西、四川等。根据其品种特征,樱桃可分为中国樱桃、甜樱桃、酸樱桃和毛樱桃。其中,以中国樱桃和甜樱桃两类品质较好,著名品种如大鹰嘴、红樱桃等。

图 4－15 樱桃

(3)质量标准

连有果蒂、色泽光艳、表皮饱满无凹陷的樱桃品质较好。

(4)营养价值

樱桃含蛋白质、脂肪、碳水化合物、膳食纤维、烟酸、维生素 A、硫胺素、核黄素、维生素 C、胡萝卜素、钙、铁、锌、镁、钾、磷、钠、硒等。食用樱桃具有促进血红蛋白再生及防癌的功效。中医认为,樱桃果实味甘性温,有调中益气、祛风、透疹的功效,适用于四肢麻木和风湿性腰腿病的食疗。

(5)烹饪运用

鲜樱桃果形小,质地柔嫩、多汁,果皮很薄,不耐储藏,除鲜食外,常加工成果酱、果汁、果酒及罐头。中西餐烹饪中常用罐制樱桃(红、绿色车厘子)作围边、甜菜、冰淇淋、鸡尾酒、生日蛋糕等的装饰。

**16. 梅**

(1)形态特征

梅果实近球形,直径 2 ~ 3cm,黄色或绿白色,被柔毛,味酸;果肉与核粘贴;核椭圆形,顶端圆形而有小突尖头,基部渐狭成楔形,两侧微扁,腹棱稍钝,腹面和背棱上均有明显纵沟,表面具蜂窝状孔穴。外形如图 4 - 16 所示。

(2)品种和产地

梅为我国特有的果品之一,栽培历史悠久,多分布于长江以南各省。梅的外形与杏相近,品种很多,按果实的颜色分为白梅、青梅、花梅三大类。其中,花梅又称红梅,果实向阳面熟时有红晕,质细脆而味清酸,为梅中佳品。

图 4 - 16　梅

(3)质量标准

果形大、果核小、色绿质脆、果形整齐、果实饱满、圆刺、核小,汁多、味甜的梅果为佳。

(4)营养价值

梅含蛋白质、脂肪、碳水化合物、膳食纤维、烟酸、维生素 A、硫胺素、核黄素、维生素 C、维生素 E、钙、铁、锌、镁、钠、磷、硒、胡萝卜素等。中医认为梅子性平味甘涩,归肝、脾、肺、大肠经,具有生津解渴、刺激食欲、消除疲劳等功效。

(5)烹饪运用

梅可鲜食,但多用于加工,如乌梅、话梅、陈皮梅等,还可制酸梅汤、梅酱、梅醋和梅酒等。烹饪中作为酸味调料,制作梅子脆皮鹅、明炉梅子鸭、话梅藕片等。

**17. 猕猴桃**

(1)形态特征

猕猴桃,又称阳桃、藤梨、羊桃、仙桃等,果实大小和一个鸭蛋差不多,一般是椭圆形的。深褐色并带毛的表皮一般不能食用。而其内侧是呈亮绿色的果肉和多排黑色的种子。因为果皮覆毛,貌似猕猴而得名。外形如图 4 - 17 所示。

(2)品种和产地

猕猴桃原产于我国,主要分布在长江以南地区,如湖南、湖北、浙江、福建等地,种类很多,如中华猕猴桃、葛枣猕猴桃等。100 多年前被引种至英国、新西兰、美国后,进行了品种改良,成为一种新兴的栽培水果。目前,新西兰为猕猴桃的主要出产国。

图 4 - 17　猕猴桃

(3)质量标准

体型饱满,颜色均匀,土黄色外皮的猕猴桃更甜,头尖的一般激素用的比较少。

(4)营养价值

猕猴桃含蛋白质、脂肪、碳水化合物、膳食纤维、烟酸、维生素 A、硫胺素、核黄素、维生素 C、胡萝卜素、钙、铁、锌、磷、钠、硒等,其中,维生素 C 的含量为一般果品的几倍到几十倍。中医认为猕猴桃性寒,味甘、酸,归脾、胃经,具有清热生津,健脾止泻,止渴利尿的功效。

(5)烹饪运用

烹饪中,猕猴桃主要用来制作甜品或中西式菜点的装饰,也可用于菜肴的制作,如四川的茅梨肉丝、猕猴桃炒鸡柳、鲜虾爆猕猴桃。此外,还可加工制作果酱、果酒等。

**18. 香蕉**

(1)形态特征

香蕉果身弯曲,略为浅弓形,幼果向上,直立,成熟后逐渐趋于平伸,长 12 ~ 30cm,直径 3.4 ~ 3.8cm,果棱明显,有 4 ~ 5 棱,先端渐狭,非显著缩小,果柄短,果皮青绿色。在高温下催熟,果皮呈绿色带黄,在低温下催熟,果皮则由青变为黄色,并且生麻黑点(即"梅花点")。果肉黄白色,松软,味甜,无种子,香味浓郁。外形如图 4 – 18 所示。

图 4 – 18　香蕉

(2)品种和产地

香蕉是世界上四大水果之一,原产于亚洲东南部,我国南部地区即为原产地之一,现已有 2000 多年的栽培历史,广东、海南、福建、台湾、云南等地为主产区。品种较多,主要有矮脚蕉、甘蕉和大蕉三类。

矮脚蕉,又称牙蕉、粉蕉,原产我国,果形小,皮薄味甜,香味浓,品质极佳;甘蕉,又称为高脚蕉,果大味佳,为世界各地香蕉的主要栽培品种,品质优良;大蕉,淀粉含量高,生食时味不佳,常烹调代粮或作蔬菜食用,故又称烹食蕉。

(3)质量标准

优质香蕉果皮呈鲜黄或青黄色,梳柄完整,无缺只和脱落现象,一般每千克不多于 25 个单只香蕉;单只香蕉体弯曲,果实丰满、肥壮、色泽新鲜、光亮、果面光滑,无病斑、无虫疤、无霉菌、无创伤,果实易剥离,果肉稍硬。

(4)营养价值

香蕉的营养非常丰富,果肉中富含蛋白质、脂肪、碳水化合物、钙、磷、铁等,还含有胡萝卜素、硫胺素、烟酸、维生素 C、维生素 E 及丰富的微量元素钾。香蕉在人体内能帮助大脑制造一种化学成分——血清素,这种物质能刺激神经系统,给人带来欢乐、平静及瞌睡的信号,甚至还有镇痛的效应。中医认为香蕉性寒味甘,归肺,大肠经。具有清热,通便、解酒、降血压、抗癌等功效。

(5)烹饪运用

香蕉质糯而味甘甜,可供鲜食,大蕉类可代粮食用。烹饪中香蕉适于拔丝、炸、熘等方法,如软炸香蕉、熘蜜汁香蕉、脆皮香蕉球、茄汁香蕉条、拔丝香蕉等。

**19. 西瓜**

(1)形态特征

西瓜果实为椭圆形、球形,颜色有深绿、浅绿,带有黑绿条带或斑纹。瓜瓤有红、黄等。种子有黑、白或红色等。西瓜可按其种子的大小分为大籽型西瓜、小籽型西瓜和无籽西瓜。外形如图 4 – 19 所示。

(2)品种和产地

西瓜原产于非洲,我国引种历史悠久,广为栽培。西瓜的品种较多,著名的品种有喇嘛瓜、三白瓜、小红子梨皮瓜、新疆瓜等。西瓜通常6~8月份上市,是夏令佳果;在西北一带,有时贮至冬季食用。

图4-19 西瓜

(3)质量标准

西瓜以果皮坚硬光亮,花纹清晰、果实脐部和果蒂部向内收缩、凹陷,果实阴面自白转黄且粗糙,果柄上的绒毛大部分脱落者为佳。

(4)营养价值

西瓜含蛋白质、脂肪、碳水化合物、膳食纤维、维生素A、维生素C、维生素E、铜、锰、硫胺素、核黄素、烟酸、胡萝卜素、钙、铁、锌、镁、钾、磷、钠、硒等。中医认为西瓜性寒,味甘,归心、胃、膀胱经,具有清热解暑、生津止渴、利尿除烦解暑、利小便、降血压的功效。

(5)烹饪运用

西瓜除作为夏季主要的鲜果外,还可加工成西瓜汁、糖水西瓜、西瓜酱、西瓜酒等。瓜皮可以直接炒食或腌渍食用,如瓜皮丝拌木耳。瓜肉可以制西瓜冻及羹汤。如鲜藕西瓜汤。整瓜可以制作西瓜鸡等高档菜式。此外,西瓜还是食品雕刻的重要原料,如各种西瓜盅。

**20. 柑橘**

(1)形态特征

果形通常呈扁圆形至近圆球形,果皮或薄而光滑,或厚而粗糙,淡黄色、朱红色或深红色,易剥离,橘络甚多或较少,呈网状,易分离,通常柔嫩,果肉酸或甜,或有苦味,或另有特异气味。外形如图4-20所示。

(2)品种和产地

柑橘原产于我国,包括柑和橘两大类型,其共同特点是果实扁圆形,果皮黄色、鲜橙色或红色,薄而宽松,容易剥离,故又称宽皮橘、松皮橘。两者的区别在于橘的果蒂处凹陷,柑的果蒂处隆起。著名品种有福建芦柑、广东芦柑、四川红橘、温州蜜柑等。

图4-20 柑橘

(3)质量标准

柑橘以果形端正、无畸形,果肉光洁,果梗新鲜者为佳。

(4)营养价值

橘子含蛋白质、脂肪、碳水化合物、膳食纤维、钙、磷、铁、胡萝卜素、硫胺素、核黄素、烟酸、维生素C、以及橘皮苷、柠檬酸、苹果酸、枸橼酸等营养物质。中医认为柑橘性凉,味甘酸,归胃、大肠经,具有清热止咳、醒酒利尿的功效。

(5)烹饪运用

柑橘除鲜食外,在烹饪中主要用于制作甜品或果盘,如拔丝橘子、水晶橘冻等,也可以加工成罐头、果酱、果汁、果粉、果酒和蜜饯。

**21. 甜橙**

(1)形态特征

甜橙,又称广柑、黄果、广橘、橙,呈圆球形、扁圆形或椭圆形。果皮橙黄至橙红色。果皮难剥离,瓢囊9~12瓣,果心实或半充实,果肉为淡黄、橙红或紫红色,味甜或稍偏酸;种子少或无。外形如图4-21所示。

图4-21 甜橙

(2)品种和产地

甜橙品种较多,常见的如冰糖橙、脐橙、血橙、鹅蛋柑、新会橙等。原产于我国东南部,栽培历史悠久,在全世界的热带果区均有分布。

(3)质量标准

甜橙以橙皮细腻,果型端正,无畸形者为佳。

(4)营养价值

甜橙含蛋白质、脂肪、碳水化合物、膳食纤维、胡萝卜素、维生素A、硫胺素、核黄素、烟酸、维生素C、维生素E、钾、钠、钙、镁、铁、锰、锌、铜、磷、硒等。中医认为橙子性凉,味甘、酸,归肺经,具有生津止渴,开胃下气,解酒的功效。对于食欲不振,胸腹胀满作痛,腹中雷鸣、便溏、腹泻等有较好的治疗效果,食用得当能补益肌体。

(5)烹饪运用

橙可供鲜食,作餐后水果,榨取果汁,制作蜜饯和果饼;可用于甜品的制作,如橙子羹小汤圆;也可用于菜肴的制作,如海带拌橙丝、橙子酿鲜虾等。

**22. 柚子**

(1)形态特征

柚子,又称为柚、朱栾、胡柑、文旦等,果圆球形、扁圆形、梨形或阔圆锥状,横径通常10cm以上,果肉淡黄或黄绿色,杂交种有朱红色的。果皮甚厚,海绵质,油胞大,凸起。果心实但松软,瓢囊10~15瓣或多至19瓣,果肉白色、粉红或鲜红色,少有带乳黄色。外形如图4-22所示。

(2)品种和产地

柚子是我国特产鲜果之一,栽培历史悠久,主要产于广西、福建、四川等地。我国有上百个品种,著名的如福建文旦柚、广西沙田柚等。

(3)质量标准

品质好的柚子外形匀称饱满、上尖下宽,表皮薄而光润、色泽淡绿或淡黄,成熟的袖子闻起来芳香浓郁。

(4)营养价值

柚子含蛋白质、脂肪、碳水化合物、膳食纤维、钙、磷、铁、胡萝卜素、硫酸素、核黄素、烟酸、维生素C等。中医认为柚子性寒,味甘、酸,归肺、胃经,具有下气、化痰、消食、解酒的功效,对于治疗糖尿病、气郁胸闷、腹冷痛、消化不良、慢性支气管炎、痰多、咳嗽、疝气有一定的效果。

图4-22 柚子

（5）烹饪运用

柚子可鲜食、制罐头和榨汁，果皮可制果脯，如，柚皮糖、青红丝等。将柚皮在水中浸煮可提取果胶，而除去苦味的果皮可制菜肴，如蚝油柚皮、柚皮炖鸭、豉汁柚皮等。

**23. 柠檬**

（1）形态特征

柠檬，又称洋柠檬。果实呈椭圆形或卵圆形，长 5 ~ 7cm；表皮黄色或绿色，表面粗糙，先端呈乳头状，果皮厚而香，果汁极酸。外形如图 4 – 23 所示。

（2）品种和产地

柠檬原产于马来西亚，我国主要产于四川、台湾、广东、广西、福建等地。著名品种有油力克柠檬、里斯本柠檬、香柠檬等。

**图 4 – 23　柠檬**

（3）质量标准

柠檬以色泽鲜黄，色泽均匀，整体形状比较圆者为佳。

（4）营养价值

柠檬含蛋白质、脂肪、碳水化合物、膳食纤维、硫胺素、核黄素、烟酸、维生素 C、维生素 E、钙、磷、钾、钠、镁、铁、锌、硒、铜、锰等。中医认为柠檬性寒，味甘、酸，归肝、胃经，具有化痰、止咳、生津、健脾等功效，特别对暑热口干、烦渴、消化不良、维 C 缺乏、肾结石、高血压，心肌病等有较好的食疗效果。

（5）烹饪运用

柠檬一般不生食，大多切片加糖后冲调饮料，酸甜可口，清香宜人。烹调中，柠檬汁可作为酸味调味剂或用于生食牡蛎、三文鱼等的调料，具有去腥除异的作用。削下的柠檬表层薄皮可作为菜点的增香料。柠檬也可用于菜肴的制作，如糖拌柠檬、西柠软煎鸡、柠檬烩鸡丁等。此外，柠檬还可加工成果汁、柠檬露、柠檬粉、柠檬酸、柠檬酒，或制作蜜饯、果酱等。

**24. 荔枝**

（1）形态特征

荔枝又称离支、丹荔、水晶丸、水浮子等。果实球形或卵形，外皮有瘤状突起，熟时红色；假种皮白色、半透明，与种子极易分离，味甘多汁。每年六七月份成熟，不耐贮存。外形如图 4 – 24 所示。

**图 4 – 24　荔枝**

（2）品种和产地

荔枝为我国特产鲜果之一，已有 2000 ~ 3000 年的栽培历史，主长于我国南方。荔枝品种很多，佳种如糯米糍、桂味、桂绿、妃子笑等。

（3）质量标准

荔枝品质以色泽鲜艳、个大均匀、肉厚质嫩、汁多味甘、富有香气、核小者为佳。

（4）营养价值

荔枝含蛋白质、脂肪、碳水化合物、膳食纤维、维生素 A、维生素 C、钙、钾、铁、硒等。中医认为荔枝性温，味甘、酸，归心、肝、脾经，具有养血、生津、理气、止痛、除口臭等功效，对于体质虚弱、贫血、脾虚腹泻的人有较好的食疗效果。

(5)烹饪运用

荔枝除鲜食外,在烹饪中可制甜、咸菜式,如荔枝羹、荔枝炖莲子、荔枝烧鸭、荔枝炒鸡柳等。此外,还可制作罐头,压榨果汁,制作果酱等。

**25. 龙眼**

(1)形态特征

龙眼,又称桂圆、圆眼、益智、龙目等。龙眼果实圆形或扁圆形,外壳浅黄或褐色,有不明显瘤状突起,质薄、粗糙,直径1.5~2.8cm,果肉味甜、汁多、透明,内有黑褐色种子一枚。外形如图4-25所示。

**图4-25 龙眼**

(2)品种和产地

龙眼为我国特产鲜果之一,已有2000多年的栽培历史。龙眼主产于福建、广东、广西、四川、云南和台湾等地。著名的品种有大乌圆、石硖龙眼、储良龙眼、古山二号龙眼等。

(3)质量标准

鲜龙眼品质以果皮黄褐色,壳薄而平滑,果肉软且富有弹性,肉质莹白,半透明,肉离核,味甜核小,壳硬者为佳。

(4)营养价值

桂圆含蛋白质、脂肪、碳水化合物、膳食纤维、维生素A、维生素C、胡萝卜素、硫胺素、核黄素、烟酸、镁、钙、铁、锌、铜、锰、钾、磷、钠、硒等。中医认为龙眼性温,味甘,归心、脾经,具有开胃、养血益脾、补心安神、补虚长智的功效,对于贫血、失眠、神经衰弱、气血不足、产后体虚、营养不良、记忆力下降等具有较好的食疗功效。

(5)烹饪运用

除鲜食外,龙眼常加工成干制品或罐头食品;亦可用于甜品的制作,如桂圆蛋羹、冰糖炖桂圆;或采用煮、炖等方法制作咸味菜肴、保健菜肴,如龙眼炖猪心、桂圆炖鸡、桂圆红枣乌鸡煲等。

**26. 菠萝**

(1)形态特征

菠萝,又称凤梨、黄梨、草菠萝等。菠萝的皮偏橙黄色,果肉黄色。外形如图4-26所示。

(2)品种和产地

菠萝原产于巴西,是世界著名热带果品之一。16世纪初传入中国,果生于叶丛中,果皮似菠萝蜜而色黄,液甜而酸,因尖端有绿叶似凤尾,故名凤梨,而大陆则因菠萝蜜起名菠萝。而后台湾人民进行培育,生产出了新品种金钻凤梨(无眼菠萝)。凤梨通常分4类,即卡因类、皇后类、西班牙类和杂交种类。我国主要产于广东、广西、福建、云贵高原南部。

(3)质量标准

优质菠萝的果实呈圆柱形或两头稍尖的卵圆形,大小均匀适中,果形端正,芽眼数量少。

成熟度好的菠萝表皮呈淡黄色或亮黄色,两端略带青绿色,上顶的冠芽呈青褐色。

(4)营养价值

菠萝含蛋白质、脂肪、碳水化合物、膳食纤维、烟酸、钾、钠、锌、碳水化合物、钙、磷、铁、胡萝卜素、硫胺素、核黄素、维生素 C、另含多种有机酸及菠萝酶等。中医认为菠萝性平,味甘、酸,归肾、胃经,具有解烦、健脾解渴、消肿祛湿、醒酒的功效,对于肾炎、高血压、支气管炎、消化不良具有较好的食疗功效。

(5)烹饪运用

菠萝在烹调中可用于各种香甜、咸香菜式的制作,如酿菠萝、菠萝鸡片、鲜虾烩菠萝、菠萝牛肉汤等。此外,由于菠萝中含有较多的蛋白酶,烹饪中可用菠萝汁进行肉类的嫩化处理。

图 4-26 菠萝

**27. 芒果**

(1)形态特征

芒果又称杧果、檬果、蜜望子。果实为肾形,长 5~10cm,淡绿色或淡黄色,果肉肉质细腻、味甜,有独特的香气,汁多。成熟的芒果果皮为鲜黄色、紫色、绿色、红色等。外形如图 4-27 所示。

(2)品种和产地

芒果原产于亚洲南部,品种非常多,主要有桂七芒、台农 1 号、青皮芒、金煌芒等。中国栽培芒果已达 40 余个品种,主要产于云南、广西、广东、福建、台湾等地。全球芒果产地主要分布于印度、孟加拉、中南半岛和马来西亚。

(3)质量标准

芒果以皮色黄橙均匀、表皮光滑、果蒂周围无黑点、触摸时感觉坚实而有肉质感为佳。用手摁果蒂部位,如果感觉较硬实、富有弹性,为成熟的芒果。

图 4-27 芒果

(4)营养价值

芒果含蛋白质、脂肪、碳水化合物、膳食纤维、钙、磷、铁、胡萝卜素、硫胺素、核黄素、烟酸、维生素 C、钾等。中医认为芒果性凉,味甘、酸,归脾、肺、胃经,具有益胃止呕、解渴利尿的功效。

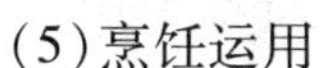

(5)烹饪运用

芒果可鲜食,也可用于烹调多种菜式,如芒果烩双鲜、芒果鸡条、红枣芒果粥等。此外,还可制果汁、果干、蜜饯、果酒等。

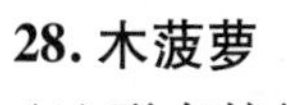

**28. 木菠萝**

(1)形态特征

木菠萝,又称菠萝蜜、树菠萝、牛肚子果等,为聚花果,果形椭圆,果实大,大者可重 20kg。果皮外层有六角形瘤状突起;果肉为种子外的假种皮,形如橘囊,厚而多汁、奇香,味甜美。外形如图 4-28 所示。

图4－28　木菠萝

(2)品种和产地

木菠萝有硬肉类和软肉类两个品种。硬肉类的果实多汁、香气浓郁;软肉类的果皮柔软,果肉松脆,香味和甜味稍差。木菠萝原产于印度和马来西亚。我国广东、海南和云南南部均有栽培。每年9～10月成熟。

(3)质量标准

成熟的木菠萝一般是金黄色,外皮完好无损,带有比较多的尖尖的"小钉"或者说"刺"。有比较浓的香味,而且表皮会有一点点的裂开,裂开的地方,香味更加浓郁。

(4)营养价值

木菠萝含蛋白质、脂肪、碳水化合物、膳食纤维、硫胺素、核黄素、烟酸、维生素C、维生素E、钾、钠、锌、钙、镁、铁、锰、铜、磷、硒等。中医认为木菠萝性平,味甘,归肺、大肠经,具有止渴解烦、醒酒、益气的功效,对于热盛伤津、中气不足、烦热口渴、饮食不香、面色无华、身体倦怠的人群具有较好的食疗效果。

(5)烹饪运用

木菠萝可供鲜食,蘸盐水食用更佳,也可制蜜饯。木菠萝果核状如鸡蛋,富含淀粉,烹饪中可单用或配肉、配鸭,适于煮、炒、炖、焖等,代表菜式有菠萝蜜鸡脯、菠萝蜜炖鸭。

**29. 椰子**

(1)形态特征

椰子核果呈坚果状,圆或椭圆形,成熟时褐色;外果皮较薄,中果皮为厚纤维层,内果皮角质而坚硬。椰肉(即胚乳)白色,质脆滑,富含脂肪,具有花生仁和核桃仁的混合香味。外形如图4～29所示。

(2)品种和产地

椰子,又称椰栗,原产于东南亚。我国已有2000余年的栽培史,为热带佳果之一。椰子根据叶片和果实颜色差异可分为红椰、绿椰两种;根据果实形状和体积又可分为:大圆果、中圆果、小圆果三个类型。

图4－29　椰子

(3)质量标准

椰子品质以外表干爽,干净没有异味,切掉棕色椰壳组织内壁洁白者为佳。

(4)营养价值

椰子含蛋白质、脂肪、碳水化合物、膳食纤维、硫胺素、核黄素、烟酸、维生素C、钾、钠、钙、镁、铁、磷等。中医认为椰子性凉,味甘,归脾、胃、大肠经,具有解渴去暑、生津利尿、滋补等功效。

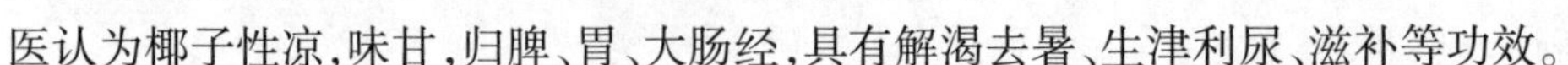

(5)烹饪运用

椰肉、椰汁除可供鲜食外,还可制成椰丝、椰蓉、椰油,作为糖果、糕点等的配料;也可作为菜肴原料,制成多种甜、咸菜式,如冰糖雪耳椰子盅、果子椰丝条、原盅椰子炖鸡、椰汁咖喱鸡等。

**30. 山竹**

(1)形态特征

山竹果实大小如柿,深紫色;外果皮厚,表层木质化,内有数瓣白色果肉,味甜略带酸,质地细腻,具独特香味,被誉为“果中之后”。外形如图 4 – 30 所示。

(2)品种和产地

山竹原产于印度尼西亚和马来西亚,其他地区少有栽培。中国台湾、福建、广东和云南也有引种或试种。山竹分为油竹果、花竹果和沙竹果三类。

图 4 – 30 山竹

(3)质量标准

山竹颜色新鲜,表壳比较软的品质较好。蒂瓣为六瓣的果实甘甜不酸,核非常小。

(4)营养价值

山竹含蛋白质、脂肪、碳水化合物、膳食纤维、叶酸、硫胺素、核黄素、烟酸、维生素 C、维生素 E、钙、磷、钾、钠、碘、镁、铁、锌、硒、铜、锰、维生素 A 等。中医认为山竹性平,味甘、酸,归脾、肺、大肠经。具有健脾生津,止泻的功效。对于脾虚腹泻、口渴口干、烧伤、烫伤、湿疹、口腔炎等有较好的食疗效果。

(5)烹饪运用

山竹主要供鲜食,也可加工成果汁和罐头,或加白糖煮沸食用。耐贮性差,需及时食用。

**31. 榴莲**

(1)形态特征

榴莲,又称韶子,果呈卵形、球形或椭圆形,重可达 3 ~ 5kg,长达 25cm;成熟时果面为褐黄色,并有众多木质尖突;内有种子数十颗,其乳白色肉质假种皮(有的品种假种皮表面为红色或黄色),为食用的主要部分。榴莲的果实气味浓郁,味甜,被誉为“果中之王”,为东南亚著名鲜果。外形如图 4 – 31 所示。

(2)品种和产地

榴莲原产于文莱、马来西亚、菲律宾、缅甸等地。近年来我国广东、海南等省有栽培,成熟期为 11 月至次年 2 月和 6 ~ 8 月。泰国榴莲最负盛名,有 200 多个品种,普遍种植的有 60 ~ 80 种。其中最著名的有三种:轻型种,如伊銮、胶伦通、春富诗、金枕和差尼,4 ~ 5 年结果;中型种,如长柄和谷,6 ~ 8 年结果;重型种,如甘邦和伊纳,8 年结果。它们每年结果一次,成熟时间先后相差 1 ~ 2 个月。

图 4 – 31 榴莲

(3)质量标准

成熟榴莲果肉的颜色为黄色,外观较圆,皮和刺均具有弹性,榴莲皮以裂开为好,闻起来有浓浓的香味。

(4)营养价值

榴莲含有丰富的蛋白质、脂肪、碳水化合物和纤维素,另外还含有维生素 A、维生素 B、维生素C、维生素E、叶酸、烟酸、钙、铁、磷、钾、钠、镁、硒等,是一种营养高且均衡的热带水果,广东人称:"一个榴莲三只鸡"。现代医学实验表明榴莲的汁液和果皮中含有的一种蛋白水解酶可以促进药物对病灶的渗透,具有消炎和抗水肿、改善血液循环的作用。中医认为榴莲性热,味辛、甘,归肝、肺、肾经,具有滋阴强壮、疏风清热、利胆退黄、杀虫等功效,对于精血亏虚、须发早白、衰老、黄疸、疥癣、皮肤瘙痒、痛经等具有较好的食疗效果。

(5)烹饪运用

榴莲成熟果实供鲜食或与肉类一起加工,如榴莲炖鸡,或加虾做成虾酱;未熟果可做蔬菜,煮食或炖食;种子味同板栗,富含淀粉,可供炒食。榴莲不耐储藏,需及时食用。

**32. 火龙果**

(1)形态特征

火龙果又称红龙果、青龙果、情人果等,果形大,呈橄榄状,鲜红色、鲜黄色外皮亮丽夺目,果肉雪白、玫红、深红黄、橙黄,果肉中有近万粒芝麻状种子,又称"芝麻果"。味甜而不腻,清淡略芳香。外形如图4-32所示。

**图4-32 火龙果**

(2)品种和产地

火龙果主要品种有红皮白肉、红皮红肉和黄皮系列,以红皮红肉和黄皮系列为佳。火龙果原产于中美洲,现在我国海南岛等地有种植。

(3)质量标准

火龙果以汁多、果肉丰满、表皮颜色新鲜者为佳。

(4)营养价值

火龙果含蛋白质、脂肪、碳水化合物、膳食纤维、果糖、葡萄糖、钙、膳食纤维、维生素C、磷、铁等。中医认为火龙果性凉,味甘、酸,归胃、大肠经,具有排毒抗衰老的功效,对于咳嗽、气喘、便秘、老年病变、癌症具有较好的食疗功效。

(5)烹饪运用

火龙果的果形美丽,风味独特,主要用于生食、榨汁和制沙拉;也可作为烹饪原料用于羹汤、菜肴的制作。其花朵即为"霸王花",也可入烹,如红龙果色拉虾、火龙果熘鸡丁。

**33. 红毛丹**

(1)形态特征

红毛丹的果实呈球形、卵圆形或长圆形,直径约4~8cm;果皮艳红色,具红色茸毛;假种皮白色肉质,晶莹半透明,味甜、汁多,内有褐色种子。外形如图4-33所示。

(2)品种和产地

红毛丹原产于马来西亚。我国海南省有引种。

(3)质量标准

红毛丹熟果的颜色呈鲜红色或略带黄色。软刺细长新鲜,果体外表无黑斑,果粒大且匀称,皮薄而肉厚者是上品。

(4)营养价值

红毛丹含蛋白质、脂肪、碳水化合物、膳食纤维、钙、铁、钠、钾,含有丰富的维生素,如维生素 A、维生素 B、维生素 C 和丰富的矿物质，如钾、钙、镁、磷等。中医认为红毛丹性温，味甘酸，具有生津益血、健脾止泻、温中理气、降逆等功效，能够治疗贫血、脾虚久泻、气虚胃寒。但多吃易“上火”，秋季应该节制食用。

(5)烹饪运用

红毛丹果味佳，除鲜食外，还可加工果汁、果子露等。

图 4-33 红毛丹

**34. 莲雾**

(1)形态特征

莲雾的果实呈钟形，果皮色乳白、青绿、粉红、深红、黑色，鲜艳美丽；果肉海绵质，水分含量很高，略有苹果香气。味道清甜，微酸，清凉，具有独特香味，是清凉解渴的佳品。一般单果重 70~80g。外形如图 4-34 所示。

图 4-34 莲雾

(2)品种和产地

莲雾，又称辇雾、琏雾、爪哇蒲桃，为珍优特种水果。原产于马来半岛，现在我国广东、海南、福建、广西、云南和四川等地均有栽培。

(3)质量标准

莲雾以色泽光亮、果肉厚实者品质为佳。

(4)营养价值

莲雾含蛋白质、脂肪、碳水化合物、膳食纤维、膳食纤维、硫胺素、核黄素、烟碱素、维生素 $B_6$、维生素 C、钠、钾、钙、镁、磷、铁、锌等。中医认为莲雾性平，味甘，具有开胃、爽口、利尿、清热及安神等功效。

(5)烹饪运用

莲雾鲜食时需注意清洗底部藏有的脏物，果肉略在盐水中浸泡后食用更佳。除鲜食外，也可盐渍、糖渍、制罐头及脱水蜜饯或制成果汁等。烹饪中可用于制作水果色拉，亦可炒食，如莲雾双脆芹。

**35. 橄榄**

(1)形态特征

橄榄的核果呈椭圆形、卵圆形或纺锤形等，绿色，成熟后为淡黄色。果核坚硬，纺锤形。果肉坚脆少汁，入口酸涩，但回味甜。外形如图 4-35 所示。

(2)品种和产地

橄榄，又称青果、白榄。橄榄品种资源极为丰富，品质或栽培较广的有檀香、惠圆、公本、猎腰榄、茶窖榄、青心。

(3)质量标准

橄榄果实大小一致，外形饱满，颜色淡黄色为佳。

(4)营养价值

橄榄含蛋白质、脂肪、碳水化合物、膳食纤维、维生素 A、胡萝卜素、硫胺素、核黄素、烟酸、

图 4－35　橄榄

维生素 C、磷、钾、镁、铁、锌、硒、锰等。中医认为橄榄性平,味甘、酸,归肺、胃经,具有清热,利咽喉,解酒毒的功效。

(5)烹饪运用

橄榄可鲜食或加工,入烹常用炖、煮方式成菜,如青果炖肚子。另种乌榄果实为紫黑色,不可生食,专用来制作橄榄豉,供调味用;其种子称为榄仁,可供榨油或作为糕饼馅料及菜肴配料,如榄仁鸡丁、榄仁炒苋菜等。

**36. 番木瓜**

(1)形态特征

番木瓜的浆果肉质,长椭圆形至近球形,成熟时黄色或淡绿色,重 1.5～4.0kg;果肉厚,红色或黄色,肉质细嫩柔滑,酥香清甜。外形如图 4－36 所示。

(2)品种和产地

番木瓜,又称万寿果、番瓜、木瓜等。原产于热带美洲,我国台湾、广东、广西、福建、云南等地栽培较多。名品有岭南木瓜。

图 4－36　番木瓜

(3)质量标准

木瓜以外表无瘀伤凹陷,果型以长椭圆形且尾端稍尖者为佳。木瓜有公母之分。公瓜椭圆形,身重,核少肉结实,味甜香。母瓜身稍长,核多肉松,味稍差。生木瓜或半生的比较适合煲汤。木瓜成熟时,瓜皮呈黄色,特别清甜。

(4)营养价值

番木瓜的果实富含 17 种以上氨基酸及钙、铁等,还含有木瓜蛋白酶、番木瓜碱等。木瓜中维生素 C 的含量非常高,是苹果的 48 倍。木瓜能消除体内过氧化物等毒素,净化血液,对肝功能障碍及高血脂、高血压病具有防治效果。番木瓜碱具有抗肿瘤的功效,并能阻止人体致癌物质亚硝胺的合成,对淋巴性白血病细胞具有强烈抗癌活性。木瓜里的酵素会帮助分解肉食,减低胃肠的工作量,帮助消化,防治便秘,并可预防消化系统癌变。中医认为木瓜性温,味酸,归肝、脾经,具有消食、催乳、清热、祛风的功效,对于慢性萎缩性胃炎、产后缺乳、风湿筋骨痛、跌打扭挫伤、消化不良、肥胖等具有较好的食疗效果。

(5)烹饪运用

番木瓜可作为水果鲜食、榨汁,也可作为蔬菜入烹,适用于炖、煮汤、酿料后蒸等烹制方法,或制甜菜,如,木瓜炖排骨、木瓜鱼翅煲、木瓜鲜奶羹等。番木瓜果肉中富含木瓜蛋白酶,可用于肉类原料的嫩化处理。

**37. 西番莲**

(1)形态特征

西番莲的浆果呈圆形或椭圆形,长 5～7cm,果皮紫色、黄色或绿色;种子小,多枚,外具柔滑多汁而透明的黄色假种皮,为供食的部位。果味酸,略带涩。外形如图 4－37 所示。

(2)品种和产地

西番莲,又称鸡蛋果、洋石榴、热情果。原产于巴西,我国福建、广东、广西、海南、云南等地有栽培。

(3)质量标准

优质西番莲外形近乎圆形,果形端正,没有明显外形缺陷或突起。成熟的西番莲表面绿色减退,逐渐呈现红色,优质的果实具有特殊的香味。

图 4-37 西番莲

(4)营养价值

西番莲含蛋白质、脂肪、碳水化合物、膳食纤维、烟酸、维生素 A、维生素 C、叶酸、水、胆碱、钙、钾、钠、镁、铁等。中医认为西番莲性温,味苦,归肺经,具有凉血养颜、润肺化痰、通肠胃、理三焦的功效,对于心火燥热、益气除烦,腹胀便秘,血痢肠风具有较好的食疗效果。

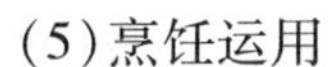

(5)烹饪运用

西番莲鲜用时需配以食糖,口感酸甜,果香浓郁。主要用于加工果汁饮料,有“果汁之王”的美誉,还常添加在其他果汁饮料中以提高品质。

**38. 杨桃**

(1)形态特征

杨桃的浆果呈椭圆形,长 5~8cm,有 5 棱或 3~6 棱;未熟前果皮青绿色,熟时黄色。外形如图 4-38 所示。

图 4-38 杨桃

(2)品种和产地

杨桃,学名五敛子,又称阳桃、羊桃,分布于亚洲的热带地区。杨桃分为甜杨桃和酸杨桃两种。前者果形小,果棱丰满,甜酸适口,质地脆嫩,清甜无渣,供鲜食和制罐,可分为“大花”“中花”“白壳仔”3 个品系。我国华南地区有栽培,其中以广州郊区花都产的“花红”品味最佳。后者果形大,果棱狭瘦,味酸略涩,俗称“三稔”,较少生吃,多作为烹调配料或加工蜜饯。

(3)质量标准

杨桃以质地较硬,体型饱满、无伤病者为佳。杨桃表皮毛刺的多少因品种而异。小型果在口味上和营养上并不逊色于大型果,所以不必一味追求大果,异常大的果实更不要选择。

(4)营养价值

杨桃含蛋白质、脂肪、碳水化物、膳食纤维、维生素 C 等。中医认为杨桃性寒,味甘、酸,归肺经,具有清热、生津、利水、解毒的功效,对于风热咳嗽、咽喉疼痛、小便热涩、泌尿系统结石、心血管疾病、肥胖、痔疮、口腔溃疡有较好的食疗效果。

(5)烹饪运用

烹饪中杨桃可供蒸制牛肉,或加糖后烹制酥炸肉丸、离骨子鸭等,风味别致。

**39. 黄皮**

(1)形态特征

黄皮的浆果为黄色,球形、椭圆形至卵圆形,直径1.5~2.0cm,重5~10g,数十个果簇生在一起,果肉与果皮相连。果肉甜酸适口,香味独特。外形如图4-39所示。

图4-39 黄皮

(2)品种和产地

黄皮,又称黄檀子、黄弹、王枇,分为甜酸两个品系。良种有鸡心黄皮、水西甜黄皮、红嘴黄皮。我国特有果品之一,在南方多有栽培。

(3)质量标准

圆粒种,果圆球形,味清甜者为优;椭圆形种,果椭圆形,果形较大,种子较多,味甜带酸,品质中等;阔卵形如鸡心的称鸡心黄皮,比圆粒种早熟,果较小,通常有种子1粒,味清甜,品质优。

(4)营养价值

黄皮含蛋白质、脂肪、碳水化合物、膳食纤维、硫胺素、核黄素、维生素C、钾、钠、镁、铁、铜等。中医认为黄皮性温,味苦、辛、酸,主要有行气、消食、化痰等功效,对于主食积胀满、脘腹疼痛、疝痛、痰饮咳喘等具有较好的食疗效果。

(5)烹饪运用

除鲜食外,黄皮可作为甜菜料,也可用于加工罐头、果干、蜜饯、饮料等。

**40. 油梨**

(1)形态特征

油梨因其果实富含脂肪,外形似梨,故称为油梨;又因某些品种表面的斑纹色彩似鳄鱼皮,亦称做鳄梨;再因果肉色质似黄油,又称为牛油果。油梨为肉质核果,呈梨形、球形、长卵形;果皮绿色、黄绿色或有红紫色晕斑,厚0.7~2.0mm,革质或木质化,稍坚硬;果肉黄色,质若奶油。外形如图4-40所示。

(2)品种和产地

油梨,原产于中、南美洲热带地区和部分亚热带地区,现在世界上有30多个国家有栽培,我国的云南、广西、浙江、广东、福建等地有试种或栽培。

图4-40 油梨

(3)质量标准

油梨以软硬适中,果肉黄绿色,没有黑斑者为佳。

(4)营养价值

油梨含蛋白质、脂肪、碳水化合物、膳食纤维、核黄素、烟酸、叶酸、维生素C,维生素E、维生素K、钙、铁、镁、磷、钾、锌等。油梨的营养价值极高,而且极易消化吸收。中医认为油梨性凉,味甘,归肾、肝经,具有止咳化痰,滋阴止渴,保护心血管系统的功效。

(5)烹饪运用

油梨可鲜食,亦广泛运用于西餐菜点的制作中,与肉、鸡、海鲜等共烹,或制作酿式菜肴,如牛油果忌廉鸡汤、蟹肉腌油梨、猪肉酿油梨;用其制作的色拉,风味独特,被誉为“生菜之王”;也可将果肉切块后加入牛奶、可可或柠檬汁等制作餐后甜点、冷饮等。此外,还可作为三明治、汉堡包的夹馅料。

## 二、干果类

**1. 核桃**

(1)形态特征

核桃的外果皮、中果皮肉质,成熟后干燥成纤维质,内果皮木质而坚硬且有皱脊。种仁称为桃仁,富含脂肪、蛋白质、钙、磷等多种维生素,营养丰富。外形如图4-41所示。

(2)品种和产地

核桃,又称胡桃、羌桃,是世界四大干果之一(核桃、腰果、榛子、巴旦杏仁)。分为绵桃和铁桃两大类,名品如山西的光皮绵核桃、新疆的纸皮核桃、河北的露仁核桃。原产于欧洲东南部及亚洲西北部。我国河北、山东、山西、陕西、云南、河南、湖北、贵州、四川、甘肃和新疆等地种植较多。

**图4-41 核桃**

(3)质量标准

核桃以果实均匀、饱满,外壳为深褐色或少许黑色,核桃仁颜色呈淡黄色或浅琥珀色为佳。

(4)营养价值

核桃含蛋白质、脂肪、碳水化物、膳食纤维、硫胺素、核黄素、烟酸、钙、磷、铁等。中医认为核桃性平,味甘,归肺、肾、大肠经,具有补肾固精强腰、温肺定喘、润肠通便的功效,对于肾虚喘嗽、腰痛脚弱、阳痿遗精、小便频数、石淋、大便燥结等有较好的食疗效果。

(5)烹饪运用

在烹饪制作中,鲜桃仁可烹制各种时菜,如桃仁炒鸡丁、鸡粥桃仁、凉拌桃仁等,以突出其清香。干桃仁适于冷菜的制作或作为甜菜用料及馅料,如琥珀桃仁、怪味桃仁、伍仁月饼、核桃面包等,以突出其干香爽口的口感。此外,还常熟制后剁碎用于菜点的增香。

**2. 板栗**

(1)形态特征

板栗果呈半圆形或半球形,壳坚硬,棕红色,生板栗肉脆,熟板栗肉软糯。壳斗球形,直径3~5cm,内藏坚果2~3个,成熟时裂为4瓣;坚果半球形或扁球形,暗褐色,直径2~3cm。外形如图4-42所示。

**图4-42 板栗**

(2)品种和产地

板栗,又称栗、毛栗子,原产于我国,全国各地均有栽培。板栗可分为南方栗和北方栗两类。南方栗的粒形大,种皮稍难剥离,含糖量低,淀粉含量较高,适于烹制菜肴;北方栗粒形小,种皮易剥离,蛋白质与糖分的含量较高,适于炒食。常见的品种有房山栗、兰溪栗、罗田板栗、迁西栗等。

(3)质量标准

板栗品质以果实饱满,粒大均匀,色泽棕红,质地脆嫩,味甜,无虫蛀、霉斑者者为佳。

(4)营养价值

板栗含蛋白质、脂肪、碳水化合物、膳食纤维、维生素A、胡萝卜素、硫胺素、核黄素、烟酸、维生素C,维生素E等。中医认为板栗性温,味甘,归脾、肾、胃经,具有养胃健脾、补肾强筋、活血止血功效。

(5)烹饪运用

在烹饪制作中,板栗适于烧、煨、炒、炖、扒、焖、煮等多种烹调方法;咸甜均可;作主料可用于冷盘,或作为菜肴的配料,如菊花板栗、菊花鲜栗羹、西米栗子、板栗烧鸡、栗子红焖羊肉、栗子炒冬菇等。用板栗加工的栗子粉可制作各种糕点,而糖炒板栗则是人们普遍喜爱的大众炒货。

**3. 榛子**

(1)形态特征

榛子的小坚果近球形,主要品种是平榛和毛榛。平榛颗粒较大,壳厚顶平,空只较多,品质差;毛榛颗粒较小,壳薄顶尖,仁肉饱满,空只少,品质佳。外形如图4-43所示。

图4-43 榛子

(2)品种和产地

榛子,又称榛栗,原产于我国,至少有6000多年的食用历史,主要产于内蒙古、黑龙江、吉林等地。迄今为止,榛子仍属野生山果,鲜见果园栽培。

(3)质量标准

榛子以外壳坚硬,果仁肥白而圆,有香气者为佳。

(4)营养价值

榛子含蛋白质、脂肪、碳水化合物、膳食纤维、胡萝卜素、核黄素、钙、钾、钠、镁、铁、锰、锌、铜、磷、硒、烟酸等。中医认为榛子性平,味甘,入脾、胃经,具有健脾和胃,润肺止咳的功效。

(5)烹饪运用

榛子的含油量高于花生和大豆,可达45%~60%,主要以炒货供食,一般先用盐水浸泡后沥干炒熟即可。此外,也可作为糕点、糖果的配料。

**4. 莲子**

(1)形态特征

莲子果实近圆形,质坚硬,不易破开,内含"莲籽"。表皮红棕色或黄棕色,有纵纹。除去表皮呈黄白色,种仁两片,肥厚、质坚硬,中间含有绿色胚芽,味苦。外形如图4-44所示。

(2)品种和产地

莲子,又称莲米,原产于我国,主要产于湖南、湖北、福建、江苏、浙江、江西等地。以湖南湘潭所产品质最佳,称湘莲。湘莲皮色淡红,皮纹细致,粒大饱满,生食微甜,煮食易酥,食之软糯清香。

(3)质量标准

莲子品质以均匀饱满、颗粒完整、个大形圆、肉厚玉白、干燥者为佳品。

(4)营养价值

莲子含蛋白质、脂肪、碳水化合物、膳食纤维、胡罗卜素、核黄素、维生素A、硫胺素、维生素E、锰、硒、锌、烟酸、钾、磷、钙、镁、铁、钠、铜等。中医认为性平,味甘、涩,归心、脾、肾经,具有补脾止泻、益肾涩清、养心安神的功效。

图4-44 莲子

(5)烹饪运用

鲜莲子可供生食,也可作为菜肴的配料,清利爽口,如鲜莲鸡丁、鲜莲鸭羹。干莲子是高级甜菜的用料,如冰糖莲子羹、拔丝莲子等。此外,还可用于制糕点的馅心,如莲蓉月饼、莲蓉蛋糕等。并常用于药膳的制作。

**5. 松子**

(1)形态特征

松子,为松科植物白皮松、红松、华山松等松果内的种子。松子形状为倒三角锥形或不规则卵形,外包木质硬壳,壳内为乳白色果仁,果仁外包一层薄膜,种子长形或长卵形。外形如图4-45所示。

图4-45 松子

(2)品种和产地

松子主要产于我国东北和云南等地。按产地及颗粒形状不同分为东北松子、西南松子和西北松子三类,以东北松子最佳。

(3)质量标准

松子品质以粒大完整、均匀干燥、壳色明亮、子仁玉白、无哈喇味、不出油者为佳品。

(4)营养价值

松子的含脂量可高达63%,具松脂香,风味独特;蛋白质和铁的含量也较高。中医认为松子性温,味甘,归肝、肺、大肠经,具有滋阴养液,补益气血,润燥滑肠的功效。

(5)烹饪运用

松子除常制作炒货外,烹饪应用也十分广泛,可制作多种甜、咸菜肴,如松仁玉米、松子酥鸭、网油松子鲤鱼等。此外,还可作为糕点馅料,如松仁黑麻月饼。

**6. 白果**

(1)形态特征

白果为银杏的种子,白色核果表面光滑,呈橄榄形或侧卵形,外种皮肉质,中种皮骨质,内种皮膜质,内有白色种仁。外形如图4-46所示。

(2)品种和产地

白果,为我国特产干果之一。白果按栽培品种分为梅核果、佛手果、马铃果三类。我国白果主产于江苏、浙江、安徽一带,尤以江苏泰兴所产最为著名。

(3)质量标准

白果品质以个大均匀,种仁饱满,壳色白黄,无僵仁、瘪仁者为佳。

(4)营养价值

白果含蛋白质、脂肪、碳水化合物、膳食纤维、钙、磷、铁、胡萝卜素、硫胺素、核黄素、烟酸等。中医认为白果性平,味甘、苦、涩,有毒,归肺经、肾经,具有敛肺定喘、止带浊、缩小便的功效。

(5)烹饪运用

白果不可生食,因种仁中含有氰苷等有毒物质,且以绿色胚芽含量高,故应去胚芽并熟制后方可食用,但也不宜多食。经熟制后的白果色泽青黄,口感香糯。烹饪中可制成多种甜、咸菜式或作药膳用料、糕点拌料,如蜜汁白果、白果鸡丁、白果炖鸡等。

图4-46 白果

**7. 杏仁**

(1)形态特征

杏仁,又称杏扁,为杏的果仁。杏仁扁形,浅棕色。外形如图4-47所示。

图4-47 杏仁

(2)品种和产地

杏仁,按味感的不同,分为甜杏仁、苦杏仁两类。原产于中亚,西亚、地中海地区,在中国除广东、海南等热带区外多有栽培,主要分布于河北、辽宁、东北、华北和甘肃等地。同属另种巴丹杏又称为扁桃、八达杏。原产于亚洲西部,欧洲栽培较多,我国新疆、甘肃、陕西有栽培。果实扁圆形,被短茸毛;果肉薄而少汁;成熟时干燥裂开,果核脱出,专供取种仁食用。分为苦巴丹杏和甜巴丹杏两类。其成分及食用方法类似于杏仁。

(3)质量标准

杏仁以形状规整,大小一致,色泽均匀为好;用指甲按压杏仁,坚硬者为佳。

(4)营养价值

杏仁含蛋白质、脂肪、碳水化合物、膳食纤维、硫胺素、核黄素、维生素C、维生素E、钙、磷、钠、镁、铁、锌、硒、铜、锰、钾等。中医认为杏仁性温,味苦,具有止咳平喘、祛痰散寒、润肠通便的功效。

(5)烹饪运用

甜杏仁可供食用,或作为食品工业的优良原料;或用于制作糕点馅料、腌制酱菜;或入馔制作多种杏仁味的甜、咸菜式,如杏仁奶露、杏仁豆腐、杏仁酪、杏仁鸡卷等。苦杏仁因含有毒的苦杏仁甙,只有焙炒脱毒后方可入药使用。

**8. 花生**

(1)形态特征

花生荚果呈长椭圆形,长1~4cm,内含种子1~4粒;果皮厚,革质,具有凸起网脉,色泽近黄白。硬而脆。花生仁呈长圆形、长卵形或短圆形,种皮红色或粉红色,种仁白色,嫩而微甜。外形如图4-48所示。

(2)品种和产地

花生,又称为落花生、长寿果,为落花生的果实。原产于巴西。花生的主要品种有普通型、多粒型、珍珠型和蜂腰型等四类。我国花生栽培主要分布在黄河中下游地区。

图4-48 花生

(3)质量标准

花生品质以形态饱满、大小均匀、体干燥、无空壳、瘪粒、虫蛀、霉变者为佳。

(4)营养价值

花生仁含蛋白质、脂肪、碳水化合物、膳食纤维、维生素A、维生素C、维生素E、胡萝卜素等。中医认为花生性平,味甘,归脾、肺经,具有润肺、和胃、补脾的功效。

(5)烹饪运用

花生的运用极为广泛,可制成多种炒货、花生糖、花生酥等;可加工花生蛋白乳、花生蛋白粉等营养食品;可用于腌渍,制作酱菜;可烹调入馔,制作佐餐小菜、面点馅心或甜、咸菜肴,如扁豆花生羹、盐水花生、花生米虾饼、糖粘花仁、宫保鸡丁等。

**9. 夏威夷果仁**

(1)形态特征

夏威夷果的种皮坚硬,木质,厚约2mm;果仁直径约1cm,近球形。外形如图4-49所示。

(2)品种和产地

夏威夷果仁,又称为夏果、澳洲胡桃、昆士兰果。原产于欧洲,被誉为“坚果之王”。我国广西、云南、四川等地现已引种栽培。

图4-49 夏威夷果

(3)质量标准

夏威夷果仁香酥滑嫩可口,有独特的奶油香味。果仁有黄色和白色两种,一般以黄色为佳。

(4)营养价值

夏威夷果含蛋白质、脂肪、碳水化合物、硫胺、核黄素、烟酸、钙、磷、铁、钾等。夏威夷果是世界上品质较佳的食用坚果,素有“干果皇后”“世界坚果之王”之美称,风味和口感都远比腰果好。

(5)烹饪运用

夏威夷果通常以适量盐和椰油调味后煽干,即装罐供食。除直接食用外,烹饪中可用于菜肴的制作,如雀巢夏果双珍、西芹炒夏果;也可作为巧克力的馅心或裹料,如果仁巧克力。

**10. 腰果**

(1)形态特征

腰果的坚果生长于由花托膨大形成的肉质假根之上,由果壳、种皮和种仁三部分组成。剥去坚硬果皮后的种子称腰果仁,呈心脏形或肾形,色泽黄白,长1.5~2.5cm,微甜。外形如图4-50所示。

(2)品种和产地

腰果又称鸡腰果,为常绿灌木或小乔木腰果的果实。原产于非洲以及巴西、印度等国。我国广东、海南等地已引种栽培。

(3)质量标准

腰果仁品质以颗粒壮实饱满,果仁色白光亮,呈完整月牙形,气味香,油脂丰富,无虫蛀、霉变、异味者为佳。

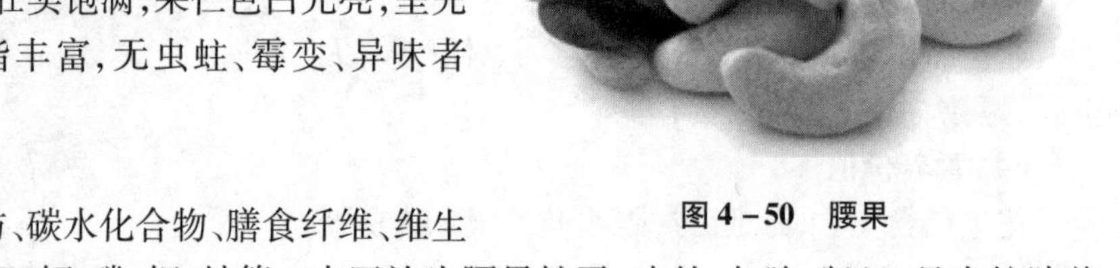

图4-50 腰果

(4)营养价值

腰果含蛋白质、脂肪、碳水化合物、膳食纤维、维生素A、胡萝卜素、维生素E、钙、磷、钾、钠等。中医认为腰果性平,味甘,归脾、肾经,具有护肤美容、软化血管、消除疲劳、抗癌等功效。

(5)烹饪运用

腰果可作为糕点、糖果的配料等,烹饪中的使用方法与花生相似,可炒、炸、煎,如,腰果西芹、腰果鲜贝等。

## 三、果品制品

果品制品是指以鲜果为原料,经干制、用糖煮制或腌渍而得的制品。其中,加入高浓度的糖制成的制品,由于糖多甜味重,又称“糖制果品”,如果脯、蜜饯和果酱等。

按加工方法不同,果品制品可分为果干、果脯和蜜饯、果酱、果汁和水果罐头等五类。

**1. 果干类**

果干是将鲜果经脱水干燥而制得的,具有营养成分集中、风味独特、口味柔软、甜味绵长的特点,如干枣、山楂干、葡萄干、香蕉干、柿饼、杏干和桂圆等。果干可直接食用,也常作为中西式面点的馅料,如枣泥月饼、葡萄干面包。

**2. 果脯、蜜饯类**

果脯、蜜饯是将鲜果经糖煮或糖渍后制成的,若浸煮后再经晒干或烘干,即为果脯;若浸煮后稍干燥,即为蜜饯。

果脯的果身干爽,保持原色,质地透明。按加工方法可分为北方果脯和糖衣果脯两大类。北方果脯是将鲜果经糖液浸煮后干燥制成的,表面较干燥,一般呈半透明,不粘手,基本保持鲜果原来的色泽,如北京、河北产的苹果脯、杏脯、桃脯、梨脯、金丝蜜枣等。糖衣果脯是将鲜果用糖液浸煮后冷却而成,表面挂有细小的砂糖结晶,质地清脆,如浙江、江苏、福建、广东、四川等地生产的桔饼、糖冬瓜、糖藕片糖姜片、青红丝等。

蜜饯的果形丰润、甜香味浓、风味多样。按加工方法可分为糖衣蜜饯、带汁蜜饯和甘草蜜饯三类。糖衣蜜饯是将鲜果浸煮后稍干燥,成品表面有一层半干燥糖膜,光亮润泽,如上海、福建、广东等地生产的话梅、蜜饯片、蜜芒果等。带汁蜜饯又称糖渍蜜饯,是将鲜果浸煮后不经干燥,成品表面带有糖汁,如北京的蜜饯红果、蜜饯海棠,广东的糖青梅、糖桂花等。甘草蜜饯又称晾果,是将鲜果用盐腌、蜜制后,再加入甘草、丁香、肉桂等调料赋味干后制成,如广东和顺的橄榄、上海的丁香山楂、奶油话梅等。

果脯和蜜饯可直接食用;亦常作为中西式点心的馅料,甜饭、甜菜的配料。

**3. 果酱类**

果酱是将鲜果破碎或榨汁后加糖煮制成的带有透明果肉的胶稠酱体。产品主要有果冻、果酱和果泥等。果酱成品晶莹透明、果味浓郁、营养丰富、口感细腻。代表产品有苹果酱、杏酱、草莓酱、什锦果酱等。果酱除了直接作为西餐中的涂抹食品外,常用于蛋糕和西饼、派的夹馅,或作为蛋糕体之间的黏稠剂,如瑞士卷;也可加少许水或柠檬汁稀释煮开后,涂抹于甜点表面作为光亮剂,或作为镜面果胶的替代品;也常作为炸制品的蘸料;或配成开胃碟在宴席、酒会上食用。

**4. 果汁类**

果汁是以鲜果为原料而制成的液体状加工品。一般以压榨法和浸出法制成,可保持原浓度或进行浓缩,无论在风味和营养上都十分接近鲜果。代表品如橙汁、苹果汁、猕猴桃汁、山楂汁等。除直接食用外,也可以作为甜菜、甜酸菜的浸渍料。

**5. 水果罐头**

水果罐头是将整只鲜果或经去皮、去核、切块、热汤处理后,浸泡于糖水中,再装罐、密封、杀菌后的制品。成品果香浓郁、口感绵软、甜酸可口,便于储藏运输。代表产品如苹果罐头、蓝莓罐头、樱桃罐头、菠萝罐头、黄桃罐头等。水果罐头常用于蛋糕夹馅、甜点表面装饰等。

## 练 习 题

**一、填空题**

1. 世界四大水果分别是________、________、________、________。

2. 选樱桃时应选择__________、__________、______________。

3. ________的果实气味浓郁,味甜,被誉为“果中之王”,为东南亚著名鲜果。

4. 世界四大干果分别是________、________、________、________。

**二、选择题**

1. 根据上市季节,水果分为伏果和秋果,下列各水果当中属于秋果的是(　　)。

A. 桃　　B. 李　　C. 樱桃　　D. 柿

2. 居于我国果品经营的四大水果之首的是(　　)。

A. 苹果　　B. 梨　　C. 柑橘　　D. 香蕉

3. 下列选项中,哪种香蕉不是主要的香蕉品种(　　)。

A. 矮脚蕉　　B. 甘蕉　　C. 小米蕉　　D. 大蕉

4. 果品制品是指以鲜果为原料,经干制、用糖煮制或腌渍而得的制品,下列不属于果品制品的是(　　)。

A. 葡萄干　　B. 草莓酱　　C. 西瓜汁　　D. 拔丝香蕉

5. 下列属于凉性水果的是(　　)。

A. 山楂　　B. 柑橘　　C. 荔枝　　D. 桂圆

**三、简答题**

1. 在商品学上可将果品分为几类?

2. 常用的鲜果有哪些？在烹饪中的运用特点是什么？
3. 常用的干果有哪些？在烹饪中的运用特点是什么？
4. 果品制品可分为几类？各自的特点是什么？
5. 简述柠檬在烹饪中的应用。

## 参考答案

一、1. 苹果、葡萄、柑橘、香蕉
　2. 连有果蒂的、色泽光艳、表皮饱满无凹陷的
　3. 榴莲
　4. 核桃、腰果、榛子、巴旦杏仁
二、1. D
　2. A
　3. C
　4. D
　5. B
三、(略)

# 模块五　畜类烹饪原料

**学习目标**

1. 了解畜类原料的概念与分类。
2. 掌握畜类原料的品质检验与储存方法。
3. 掌握常用畜类原料的形态特征、品种与产地、质量标准、营养价值与烹饪运用。
4. 掌握常见乳和乳制品的品种及特性。

## 任务一　畜类原料概述

### 一、畜类原料的概念与分类

畜类原料是指家畜或野畜的肉及其副产品和制品的统称。

畜类原料可分为家畜类、野畜类、畜肉制品三类。家畜类包括猪、牛、羊、兔、驴、马、狗等。野畜类包括刺猬、竹鼠、野兔、果子狸、梅花鹿、狍子、黑豚等。畜肉制品包括火腿、咸肉、腊肉、肉松、肉干、肉脯、灌肠、香肚等。

### 二、畜类原料的烹饪运用与品质检验

**1. 畜类原料的烹饪运用**

畜类原料种类多,不同的部位可采用不同的方法。畜类肉可切配成块、片、丁、丝、条等形状,适用于煎、炒、烹、炸、焖、炖、煨等方法。面点中可将畜类肉斩碎制成肉糜用于面点的馅料,适用于煎、蒸、煮等方法。冷菜中可采用酱、卤等方法制作拼盘。畜类的骨骼可以制汤,骨汤中含有蛋白质、脂肪、维生素及丰富的磷酸钙、骨胶原、骨粘蛋白等,可为幼儿和老人提供钙质,防止骨质疏松。畜类的内脏富含多种营养物质,可切配成基本料形或者是花刀,如麦穗花刀、蓑衣花刀等,适用于爆、熘、炸等方法。畜类的血也是较好的原料,适用于炒、烧或作为汤的主料和辅料使用。

**2. 畜类原料的品质检验**

家畜肉主要从外观、气味、弹性、脂肪、煮沸后的肉汤等对原料的品质进行质量优劣的检验。

(1)外观

新鲜肉外表有微干或微湿润的外膜,呈淡红色,有光泽,切断面稍湿,不沾手,肉汁透明;次鲜肉外表有微干或微湿润的外膜,呈暗灰色,无光泽,切断面比新鲜肉色泽暗,有黏性,肉汁浑浊;变质肉表面外膜极度干燥,呈灰色或淡绿色,发粘并有霉变现象,切断面也呈暗灰色或淡绿色,很黏,肉汁严重浑浊。

(2)气味

新鲜肉具有鲜肉正常的气味;次鲜肉在肉的表面能嗅到轻微的氨味、酸味或酸霉味,但在

肉的深层却没有这些味;腐败变质的肉,无论在肉的表面还是深层均有腐败气味。

(3)弹性

新鲜肉的肉质紧密富有弹性,用手指按压凹陷后立即复原;次鲜肉的肉质比新鲜肉柔软、弹性小,用指头按压凹陷不能马上复原;变质肉的肉组织失去原有的弹性,用指头按压的凹陷不能恢复,有时会将肉刺穿。

(4)脂肪

新鲜肉脂肪呈白色,有光泽,柔软富有弹性;次鲜肉脂肪呈灰色,无光泽,有时略带油脂酸败气味和哈喇味;变质肉脂肪表面污秽,有黏液、霉变,色泽呈淡绿色,脂肪组织很软,具有油脂酸败气味。

(5)煮沸后的肉汤

新鲜肉的肉汤透明芳香,汤表面聚集大量油滴,气味和滋味鲜美;次鲜肉的肉汤浑浊,表面油滴少,没有鲜香滋味,略带油脂酸败和霉变的气味;变质肉的肉汤严重浑浊,汤内漂浮絮状的烂肉片,表面几乎无油滴,具有浓厚的油脂酸败或腐败的臭味。

# 任务二　家畜类

家畜一般是指由人类饲养驯化并且可以人为控制其繁殖的畜类,一般用于食用、劳役、毛皮、宠物、实验等,包括猪、牛、羊、马、骆驼、家兔、狗等。

## 一、家畜肉

### (一)家畜肉的概念

家畜肉的概念包括广义和狭义两种。

广义的家畜肉是指肉。在食品学中,一般指动物躯体中可供食用的部分。

狭义的家畜肉是指在肉类工业中经屠宰后去皮(大牲畜)、毛、头、蹄及内脏后的胴体。

### (二)家畜肉的组织结构

家畜肉的组织中包括肌肉、脂肪、骨骼、韧带、血管、淋巴等组织及以肌肉组织和结缔组织为主的部分。肉的质量高低以肌肉组织的含量多少为主要标准。家畜肉的组织结构从形态上主要由肌肉组织、脂肪组织、结缔组织、骨骼组织构成。

**1. 肌肉组织**

各种家畜的肌肉占整个肉尸重量的50%~60%左右。肌肉组织俗称瘦肉,是构成肉的主要成分,在肉食原料中为最重要的一种组织,是决定肉质优劣的主要条件。畜肉的肌肉组织分为骨骼肌、心肌与平滑肌。

(1)骨骼肌

骨骼肌是动物体的主要肌肉,对脊椎动物而言,可达体重的40%左右。常分布于四肢、体壁、横膈、舌、食道上段及眼周围等部位,大多数附着于骨骼上,并受运动神经的支配,所以称为骨骼肌、体肌或随意肌。组成骨骼肌的肌纤维长短不一,细胞质中含有细长的肌原纤维,其上有明暗相间的横纹,故又称横纹肌,除肌纤维外,横纹肌中还有少量的结缔组织、脂肪组织、肌腱、血管、神经、淋巴或腺体等,按一定的组织规律构成。横纹肌是用于烹饪加工的主要部分,由于呈肉块状如“疙瘩肉”,便于烹调时任意切成片、丁、丝、条、块等形态。但由于结缔组织即肌束膜、肌腱的存在,若需快速烹调,则应在初加工过程中,剔除白色的结缔组织。

(2)平滑肌

平滑肌存在于消化、呼吸、泌尿、生殖及循环等系统的管壁。皮肤的束毛肌、眼的瞳孔开大肌及括约肌等也是平滑肌。组成平滑肌的肌纤维呈长梭形,肌原纤维上无横纹,常重叠成层或成束,有时则分散在结缔组织中,肌束膜薄而不明显。在管状器官壁上的平滑肌通常排列成两层,环肌层收缩时管道缩细,舒张时变粗;纵肌层收缩时管道变短,舒张时伸长。由于组成平滑肌的肌纤维之间有结缔组织的伸入,从而使得肉质具有脆韧性。烹饪中可采用炒、卤、熘、煮、蒸等方法,如红烧大肠、九转大肠;也可采用烫、涮、爆的快速加热法,烹制脆嫩的菜肴,如火爆鸭肠、冒鹅肠等。此外,还常利用肠、膀胱的韧性来加工香肠、香肚。

(3)心肌

心肌是组成心脏的肌肉组织,由于不随动物的意志而收缩或舒张,又称为不随意肌。心肌纤维为有横纹的短柱状结构,肌束膜薄而不明显,但组成心室和心房的肌纤维有所不同。心室的肌纤维粗而长,且有分支,彼此连接成网状;心房的肌纤维则较短且无分支。由于组织结构的特点,心肌的质地通常较细嫩,适于快速烹调法如炒或爆,体现脆嫩的质感,如爆炒羊心、鲜藕炒心花;也常采用卤、拌、酱等较长时烹调法,体现其绵软的口感,如卤五香猪心、酱猪心等。

构成肌肉的基本单位是肌纤维,每50~150根肌纤维集聚成肌束,而在每个肌束的表面包围一层结缔组织的薄膜,该肌束膜称为初始肌束,而在纤维束外面包围的结缔组织膜称为肌内膜。由数十条初始肌束集结并被以浓厚的结缔组织膜所包围形成二次肌束,外表包围的肌膜叫肌束膜。由多个二次肌束集结,表面再包围很厚的膜构成了大块肌肉。肌肉最外面包围的膜叫肌外膜。

肌纤维的性质因动物种类、性别不同而有差异,会影响到肉的嫩度及质量。水牛肉肌纤维最粗,黄牛肉、猪肉次之,绵羊肉最细;公畜肉粗,母畜肉细。

肌肉组织在牲畜上的分布是不均匀的,在臀部和腰部具有大量的肌肉组织;在肋骨、四肢下部则肌肉较少。

**2. 脂肪组织**

脂肪组织俗称肥肉,主要由大量群集的脂肪细胞构成,聚集成团的脂肪细胞由薄层疏松结缔组织分隔成小叶,分布在许多器官周围,如肾、肠以及皮下、肌纤维之间,具有贮存脂肪,保持体温和缓冲机械压力的功能。

按照脂肪组织在动物体中的分布,一般可分为两类,即储备脂肪和肌间脂肪。储备脂肪是分布于皮下、肾周围、肠周围、腹腔内等易剥离部分的脂肪,烹饪行业中被称为肥肉、板油、网油。肌间脂肪夹杂于肌纤维之间,随动物的肥育而蓄积,难以手工剥离。由于肌间脂肪的存在,使肌肉的横断面呈大理石纹状,并可防止水分在加热过程中的蒸发,使肉的质地与风味细嫩而鲜美。另外,当肌束膜、肌外膜中有脂肪蓄积时,则结缔组织失去弹性,肌束易分离、易咀嚼,肉的嫩度提高。

不同的家畜脂肪颜色不同,猪、羊脂肪是白色,马脂肪呈黄色,黄牛脂肪呈微黄色,水牛脂肪呈白色。幼畜的脂肪比老龄牲畜脂肪颜色浅。

**3. 结缔组织**

结缔组织在动物体内分布广种类多,包括固有结缔组织(疏松结缔组织、致密结缔组织、网状组织、脂肪组织)、血液、淋巴、软骨和骨组织。结缔组织在肉中的含量不同,一般畜体的前半部高于后半部,下半部高于上半部。富含结缔组织的肉口感较差营养价值低。

**4. 骨骼组织**

骨骼组织在动物体内的含量随家畜的种类、品种、年龄、性别不同而不同。猪骨骼一般占5%~9%,牛骨骼占7.1%~32%,羊骨骼占8%~17%。家畜的骨骼组成分为躯干骨、头骨、前肢骨、后肢骨;骨骼的构造又分为骨膜、内部构造、骨髓。

### (三)家畜肉的营养物质

**1. 蛋白质**

畜肉蛋白质含量可达到10%~20%。肌肉组织中的蛋白质主要有肌球蛋白、肌红蛋白、球蛋白等,属于完全蛋白质。存在于结缔组织中的蛋白主要是胶原蛋白和弹性蛋白,由于必需氨基酸组成不平衡,如色氨酸、酪氨酸、蛋氨酸的质量分数很小,蛋白质的利用率很低,属于不完全蛋白质,营养价值不高,但是胶原蛋白对创伤愈合有良好的作用,对于防止衰老也有明显的作用。

**2. 脂肪**

畜肉的脂肪质量分数因牲畜的肥瘦程度及部位不同有较大差异,育肥畜肉脂肪质量分数可达30%以上,同一畜体,肥肉的脂肪质量分数高,瘦肉和内脏脂肪质量分数较低。畜类脂肪以饱和脂肪酸为主,其主要成分是甘油三酯,还有少量卵磷脂、胆固醇和游离脂肪酸。胆固醇多存在于动物内脏,脑中含量最高。

**3. 维生素**

畜肉肌肉组织和内脏器官的维生素含量差异较大,肌肉组织维生素A、维生素D含量少,B族维生素含量较高。内脏器官各种维生素含量都较高,尤其是肝脏,是动物组织中多种维生素含量最丰富的器官。

**4. 矿物质**

每100g肉类矿物质总量为0.8mg~1.2mg,瘦肉高于肥肉,肉类富含磷、铁等元素。肉类中的铁以血红素铁的形式存在,生物利用率高,吸收率不受食物中各种干扰物质的影响。肝脏是铁的储藏器官,含铁量为各部位之冠。其次,畜肉中锌、铜、硒等微量元素较丰富,且吸收利用率比植物性食品高,畜肉中钙含量较低,磷含量较高。

**5. 碳水化合物**

畜肉中碳水化合物的质量分数极低,一般以游离或结合的形式广泛存在动物组织或组织液中,主要形式为糖原,肌肉和肝脏是糖原的主要储存部位。宰杀后动物的肉尸在保存过程中,由于酶的分解作用,糖原质量分数会逐渐下降。

**6. 含氮浸出物**

在畜类原料中含有一些含氮浸出物使肉汤具有鲜味,主要包括肌肽、肌酸、肌酐、氨基酸、嘌呤化合物等。成年动物中含氮浸出物的含量高于幼年动物。

### (四)家畜肉的储存

家畜肉保存不当,极易发生腐败变质。因此,畜肉在储存过程中,要阻碍微生物繁殖对家畜肉品质变化的影响,延长肉的储存期限。

**1. 冷却保鲜**

冷却保鲜为短期储存,目的是使屠宰后的肉体迅速排出内部热量,阻止微生物生长繁殖,在肉的表面形成一层干膜,延长肉的储存时间。另外,也完成肉的成熟或排酸。冷却保鲜的温度在-1.5~4℃,不同品种的肉类冷却保鲜的时间与温度不同。一般猪肉在0~4℃条件下可储存3~7天,-1.5~0℃条件下可储存7~14天;牛肉储存则会达到一个月左右;羊肉一般在-1~0℃条件下可储存7~14天。

**2. 冷冻**

肉的冷冻是为了长期储存。肉在低温冻结时内部脱水会形成冰晶,微生物的生长繁殖与酶的活性受阻。冷冻温度一般控制在-23~-18℃,在此条件下可较长时间储藏。

## 二、家畜种类

**1. 猪**

猪又称"乌金""黑面郎""黑爷",为杂食类哺乳动物,见图5-1。

(1)形态特征

身体肥壮,四肢短小,鼻子口吻较长,体肥肢短,性温驯,适应力强,有黑、白、酱红或黑白花等色。易饲养,繁殖快,肉可食用,皮可制革。

**图5-1 猪**

(2)品种与产地

按商品用途不同将猪分成三大类:瘦肉型(又称腌肉型),其瘦肉率高于60%,肥膘厚低于3.5cm;脂用型,其瘦肉率低于40%,肥膘厚高于4.5cm;肉脂兼用型猪,其瘦肉率在40%~60%之间,肥膘厚度在3.5~4.5cm之间。按产区不同将猪分为华北猪、华南猪、华中猪、江海猪、西南猪。

猪的品种约有一百多种,我国的主要品种分布在浙江、东北、四川、广东、湖南、湖北、河南、河北等地区,猪的产地、品种与特点见表5-1。

**表5-1 猪的产地、品种与特点**

| 产地 | 品　种 | 特　点 |
|---|---|---|
| 浙江 | 金华猪 | 皮薄肉嫩,瘦肉多,脂肪少,出肉率65%以上 |
| 东北 | 一种为本地猪,如东北民猪;另一种为改良品种,如新金猪和哈白猪 | 新金猪的肉质柔嫩皮薄,脂肪多,出肉率高达75%以上 |
| 四川 | 荣昌猪、内江猪 | 荣昌猪肉质肥嫩,板油多;内江猪肥肉多,猪皮较厚 |
| 广东 | 梅花猪 | 皮薄,肉质嫩美,出肉率为65%以上 |
| 湖南 | 宁乡猪 | 皮薄,脂肪含量高,肉质鲜美,肥瘦均匀 |
| 河南 | 项城猪 | 皮厚,肉质差,出肉率低 |

(3)质量标准

新鲜猪肉以肉质外表有微干或微湿润的外膜,色泽淡红,有光泽,有鲜猪肉正常的气味,脂肪呈白色,柔软富有弹性者为质量优。

(4)营养价值

猪肉营养丰富,富含蛋白质、维生素A、维生素$B_1$、烟酸、钙、磷、钾、钠等。中医认为猪肉味甘,性平,具有润肠胃、生津液、补肾气、解热毒的功效。但肥胖和血脂较高者忌食肥肉,服用降压药和降血脂药时也不宜多食肥肉。

(5)烹饪运用

猪组织部位见图5-2。

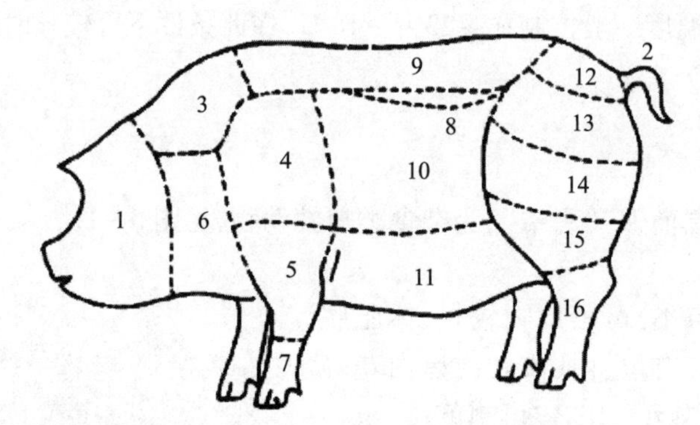


1—猪头;2—猪尾;3—上脑;4—夹心肉;5—前蹄髈;6—颈肉;
7—前蹄;8—里脊;9—通脊;10—肋条;11—腹肉;12—臀尖;
13—坐臀;14—弹子肉;15—后蹄髈;16—后蹄

**图5-2 猪组织部位图**

猪肉分割部位及运用见表5-2。

**表5-2 猪肉分割部位及运用**

| 名称 | 烹饪运用 |
|---|---|
| 猪头 | 宜于酱、烧、煮、腌,多用来制作冷盘,其中猪耳、猪舌是下酒的好菜 |
| 猪尾 | 多用于烧、卤、酱、凉拌等 |
| 上脑肉 | 又叫前排肉,是背部靠近脖子的一块肉,瘦肉夹肥,肉质较嫩,适于作米粉肉、炖肉用 |
| 夹心肉 | 位于前腿上部,质老有筋,吸收水分能力较强,适于制馅,如制肉丸子。在这一部位有一排肋骨,叫小排骨,适宜做糖醋排骨或煮汤 |
| 前蹄髈 | 位于前腿下部,红烧或清炖均可 |
| 颈肉 | 又称血脖,这块肉肥瘦不分,肉质差,一般多用来做馅 |
| 前蹄 | 适于烧、炖等方法 |
| 里脊肉 | 是脊骨下面一条与大排骨相连的瘦肉,肉中无筋,是猪肉中最嫩的,可切片、切丝、切丁,适于炸、熘、炒、爆等 |

续表

| 名称 | 烹饪运用 |
| --- | --- |
| 通脊 | 又称扁担肉，适用于炒、熘、炸、氽等方法 |
| 肋条 | 又称五花肉，为肋条部位肘骨的肉，是一层肥肉一层瘦肉夹起的，适于烧、炖、蒸等 |
| 腹肉 | 在肋骨下面的腹部，结缔组织多，均为泡泡状，肉质差，多熬油用 |
| 臀尖 | 位于臀部的上面，都是瘦肉，肉质鲜嫩，一般可代替里脊肉，多用于炸、熘、炒等 |
| 坐臀 | 位于后腿上方，臀尖肉的下方臀部，全为瘦肉，但肉质较老，纤维较长，一般用于制作白切肉或回锅肉 |
| 弹子肉 | 适宜炒、熘、爆、炸、煎等方法 |
| 后蹄髈 | 位于后腿下部，后蹄髈比前蹄髈好，红烧或清炖均可 |
| 后蹄 | 适于烧、炖等方法 |

猪肉适用的烹调范围广，而且烹调后滋味较好，质地细嫩，气味醇香。猪肉在菜肴中可作为主料，刀工切配形式多样，可与任何原料搭配成菜。另外，猪肉的烹调方法多样，如煎、炒、烹、炸等，可制作众多菜肴、小吃和主食。由于猪肉各部位的肉质不同，具体操作时必须根据肉的特点选择相应的烹调方法，才能达到理想的烹调效果。代表菜有猪肉炖粉条、锅包肉、软炸里脊、京酱肉丝、鱼香肉丝等。

**2. 牛**

牛为食草性反刍家畜，是哺乳纲偶蹄目牛科牛属和水牛属家畜的总称，见图 5－3。牛具有多种用途，肉和乳可供食用，皮属于工业原料，牛还可为农业生产等提供役力。

(1)形态特征

身体强大，四肢短。有角一对，无分支，生于头骨上，终生不脱。前额平，鼻阔，眼耳皆大。四趾当中，第三与第四趾特别发达为蹄。上颚无门牙及犬牙，上下颚的臼齿皆坚硬，喉下有敖肉。牛的寿命约 25 年。

**图 5－3　牛**

(2)品种与产地

牛按用途不同将其分为役用牛、肉用牛、乳用牛及兼用型牛；按种类分有黄牛、水牛、牦牛。牛的种类、品种、产地、用途与特点见表 5－3。

**表 5－3　牛的种类、品种、产地、用途与特点**

| 种类 | 品种 | 产地 | 用途 | 特点 |
| --- | --- | --- | --- | --- |
| 黄牛 | 秦川黄牛、南阳黄牛、鲁西黄牛、晋南黄牛等 | 陕西、河南、山东、山西等地 | 役肉兼用 | 肉质细嫩，大理石纹明显 |
| 奶牛 | 黑白花奶牛 | 全国均有饲养 | 乳用 | 肉质细嫩，大理石纹明显 |
| 水牛 | 四川德昌水牛、湖南滨湖水牛、浙江温州水牛等 | 四川、湖南、浙江等 | 役用 | 肉呈深红色，肉纤维粗而松，脂肪白色，干燥而粘性小 |
| 牦牛 | 青海高原牦牛、西藏高山牦牛、九龙牦牛、天祝白牦牛、麦洼牦牛等 | 西藏、四川、甘肃等 | 乳肉兼用 | 呈鲜红色，肉质细嫩，肌肉呈大理石纹状 |

(3)质量标准

从品种上看,黄牛、奶牛的肉质优于牦牛,牦牛优于水牛;从用途上看,肉用牛优于乳用牛,乳用牛优于役用牛。

牛肉以肉质坚实,切面呈大理石纹状,色泽呈棕红或鲜红者为质量优。

(4)营养价值

牛肉营养丰富,富含蛋白质、维生素 $B_2$、镁、铁、锌、钾、磷、钠等。中医认为牛肉味甘,性平(水牛肉偏寒),具有补脾胃、益气血、强筋骨、消水肿等功效。牛肉不能与红糖、盐菜、鲶鱼、田螺同食,否则会导致中毒。

(5)烹饪运用

牛的取料部位和用途见表 5-4。

表 5-4 牛的取料部位和用途

| 部位与名称 | | 特点 | 用途 |
| --- | --- | --- | --- |
| 前肢部分 | 颈肉 | 瘦肉多,脂肪少,纤维文理纵横,质量较差,属三级牛肉 | 煮、酱、卤、炖、烧等,更适于做馅 |
| | 短脑 | 位于颈脖上方 | 用途同颈肉 |
| | 上脑 | 位于脊背的前部,靠近后脑,与短脑相连。其肉质肥嫩,属一级牛肉 | 适宜加工成片、丝、粒等,用于爆、炒、熘、烤、煎等 |
| | 前腿 | 位于短脑、上脑的下部,属三级牛肉,剔除筋膜后可作为一级牛肉使用 | 适宜红烧、煨、煮、卤、酱及制馅等 |
| | 胸肉 | 位于前腿中间,肉质坚实,肥瘦间杂,属二级牛肉 | 适宜加工成块、片等,适用于红烧、滑炒等 |
| 躯干部分 | 肋条 | 位于胸口肉后上方,肥瘦间杂,结缔组织丰富,属三级牛肉 | 适宜加工成块、条等,适用于红烧、红焖、煨汤、清炖等 |
| | 腹脯 | 在肋条后下方,属三级牛肉,但筋膜多于肋条,韧性大 | 适用于烧、炖、焖等 |
| | 外脊 | 位于上脑后,米龙前的条状肉,为一级牛肉。其肉质松而嫩,肌纤维长 | 适宜加工成丝、片、条等,适用于炒、熘、煎、扒、爆等 |
| | 里脊 | 即牛柳,质最嫩,属一级牛肉,也有将其列为特级牛肉 | 适用于煎、炸、扒、炒等 |
| | 榔头肉 | 肉质嫩,属一级牛肉 | 适宜切丝、片、丁,适用于炒、烹、煎、烤、爆等 |

续表

| 部位与名称 | | 特点 | 用途 |
| --- | --- | --- | --- |
| 后肢部分 | 底板 | 即仔盖,属二级牛肉,若剔除筋膜,取较嫩部位可作为一级牛肉使用 | 用法与榔头肉相同 |
| | 米龙 | 相当于猪臀尖肉,属二级牛肉。肉质嫩,表面有脂肪 | 用法与榔头肉相同 |
| | 黄瓜肉 | 与底板和仔盖肉相连,其肉质与底板肉相同 | 用法与底板肉相同 |
| | 仔盖 | 位于后腱子上面与黄瓜肉相连,属一级牛肉,其肉质嫩,肌纤维长 | 适宜切丝、片、丁、块,适用于炒、煎、烤、熘、炸等 |
| | 腱子肉 | 后腱子肉较嫩,属于二级牛肉 | 适用于卤、酱、拌、煮等 |

烹饪中牛肉常作为菜品的主料,也可作为特色的配料,还可作为馅心的用料。对肌纤维粗糙而紧密,结缔组织多,肉质老韧的牛肉,多采用长时间加热的方法,如炖、煮、焖、烧、卤、酱等,且多与根菜类蔬菜原料相配。对牛的背腰部和臀部所得的净瘦肉,因结缔组织少,肉质细嫩,可以切成丝、片,以快速烹调的方法成菜,如炒、爆、熘、煸、炸等,且多配以叶菜类蔬菜。为尽量去除牛肉的膻臊味,常采取在烹调中加入少量香辛原料,香味蔬菜及淡味蔬菜,从而抑制及吸收膻味,代表菜有干煸牛肉丝、红烧牛肉、蚝油牛肉、水煮牛肉、灯影牛肉等。

**3. 羊**

羊为哺乳纲偶蹄目牛科羊亚科的统称,见图5-4。

**图5-4 羊**

(1)形态特征

羊为食草性反刍动物,体长约1.2m左右,肩高60~66cm。毛有黑、白、褐、杂色等,有些品种卷曲。头部有角或无角,有角的羊角呈镰刀状或螺旋状。羊的尾部较短,尾部形状也不相同。寿命约为12年。

(2)品种与产地

羊的品种较多,作为家畜的羊主要有绵羊、山羊。我国羊主要产于新疆、内蒙古及西藏高原,其次是河北、河南、四川等省的山区和丘陵地带。羊的种类、品种、产地与特点见表5-5。

**表5-5 羊的种类、品种、产地与特点**

| 种类 | 品种 | 产地 | 特点 |
| --- | --- | --- | --- |
| 绵羊 | 蒙古绵羊、西藏绵羊、哈萨克羊和改良羊 | 蒙古、西藏、新疆等 | 肉色呈暗红,肉纤维细而软,肌间有白色脂肪,脂肪较硬而脆。绵羊肉及脂肪均无膻味 |
| 山羊 | 关中奶山羊、波尔山羊、辽宁绒山羊 | 陕西、江苏、山东、重庆、辽宁等 | 关中奶山羊为乳用型;波尔山羊为肉用型;辽宁绒山羊为绒用型。山羊肉及脂肪均有明显的膻味 |

(3)质量标准

新鲜羊肉以色泽暗红,肉纤维细而软,肌间白色脂肪较硬而脆,无明显的膻味者为质量优。

(4)营养价值

羊肉营养丰富,富含蛋白质、维生素A、烟酸、镁、铁、锌、钾、磷、钠等。中医认为羊肉味甘,性温,具有补虚祛寒、温补气血、益肾补衰、通乳治带、助元益精、开胃健力的功效。羊肉不能与南瓜、乳酪、豆酱、竹笋、红豆同食,否则会导致中毒或影响营养成分吸收。

(5)烹饪运用

羊肉在烹调运用中,羊的后腿肉和背脊肉是用途最广泛的部位,适于炸、烤、爆、炒和涮等,代表菜如炸五香羊肉片、烤羊肉串、大葱爆羊肉、酱爆羊肉、羊方藏鱼等,成菜讲究细嫩。羊的前腿、肋条、胸脯肉肉质较次,适于烧、焖、扒、炖、卤等,代表菜如红烧羊肉、扒茄汁羊肉条、酱五香羊肉等,成菜讲究熟软。由于羊肉膻味重,烹调中放些葱、姜、孜然等作料可以去掉膻味,也常用洋葱、胡萝卜、西红柿、香菜等除去膻味。

**4. 兔**

兔为哺乳纲兔形目全体草食性脊椎动物的统称,见图5-5。

**图5-5 兔**

(1)形态特征

兔为哺乳动物,头部略像鼠,短尾巴,长耳朵,上嘴唇中间裂开,尾短而向上翘,前肢比后肢短,善于跳跃。

(2)品种与产地

目前世界上饲养的家兔大约有60多个品种,200多个品系。我国饲养的家兔品种大约有20多个,其中少数是由我国自己培育的,而多数由国外引进。按家兔的经济用途不同,可分为毛用、皮用、肉用和兼用四种类型;按照烹饪利用,兔子可分为肉用型和皮肉兼用型两种。肉用型品种包括新西兰兔、加利福尼亚兔、比利时兔、塞北兔、哈白兔等。皮肉兼用型品种包括青紫蓝兔、花巨兔、中国白兔、大耳黄兔等,我国各地均有饲养。

(3)质量标准

兔肉以质地细嫩,坚实富有弹性,肉色粉红,肌纤维细而软,脂肪为白色或浅蔷薇色者为质量优。

(4)营养价值

兔肉营养丰富,富含蛋白质、维生素A、维生素E、钾、磷等。中医认为兔肉味甘,性凉,具有补中益气、凉血解毒、清热止渴的功效。兔肉不能与橘子、芥末、鸡蛋、姜、小白菜等同食,否则会导致胃肠道症状。

(5)烹饪运用

兔肉风味清淡,在烹制加工过程中,极易被调味料或其他鲜美原料赋味,又称百味肉。兔在制作前可剥皮或烫皮去毛而用。生长期在一年以内的兔,肉质细腻柔嫩,适用于煎、炸收、拌、炒、蒸等方法;生长期一年以上的兔肉肉质较老,适用于烧、焖、卤、炖、煮等方法。用兔肉整体制作的菜品有缠丝兔、红板兔等;以切块制作的有粉蒸兔肉、黄焖兔肉等;以丝、片、丁成菜的有鲜熘兔丝、茄汁兔丁、花仁拌兔丁、小煎兔等。

**5. 驴**

驴为奇蹄目马科马属,见图 5-6。

(1)形态特征

驴的体型比马小,形象似马,多为灰褐色,头大且耳朵长,胸部稍窄,四肢瘦弱,躯干较短。颈项皮薄,蹄小坚实,体质健壮,抵抗能力很强。

图5-6 驴

(2)品种与产地

我国地域辽阔,养驴历史悠久。中国五大优良驴种分别是关中驴、德州驴、广灵驴、泌阳驴、新疆驴。驴可分大、中、小三种类型,大型驴有关中驴、泌阳驴,这两种驴体高 130cm 以上;中型驴有辽宁驴,这种驴高在 110~130cm 之间;小型俗称毛驴,以华北、甘肃、新疆等地居多,这些地区的驴体高在 85~110cm 之间。

(3)质量标准

驴肉以色泽暗红,纤维粗,肌肉组织结实而有弹性,肌间结缔组织极少,脂肪颜色淡黄者为佳。

(4)营养价值

驴肉营养丰富,富含蛋白质、维生素 A、维生素 E、烟酸、铁、锌、钾、磷等。中医认为驴肉味甘,性平,具有除烦祛风、通经活络、健脾和胃、补血益气的功效。另外,脾胃虚寒,有慢性肠炎,腹泻患者忌食驴肉。

(5)烹饪运用

驴肉味道鲜美,素有“天上龙肉,地上驴肉”之说,适用于煮、炖、酱等烹调方法,鲁西、鲁东南、皖北、皖西、豫西北、晋东南、晋西北、陕北、河北一带许多地方形成了独具特色的传统食品和地方名吃,代表菜有驴肉蒸饺、高唐驴肉。河间驴肉火烧、广饶肴驴肉、保定驴肉火烧、曹记驴肉、上党腊驴肉等。

**6. 马**

马为草食性家畜,哺乳纲马科,见图 5-7。马在古代曾是农业生产、交通运输和军事等活动的主要动力。

(1)形态特征

马的头面平直而偏长,耳短,四肢长,骨骼坚实,肌腱和韧带发育良好,蹄质坚硬,能在坚硬地面上迅速奔驰。毛色复杂,以骝、栗、青和黑色居多;被毛春、秋季各脱换一次。胸廓深广,心肺发达,适于奔跑和强烈劳动。

(2)品种与产地

马有役用、骑乘用、肉用三种类型,我国以役用为主。马在我国主要分布于东北、西北和西南地区。

图5-7 马

(3)质量标准

马肉以肉色红褐并略微显青色,肌肉纤维较粗,肉质较硬,脂肪柔软略带黄色者为质量优。

(4)营养价值

马肉富含蛋白质、维生素A、维生素E、维生素$B_2$、烟酸、钙、镁、铁、锌、钾、磷、钠等。中医认为马肉味甘、酸,性寒,具有补中益气、补血、滋补肝肾、强筋健骨的功效。马肉与猪肉不能同食,患有痢疾、疥疮者忌食。

(5)烹饪运用

马肉应以清水漂洗干净,除尽血水后煮熟食用,不适宜炒食。马肉具有腥味,多采用香料将异味去除。烹调方法多采用炖、煮、卤、酱、烧等,代表菜有桂林马肉米粉、呼和浩特的车架刀片五香马肉、哈萨克族的马肉腊肠等。

**7. 狗**

狗为哺乳纲犬科,又称犬、地羊等,见图5-8。

图5-8　狗

(1)形态特征

狗耳短直立或下垂,听觉、嗅觉灵敏。齿锐利,舌长而薄,有散热功能。前肢五趾,后肢四趾,有勾抓。尾上卷或下垂。

(2)品种与产地

狗的品种较多,按用途可分为警犬、牧羊犬、比赛犬、看家犬、救助犬、猎狐犬、捕鼠犬、伴侣犬等。狗在我国各地均有饲养,各地都有食用。

(3)质量标准

狗肉以肉色暗红,肌肉坚实,切面呈颗粒状,脂肪白色或灰白色者为质量优。

(4)营养价值

狗肉富含蛋白质、维生素A、维生素E、维生素$B_1$、钙、锌、钾、磷、钠等。中医认为狗肉味咸,性温,具有温补脾胃、补肾助阳、轻身益气、祛寒壮阳的功效。狗肉不能与绿豆、杏仁、菱角、鲤鱼同食,否则容易引起腹胀等不良反应。

(5)烹饪运用

狗肉味道鲜味,但腥味较重,可将狗肉放在水中浸泡数小时,再用清水洗净放入沸水中,加葱、姜、料酒等煮透即可。烹调方法可选用炖、焖、烧、煮等长时间加热的方法。狗肉中含有寄生虫,若加热不彻底很容易得寄生虫病,不适宜用爆、炒、熘等旺火速成的方法。代表菜有,五香狗肉、黑豆焖狗肉、麻辣狗肉、酸辣狗肉、火锅狗肉、砂锅狗肉等。

## 三、家畜副产品

### (一)家畜副产品的概念

家畜副产品又称下水、杂碎,是指除胴体外一切可食部分,主要包括内脏副产品(肝、心、肾、胃、肠、肺)及头、尾、蹄、内脏、血液和公畜外生殖器等。家畜副产品根据软硬又可分为硬下水与软下水两大类,硬下水带有皮和骨,包括头、蹄、爪、尾;软下水指组织结构疏松,包括心、肝、肺、腰、肚、肠等。烹饪中常用的是猪、牛、羊的副产品。

## (二)家畜副产品的种类

**1. 畜肝**

畜肝仅指动物的肝脏。能作为烹饪原料的家畜肝种类多,主要有猪肝、牛肝、羊肝、狗肝、马肝、兔肝等,见图5-9。

(1)形态特征

新鲜的肝脏有光泽,且质细柔软,富有弹性。肝脏的大小随动物大小的而异,动物体大者肝脏也大,肝小叶也随之而大,肝脏质地就越粗老。反之,质地越细。如牛肝、猪肝的质地粗老,而羊肝、兔肝质地细嫩。

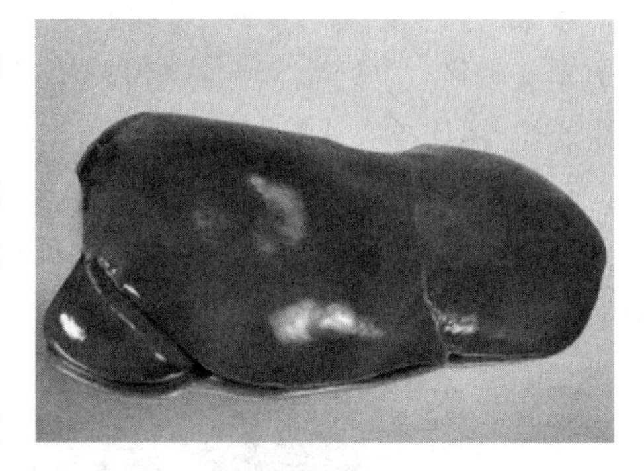

图5-9 畜肝(牛肝)

(2)质量标准

家畜肝呈淡红棕色,有光泽,柔软有弹性者为质量优。

(3)营养价值

以牛肝为例,牛肝富含蛋白质、维生素A、维生素$B_2$、烟酸、镁、铁、钾、磷等。中医认为牛肝味甘,性平,具有补肝养血、明目清热的功效。畜肝与一些食物相克。猪肝与鹌鹑同食易使脸上生黑斑。牛肝与西红柿、毛豆同食不利于维生素C吸收。羊肝与猪肉同食会引起胃肠不适。

(4)烹饪运用

根据不同动物的肝脏,采用不同的烹调方法。由于肝细胞成分多含水量大,且连接肝细胞的结缔组织少而细软,所以在初加工及刀工处理时要求较高。初加工时,需小心去除胆囊,以免胆囊破裂,胆汁污染肝脏。若污染可用酒、小苏打或发酵粉涂抹在污染的部分使胆汁溶解,再用冷水冲洗,苦味便可消除。刀工处理时一般多为片状。烹调中要保持细胞内水分而使成品柔嫩,多采用上浆的方法,适用于爆、熘、汆等烹调方法,也可采用如酱、卤等一些技法,成品质地较硬,代表菜有熘肝尖、盐水肝、白油肝片、干炸猪肝、猪肝羹、竹荪肝膏汤、爆炒羊肝、石锅牛肝片等。

**2. 畜心**

畜心仅指动物的心脏,畜的心脏是由心肌组织构成的中空的肌质器官。能作为烹饪原料的畜心种类多,主要有猪心、牛心、羊心等,见图5-10。

(1)形态特征

畜心色泽紫红,质地细嫩,带有腥味。心脏壁肌肉组成结实而富有弹性,分为三层,外层为心外膜,中层为心肌,内层为心内膜。

(2)质量标准

畜心以肌肉组织坚实,有弹性,用手挤压有鲜红血液流出者为质量优。

(3)营养价值

以猪心为例,猪心富含蛋白质、维生素E、镁、钾、磷、钠等。中医认为猪心味甘、咸,性平,具有补虚,安神定惊,养心补血的功效。猪心不可与吴茱萸同食。

(4)烹饪运用

畜心初加工时,须纵向破开,洗去污血。畜心的肌纤维中肌浆丰富,烹调加工时,可采用上浆方法保持细胞内水分。多采用爆、炒、熘、酱、卤、炝等技法,也可煮后凉拌等。代表菜有卤猪心、炒猪心、凉拌猪心、葱爆猪心、红烩牛心、熘牛心花、锅炸羊心片等。

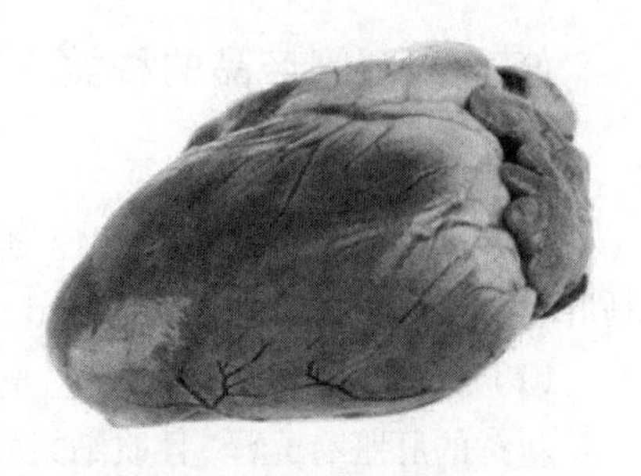

图5-10 畜心(猪心)

**3. 畜肾**

畜肾仅指动物的肾脏,俗称腰子。能作为烹饪原料的家畜肾主要有猪肾、牛肾、羊肾等,以猪肾应用较多,见图5-11。

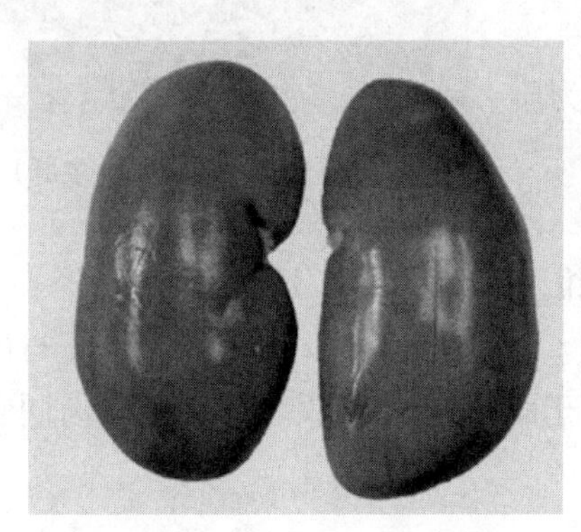
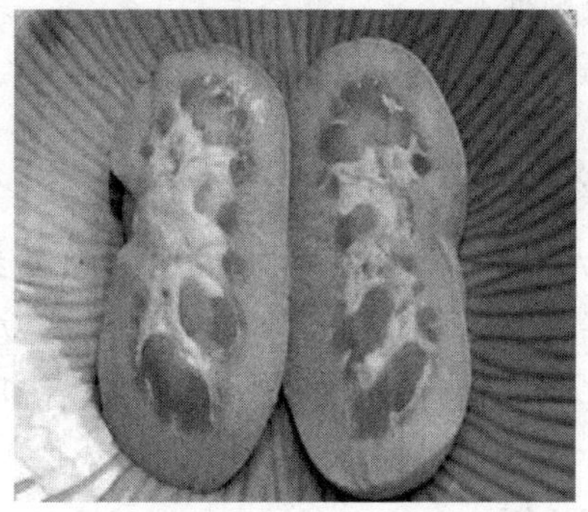

图5-11 畜肾(猪肾)

(1)形态特征

以猪肾为例,其呈长扁圆形,色褐红,质脆嫩。肾的表面包有一层薄而坚韧的纤维膜,表面柔润有光泽。肾分内、外两部分,外部是皮质,位于表层,呈红褐色,为主要食用部位;内部是髓质,位于皮质的深部,颜色较淡,呈线纹状。中间为腰臊,异味较大,常在加工时除去。马肾、羊肾的皮质和髓质部分合并,初加工难度大,一般不用。牛肾由多个肾叶组成,每个肾叶分为浅部皮质和深部髓质,应用较少。

(2)质量标准

畜肾以色泽浅红,体表有一层薄膜,表面有光泽及弹性者为质量优。

(3)营养价值

以猪肾为例,猪肾富含蛋白质、维生素A、维生素E、维生素$B_2$、烟酸、铁、钾、磷等。中医认为猪肾味甘、咸,性平,具有补肾、强腰、益气的功效。猪肾中胆固醇含量较高,血脂偏高者忌食。

(4)烹饪运用

猪肾外部皮质由排列紧密的细胞组成,无肌肉细胞的方向性,且加工时内外无筋膜,所以可进行各种刀工处理,尤其适合于剞花刀,如麦穗花刀、十字花刀等。肾的质地脆嫩、柔软,与肝脏有相似之处,所以烹调时也应上浆或用温油过油,并采用快速烹调而成菜,保持脆嫩质感。

烹调方法有炒、爆、熘、氽、炝、拌、烫等。代表菜有火爆腰花、炝腰片、宫保腰花、炸桃腰、清汤腰片、荔枝腰花等。

**4. 畜胃**

胃为动物消化道的扩大部分，是肌肉层特别发达的部位。畜胃俗称肚子，烹调中常用的有猪肚、牛肚、羊肚等，见图5－12。

(1)形态特征

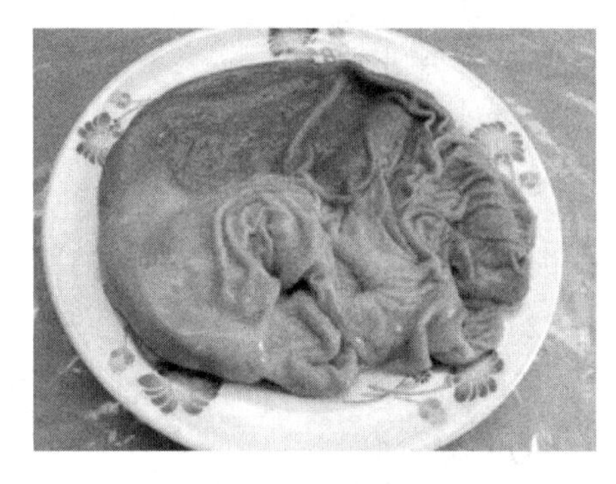

图5－12　畜胃(猪肚)

由于动物的种类不同，胃在外形和结构上有所差异。按胃的室数，可分为单胃和复胃。大多数哺乳类动物只有一个胃囊，称为单胃。猪胃即是单胃典型的代表。在外形上分为贲门部、胃体和幽门部三部分。胃壁从内到外分别由黏膜、黏膜下层、肌层、浆膜层等构成。黏膜由黏膜上皮、固有膜和黏膜肌层组成；粘膜下层由结缔组织构成；肌层特别厚，分为三层，内层肌肉斜行，分布于胃的前后壁；中层肌肉围绕胃的纵轴成环行排列，分布在胃的全部；外层肌肉纵行排列，分布在胃的大弯和小弯。幽门部的环行肌厚实，俗称肚头、肚仁或肚尖，具有脆韧性。复胃是反刍动物特有的胃，牛、羊、马的胃即属此种结构。从外形上分为瘤胃、网胃、瓣胃和皱胃四部分。前三个胃是食道的变形，皱胃为胃本体。复胃的胃壁结构也同单胃一样。瘤胃肌肉层发达，黏膜和黏膜下层向内突起形成角质乳突，乳突排列密集；网胃的肌肉层也较发达，粘膜突起呈蜂窝状排列，所以又称蜂窝胃；瓣胃和皱胃肌肉层不发达，其粘膜和粘膜下层呈片状向内折叠突起，其上生短小肉毛。由于复胃的内部均长有肉毛，所以烹饪行业中将其称为毛肚。有的还分得更细，由于瘤胃的肉毛最发达最长，将其称为毛肚；网胃的肉毛排列成蜂窝状而称为蜂窝肚；瓣胃和皱胃的皱褶壁密集，称为千层肚或百页肚。

(2)质量标准

畜胃以有光泽，颜色白中略带一点浅黄者为质量优。畜胃肚壁厚的质量高于肚壁薄的。

(3)营养价值

以羊肚为例，羊肚富含蛋白质、维生素A、烟酸、钙、铁、锌、钾、磷、钠等。中医认为羊肚味甘，性温，具有健脾补虚，益气健胃，固表止汗的功效。

(4)烹饪运用

畜胃通常外表有很多黏液，内壁有杂物，用清水很难清洗，只能去除杂物，黏液很难去除。加工时一般先用盐和醋揉搓，再里外翻洗使黏液脱离。烹饪中常用爆、炒、熘、拌等方法加工成菜。而其他肌肉层较薄的部位，结缔组织较多，质地绵软，多用于烧、烩等方法。毛肚和蜂窝肚肌肉层发达，也可烧、卤成菜。千层肚肌肉层极薄，主要食用部位是其粘膜和粘膜下层，以结缔组织为主，所以脆性强，常撕片切丝供爆炒、拌制成菜，也是常用的火锅原料之一。代表菜有大蒜烧肚条、红油肚丝、爆双脆、口蘑汤泡肚等。

**5. 畜肺**

畜肺仅指动物的呼吸器官。能作为烹饪原料的畜肺主要有猪肺、牛肺、羊肺等，见图5－13。

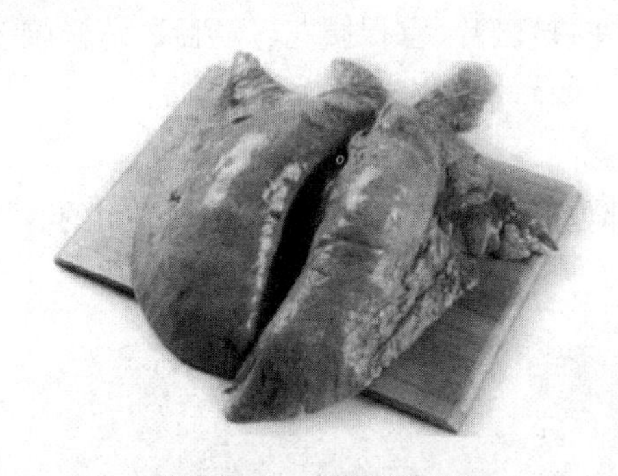

图 5-13 畜肺(猪肺)

(1)形态特征

肺是气体交换的场所,位于胸腔内、纵隔的两侧,左、右各一,有 3 个面和 2 个缘。肺的外侧面为肋面,后面与膈相贴为膈面,内侧为纵隔面。肺的纵隔面上有肺门,是支气管、血管、淋巴管和神经出入肺的地方。上述结构被结缔组织包裹成束,称为肺根。肺的分叶中,猪肺分叶明显,左、右肺均分为前叶、中叶、后叶,右肺有副叶。马肺分叶不明显。牛、羊的肺分叶明显,左肺分前叶、中叶(又称心叶)和后叶(又称膈叶)。右肺前叶又分为前部和后部,有副叶。

(2)质量标准

畜肺以淡粉红色,光洁有弹性者为质量优。

(3)营养价值

以羊肺为例,羊肺富含蛋白质、维生素 E、维生素 $B_2$、烟酸、钙、镁、铁、钾、磷、钠等。中医认为羊肺味甘,性平,具有补益肺气,利尿行水的功效。

(4)烹饪运用

畜肺里面分布着许多毛细血管,可用灌水洗涤的方法使肺内部的淤血和杂质溢出,适用于炖、焖、煨、炒、煮、酱等方法。代表菜有海蜇炖猪肺、卤猪肺、熘羊肺片、白菜煲牛肺等。

**6. 畜大肠**

烹调中常用的畜大肠主要有猪肠、牛肠、羊肠等,见图 5-14。

(1)形态特征

图 5-14 畜大肠(猪肠)

畜肠的结构与胃相似,但肌肉层没有胃的肌层发达,只有内外两层肌肉,分小肠和大肠两部分。大肠中的结肠段是常用的部分,由于脂肪含量高,又称肥肠。小肠用做红肠的肠衣。

(2)质量标准

畜大肠以色白黄,柔润,无污染,有黏液者为质量优。

(3)营养价值

以猪大肠为例,猪大肠富含脂肪、蛋白质、维生素 A、烟酸、钾、磷、钠等。猪大肠味甘,性寒,具有润肠治燥,调血痢脏毒的功效。感冒期间及脾虚便溏者忌食。

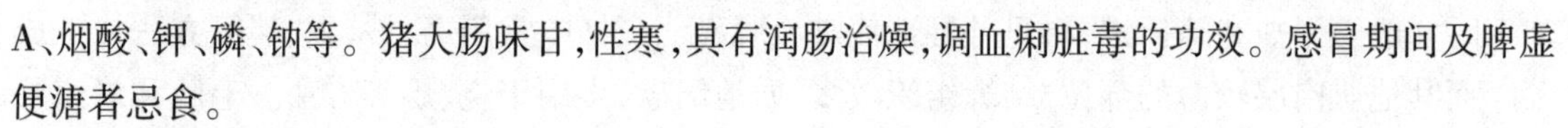

(4)烹饪运用

大肠内部有很多的杂物,有些人喜食,有些人把内部清空只留肠皮,适于烧、煨、卤、火爆等方法。此外,也常利用小肠和大肠以结缔组织为主的黏膜下层作为天然肠衣灌制香肠。代表菜有山东九转大肠、陕西葫芦头、吉林白肉血肠、四川火爆肥肠等。

**7. 其他副产品**

其他副产品还包括畜蹄筋、畜皮、畜舌、畜脑、畜尾、畜血等,其种类见表5-6。

**表5-6　其他副产品**

| 副产品种类 | 形态特征 | 质量标准 | 营养价值 | 烹饪运用 |
|---|---|---|---|---|
| 畜蹄筋 | 分前蹄筋和后蹄筋,前蹄筋短小,一端呈扁形,另一端分开两条,也呈扁形;后蹄筋一端呈圆形,另一端分为两条,也呈圆形 | 鲜品色白,呈束状,包有腱鞘;干制品呈分叉圆条状,透明,色白或淡黄 | 牛蹄筋含蛋白质、硫胺素、核黄素、钙、磷、钾、钠、镁、锌、硒等多种营养物质 | 烹饪中多用干制品,烹制前必须涨发,适用于炖、烧、烩、煨等。代表菜有红烧蹄筋、扒蹄筋等 |
| 畜皮 | 由表皮、真皮、皮下脂肪组成。烹饪用的是真皮部分,常用猪皮 | 新鲜猪皮,皮白有光泽,毛孔细而深,无残留毛及皮伤,去脂干净,成型好 | 猪皮主要富含蛋白质较多,其含量是猪肉的2.5倍 | 猪皮在烹饪中作为凉菜的主料,热菜作配料,可制成冻,也适用于烧、炖等方法,还可煮透晒成干制品。代表有菜猪皮冻、香辣猪皮等 |
| 畜脑 | 位于颅腔内,分为大脑、小脑、脑干,烹饪中常用猪脑、牛脑 | 新鲜猪脑色白,质如豆腐 | 猪脑富含钙、磷、铁、胆固醇,患有高血脂、高胆固醇血症、冠心病切勿多食 | 加工时先用牙签剔去脑的血筋、血衣,适用于熘、烧等烹调方法。代表菜有炸熘猪脑、肉末猪脑等 |
| 畜尾 | 动物的尾巴,由皮质和骨节组成,烹饪中常用猪尾、牛尾等 | 新鲜猪尾色白有光泽,无残留毛及皮伤 | 猪尾含丰富的蛋白质及胶质,有补腰力、益骨髓的功效。民间多用其治疗遗尿症 | 多用于烧、卤、酱、凉拌等烹调方法。代表菜有红烧猪尾、黄豆焖猪尾等 |
| 畜血 | 畜类的血液,暗红色,有腥气味,烹调中常用猪血 | 新鲜猪血色泽暗红,易碎,有淡淡腥味 | 猪血含丰富的蛋白质及矿物质。猪血忌与黄豆和海带同食,会引起消化不良和便秘 | 多用炒、烧、炖等烹调方法。代表菜有猪血炖豆腐、烧猪血、韭菜炒猪血等 |

# 任务三　野畜类

野畜又称野生兽,指不由人类饲养驯化,且不可以人为控制其繁殖,处于野生或半野生状态的哺乳动物。我国地域辽阔,野生兽种类繁多,许多野生兽用来作珍贵的烹饪原料。野畜的开发利用使野生兽类数量减少,滥捕滥杀使野生兽类资源已濒临枯竭,禁止滥捕滥杀,遵守《野生动物保护法》才能有效地遏制对野生兽类资源的破坏。现在许多野生兽类已经可以人工饲养,并且对野生兽类的开发利用越来越广泛。本节介绍的野畜均可人工饲养。

## 一、野畜肉组织结构特点

野畜肉的组织结构与家畜组织结构基本相似,但不同的是体型较大的野畜善于奔跑和跳跃,体型较小的野畜善于行走。因此,野畜的肌肉组织发达且肌纤维较粗。大部分野畜的脂肪含量低。野畜肉大多异味较重,也有无异味的。另外,野畜肉具有较高的药用价值。

## 二、野畜主要种类

**1. 刺猬**

刺猬又称刺球,属哺乳纲食虫目猬科动物,见图5-15。

图5-15 刺猬

(1)形态特征

刺猬体长约25cm,体背和体侧满布棘刺,头、尾和腹面被毛,吻尖而长,尾短,前后足均具五趾,少数种类前足四趾,齿36枚~44枚,均具尖锐齿尖,受惊时全身棘刺竖立,卷成如刺球状,头和四足均不可见。

(2)品种与产地

刺猬广泛分布在我国北方,长江流域,浙、闽等地山林或平原的草丛中,现已人工饲养。

(3)营养价值

刺猬肉含有丰富的蛋白质、脂肪、多种维生素与矿物质。中医认为刺猬肉味甘,性平,具有降气镇痛,凉血止血,行气解毒,消肿止痛的功效。

(4)烹饪运用

刺猬肉味鲜美,适用于炒、炖、烧、煨等方法。代表菜有红烧刺猬肉等。

**2. 竹鼠**

竹鼠又称竹馏、芒狸、竹狸、竹根鼠、冬毛老鼠等,属哺乳纲啮齿目竹鼠科竹鼠属,见图5-16。

(1)形态特征

竹鼠一般体长在16cm~23cm之间,头圆眼小,耳隐于皮内,尾与四肢均短,全身披长毛,但尾无毛或短而稀,头骨粗壮坚实,颧弓外扩,骨脊高起,肌肉发达,上门齿特别粗大,共有16颗牙齿。

图5-16 竹鼠

(2)品种与产地

竹鼠主要有中华竹鼠、银星竹鼠、大竹鼠、小竹鼠四种。

①中华竹鼠 中华竹鼠又称竹鼠、芒鼠。成体长约30~40cm,体重2~4kg。分布在云南、贵州、广东、福建、湖北、四川等地。

②银星竹鼠　银星竹鼠体长约34cm,体重约2~2.5kg。分布在福建、广东、广西、云南、贵州、四川等地。

③大竹鼠　大竹鼠别名红颊竹鼠、红大竹鼠。体长38~48cm,体重2.2~2.8kg。分布在云南南部地区。

④小竹鼠　小竹鼠身体较小,体长15~27cm,体重约0.5~0.8kg。分布在云南西部地区。

(3)营养价值

竹鼠肉营养丰富,富含蛋白质、磷、铁、钙、维生素E等营养物质,脂肪含量低。中医认为竹鼠肉味甘,性平,具有益气养阴、解毒、治痨瘵、止消渴的功效。

(4)烹饪运用

竹鼠肉肉质细嫩,烹调方法较多,适用于烧、蒸、炖、煨、烩等方法。代表菜有清蒸竹鼠、蒜烧竹鼠等。

**3. 野兔**

野兔是哺乳纲兔形目兔科野生兔类的通称,见图5-17。

(1)形态特征

野兔头小,长有一对比家兔小的耳朵,耳尖呈黑色,四肢细长、健壮,后肢十分强健,体型小于家兔,体长35~43cm,尾长7~9cm,一般成年野兔体重2.5~3kg。野兔毛色比较暗,以灰色、蓝灰色为主,夹杂星点黄色,体背棕土黄色,背脊有不规则的黑色斑点。尾背毛色与体背面腹毛为淡土黄色、浅棕色或白色,其余部分是深浅不同的棕褐色。毛较长,蓬松且质地柔软。

**图5-17　野兔**

(2)品种与产地

我国野兔种类有9种,分别是雪兔、草兔、灰尾兔、东北兔、东北黑兔、华南兔、塔里木兔、海南兔、云南兔。

①雪兔　体长为45~54cm,体重为2~5.5kg。分布在黑龙江、内蒙古东北部和新疆北部一带。

②草兔　又称山跳子、跳猫、蒙古兔等。体长36~54cm,体重平均为2kg。分布在东北、华北、西北和长江中下游一带。

③灰尾兔　又称高原兔。体长平均42~48cm,体重约2~3kg。分布在甘肃、西藏、青海、新疆、四川、贵州和云南等地。

④东北兔　又称野兔、革兔、山兔、黑兔、满洲兔、山跳猫等。体长34~50cm,体重1.4~4kg。分布在内蒙古、黑龙江、吉林、辽宁等地。

⑤东北黑兔　体长41~45cm,体重平均为1.8kg。分布在黑龙江、吉林、内蒙古等地。

⑥华南兔　又称山兔、短耳兔、糯毛兔、野兔等。体长35~47cm,体重1.3~1.9kg。分布在江苏、浙江、安徽、江西、湖南、湖北、福建、广东、广西、贵州、四川和台湾等地。

⑦塔里木兔　又称南疆兔、莎车兔。体长为29~43cm,体重1.2~1.6kg。分布在新疆塔里木盆地及罗布泊地区。

⑧海南兔　体长35~39cm,体重1.1~1.8kg。分布在海南的陵水、东方、白沙、儋县、乐东、昌江等地。

⑨云南兔　又称西南兔。体长33~48cm,体重1.5~2.5kg。分布在云南西北山地和贵州西南部高原,四川西南部一带。

(3)营养价值

野兔肉营养丰富,富含蛋白质、维生素$B_1$、钙、镁、铁、锌、钾、磷、钠等。中医认为野兔肉味甘,性凉,具有补中益气、凉血解毒的功效。

(4)烹饪运用

野兔肉烹调方法较多,适用于炒、爆、炸、烧、焖、卤等方法。代表菜如软炸兔肉、红烧兔肉、麻辣兔肉、炖兔肉、扒野兔肉等。

**4. 果子狸**

果子狸又称花面狸、玉面狸、白鼻狗、花面棕榈猫等,为哺乳纲食肉目灵猫科动物,见图5-18。

**图5-18　果子狸**

(1)形态特征

果子狸体长48~50cm,尾长37~41cm,体重3.6~5kg。体色为黄灰褐色,头部色较黑,眼下及耳下具有白斑,背部体毛灰棕色。后头、肩、四肢末端及尾巴后半部为黑色,四肢短壮,各具五趾,趾端有爪,爪稍有伸缩性,尾长约为体长的2/3。

(2)品种与产地

果子狸在我国广泛分布,北京、山西大同、陕西秦岭山地、海南岛等地均有。目前人工饲养繁殖数量相当多。

(3)营养价值

果子狸肉营养价值较高,富含碳水化合物、脂肪、维生素A、维生素E、烟酸、维生素C、钙、镁、铁、钾、磷、钠等。中医认为果子狸肉味甘,性平,具有补中益气、去游风、愈肠的功效。

(4)烹饪运用

果子狸肉质细嫩,香浓鲜美,适用于炖、炒、炸、焖等烹调方法。代表菜有红烧果子狸、清炖果子狸等。

**5. 梅花鹿**

梅花鹿又称花鹿、鹿等,为哺乳纲偶蹄目鹿科动物,见图5-19。

(1)形态特征

梅花鹿属中型鹿类,体长125~145cm,尾长12~13cm,体重70~100kg。头部略圆,颜面部较长,鼻端裸露,眼大而圆,眶下腺呈裂缝状,泪窝明显,耳长且直立,颈部长。四肢细长,主蹄狭而尖,侧蹄小,尾巴较短。雌兽无角,雄兽有角,角尖稍向内弯曲,非常锐利。

**图5-19　梅花鹿**

(2)品种与产地

梅花鹿过去曾广布中国各地,但现在仅残存于黑龙江、吉林、辽宁、内蒙古中部、安徽南部、江西北部、浙江西部、四川、广西等有限的几个区域内。目前国内已大量饲养。

(3)营养价值

鹿肉营养价值较高,富含蛋白质、钙、镁、铁、锌、钾、磷、钠等。中医认为鹿肉味甘,性温,具有补脾胃、益气血、助肾阳、暖腰脊、补五脏、调血脉的功效。

(4)烹饪运用

鹿肉有膻腥味,加工时要浸泡去异味。鹿全身都是宝,适用于烤、烧、炖、炸、烩、氽、扒、煨等烹调方法。代表菜有金钱鹿肉、炸鹿肉排、清汤鹿尾、火腿扒鹿膝、鲜蘑鹿鞭等。

**6. 狍子**

狍子又称矮鹿、野羊、山狍子、草上飞,属偶蹄目鹿科草食动物,见图5-20。

(1)形态特征

狍子体长100~140cm,尾长仅2~3cm,体重25~45kg。鼻吻裸出无毛,眼大,有眶下腺,耳短宽而圆,内外均被毛。颈和四都较长,后肢略长于前肢,蹄狭长,有敖腺,尾很短,隐于体毛内。雄狍有角,雌狍无角。

图5-20 狍子

(2)品种与产地

狍子分布于欧、亚两洲,中国分布在东北、华北和新疆等地区。

(3)营养价值

狍子肉营养丰富,富含蛋白质、矿物质,无肥膘,是瘦肉之王。中医认为狍子肉味甘,性平,具有温暖脾胃,强心润肺,利湿,壮阳及延年益寿的功效。

(4)烹饪运用

狍子肉有很大的土腥气及草腥味,烹制前必须用水浸泡2~3天,肝、肾等均可食。适用于烧、焖、炖、炒、炸等烹调方法。代表菜有焦熘狍肉、红烧狍肉、红焖狍肉等。

**7. 黑豚**

黑豚是哺乳类草食动物,又称荷兰猪、荷兰鼠、豚鼠,因全身黑色而得名,见图5-21。

图5-21 黑豚

(1)形态特征

黑豚全身黑毛,眼睛、嘴巴、脚均为黑色,无尾巴,耳朵及四肢短小,不善跳跃。体型小,一般体重1~1.5kg。

(2)品种与产地

黑豚原产于南美洲秘鲁一带,黑豚的食性很杂,饲养方式多样,现在我国各地均有饲养。

(3)营养价值

黑豚营养丰富,富含蛋白质、钙、磷、铁、锌、维生素A、维生素D、维生素E等。中医认为黑豚肉味甘,性平,具有益气、补血、解毒三大功效,还可预防血栓,对美容也有特殊效果。

(4)烹饪运用

中国古代就有食用黑豚肉的习惯。黑豚肉质细嫩鲜美,适用于烧、焖、蒸、炒、炸等方法。代表菜有蒜烧黑豚、脆皮糯米豚、清炖黑豚等。

# 任务四　畜肉制品

## 一、畜肉制品概述

### (一)畜肉制品概念

畜肉制品是指以畜肉或副产品为原料,经过干制、腌制、熏制加工而成的成品或半成品。

### (二)畜肉制品分类

根据加工方法不同,可以将畜类制品分为如下8类:
(1)香肠制品　包括中式香肠、西式香肠、发酵香肠、熏煮香肠和生鲜肠。
(2)火腿制品　包括干腌火腿、熏煮火腿、压缩火腿等。
(3)腌腊制品　包括咸肉、腊肉、酱封肉、风干肉等。
(4)酱卤制品　包括白煮肉、酱卤肉、糟肉类等。
(5)熏烧烤制品　包括熏鸡、熏口条、烤鸭、烤乳猪、烤鸡等。
(6)干肉制品　包括肉干、肉松和肉脯类等。
(7)油炸制品　包括炸肉丸、炸鸡腿、麦乐鸡等。
(8)罐头制品　包括猪、牛、羊、兔、驴等肉类的罐头制品。

## 二、畜肉制品种类

### (一)火腿

火腿又称火肉、兰熏。用猪后腿经修坯、腌制、洗晒、整形、发酵、堆叠等十几道工序加压腌腊制成。火腿发明于我国宋朝,最早出现火腿二字的是北宋,苏东坡在他写的《格物粗谈·饮食》中明确记载火腿做法:"火腿用猪胰二个同煮,油尽去。藏火腿于谷内,数十年不油,一云谷糠"。

西式火腿一般由猪肉加工而成,与我国传统火腿的形状、加工工艺、风味等有很大不同,习惯上称其为西式火腿。

**1.品种与产地**

(1)中式火腿

著名品种包括浙江金华火腿、江苏如皋火腿和云南宣威火腿三类。

①浙江金华火腿

浙江金华火腿又称南腿,为浙江金华的著名特产,见图5-22。生产中选用当地特产"两头乌"猪为原料。金华火腿皮色黄亮、形似琵琶、肉色红润、香气浓郁、营养丰富、鲜美可口,素以色、香、味、形四绝闻名于世,便于贮存和携带,已畅销国内外,在国际上享有声誉。

②江苏如皋火腿

如皋火腿又称北腿,见图5-23。如皋火腿的生产始于公元1851年,清末先后获檀香山博览会奖和南洋劝业会优异荣誉奖状,与浙江金华火腿、云南宣威火腿齐名,为全国三大名腿之一。如皋火腿薄皮细爪,形如琵琶,色红似火,风味独味。生产中选用如皋、海安一带饲养的尖头细脚、薄皮嫩肉的优种生猪为原料。对猪腿也按一定规格精选,择其重量长度恰当、腿心肌肉丰满者,再经多道工序精细加工制成。

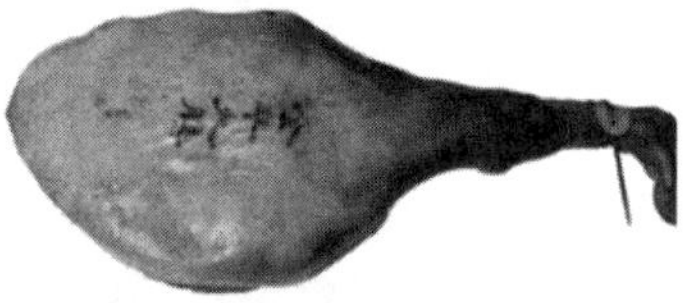

图 5-22　金华火腿

③云南宣威火腿

云南宣威火腿又称云腿,见图 5-24,是云南省著名特产之一,素以风味独特而与浙江金华火腿、江西安抚火腿齐名媲美,蜚声中外。宣威火腿因产于宣威县而得名,形似琵琶,皮薄肉厚肥瘦适中,切开断面香气浓郁,色泽鲜艳,瘦肉呈鲜红色或玫瑰色,肥肉呈乳白色,骨头略显桃红。宣威火腿驰名中外,早在 1915 年的国际巴拿马博览会上就荣获金质奖,成为云南省最早进入国际市场的名特食品之一。

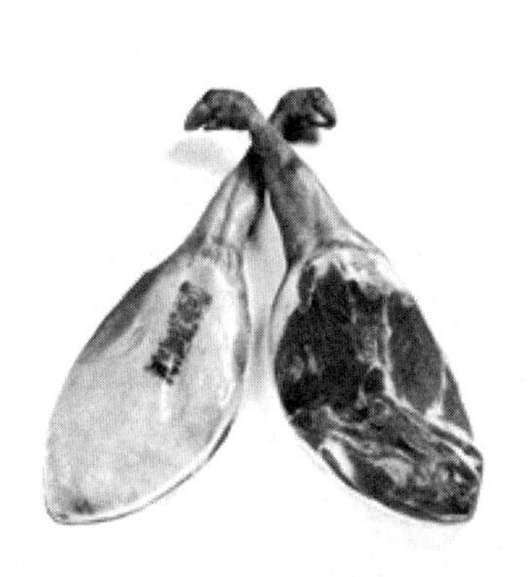

图 5-23　如皋火腿

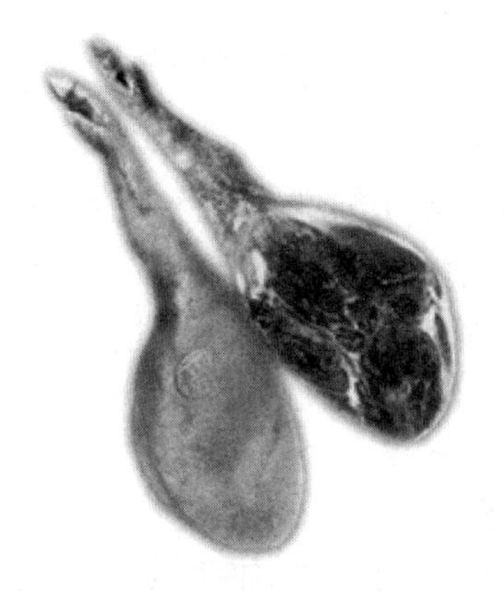

图 5-24　宣威火腿

(2)西式火腿

世界上著名的西式火腿品种有法国烟熏火腿、苏格兰整只火腿、德国陈制火腿、黑森林火腿、意大利火腿等。

西式火腿根据加工方法的不同分为带骨火腿、去骨火腿、盐水火腿等。

①带骨火腿

带骨火腿是将猪前、后腿肉经盐腌后加以烟熏,同时赋以香味而制成的半成品,见图 5-25。带骨火腿有长形火腿和短形火腿两种。成品外观匀称,厚薄适度,表面光滑,断面色泽均匀,肉质纹路较细,具有特殊的芳香味。

②去骨火腿

去骨火腿一般都经水煮,故又称去骨熟火腿,见图 5-26。去骨火腿是用猪后大腿经整形、腌制、去骨、包扎成型后,再经烟熏、水煮而成。成品长短粗细配合适宜,粗细均匀,断面色泽一致,瘦肉多而充实,或有适量肥肉但较光滑。

③盐水火腿

盐水火腿是用大块肉经整形修割、盐水注射腌制、嫩化、滚揉、充填,再经熟制、烟熏或不烟熏等工艺制成的熟肉制品。火腿是欧美各国人民喜爱的肉制品,也是西式肉制品中的主要产品之一。成品保持了原料肉的鲜香味,产品组织细嫩,色泽均匀鲜艳,口感良好。

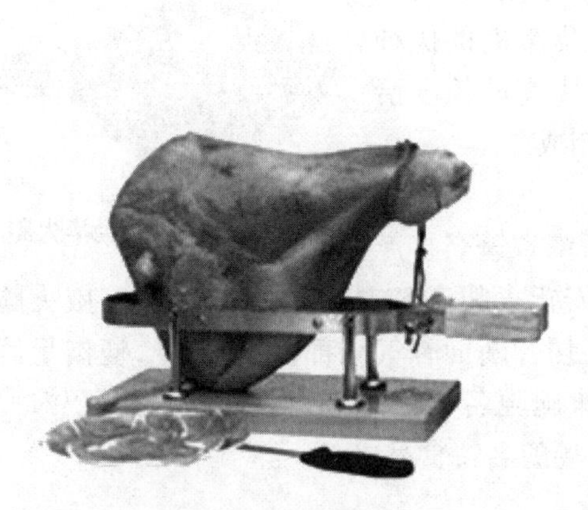

图5－25　带骨火腿

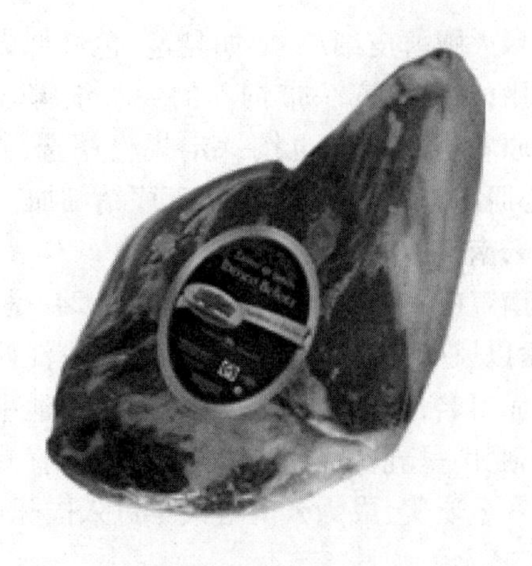

图5－26　去骨火腿

**2. 质量标准**

品质好的火腿,从外观看,呈黄褐色或红棕色;切面的瘦肉是深玫瑰色或桃红色,脂肪色白或微红,有光泽;组织致密而结实,切面平整;鼻闻具有火腿特有的香腊味。品质稍次的火腿,切开后瘦肉切面呈暗红色,脂肪呈淡黄色,光泽较差,组织稍软,切面尚平整,稍有异味。变质的火腿,切面瘦肉呈酱色,且有各色斑点,脂肪变黄或黄褐色,无光泽,组织松软甚至粘糊,有腐败的气味或严重酸味。

**3. 营养价值**

火腿含有脂肪、蛋白质、维生素 A、维生素 E、维生素 $B_1$、烟酸、镁、铁、锌、钾、磷、钠等。中医认为火腿肉味甘、咸,性温,具有健脾开胃,生津益血,滋肾填精的功效。

**4. 烹饪运用**

西式火腿烹饪中用来制作冷盘,也可加工成小的块、片、丁、条做主配料,还可作为沙拉的原料及火锅的配料等。

中式火腿菜肴的烹调方法丰富多彩。火腿可单独蒸煮食用,也可作菜肴的主料,更多的是作高级肴馔的辅料,起调味作用,或作为菜点装饰点缀的上等原料。瘦火腿肉做菜肴辅料适用范围极广,山珍野味、水产、禽蛋、蔬菜、豆制品及鲜肉等菜类及甜菜、芙蓉菜、瓤制菜、象形冷盘、各式拼盘等均可配用。从烹调方法上讲除常用的蒸、炖和煮外,还可以烩、炒、烧、煎、炸、烤、贴、熘、扒、拌、拔丝、蜜汁、做羹以及各种点心及小吃做馅等。代表菜有浙江风味的薄片火腿、火踵神仙鸭、火腿蚕豆;四川风味的锅贴火腿、火腿冬瓜夹;广东风味的金华玉树鸡、南腿蒸乳鸽、宫保火腿丁;湖南风味的火方银鱼、蜜汁白果火腿;福建风味的生煎金华腿、火腿烧螺;上海风味的火腿煮干丝、明虾火腿;安徽风味的荷叶包火腿、火腿炖鞭笋;山东风味的糟蒸火腿;北京风味的锅贴三夹火腿、火腿鱼及山西风味的火腿烧鸡米等。

## (二)咸肉

咸肉指用盐腌的肉,又称为渍肉、腌肉、盐肉,见图 5－27。咸肉是通过向肉食品中加入食盐,使其成为高渗,以抑制或杀灭肉品中的某些微生物,同时高渗环境也可减少肉制品中的含氧量,并抑制肉中酶的活性,从而达到食品储藏的目的。咸肉加工简单、费用低,味美可口,又可长期保存,在我国南方历来就有腌肉的习惯。

**1. 品种与产地**

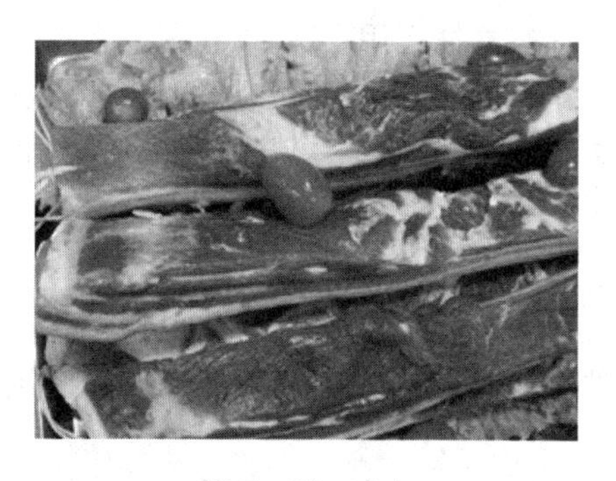

图5－27 咸肉

我国各地均有咸肉的加工,以江苏、四川、浙江、江西、上海、安徽等地加工较普遍。较著名的品种有浙江咸肉、江苏如皋咸肉、四川咸肉、上海咸肉等。咸肉按照产区的不同分为北肉(长江以北产区,如江苏如皋、泰兴、南通等地)与南肉(长江以南产区,如浙江金华一带)。咸肉按照所用部位不同又可分为连片(整个半片猪胴体,无头尾,带脚爪,腌制后每片重量在13kg以上)、段头(不带后腿及猪头的猪肉体,腌成重量在9kg以上)、咸腿(猪的后腿,腌成重量不低于2.5kg)。

**2. 质量标准**

咸肉以外表干燥清洁,呈苍白色,无霉菌,无黏液,肉质坚实紧密,有光泽,瘦肉呈粉红、胭脂红或暗红色,肥膘呈白色,切面光泽均匀,质坚硬,有正常的清香味,煮熟时具有腌肉的香味者为质量优。

**3. 营养价值**

咸肉含脂肪、蛋白质、维生素A、维生素E、维生素$B_2$、烟酸、钙、镁、铁、锌、钾、磷、钠等。中医认为咸肉味甘、咸,性平,具有开胃祛寒、消食的功效。但老年人忌食,胃溃疡和十二指肠溃疡患者禁食。

**4. 烹饪运用**

咸肉含盐较多,口味较咸,加工前需用清水浸泡咸肉,以除掉一部分盐分,然后再进行各种加工。烹调方法有炒、炖、蒸、煮、烧等。代表菜有咸肉蒸百叶、咸肉煮冬瓜、咸肉炖百叶、美极炒咸肉、腌笃鲜等。

## (三)腊肉

腊肉是指肉经腌制后再经过烘烤(或日光下曝晒)的过程所制成的肉制品,一般在农历腊月加工,因而称为腊肉,见图5－28。腊肉的防腐能力强,能延长保存时间,并增添特有的风味。

**1. 品种与产地**

图5－28 腊肉

腊肉在我国已有几千年的历史,加工制作腊肉的传统不仅久远,而且普遍。腊肉按产地分有广东腊肉、四川腊肉、云南腊肉、湖南腊肉、江西腊肉、贵州腊肉、陕西腊肉、湖北腊肉等;以原料分有腊猪肉、腊牛肉、腊羊肉、腊狗肉、腊兔肉等。湖南、广东生产腊猪肉较多,华北、西北生产腊牛肉、腊羊肉较多。

**2. 质量标准**

腊肉以色泽鲜明,肌肉呈鲜红或暗红色,脂肪透明或呈乳白色,肉身干爽、结实、富有弹性,具有腊肉应有的腌腊风味者为质量优。

**3. 营养价值**

腊肉营养丰富含脂肪、蛋白质、维生素A、维生素E、钙、镁、铁、锌、钾、磷、钠等。中医认为腊肉味咸、甘,性平,具有开胃祛寒、消食的功效。

**4. 烹饪运用**

腊肉适用于多种烹调方法,如炒、烧、煮、蒸、炖等,还可制作成冷盘、大菜等菜式。代表菜有腊味合蒸、菜薹炒腊肉、腊肉炒面、腊肉炒荷兰豆、腊肉炒三蔬等。

## (四)肉松

肉松是我国著名特产,是指以畜、禽瘦肉为原料,经煮制、撇油、调味、收汤、炒松、搓松制成的肌肉纤维蓬松成絮状的肉制品,见图5-29。

图5-29 肉松

**1. 品种与产地**

肉松可按原料种类进行分类,有猪肉松、牛肉松、鸡肉松、鱼肉松等;也可按形状分为绒状肉松、粉状肉松、球状肉松。猪肉松是大众最喜爱的一类产品,以太仓肉松和福建肉松最为著名,太仓肉松属于绒状肉松,福建肉松属于粉状肉松。

**2. 质量标准**

肉松以形态呈絮状,纤维柔软蓬松,允许有少量结头,无焦头;色泽呈均匀金黄色或浅黄色,稍有光泽;口味浓郁鲜美,甜咸适中,香味纯正,无杂质及其他不良气味者为质量优。

**3. 营养价值**

以猪肉松为例,猪肉松含碳水化合物、脂肪、蛋白质、维生素A、维生素E、烟酸、钙、镁、铁、锌、钾、磷、钠等。猪肉松忌与鹌鹑肉同食,否则会使人面生黑斑。

**4. 烹饪运用**

烹饪中肉松可作为花色冷盘的垫底料、围边料、拼摆料,也可作为酿菜的馅料,还可作为面点的馅料。

## (五)肉干

肉干是以精选瘦肉为原料,经切碎、煮制、烘烤等工艺加工而成的肉制品,见图5-30。

**1. 品种与产地**

肉干的种类繁多,可按原料、风味、形状、产地等进行分类。按原料分有猪肉干、牛肉干、羊肉干、马肉干、兔肉干等;按风味分为五香、咖喱、麻辣、孜然肉干等;按形状有片、条、丁状肉干等。著名品种有哈尔滨五香牛肉干、天津五香猪肉干、江苏靖江牛肉干、上海猪肉条等。

**2. 质量标准**

肉干以块状均匀,无焦斑碎屑,褐红色,口味鲜美者为质量优。

**3. 营养价值**

以牛肉干为例,牛肉干含脂肪、蛋白质、维生素$B_2$、烟酸、钙、镁、铁、锌、钾、磷、钠等。患有感染性疾病、肝病、

图5-30 牛肉干

肾病的人应慎食牛肉干。

**4. 烹饪运用**

肉干口味鲜香,可作为筵席上冷菜及消闲的零食。

### (六)肉脯

肉脯是用猪、牛瘦肉为原料,经切片(绞碎)、调味、腌渍、摊筛、烘干、烤制等工艺制成薄片型的肉制品,见图5-31。

**图5-31 肉脯**

**1. 品种与产地**

肉脯可分为猪肉(糜)脯、牛肉(糜)脯等。较为著名的有江苏靖江肉脯、上海猪肉脯、汕头猪肉脯、湖南猪肉脯等。

**2. 质量标准**

肉脯以片型规则整齐,厚薄基本均匀,色泽呈棕红,滋味鲜美、醇厚、甜咸适中者为质量优。

**3. 营养价值**

以猪肉脯为例,猪肉脯含有脂肪、蛋白质等。肉脯加工所用防腐剂和添加剂对胎儿发育不利,孕妇最好不要吃过多。

**4. 烹饪运用**

肉脯可用于冷菜或花式冷盘的点缀。

### (七)灌肠

灌肠是以新鲜肉为主料,经过切碎加配料,调味后灌入肠衣,经晾晒、烘烤、蒸煮、烟熏等工序制成的风味制品。

**1. 品种与产地**

灌肠按着生产方式分为中式灌肠与西式灌肠。中式灌肠与西式灌肠在原料、调料及加工方法上都有差异,中式灌肠多为生制品,西式灌肠多为熟制品。

(1)中式灌肠

中式灌肠指的是香肠。香肠俗称腊肠,是指以肉类为主要原料,经切、绞成丁,配以辅料,灌入动物肠衣再晾晒或烘焙而成的肉制品。香肠是我国肉类制品中品种最多的一大类产品,也是我国著名的传统风味肉制品。传统中式香肠以猪肉为主要原料,瘦肉不经绞碎或斩拌,而是与肥膘都切成小肉丁,或用粗孔眼筛板绞成肉粒,原料不经长时间腌制,而有较长时间的晾挂或烘烤成熟过程,使肉组织蛋白质和脂肪在适宜的温度、湿度条件下受微生物作用自然发酵,产生独特的风味,辅料一般不用淀粉和玉果粉。成品有生、熟两种,以生制品为多,生干肠耐储藏。

香肠按馅料不同可分为猪肉香肠、猪肝香肠、牛肉香肠、鸡肉香肠、兔肉香肠、鱼肉香肠、鸭肝香肠等。按品味分主要有广味香肠和川味香肠。按产地不同可分为广东香肠、四川香肠、南京香肠、武汉香肠、哈尔滨香肠等。由于原材料配制和产地不同,风味及命名不尽相同,但生产方法大致相同。

①哈尔滨正阳楼风干香肠

哈尔滨正阳楼风干香肠调味料具有特色,调料采用砂仁、紫蔻、企边桂等名贵药料,具有滋味清香,肥而不腻,瘦而不柴,有明显砂仁味的特点,见图5-32。

②广东香肠

广东香肠属于广东风味小吃,采用猪瘦肉、猪肥肉、精盐、白糖、白酒、白酱油、硝酸钠等按一定比例加工,通过晾晒,烘烤后而成。具有色泽鲜艳,红白分明,表面干燥,每条香肠长短相似,粗细均匀,肥瘦肉比例适宜,有特殊香味等特点,见图5-33。

图5-32 哈尔滨正阳楼风干香肠

图5-33 广东香肠

(2)西式灌肠

西式灌肠是用猪肉、牛肉等经绞碎或切丁后,加入淀粉和调味原料如食盐、味精、胡椒粉、辣椒粉等制成馅,然后灌入肠衣中,经烘干、蒸煮、烟熏等工序制成的风味制品。西式灌肠最早见于欧洲,是当地人民喜爱的一种风味食品,后传到世界各地。

我国目前生产的西式灌肠或是结合我国人民的口味喜好加以改变,或是仍按西式方式加以制作,花色品种较多。主要品种有秋林里道斯红肠、火腿肠、粉肠、色拉米香肠等。

①秋林里道斯红肠

原产于东欧的立陶宛,采用猪、牛精肉为主料,添加各种香辛料,经腌制、制馅、灌肠、烤、煮、熏等传统工艺精制而成,见图5-34。外观呈枣红色,皱纹均匀有弹性,有烟熏芳香气味,肠体结构紧密,切面光滑细腻,是欧式传统产品的代表。

图5-34 秋林里道斯红肠

②火腿肠

火腿肠是深受广大消费者欢迎的一种肉类食品,是以畜、禽肉为主要原料,加入填充剂(淀粉、植物蛋白粉等)、调味品(食盐、糖、酒、味精等)、香辛料(葱、姜、蒜、豆蔻、砂仁、大料、胡椒等)、品质改良剂(卡拉胶、维生素C等)、护色剂、保水剂、防腐剂等物质,采用腌制、斩拌(或乳化)、高温蒸煮等加工工艺制成的,见图5-35。其特点是肉质细腻、鲜嫩爽口、携带方便、食用简单、保质期长。

③粉肠

粉肠是中国广东和香港的一种食品,吃下去有些粉状的口感,而形状则像肠一样,因而得名,见图5-36。粉肠是用猪肥瘦肉、淀粉为主料,经绞馅、斩拌、加入芝麻香油及各种香辛料灌入各种肠衣,经煮制熏烤而成。具有香味宜人,入口松嫩,香而不腻的特色。

图 5－35　火腿肠

图 5－36　粉肠

④小红肠

小红肠又称热狗，是美国最普通的一种食品，见图 5－37。它以羊肠作肠衣，肠体细小，形似手指，稍弯曲，长约 12～14cm，外观为红色，肉质呈乳白色，鲜嫩细腻，味香可口。

⑤大红肠

大红肠是欧洲人主要佐餐之一，因西欧人常在吃茶点时食用，又称茶肠，见图 5－38。制作时除选用牛肉与猪肉外，还添加猪脂肪丁，采用牛拐头做肠衣，形体粗大，肠体较松嫩，口感香而不腻，是典型的欧式产品。

图 5－37　小红肠

图 5－38　大红肠

⑥色拉米香肠

色拉米香肠是意大利风味的西式肉制品，以猪的通脊肉和牛的黄瓜条肉为原料，切碎后加入香辛料、发酵剂，在恒温恒湿的条件下，发酵 4 个月而成，见图 5－39。色拉米香肠鲜嫩适口、略带辣味。

图 5－39　色拉米香肠

**2. 质量标准**

中式灌肠以肠衣干燥完整且紧贴肉馅,全身饱满,肥瘦肉粒均匀,瘦肉呈鲜玫瑰红色,肥肉白色,色泽鲜明光润,无粘液和霉点,香气浓郁而无异味者为质量优。

西式灌肠以肠衣干燥、无霉点和条状黑痕、无黏液、肠衣与肉馅不分离、无空洞、气泡,组织坚实有弹性、无杂质、异味为者质量优。

**3. 营养价值**

香肠含脂肪、蛋白质、维生素 E、维生素 $B_1$、烟酸、镁、铁、锌、钾、磷、钠等。香肠可开胃助食,增进食欲。但是,儿童、孕妇、老年人、高血脂症者应少食或不食;肝肾功能不全者不适合食用。

**4. 烹饪运用**

中式灌肠在烹调中既可以作凉菜也可作热菜的主配料,调味方法适用较广,适用于炒、炖、煮、炸、煎等方法。代表菜有尖椒炒香肠、麻辣香肠、香肠煎蛋等。

西式灌肠在西餐中可用于制作沙拉、三明治、开胃菜等,也可作为热菜的辅料;在中餐中可作为冷盘菜肴,适用于炒、烧等烹调方法。

### (八)香肚

香肚又称小肚,是用猪的膀胱做外衣,内装配制好的肉馅,经过晾晒而制成,见图 5-40。

**1. 品种与产地**

香肚主要有南京香肚、哈尔滨水晶肚、天津桃仁小肚等品种。其中,以南京香肚最具特色。在 1910 年的南洋劝业会上,南京香肚曾获奖状,从此驰名中外,远销各地,是南京著名特产之一。哈尔滨水晶肚外皮有两种:一种是用猪大肠灌制,另一种是猪膀胱灌制。无论肚的外皮是哪一种,都不用淀粉凝结,而是靠猪肉皮冻凝固而成。天津桃仁小肚因在原料中添加了桃仁而得名。

图 5-40　香肚

**2. 质量标准**

南京香肚外观形如苹果,外皮细薄富有弹力,肉质紧密,切开红白分明,口感香嫩爽口。天津桃仁小肚外观圆形,色泽金黄,清香味美,具有芳香醇厚和桃仁特有的甘香风味。哈尔滨水晶肚肉质紧密有弹性,切面光滑,肉冻分明,清香爽口。

**3. 营养价值**

香肚选料考究,制作精细,营养价值较高,含碳水化合物、脂肪、蛋白质、维生素 A、维生素 E、钙、镁、铁、钾、磷、钠等。

**4. 烹饪运用**

香肚先要置冷水中浸泡半小时,洗去外表尘土,置锅中加冷水烧沸后改小火再煮半小时,熟透捞出,晾凉剥皮即可。香肚适用于凉菜,花拼及菜肴围边,也可作配料烹调。名菜有五彩香肚、八宝香肚、罗汉小香肚等。

# 任务五 乳和乳制品

## 一、乳类

乳是哺乳动物从乳腺中分泌出来的一种不透明的液体。按照动物种类,人类食用的乳种类主要有牛乳、羊乳、马乳、鹿乳、骆驼乳。

**1. 牛乳**

牛乳被誉为白色血液。牛乳按产期不同分为初乳、常乳、末乳。初乳是乳牛产子后一周内的乳。初乳蛋白质含量丰富,其中乳蛋白和球蛋白含量高,乳糖含量低,色黄而浓厚,有特殊的气味。由于初乳营养成分含量不同于常乳,特别是其酸度高,在加热时易产生凝固,所以不能做为加工原料。常乳是乳牛产子一周后的乳。乳中的营养成分趋于稳定。常乳的营养价值高,是饮用乳及加工乳制品的主要原料。末乳是乳牛停止产奶前半个月的乳。末乳常具有苦、微咸的味道,口味较差,不宜饮用。

(1)质量标准

鲜牛乳呈乳白色或微黄色,无沉淀,无凝块,无杂质,无异味,将牛奶倒入杯中晃动,奶液易挂壁。

(2)营养价值

牛乳富含碳水化合物、脂肪、蛋白质、维生素A、维生素E、维生素$B_2$、钙、锌、钾、磷、钠等。中医认为牛乳味甘,性平,具有补虚损、益肺胃、养血、生津润燥、解毒的功效。

(3)烹饪运用

牛乳在烹饪中可以代替汤汁成菜,如奶油菜心、牛奶熬白菜等。可制作甜品,如脆皮鲜奶,还可制作面食如奶香馒头。采用蒸的方法还可做如奶香蒸蛋。还可做风味小吃,如云南少数民族的乳扇等。

**2. 羊乳**

羊乳被称为奶中之王,希腊、土耳其人喜食。羊乳包括山羊乳与绵羊乳。羊乳与牛乳相似,区别在于,一方面,羊乳的脂肪颗粒体积小,为牛乳的1/3,更利于人体的消化吸收;另一方面,羊乳的膻味较重,膻味来自于羊本身皮毛的气味以及羊乳中某些化学成分,如羊油酸、羊脂酸、和葵酸等。只要在煮制时稍放一点玉兰花茶或茉莉花茶,煮沸后把茶末撇出,羊乳膻味即可除去。

(1)质量标准

鲜羊乳呈乳白色或微黄色,无沉淀,无凝块,无杂质,有新鲜羊乳固有的膻味,无酸味,无臭味。

(2)营养价值

羊乳富含碳水化合物、脂肪、维生素A、维生素E、维生素$B_1$、烟酸、钙、钾、磷、钠等。中医认为羊乳味甘,性微温,具有补虚,润燥,和胃,解毒的功效。

(3)烹饪运用

羊乳可用来做奶酪、燕蛋羹、奶香面包等。

另外,马乳与牛乳相似,但马乳较稀,马乳主要在新疆、内蒙古牧区食用。马乳味甘,性凉,具有养血润燥、清热止渴的功效。骆驼乳在新疆及亚洲和非洲一些沙漠部落地区食用。鹿乳主要在芬兰和一些欧美国家食用,我国食用较少。

## 二、乳制品

乳制品主要包括炼乳、奶粉、奶油、奶酪、乳扇、奶豆腐、酸奶等。

**1. 炼乳**

炼乳用鲜牛奶或羊奶经过消毒浓缩制成,呈乳白色或微黄色,有光泽,具有炼乳固有的滋味和气味,贮存时间长,见图5-41。炼乳的种类较多,包括甜炼乳、淡炼乳、脱脂炼乳、强化炼乳、调制炼乳等。我国目前主要生产全脂甜炼乳和淡炼乳。炼乳中的碳水化合物和维生素C比奶粉多,蛋白质、脂肪、矿物质、维生素A等比奶粉少。烹饪中炼乳多数作为调味使用,面点中用于制作蛋挞,也可以用于制作沙拉等。

图5-41 炼乳

**2. 奶粉**

奶粉是将牛奶除去水分后制成的粉末,可保存较长时间。奶粉的品种包括全脂奶粉(基本保持牛奶的营养成分,适用于中青年人群),脱脂乳粉(牛奶脱脂后加工而成,口味较淡,适于中老年、肥胖人群),速溶奶粉(与全脂奶粉相似,具有分散性、溶解性好的特点),加糖奶粉(牛乳添加一定量蔗糖加工而成,多具有速溶特点),婴、幼儿奶粉(年龄在12个月以内与年龄在1~3岁的孩子,分阶段配制,分别适用于0~6个月、6~12个月和1~3岁的婴幼儿食用),特殊配制奶粉(如中老年奶粉、糖尿病奶粉等),配方奶粉(如早产儿奶粉、免疫奶粉、高蛋白奶粉等)。烹饪中奶粉可以代替鲜乳制作汤羹、调味汁等,也可用在烘焙食品中。

**3. 奶油**

奶油又叫黄油、白脱油,是从牛奶、羊奶中提取的黄色或白色脂肪性半固体食品。由于划分的标准不同,所以奶油的种类相当之多,可分为动物性奶油、植物性奶油(以大豆等植物油和水、盐、奶粉等加工而成)、鲜奶油(从牛奶中提取的脂肪)。还可以根据是否添加食盐,分为无盐奶油和含盐奶油。也可以根据奶油中油脂含量的多少分为高脂奶油和低脂奶油。奶油以半固态、淡黄色、表面紧密无霉斑、具有纯香味、无杂质、无沉淀者为质量优。奶油富含脂肪、维生素A、维生素E、钙、钾、磷、钠等。奶油可以补充维生素A,较适合缺乏维生素A的人群食用。奶油在烹调中可用于雕刻及糕点制作,代表品种有奶油扒菜芯、奶油蛋糕、奶油饼干、奶油五香豆、奶油炸糕等。

**4. 奶酪**

奶酪又称干酪,芝士等,是由牛奶经发酵制成的一种营养价值很高的食品,见图5-42。它基本上排除了牛奶中的水分,保留了其中营养价值极高的精华部分,被誉为乳品中黄金。奶酪按照含水量分为软奶酪、中等软奶酪、中等硬奶酪或硬奶酪等。另一种分类将奶酪分为鲜奶酪(直接将牛乳凝固后,去除部分水分而成,质感柔软湿润,存放时间较短)与干奶酪(经过发酵,奶酪有孔)。奶酪以白色或淡黄色、表皮均匀、切面均匀致密、无裂缝和硬脆、具有醇香味、微酸者为质量优。奶酪富含脂肪、蛋白质、维生素A、维生素E、维生素$B_2$、钙、镁、铁、锌、钾、磷、钠等。中医认为奶酪味甘、酸,性平,具有补肺、润肠、养阴、止渴的功效。奶酪可搭配面包食用。

西餐中可制作披萨饼、蛋糕,也可调制各种凉菜、沙司等,中餐适用于煎、炒、烤等方法,如香煎奶酪丸子、奶酪鸡蛋饼。

图5-42 奶酪

**5. 乳扇**

乳扇是产于云南大理的特色乳制品。鲜牛乳煮沸混合食用酸炼制,牛乳在热和酸作用下迅速凝固加工成薄片,含水较少,呈乳白、乳黄色,大致如菱角状竹扇之形,两头有抓脚,见图5-43。乳扇以乳白色、半透明、光滑油润、酥脆香甜者为质量优。乳扇可作各种菜肴,凉拌、油煎、烧烤皆可,代表菜有桃仁夹沙乳扇、炸卷筒乳扇、炒乳扇丝、烤乳扇等。

**6. 奶豆腐**

奶豆腐是蒙古族牧民家中常见的奶食品,是用牛奶、羊奶、马奶等经凝固、发酵而成的食物,见图5-44。形状类似普通豆腐,味道有的微酸,有的微甜,乳香浓郁,牧民很爱吃,常泡在奶茶中食用或出远门当干粮,既解渴又充饥。

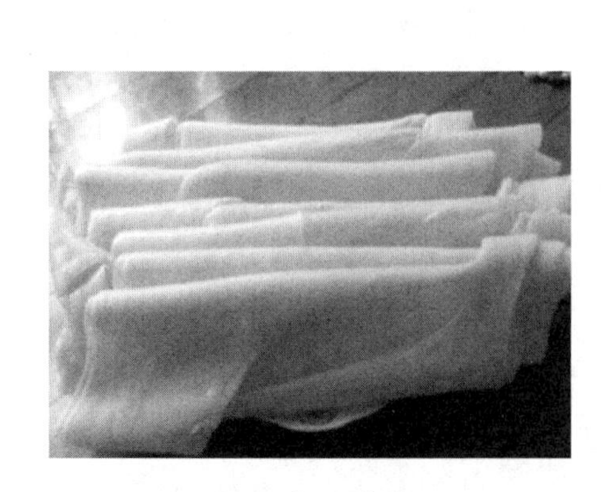

图5-43 乳扇

图5-44 奶豆腐

**7. 酸奶**

酸奶又叫酸牛奶,是以新鲜的牛乳为原料,经过巴氏杀菌后再向牛奶中添加乳酸菌,经发酵后再冷却灌装的一种牛奶制品。酸奶制品以凝固型、搅拌型和添加各种果汁果酱等辅料的果味型为多。酸奶以凝结细腻、无气泡、色白或略带浅黄色、味酸微甜、气味醇香者为质量优。酸奶可直接饮用,烹饪中可制作甜品、沙拉或点心。代表品种有酸奶水果沙拉、草莓酸奶蛋糕、脆皮酸奶等。

## 练 习 题

**一、填空题**

1. 猪按商品用途不同将其分成________、________、________三大类。

2. 中国五大优良驴种分别是________、________、________、________、________。

3. 复胃从外形上分为________、________、________和________四部分，前三个胃是食道的变形，________为胃本体。

4. 中式火腿著名品种包括________、________和________三类。

5. 人类食用的乳种类主要有________、________、________、________、________。

## 二、选择题

1. 兔肉用型品种包括(　　)。

A. 新西兰兔　B. 加利福尼亚兔　C. 青紫蓝兔　D. 花巨兔
E. 中国白兔

2. 腌腊制品包括(　　)。

A. 咸肉　B. 腊肉　C. 酱封肉　D. 风干肉
E. 白煮肉

3. 西式灌肠包括(　　)。

A. 秋林里道斯红肠　B. 火腿肠　C. 粉肠　D. 色拉米香肠
E. 小红肠

4. 奶粉的品种包括(　　)。

A. 全脂奶粉　B. 脱脂乳粉　C. 速溶奶粉　D. 加糖奶粉
E. 配方奶粉

5. 炼乳的种类包括(　　)。

A. 甜炼乳　B. 淡炼乳　C. 脱脂炼乳　D. 强化炼乳
E. 调制炼乳

## 三、简答题

1. 简述畜肝、畜心的营养价值与烹饪应用。
2. 简述牛肉、羊肉的营养价值与烹饪应用。
3. 简述狍子、野兔的营养价值与烹饪应用。
4. 简述常见乳的营养价值与烹饪应用。
7. 简述常见乳制品的营养价值与烹饪应用。

## 参考答案

一、1. 瘦肉型、脂用型、肉脂兼用型
　2. 关中驴、德州驴、广灵驴、泌阳驴、新疆驴
　3. 瘤胃、网胃、瓣胃、皱胃、皱胃
　4. 浙江金华火腿、江苏如皋火腿、云南宣威火腿
　5. 牛乳、羊乳、马乳、鹿乳、骆驼乳

二、1. AB　2. ABCD　3. ABCDE　4. ABCDE　5. ABCDE

三、(略)

# 模块六　禽类烹饪原料

**学习目标**

1. 了解禽类原料的概念及分类。
2. 了解家禽胴体的组织结构及家禽肉的营养特点。
3. 熟悉禽蛋在贮藏期间的品质变化及禽蛋贮藏保鲜技术。
4. 熟悉燕窝的品种及烹饪运用。
5. 掌握禽类原料的品质检验标准及烹饪运用。

## 任务一　禽类原料概述

### 一、禽类原料的概念与分类

#### (一)禽类原料的概念

禽类原料是指人工饲养的家禽和未被列入国家保护动物目录的野生鸟类的肉、蛋、副产品及其制品的总称。禽类原料一般分为家禽、野禽、禽制品、蛋和蛋制品等几大类。

我国烹饪常用的一般是家禽。家禽是在长期的人工饲养条件下逐渐驯化而成的鸟类。目前我国饲养的家禽主要包括鸡、鸭、鹅、鸽、鹌鹑、火鸡等。近年来,有些地方已开始规模化养殖孔雀、鸵鸟等。但饲养最广的仍然是鸡、鸭、鹅、火鸡。

#### (二)禽类原料的分类

禽类的分类方法有两种,一种是按用途分类,另一种是按产地分类。常用的方法是按用途分类,可分为肉用型、卵用型、兼用型和药食兼用型。

**1. 肉用型**

肉用型以产肉为主。体型较大,肌肉发达。常用的是胸脯肉、腿肉。肉用型家禽一般体宽身短,外形方圆,行动迟缓,性成熟晚,性情温顺,如九斤黄,狼山鸡、北京鸭等。

**2. 卵用型**

卵用型以产蛋为主。一般体型较小,活泼好动,性成熟早,产蛋多,如来航鸡,绍鸭等。

**3. 兼用型**

兼用型家禽体型介于肉用型与卵用型之间,同时具有两者的优点,如浦东鸡,高邮鸭等。

**4. 药食兼用型**

药食兼用型具有明显的药用性能,同时也具有很高的食用性。著名的品种如乌鸡、老母鸡等。

## 二、禽类原料的烹饪运用与品质检验

### (一)禽类原料的烹饪运用

禽类原料的肌体结构和肌肉部位的分布大体相同。禽类原料的部位分解与运用也基本相同。

**1. 禽头**

禽头是禽类的下脚料,骨多、皮多、肉少。适于制汤、煮、酱、炖、卤、烧等。

**2. 禽颈**

禽颈皮多、骨多、肉少。适于制汤、煮、酱、炖、卤、烧等。

**3. 禽脯肉和禽里脊**

禽脯肉又称"禽大胸",是位于禽胸骨两侧,紧贴鸡里脊的两块肉,是禽类全身最厚、最大的整肉。肉质细嫩,筋膜少。适于切丝、条、丁、片、茸等,适用于炸、炒、爆、熘等多种烹调方法。

禽类里脊又称"禽类小胸""禽类牙子""禽类柳"等,是禽类身上最细嫩的两块肉。紧贴禽类胸骨的两条肌肉,外与鸡脯肉紧贴,内有一条筋。其应用与鸡脯肉相同。

**4. 禽翅**

禽翅皮较多,肉质较嫩。适于烧、煮、卤、酱、炸、焖等烹调方法。

**5. 禽腿**

禽腿骨较粗硬、肉厚、筋多、质老,适于烧、扒、炖、煮等烹调方法。

**6. 禽爪**

禽爪胶原蛋白质含量多,可用酱、卤、煮等烹调方法。

**7. 栗子肉**

栗子肉位于禽类脊背两侧。栗子肉老嫩适中,无筋,适于爆、炒等烹调方法。

### (二)禽类原料的品质检验

在烹饪中运用的禽类原料,主要有鲜活禽和经宰杀、放血、拔毛后的光禽(去掉、不去或部分去掉内脏)两类。一般采用感官鉴定法进行品质检验。

鲜活禽类以体形正常、眼睛有神、羽毛紧、胸骨及嘴尖较软、胸部丰满、毛色美丽滑润、行动敏捷者为佳。

光禽的品质检验主要从其眼球、皮肤、肌肉、脂肪、气味以及煮汤等方面进行鉴定,见表6-1。

**表6-1 光禽评价指标**

| 评价指标 | 新鲜 | 次新鲜 | 变质 |
|---|---|---|---|
| 眼球 | 眼球饱满,角膜有光泽 | 眼球凹陷皱缩,晶体浑浊 | 眼球干缩凹陷,晶体浑浊 |
| 黏度 | 外表微干或湿润,不黏滑 | 外表稍干燥,有粘手感,新切断面湿润 | 外表极干燥或粘手,新切断面发黏 |
| 气味 | 有正常的新禽气味 | 无异味,但腹内有较重的令人不快的气味 | 体表及腹腔内均有臭味 |

续表

| 评价指标 | 新鲜 | 次新鲜 | 变质 |
|---|---|---|---|
| 弹性 | 肉有弹性,手指压后,凹陷处能立即恢复 | 肉弹性不足,手指压后,凹陷不能即刻恢复或完全恢复 | 肉质松弛,手指压后,凹陷不能恢复并留有痕迹 |
| 色泽 | 皮肤带有光泽,肉的切断面发光,色泽正常 | 皮肤稍有光泽,肉的切断面有光泽 | 体表无光泽,头颈部呈暗褐色 |
| 肉汤 | 肉汤透明澄清,脂肪团浮于汤表面,具有特殊的香味 | 汤稍有浑浊,脂肪呈小滴且浮于表面,香味差,无鲜味 | 肉汤浑浊,有白色或淡黄色絮状物,脂肪极少浮于表面,有极大的腥臭味 |

# 任务二　家禽类

## 一、家禽肉

### (一)家禽肉的品质特点

家禽肉与家畜肉相比较其肌肉组织纤维较细;脂肪比畜类熔点低,易消化,并且较均匀地分布在全身组织中;结缔组织较少且柔软;禽肉含水量较高。因此,家禽肉比家畜肉细嫩,滋味鲜美。

### (二)家禽胴体的组织结构

从烹饪加工与运用情况来看,禽体由肌肉组织、脂肪组织、结缔组织和骨骼组织构成。

**1. 肌肉组织**

禽类的肌肉组织发达,特别是胸肌和腿肌,胸肌和腿肌占禽体50%。雌禽的肌肉纤维较细,结缔组织较少,雄禽的肌肉组织较雌禽粗糙些。鸭、鹅等的肌肉组织较鸡的粗糙些。肌肉组织是禽类的主要食用部分,所含营养成分价值高,主要提供人体需要的优质蛋白质。

**2. 脂肪组织**

禽类的脂肪组织分布于禽体的体腔内部、皮下以及肌肉组织中。禽类脂肪中含丰富的亚油酸,熔点低,有利于人体消化,在烹调过程中还有提鲜的作用。人们多用禽类脂肪组织制油,味道鲜美。

**3. 结缔组织**

禽肉的结缔组织不如畜肉的结缔组织发达,结缔组织少,肉纤维极其柔嫩,故肉的硬度较低。结缔组织在禽肉中的含量与部位有关:一般白肌中含结缔组织较少,红肌中含结缔组织相对较多,禽体的腿部及前肢含量比其他部位要多。

**4. 骨骼组织**

禽类骨骼主要分为中轴骨和附肢骨两部分,中轴骨又分为头骨、脊柱、肋骨和胸骨,附肢骨分为前肢骨和后肢骨。禽类骨和畜类骨骼有区别,长骨中空且有气囊穿入,骨架相对畜类要小,烹调时多用于熬汤,食用价值较其他组织低。

### (三)家禽肉的营养成分及特点

家禽肉所含营养成分丰富,主要包含人体所需要的蛋白质、脂肪、糖类、维生素、无机盐以及水等。家禽肉的营养成分受到禽的种类、营养状况、饲养状况、宰后变化等因素的影响,其构成略有差异。

**1. 蛋白质**

禽肉一般含蛋白质16%~20%,都是优质蛋白质。去皮鸡肉和鹌鹑蛋白质含量比畜肉稍高,为20%左右。鸭、鹅蛋白质含量分别为16%和18%。和畜肉相比,禽肉一般有较多的柔软结缔组织,且均匀地分布于肌肉组织内,故禽肉较畜肉更细嫩、更容易消化。禽类肉中肌红蛋白的含量和性质对禽肉的颜色影响极大,禽肉因品种不同有淡红色、灰白色或暗红色,仔鸡肉的颜色比老鸡淡些,瘦鸡肉呈暗红色或淡青色,一般急宰的鸡多呈淡黄色。

**2. 脂肪**

禽肉脂肪熔点低,易于消化吸收,含有20%的亚油酸,营养价值较畜类高。禽肉中不饱和脂肪酸的含量要高于饱和脂肪酸。禽类脂肪质量分数较畜肉少,比如鸡肉脂肪中亚油酸的含量为20%,其脂肪熔点较低,消化吸收率较家畜高。禽类脂肪质量分数因种类、饲养方式而异,如野生禽的脂肪低于家禽,育肥家禽的脂肪最高,有些种类的禽类脂肪质量分数比较低,如鹌鹑、乌鸡、火鸡,而鸽、鸭的脂肪较多。

**3. 维生素**

禽肉中B族维生素含量丰富,特别是富含烟酸,鸡胸脯中烟酸含量为10.8mg/100g。肝脏中各种维生素的含量均很高,维生素A、维生素D、维生素$B_2$含量高于畜类。在禽类的肌肉中还含有一些维生素E,抗氧化酸败的作用比畜类要好。

**4. 无机盐**

与畜肉相比,禽肉中铁、锌、硒等矿物质含量很高,但钙的含量不高。禽类肝脏和血中的铁含量可达(10~30)mg/100g,可称为铁的最佳膳食来源。

**5. 碳水化合物**

禽类碳水化合物较缺乏,一般以游离或结合的形式广泛存在动物组织或组织液中,主要形式为糖原,肌肉和肝脏是糖原的主要储存部位。宰杀后的禽体,在保存过程中,由于酶的分解作用,糖原质量分数会逐渐下降。

**6. 含氮浸出物**

随着禽的种类、年龄、生态环境的不同,含氮浸出物的含量和成分略有差异,禽肉中含有含氮浸出物与畜类原料相比更多,因而禽肉炖出的汤也更鲜;老禽肉比小禽肉的含氮浸出物含量高;野禽肉的含氮浸出物更高。因此,在烹调运用过程当中要充分考虑相关因素,比如老母鸡适宜炖汤,而仔鸡适合爆炒。

## 二、家禽主要种类

### (一)鸡

鸡属于鸟纲鸡行目鸡属动物,是人类饲养最普遍的家禽。家鸡源出于野生的原鸡,其驯化历史至少约4000年,但直到1800年前后鸡肉和鸡蛋才成为大量生产的商品。

**1. 品种及产地**

鸡的种类很多，按照用途不同，可以分为肉用鸡、蛋用鸡、肉蛋兼用鸡、药食兼用鸡四类。鸡在我国各地均有养殖，部分地区特产的鸡肉质较好，称为特产鸡。

(1) 肉用鸡

肉用鸡是以产肉为主、产蛋为次的鸡种。一般体型较大，外形呈方圆形，动作迟缓，生长迅速，肉质细嫩鲜美。国产品种有浦东鸡、惠阳鸡、桃园鸡等，进口品种包括白洛克、科尼什等。

①浦东鸡

浦东鸡又称九斤黄，是上海本地唯一的土鸡品种。公鸡呈金黄色或红棕色，深色的胸部有黑羽，尾羽带黑纹，母鸡体态丰硕。雄鸡体重可达九斤[①]，雌鸡可达七八斤，通称“九斤黄”。以上海南汇的泥城、书院、老港、大团等地区养育的最为出名，如图 6－1 所示。

②惠阳鸡

又称三黄胡须鸡。惠阳鸡胸深背宽，后躯丰满，突出特征是颌下有发达而张开的细羽毛，状似胡须，头稍大，以肉质鲜美、皮摧骨细、鸡味浓郁、肥育性能好而在港澳活鸡市场久负盛名，主要产于广东省博罗、惠阳、惠东、龙门等地区，如图 6－2 所示。

**图 6－1　浦东鸡**

**图 6－2　惠阳鸡**

(2) 蛋用鸡

蛋用鸡以产蛋为主，产蛋多而大，体型一般较小，活泼好动，肉质差。主要品种有白来航鸡、海赛克斯白蛋鸡、罗曼鸡、北京白鸡等。

①白来航鸡

白来航鸡原产于意大利，现已遍布全世界。白来航鸡体型小而清秀，全身羽毛白色而紧贴，公鸡的冠较厚而直立，母鸡冠较薄而倒向一侧。喙、胫、趾和皮肤均呈黄色。耳叶白色。冠大鲜红，成熟早，年平均产蛋量 200 枚以上，如图 6－3 所示。

②北京白鸡

北京白鸡是在引进国外鸡种的基础上选育而成。它具有体型小、耗料少，产蛋多，适应性强，遗传性稳定等特点，是我国培育的产白壳蛋的优良品种。北京白鸡既可在北方饲养，也可在南方饲养，也适于散养，如图 6－4 所示。

---

① 1 斤 =0.5 千克。

(3)肉蛋兼用鸡

肉蛋兼用鸡体型介于肉用鸡和蛋用鸡体型之间,保持两者优点,肉质良好,产蛋较多。我国品种有狼山鸡、鹿苑鸡、寿光鸡、北京油鸡等。国外品种包括新汉夏鸡、澳洲黑鸡等。

图6-3 白来航鸡

图6-4 北京白鸡

①狼山鸡

又称岔河大鸡或马塘黑鸡。以产蛋多、蛋体大,体肥健壮、肉质鲜美而著称。按毛色分为黑白两种,黑色的称之为狼山黑,羽毛黑而发绿、发蓝,色彩绚丽;白色的叫狼山白,其羽毛洁白无瑕,赏心悦目。原产于江苏省如东县境内,以马塘、岔河为中心。该鸡集散地为长江北岸的南通港,港口附近有一游览胜地,称为狼山,从而得名,如图6-5所示。

②鹿苑鸡

又称鹿苑大鸡。全身羽毛黄色,紧贴体躯,体型高大,体质结实,胸部较深,背部平直,头部冠小而薄。产于江苏省沙洲县鹿苑镇而得名,以鹿苑、塘桥、妙桥、西张和乘航等地为集中产区,如图6-6所示。

图6-5 狼山鸡

图6-6 鹿苑鸡

(4)药食兼用鸡

药食兼用鸡具有明显的药用性能,同时也具有很高的食用性。主要品种有乌鸡、黑凤鸡等。

①乌鸡

又称武山鸡、乌骨鸡。目前乌鸡的生产基地主要分布于我国南方各省,北方有些地区亦有饲养。乌鸡不仅喙、眼、脚是乌黑的,而且皮肤、肌肉、骨头和大部分内脏也都是乌黑的。乌鸡的药用和食疗作用更是普通鸡所不能相比的,被人们称作名贵食疗珍禽,如图6－7所示。

②黑凤鸡

又称黑羽药鸡。黑凤鸡是我国独有的珍稀种源,其眼睛、血液、内脏、脂肪也近黑色,烧熟后像甲鱼一样胶着,味道十分鲜美。在民间广为应用,销量极大,自古流传黑凤鸡"滋补胜甲鱼,养伤赛白鸽,美容如珍珠",如图6－8所示。

**图6－7　乌鸡**

**图6－8　黑凤鸡**

**2. 营养价值**

鸡肉含蛋白质颇多,是高蛋白低脂肪的肉类,此外,还含有维生素A、钙、镁、钾、磷、钠等。中医认为鸡肉味甘,性温,具有温中益气、补虚填精、健脾胃、活血脉、强筋骨的功效。

**3. 烹饪运用**

鸡在烹饪中应用广泛,可整只入烹,也可分解不同的部位使用;可作冷菜、热菜、汤羹,也可作火锅、小吃、点心、粥饭等,几乎适用各种烹调方法。代表菜有叫花鸡、绍兴醉鸡、三杯鸡、口水鸡、东安仔鸡、道口烧鸡、荷叶鸡、德州扒鸡、新疆大盘鸡、白切鸡、辣子鸡等。用鸡制作菜肴时应注意,鸡肺不能食用,因鸡肺有明显的吞噬功能,吞噬活鸡吸入的微小灰尘颗粒;肺泡能容纳进入的各种细菌,杀宰后仍残留少量死亡病菌和部分活菌,在加热过程中虽能杀死部分病菌,但对有些嗜热病菌仍不能完全杀死或去除。

## (二)鸭

鸭是雁形目鸭科鸭亚科水禽的统称,亦称真鸭。鸭可分为饲养鸭、野生鸭,在烹饪中运用广泛。

**1. 品种及产地**

鸭居禽类消费量的第二位,我国有200多个品种,按用途不同将其分为肉用鸭、蛋用鸭和肉蛋兼用鸭三类。

(1)肉用鸭

肉用鸭体型大,体躯宽厚,肌肉丰满,肉质鲜美,性情温顺,行动迟钝。早期生长快,容易肥育。主要品种有北京鸭、樱桃谷鸭、狄高鸭、番鸭、天府肉鸭等。

①北京鸭

"北京烤鸭"专用鸭,羽毛纯白色,嘴、腿和蹼呈橘红色,头和喙较短,颈长,体质健壮,生长快。原产于北京西郊玉泉山一带,还分布于天津、上海、广东、辽宁、黑龙江、内蒙古、山西、河南等地,如图6-9所示。

②番鸭

又称瘤头鸭、洋鸭、麝鸭。体型前尖后窄,呈长椭圆形,头大,颈短,嘴甲短而狭,胸部宽阔丰满。番鸭羽毛颜色分为白色、黑色和黑白花色三种,少数呈银灰色。因颜色不同,体形外貌亦有一些差别。番鸭主产于湖北阳新县、福州市郊和龙海市等地,如图6-10所示。

图6-9　北京鸭

图6-10　番鸭

(2)蛋用鸭

蛋用鸭体型较小,体躯细长,羽毛紧密,行动灵活,性成熟早,产蛋量多,但蛋型小,肉质稍差。具有代表性的有绍兴鸭、金定鸭、攸县麻鸭等。

①绍兴鸭

又称绍兴麻鸭、浙江麻鸭、山种鸭。因原产地位于浙江旧绍兴府所辖的绍兴、萧山、诸暨等县而得名,是我国优良的高产蛋鸭品种。绍兴鸭体躯狭长,母鸭以麻雀羽为基色,公鸭深褐羽色,头、颈墨绿色。根据毛色分带圈白翼梢与红毛绿翼梢两种类型,带圈白翼梢,公鸭颈中部有白羽圈,喙黄色;红毛绿翼梢,公鸭喙橘红色。浙江省、上海市郊区及江苏的太湖地区为主要产区,如图6-11所示。

图6-11　绍兴鸭

②金定鸭

金定鸭属麻鸭的一种,又名华南鸭,是福建传统家禽良种。公鸭背部褐色,胸部红褐色,腹部灰白色,喙黄绿色;母鸭全身披赤褐色麻雀羽,分布有大小不等的黑色斑点,喙青黑色。主产于福建省龙海市紫泥镇金定村,金定鸭因此得名,如图6-12所示。

(3)肉蛋兼用鸭

具有代表性的有高邮鸭、建昌鸭、巢湖鸭、桂西鸭等。

①高邮鸭

又称高邮麻鸭。公鸭头和颈上部羽毛深绿色,背、腰、胸部均为褐色芦花羽,喙青绿色,胫、蹼橘红色;母鸭全身羽毛褐色,有黑色细小斑点,如麻雀羽,喙青色,胫、蹼灰褐色。主产于江苏省高邮、宝应、兴化等地区,以产双黄蛋最为闻名,如图6-13所示。

图6-12 金定鸭

图6-13 高邮鸭

②建昌鸭

建昌鸭以生产大肥肝而闻名,故有“大肝鸭”的美称。公鸭头和颈上部羽毛墨绿色,颈下部有白色环状羽带,胸、背红褐色,腹部银灰色,尾羽黑色,喙黄绿色;母鸭羽色以浅麻色和深麻色为主,浅麻雀羽居多,喙橘黄色。主产于四川西昌、德昌、冕宁、米易和会理等地。西昌古称建昌,因而得名建昌鸭,如图6-14所示。

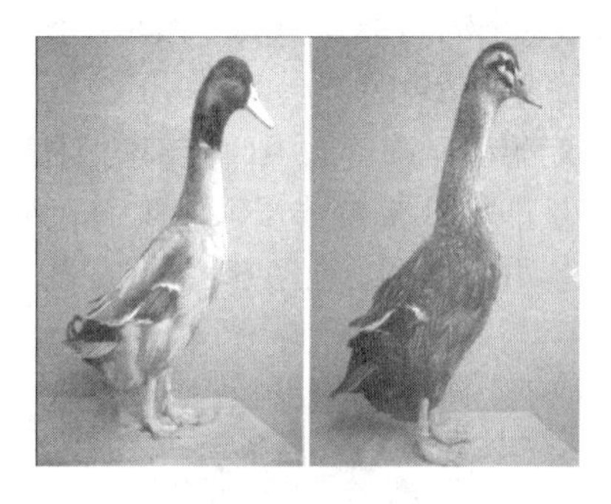

图6-14 高邮鸭

**2. 营养价值**

鸭肉含脂肪、蛋白质、维生素A、维生素E、维生素$B_1$、维生素$B_2$、烟酸、钙、镁、铁、锌、钾、磷、钠等。中医认为鸭肉味甘、咸,性寒,具有滋补、养胃、补肾、消水肿、止热痢、止咳化痰等作用。

**3. 烹饪运用**

鸭子一般用烤、蒸等方法成菜,且整只制作较多。鸭子内脏如肝、胗、心、舌、血等皆可作为主料制作菜肴。还有以烤鸭为主菜制作的“全鸭席”。鸭还是制汤的重要原料。鸭肉烹饪方法与鸡肉基本相同,一般以突出其肥嫩、鲜香的特点为主,代表菜式有虫草鸭子、海带炖老鸭、豆渣鸭脯、北京烤鸭、干菜鸭、葫芦鸭等。

## (三)鹅

鹅是鸟纲雁形目鸭科动物的一种。家鹅的祖先是雁,大约在三四千年前人类已经驯养,现在世界各地均有饲养。鹅头大,喙扁阔,前额有肉瘤。脖子很长,身体宽壮,龙骨长,胸部丰满,尾短,脚大有蹼,生长快,寿命较其他家禽长,体重4~15kg。

**1. 品种及产地**

按体型大小,鹅可分为大、中、小三型;按羽毛颜色,分为白色、灰色两大系列;按生产性能,分产肉、产蛋、产绒、产肥肝四类。

(1)大型鹅

①狮头鹅

狮头鹅是我国最大的鹅种。该品种鹅体硕大轩昂,头大,额顶有肉瘤向前倾斜,两颊有显著突出的肉瘤,瘤呈黑色或黑色带有黄斑,从头的正面看有如狮子头状,故名狮头鹅。眼凹陷,眼圈呈金黄色,喙深灰黑色。颈背有红色褐色羽带,全身羽毛灰棕色或淡灰色,有如大雁毛色。胫和蹼均为橘黄色。成年公鹅体重 10 ~ 12kg,最大可达 16kg,母鹅体重 8 ~ 10kg,最大可达 13kg,如图 6 - 15 所示。

图 6 - 15　狮头鹅

(2)中型鹅

①雁鹅

原产地安徽省六安地区。前额有发达的光滑肉瘤,颈长呈弓形,公鹅体躯长方,母鹅呈蛋圆形。成年鹅羽毛灰褐色,背侧褐色,腹部灰白,颈的背侧深浅线条分明,背、翼、扇羽皆有白色镶边。喙和肉瘤黑色,胫、蹼橘红色。成年体重公鹅 6 ~ 7kg,全净膛屠宰率 72.5%,母鹅 5 ~ 6kg,全净膛屠宰率 65.3%,如图 6 - 16 所示。

②朗德鹅

朗德鹅原产于法国西南部的朗德地区,是当今世界上最适于生产鹅肥肝的鹅种。该种仔鹅生长迅速,8 周龄体重可达 4.5kg 左右,成年公鹅体重 7 ~ 8kg,母鹅 6 ~ 7kg,成鹅经填肥后体重可达 10kg 以上,如图 6 - 18 所示。

图 6 - 16　雁鹅

图 6 - 17　朗德鹅

(3)小型鹅

①皖西白鹅

皖西白鹅主要产在安徽省的寿县、霍邱、六安、舒城等地,分布广泛,全身羽毛洁白,夹顶肉瘤大而有光泽,颈较细长,胸部发达,背腰发达,肉瘤、喙、胫、蹼为橘红色。成年公鹅体重 5 ~ 6kg,母鹅体重 4 ~ 5kg,肉质较好,如图 6 - 18 所示。

②太湖鹅

太湖鹅产于长江下游及太湖地区。太湖鹅瘤头,弓形长颈喙、肉瘤、胫蹼橘红色,成年公鹅 4 ~ 4.5kg,母鹅 3.0 ~ 3.5kg,个体大小适于多种方法烹调,肉的品质好。如图 6 - 19 所示。

图6－18　皖西白鹅

图6－19　太湖鹅

**2. 营养价值**

鹅肉含有人体必需的各种氨基酸,其组成接近人体所需氨基酸的比例,从生物学价值上来看,鹅肉是全价蛋白质、优质蛋白质。鹅肉中的脂肪含量较低,仅比鸡肉高一点,比其他肉要低得多。鹅肉不仅脂肪含量低,而且品质好,不饱和脂肪酸的含量高,特别是亚麻酸含量均超过其他肉类,对人体健康有利。鹅肉脂肪的熔点很低,质地柔软,容易被人体消化吸收。中医认为鹅肉性平、味甘;归脾、肺经,具有具有益气补虚、和胃止渴、止咳化痰,解铅毒等作用。

**3. 烹饪运用**

鹅肉鲜嫩松软,清香不腻,以卤制鹅和煨汤居多,也可熏、蒸、烤、烧、酱、糟等。其中,鹅肉炖萝卜、鹅肉炖冬瓜等,都是“秋冬养阴”的良菜佳肴。

代表菜有太白鹅、香辣酥鹅、陈皮扣鹅掌、红糟鹅、叔公焖鹅、酸菜鹅肉汤、紫苏炆鹅、古子老鹅等。

## (四)鸽子

鸽子是鸽形目鸠鸽科鸟属鸽种。鸽子亦称家鸽、鹁鸽、白凤。鸽子的祖先是翳生的原鸽。其同类野鸽分布于欧洲、非洲北部和中亚地区以及中国新疆。

**1. 品种及产地**

鸽子有野鸽和家鸽两类。家鸽是由野生的原鸽经过长期的人工驯养培育而成的。据史料记载,中国在公元前就已经开始有人饲养家鸽,到唐宋时期已经很盛行。烹饪中主要使用肉鸽,肉鸽是指4周龄左右的家鸽,是专门供食用的品种,肉质好。

(1)野鸽

又名鸪雕、鸪鸟、中斑、花斑鸠、花脖斑鸠、珍珠鸠、斑颈鸠、珠颈鸽、斑甲,在南亚、东南亚地区以及中国南方广大地区常见。鸽体长295～360mm;头、颈、胸和上背为石板灰色,上背和前胸有金属绿和紫色闪光,背的其余部分为淡灰色;翅膀上各有一黑色横斑;尾羽石板灰色,其末端为宽的黑色横斑,雌雄相似,如图6－20所示。

图6－20　野鸽

(2)家鸽

图6-21 家鸽

体呈纺锤形,嘴短,基部被以蜡膜,眼有眼睑和瞬膜,外耳孔由羽毛遮盖,视觉、听觉都很灵敏,翼长大,善飞,羽毛颜色多样,以青灰色较普遍,也有纯白色、茶褐色和黑白交杂等。肉用鸽体大而重,约0.5~0.8kg,繁殖力强,年可达10窝,早熟,肉质鲜美,如图6-21所示。

**2. 营养价值**

鸽子的营养价值极高,既是名贵的美味佳肴,又是高级滋补佳品。鸽肉为高蛋白、低脂肪食品,蛋白含量为24.47%,超过兔、牛、猪、羊、鸡、鸭、鹅和狗等肉类,所含蛋白质中有许多人体的必需氨基酸,且消化吸收率在95%,鸽子肉的脂肪含量仅为0.73%,低于其他肉类,是人类理想的食品。我国民间有"一鸽胜九鸡"的说法。中医认为鸽肉性平、味咸、入肝肾经,易于消化,具有滋补益气、祛风解毒的功能,对病后体弱、血虚闭经、头晕神疲、记忆衰退有很好的补益治疗作用。

**3. 烹饪运用**

由于鸽子体型较小,通常整只入烹,以烧、烤、炖等居多,其中以清蒸或煲汤最好,这样能使营养成分保存最为完好。代表菜式有酱汁鸽子、油炸鸽子、子母会、清蒸鸽子、香酥鸽子、天麻炖乳鸽等。

## (五)鹌鹑

鹌鹑又称为赤喉鸡、赤鹑、鹑鸟等,属鸟纲稚科动物,是鸡形目中最小的一种禽类,体型近似鸡雏。鹌鹑原为一种野生鸟类。

图6-22 鹌鹑

**1. 品种及产地**

野生鹌鹑主要分布在我国各地草原及半山区,目前各地均有饲养。

成年鹌鹑体长148~182mm,体重66~118g,体小而滚圆,褐色带明显的草黄色矛状条纹及不规则斑纹,雄雌两性上体均具红褐色及黑色横纹。雄鸟颏深褐,喉中线向两侧上弯至耳羽,紧贴皮黄色项圈。皮黄色眉纹与褐色头顶及贯眼纹成明显对照。雌鸟亦有相似图纹但对照不甚明显。鹌鹑肌纤维纤细,肉质细嫩,味道鲜美,如图6-22所示。

**2. 营养价值**

鹌鹑肉含蛋白质、脂肪、胆固醇、维生素A、烟酸、钙、磷、钾、钠、镁、硒等。中医认为鹌鹑性味甘、平、无毒,入肺及脾经,有消肿利水、补中益气的功效。

**3. 烹饪运用**

在烹制过程中注意不要让鹌鹑肉发干,鹌鹑的烹饪时间为20~25min。鹌鹑通常与葡萄一起炖制,也可以做砂锅菜或烧烤;鹌鹑可以烤制,因为其骨头细小,也可以食用。

代表菜式有脆皮鹌鹑、花胶炖鹌鹑、红烧鹌鹑、香辣炒鹌鹑、白果鹌鹑汤等。

# 任务三　野禽类

野禽是指可供烹饪加工的野生鸟类的总称,其种类较多,风味独特,大多是制作野味菜肴和药膳的主要原料。由于生态的改变及乱捕乱猎,使野生鸟类资源逐渐减少,许多过去烹饪中常用的野生鸟类已被列入国家保护动物目录。因此,本节介绍的野禽为人工饲养品种。

## 一、野禽的组织结构特点

野禽胸肌比家禽发达,红肌纤维的含量相对较多;皮肤活动量大,因而皮肤的伸展性强,容易从表体剥离;不善飞行的野禽易受惊吓,白肌含量相对较多,肉质较为细嫩,色泽较白。野禽的肉质鲜美,质感细腻,胜于家禽。

野禽的烹饪和储存保鲜方法与家禽相似。野禽适用于整只烹制,常用烧、焖、炖、卤、酱、炸、扒、爆等烹调方法。

## 二、常用野禽

### (一)鹧鸪

**1. 品种及产地**

鹧鸪俗称花鸡,为鸟鸡形目雉科动物,主要分布在云南、贵州、四川、江西、福建、广东、广西等南方地区,栖息于灌木丛和疏树的山地,现已人工饲养。

鹧鸪雄鸟头顶、枕和后颈上部黑褐色,具黄褐色羽缘;前额、头的两侧和后颈栗黄色,并形成一宽带,一直围绕到头顶和后颈上部;眼下颊白色,其上有一宽的黑色眼上纹从鼻孔开始一直延伸到颈侧,其下有一窄的黑色颚纹;眼圈黑色,耳羽略呈黄色;后颈下部、上背和胸侧黑褐色,羽片具 3 排并列的白色斑。鹧鸪的骨骼细小,出肉率高,肉质细嫩而肥美,如图 6－23 所示。

图 6－23　鹧鸪

**2. 营养价值**

鹧鸪肉含丰富的蛋白质、脂肪和较高的锌、锶等微量元素,富含多种维生素和铁、钾等多种矿物质。中医认为鹧鸪味甘,性温,归脾、胃、心经,有滋养补虚、开胃化痰的功效。

**3. 烹饪运用**

鹧鸪适于蒸、烧、炸、炖、烩等方法制作菜肴。

代表菜式如清炸鹧鸪、红烧鹧鸪、荷叶蒸鹧鸪、酱烧鹧鸪等。

## (二)竹鸡

**1. 品种及产地**

竹鸡又称为竹鹧鸪,为鸟纲雉科竹鸡属各种动物的统称,分布于我国长江流域以南各地,栖息山丘草地及丛林间。我国分布较广的为灰胸竹鸡。

图6-24 竹鸡

竹鸡体长约30cm,体重200~350g,成年雄鸡可达300g左右。喙黑色或近褐色,额与眉纹为灰色,头顶与后颈呈嫩橄榄褐色,并有较小的白斑,胸部灰色,呈半环状,下体前部为栗棕色,渐后转为棕黄色,肋具黑褐色斑,跗跖和趾呈黄褐色。竹鸡常在山地、灌丛、草丛、竹林等地方结群活动,3~5只或10多只不等,时常排成单行队形行进,如图6-24所示。

**2. 营养价值**

竹鸡肉蛋白质含量为30.1%,比鹧鸪、鹌鹑均高6.8%,比肉鸡高10.6%。脂肪含量为3.6%;比珍珠鸡低4.1%,比肉鸡低4.2%。竹鸡含人体所必需的18种氨基酸和64%的不饱和脂肪酸,具有高蛋白、低脂肪、低胆固醇的营养特性。中医认为竹鸡味甘,性平,归脾、肝经,有补中益气、杀虫解毒的功效。

**3. 烹饪运用**

竹鸡适于炒、蒸、炸、烧等多种烹调方法。

代表菜式有炒竹鸡、麻辣竹鸡、清蒸竹鸡等。

## (三)火鸡

火鸡属脊椎动物门鸟纲鸡形目吐绶鸡科动物,又称避株、吐绶鸡、吐绶鸟、吐锦鸡、七面鸟等。家养火鸡是由墨西哥原住民将当地野生火鸡驯化而得来的。我国于20世纪80年从国外引进火鸡养殖。

**1. 品种及产地**

火鸡品种较多,按商品用途可分为肉用型、蛋用型、肉蛋兼用型三类。主要品种有青铜火鸡、荷兰白火鸡、黑火鸡等,我国浙江、广西等地均有饲养。

(1)青铜火鸡

青铜火鸡原产于美洲,是世界上最著名、分布最广的品种。公火鸡颈部、喉部、胸部、翅膀基部、腹下部羽毛红绿色并发青铜光泽。母火鸡两侧、翼、尾及腹上部有明显的白条纹。喙端部为深黄色,基部为灰色。成年火鸡体重16kg,母火鸡9kg,如图6-25所示。

(2)荷兰白火鸡

荷兰白火鸡原产于荷兰,全身羽毛白色。喙、胫、趾为淡红色,皮肤为纯白色或淡黄色。成年公火鸡体重15kg,母火鸡8kg。雏火鸡毛色为黄色;公火鸡前胸有一束黑毛。如图6-26所示。

图6-25　青铜火鸡

图6-26　荷兰白火鸡

(3)黑火鸡

黑火鸡原产英国诺福克,又名诺福克火鸡。全身羽毛黑色,有绿色光泽。雏火鸡羽毛为黑色,翼部带有浅黄点,有时腹部绒毛也有浅黄点。成年火鸡胫和趾为浅红色,年幼火鸡为深灰色。喙、眼为深灰色,胸前须毛束为黑色。成年雄火鸡体重15kg,雌火鸡8kg左右。如图6-27所示。

图6-27　黑火鸡

**2. 营养价值**

火鸡肉蛋白质含量高达30.5%,而且富含多种氨基酸,特别是蛋氨酸和赖氨酸都高于其他肉禽,维生素E和B族维生素也含量丰富。中医认为,火鸡性平、温,味甘,具有温中益气、补虚填精、健脾胃、活血脉、强筋骨、添精髓的功效,对营养不良、胃寒怕冷、头晕心悸、乏力疲劳、消渴、水肿等有很好的食疗作用。

**3. 烹饪运用**

火鸡体大肉厚,但肌纤维较粗,肉质肥嫩鲜美;除整只用于烤、焗外,可根据肌肉纹理加工成块、条、片、丝、丁、粒等形状,适用于炸、烧、炖、爆、炒等烹调方法。火鸡肉显酸味和土腥味,宜用黄酒和浓味香料矫除。因火鸡肉中脂肪较少,加热后易发柴,可用浸泡法增加水分,用熟猪油烹制。用火鸡制作的菜肴有:油淋火鸡翅、雪花火鸡片、葱爆火鸡柳、桃仁火鸡丁、海参火鸡煲等。

## (四)珍珠鸡

珍珠鸡属脊椎动物门鸟纲鸡形目珍珠科动物,又称珠鸡、珍珠鸟、几内亚鸟等。原产于非洲西部几内亚一带,由野生珠鸡驯化而来。我国于20世纪80年代初进入规模性饲养阶段。

**1. 品种及产地**

珍珠鸡主要有大珠鸡、羽冠珠鸡、灰顶珠鸡三类品种。我国广东、浙江、江苏、山东、贵州等地均有规模饲养。

(1)大珠鸡

大珠鸡主要分布在索马里、坦桑尼亚,其主要特征是在其背部有几根羽毛带有棕褐色的带状条纹,如图6-28所示。

图6-28　大珠鸡

(2)羽冠珠鸡

羽冠珠鸡主要分布在非洲热带森林中,其主要特征就是头部长有像羽毛一样的冠,如图6-29所示。

(3)灰顶珠鸡

灰顶珠鸡外观似雌孔雀,头很小,面部淡青紫色,喙强而尖,喙尖端淡黄色,后部红色,在喙的后下方左右各有一个心状肉垂,如图6-30所示。

图6-29　羽冠珠鸡

图6-30　灰顶珠鸡

**2. 营养价值**

珍珠鸡肉含蛋白质、脂肪、胆固醇、硫胺素、烟酸、钙、磷、钾、钠、镁、铁、锌、硒等。中医学认为,珍珠鸡味甘,性平,归脾、肝经,有温中益气、补虚填精、健脾胃、活血脉、强筋骨的功效。一般人群均可食用,老人,病人,体弱者尤可食用。

**3. 烹饪运用**

珍珠鸡肉质细嫩、营养丰富、味道鲜美。珍珠鸡的烹饪运用与家鸡基本相同,可整用,也可分档使用,适于炖、卤、烧、炒、爆等烹调方法。以珍珠鸡制作的菜肴有:熘珍珠鸡片、红焖珍珠鸡、清汤珍珠鸡圆等。

# 任务四　禽制品

## 一、禽制品概述

禽制品是以鲜禽为原料,经再加工后制成的成品或半成品。禽制品的种类很多,按来源不同可分为鸡制品、鸭制品、鹅制品及其他禽制品;按加工处理时是否需加热,可分为生制品和熟制品;按加工制作的方法不同,可分为腌腊制品、酱卤制品、烟熏制品、烧烤制品、油炸制品、罐头制品等。

常见的禽制品有烧鸡、扒鸡、熏鸡、板鸭、烤鸭、盐水鸭等。其中,可直接食用的,为熟禽制品;必须经过加工后才能食用的,为生食制品,如板鸭、风鸡等。

禽制品的储存保鲜一般采用阴凉、通风、洁净处悬挂或低温冷藏、真空包装等方法。

## 二、禽制品种类

### (一)南京板鸭

**1. 品种及产地**

每年10月至春暖花开的清明节,是生产南京板鸭的旺季。其中,大雪到立春期间生产的板鸭称腊板鸭,为最佳腌制期;立春到清明生产的板鸭称春板鸭。

南京板鸭俗称"琵琶鸭",又称"官礼板鸭"和"贡鸭",素有"北烤鸭南板鸭"之美名,是南京地区一道传统名菜,用盐卤腌制风干而成。南京板鸭从选料、制作到烹调成熟有一套传统的方法和要求,即"鸭要肥,喂稻谷;炒盐腌,清卤复;烘得干,焐得足;皮白、肉红、骨头酥",如图6-31所示。

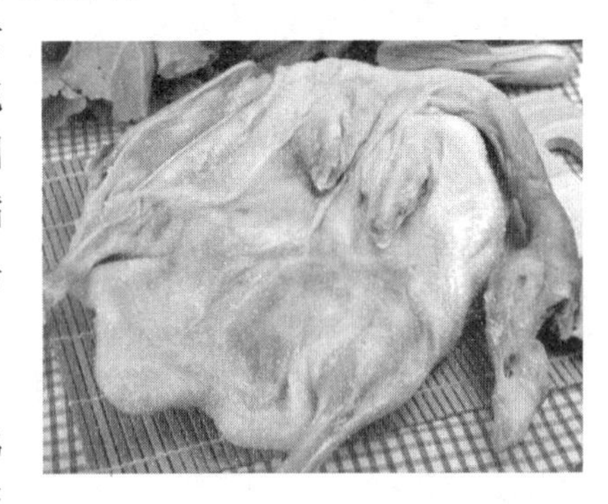

图6-31　南京板鸭

**2. 烹饪运用**

烹调前,一般先用清水浸泡,洗去多余的盐分,用沸水煮软,再用于烹调或冷却后直接切成需要的形状。板鸭常用的烹调方法有蒸、煮、炖、炒、炸等。

### (二)风鸡

**1. 品种及产地**

风鸡又名带毛风鸡,是正宗农家土菜之一,具有腊香馥郁,鸡肉鲜嫩的特点,最宜佐酒。风鸡的产地很多,以河南、湖南、云南等省为主。冬季盛产。

图6-32　风鸡

风鸡是以健康的活鸡为原料,经过宰杀、去内脏、腌制、风干等多道工序加工而成的制品。风鸡的制作集腌制和干制于一体,不仅鲜爽不腻、腊香浓郁,而且适于储藏。风鸡以脂肪肉满,鸡肉略带弹性,皮面呈淡黄色,无霉变虫伤者为佳,如图6-32所示。

**2. 烹饪运用**

烹制时,如果是带毛风鸡,先将风鸡去毛洗净后炖煮至用筷子可捣入鸡肉即成,晾凉后拆骨去肉并撕成细丝状备用。可制作冷盘,或加配料进行烧、烩、煮、炒制作热菜,也可以作为火锅的用料。煮熟即可食用,色、香、味俱全,肥而不腻、酥嫩可口,是一种风味和营养俱佳的美食。

## (三)风鹅

**1. 品种及产地**

风鹅是江苏溧阳地方特产,已有一百多年的历史。社渚、竹箦、天目湖一带产的风鹅最为著名,有风香鹅之称,简称风鹅。腊月是制作风鹅的最佳季节。

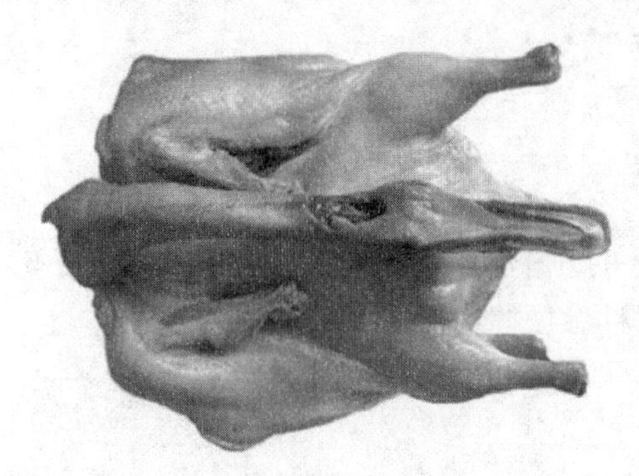

图6-33 风鹅

风鹅即选用健康无病、羽毛绚丽、雄壮健美的鹅,以公鹅或野鹅最佳,经屠宰后取出内脏,涂料腌制,用麻绳穿鼻,挂于阴凉干燥处,经半个月左右的风干即为成品。风鹅中含有大量的氨基酸和不饱和脂肪酸,具有高蛋白、低脂肪、味道鲜美、口感香嫩、回味悠长的特点,如图6-33所示。

**2. 营养价值**

风鹅肉含蛋白质、脂肪、胆固醇、维生素A、烟酸、钙、磷、钾、钠、镁、铁、锌、硒等。中医认为风鹅肉性平、味咸,归脾、肺经,具有补气、生津、养生食品、补虚益气、养胃生津、通利五脏的功效。

**3. 烹饪运用**

烹制时,如果是带毛风鹅先将风鹅去毛洗净后炖煮,煮熟即可食用,色、香、味俱全,肥而不腻、酥嫩可口,是一种风味和营养俱佳的美食。

# 任务五 食用燕窝

燕窝是金丝燕属的多种燕类用唾液、自身纤细羽绒结合海藻、苔藓及所食之物的半消化液等混合凝结后筑成的窝巢。

## 一、品种及产地

燕窝按筑巢的地方可分为“洞燕”及“屋燕”两种,洞燕根据巢窝的外表色泽和品质不同分为白燕、毛燕、血燕、红燕四类,而屋燕只有象牙白一种颜色。根据加工后的形态,燕窝又分为燕饼和燕碎。

**1. 白燕**

白燕又称官燕、贡燕、崖燕,是金丝燕筑的第一个窝,又称“一道窝”。白燕完全由唾液制成,偶带少数绒毛,色牙白,光洁透亮,呈半碗状,根小而薄,略有清香,涨发出料高,是最佳品。如图6-34所示。

图6-34 白燕

**2. 毛燕**

毛燕又称乌燕、灰燕,为金丝燕第二次筑的窝,又称“二道窝”。因筑时较匆忙,形体已不匀整,杂质也多,色灰暗,质量次于白燕。如图6-35所示。

**3. 血燕**

血燕是第二次窝被采后,因产卵期近,赶筑的第三个窝。血燕窝形已不规则,毛、藻等杂质更多,且间夹有紫黑色血丝,质次于毛燕,如图 6－36 所示。

图 6－35 毛燕

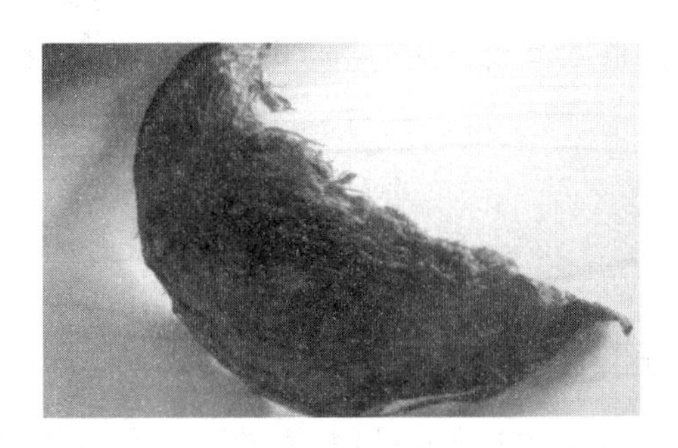

图 6－36 血燕

**4. 红燕**

系燕窝筑于岩壁时,被红色渗出液浸润染成,通体呈均匀的暗红色。红燕含矿物质较丰富,产量不多,营养、食疗功效较好,医家视为珍品,民间认为其比白燕还要珍贵。有人将其误称为血燕,但二者区别明显,如图 6－37 所示。

**5. 屋燕**

屋燕只是将采摘的环境由山洞、峭壁变成了人工搭建、适合金丝燕筑巢的人工屋,而并没有改变金丝燕的生活习性。大自然的原始森林环境和人工屋技术的结合,有效解决了金丝燕保护和燕窝产量的矛盾,形成了独特的原生态屋燕。屋燕色较白,质松,毛少口感较滑软,如图 6－38 所示。

图 6－37 红燕

图 6－38 屋燕

## 二、营养价值

燕窝主要营养成分有水溶性蛋白质,碳水化合物,钙、磷、铁、钠、钾等微量无素及对促进人体活力起重要作用的氨基酸(赖氨酸、胱氨酸和精氨酸)。中医认为燕窝性平味甘,归肺、胃、肾三经,具有养阴润燥、益气补中,治虚损、咳痰喘、咯血、久痢,可促进免疫功能,有延缓人体衰老、延年益寿的功效。

### 三、烹饪运用

燕窝为珍贵原料,在烹饪应用中,燕窝经蒸发、泡发后,通常采用水烹法如蒸、炖、煮、扒等进行烹调,以羹汤菜式为多,制作时常辅以上汤或味清鲜质柔软的原料,如鸡、鸽、海参、银耳等;也可以制作甜、咸菜式。调味则以清淡为主,忌配重味辅料掩其本味;色泽也不宜浓重。

## 任务六　蛋类和蛋制品

### 一、蛋类

禽蛋是雌禽所排的卵。除了禽类外,爬行类的蛇、龟、鳖,也可以产蛋。但烹调中应用最广泛的是禽类所产的蛋。禽蛋富含人体所必需的动物性蛋白质、脂肪、卵磷脂以及矿物质和多种维生素,营养成分比较全面,易被人体吸收,是人们日常生活中的重要副食品和较理想的滋补食品。

#### (一)禽蛋的结构

禽蛋横切面呈圆形,纵切面呈不规则椭圆形,一头尖,一头钝。禽蛋由蛋黄、蛋白、蛋壳3个部分组成。禽蛋蛋壳约占全蛋重量的11%,蛋白约占58%,蛋黄约占31%。

#### (二)禽蛋的常用品种

烹饪运用的禽蛋主要有鸡蛋、鸭蛋、鹅蛋、鸽蛋、鹌鹑蛋等。应用最多的是鸡蛋。鸭蛋、鹅蛋体积较大,腥味较重,通常用于制作咸蛋、皮蛋等。鸽蛋、鹌鹑蛋体积较小、质地细腻,在烹调中多整只使用。

#### (三)禽蛋的理化性质

烹饪中应用较多的是蛋清的起泡性和蛋黄的乳化性。利用蛋清的起泡性,可将蛋清抽打成蛋清糊,用于制作雪山等造型的菜肴或与淀粉混合制作蛋清泡糊,以及制作西式蛋糕等。利用蛋黄的乳化作用,可以制作沙拉酱(蛋黄酱)、冰激凌、糕点等。

#### (四)禽蛋的烹饪运用

禽蛋可以单独制作菜肴,也可以与其他各种荤素原料配合使用。适应于各种烹调方法,如煮、煎、炸、烧、卤、糟、炒、蒸、烩等。可用于制作多种菜肴,如蛋松、鸽蛋紫菜汤、子母会、鱼香炒蛋、炸蛋卷等。由于蛋本味不突出,因此,可进行任意调味,如甜、咸、麻辣、五香、糟香等。可以用于制作各种小吃、糕点,如金丝面、银丝面。蛋类还可以用于各种造型菜,如将蛋白、蛋黄分别蒸熟后制成蛋白糕和蛋黄糕,广泛用于各种造型菜式中。蛋还可以作为黏合料、包裹料,广泛用于煎、炸等烹饪方法中。

#### (五)禽蛋的品质鉴别

鲜禽蛋的品质与蛋的品种有关,主要取决于蛋的新鲜度。鉴别蛋的新鲜度的方法很多,如感官鉴别法、灯光透视鉴别法、理化鉴别法等。在烹饪行业中通常采用感官鉴别法,主要分为看、听、嗅三种。

(1)看。主要是指观察蛋壳的清洁程度、完整状况和色泽3个方面。质量好的鲜蛋蛋壳比较粗糙,壳上附有一层粉状的微粒,清洁,色泽鲜明,蛋壳完整无损,表面无油光发亮的现象。打开蛋壳看,蛋白黏稠度很高,蛋黄饱满,呈半球状。

(2)听。从敲击蛋壳发出的声音来辨别蛋类有无裂损、变质。新鲜蛋一般发音坚实,能发出如石子相碰的清脆的"咔咔"声。摇晃无声音。

(3)嗅。闻蛋的气味是否正常,有无特殊的异味。新鲜的蛋打开后有轻微的腥味,无其他异味;如有霉味、臭味,则为变质的蛋。

### (六)禽蛋的储存保鲜

禽蛋富含各种营养物质,而且消化吸收率比较高,是深受广大消费者喜爱的优质营养食品。由于鲜蛋在储藏中发生物理变化、化学变化、生理学变化以及微生物变化,促使蛋内容物分解,质量降低。因此,必须采用科学的保管方法。根据鲜蛋本身的结构、成分和物理化学性质,设法杀灭或抑制蛋壳上的微生物。闭塞气孔,防止微生物进入蛋内,降低保管温度,抑制蛋内酶的作用,并保持环境中适宜的相对湿度和清洁卫生条件,以达到保鲜的目的。

**1. 禽蛋在储藏期间的品质变化**

从禽蛋的构造来看,蛋壳、壳外膜和壳内膜既能阻止外界微生物的侵入,又可减缓蛋内水分的蒸发,对蛋本身具有一定的保护作用。但这种保护作用是有一定限度的,特别是壳外膜很容易被水溶解而失去作用。总体来说,禽蛋在储藏过程中,易发生物理、化学、生理及微生物学等方面的变化。

(1)物理变化

鲜蛋在储藏期间,蛋白中的水分和代谢所产生的二氧化碳不断通过气孔向外散逸,导致水分含量下降,重量减少。与此同时,气室不断增大,蛋白变稀,而蛋黄指数(蛋黄高度与蛋黄直径之比)下降。新鲜禽蛋的蛋白透明浓厚,其系带粗白而富有弹性,蛋黄几乎是半球形,蛋黄指数为0.40~0.44。当蛋黄指数小于0.25时,蛋黄基本失去弹性,很容易出现散黄。

(2)化学变化

新鲜蛋的蛋黄pH为6.0~6.4,在储藏过程中会逐渐上升而接近或达到中性。蛋白的pH最初为7.5~7.6,储藏一段时间(10d)后,其pH可达9以上。但当蛋开始接近变质时,其pH值又有下降的趋势。当蛋白pH降至7.0左右时尚可食用,若继续下降则不宜食用。由于微生物的作用及禽蛋本身的呼吸,使得蛋内营养物质不断转化和分解。其中,卵类黏蛋白和卵球蛋白的含量相对增加,而卵白蛋白和溶菌酶减少;蛋黄中卵黄球蛋白和磷脂蛋白的含量减少,而低磷脂蛋白的含量增加。微生物可将蛋白质分解成氨基酸,各种氨基酸经脱氨基、脱羟基、水解及氧化还原作用,生成多肽、有机酸、吲哚、氨、硫化氢、二氧化碳等产物,使蛋产生各种强烈臭气。蛋黄中的脂肪在微生物产生的脂肪酶的作用下,被分解成甘油和脂肪酸,进而被分散成低分子的醛、酮、酸等有刺激性气味的物质。蛋液中的糖类在微生物的作用下,被分解成有机酸、乙醇、二氧化碳、甲烷等。由于禽蛋内的营养物质被微生物分解利用,一方面降低了蛋的营养品质和食用品质,另一方面微生物还会产生对人体有毒的物质。所以,腐败变质后的禽蛋不能食用。

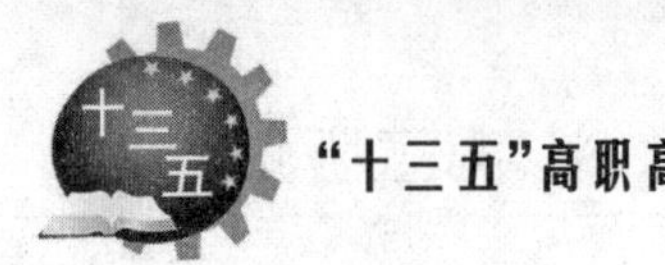


(3)生理学变化

当储藏温度较高(25℃以上)时,禽蛋的胚胎将发生生理学变化。受精卵在胚胎周围产生网状血丝、血圈甚至血筋,而未受精卵的胚胎也会出现膨大现象。蛋的生理学变化,常常引起蛋的品质下降,耐贮性也随之降低。

(4)微生物学变化

禽蛋中微生物的来源主要有3个途径,其一是感染了传染病的禽类,在蛋黄形成时被病原菌污染;其二是禽类在产蛋时被排泄腔内的细菌及空气中的微生物污染;其三是在收购、运输、储藏过程中,环境中的微生物污染蛋壳,进而通过气孔或裂纹侵入蛋内,使内容物发生微生物学变化。蛋内常见的微生物有霉菌和各种细菌,如芽枝霉、青霉、曲霉、毛霉、葡萄球菌、大肠杆菌、枯草杆菌、变形杆菌以及沙门氏菌等。随着储藏期的延长,各种微生物不断生长繁殖。霉菌使禽蛋产生霉斑或其他线状物,具有浓烈的霉味和酸败气味。细菌则使蛋白变稀,系带液化断裂,蛋黄上浮而粘附于蛋壳上,蛋黄膜失去弹性而破裂,蛋白与蛋黄相混,色泽变黑,产生大量的硫化氢等臭味气体。

**2. 禽蛋储藏保鲜技术**

(1)冷藏保鲜法

该法运用冷库内的低温控制细菌的生长繁殖和分解,抑制蛋内活性酶的作用,减缓蛋内营养成分的生化变质,特别是减少重量的损失和防止蛋白变稀,在较长的时间内确保鲜蛋能较好地保持原有的质量,进而达到保鲜的目的。

此法适于大量储藏。入贮前冷库应用福尔马林等熏蒸消毒1~2次,药味散去即可入贮。鲜蛋可用木、竹或纸箱盛装。储藏时先放预冷室预冷,当蛋温降到1~2℃时就可码堆于冷库冷藏。码堆时,堆应与墙有30~40cm距离,垛与垛之间应留能过人的通道。冷藏最适温度为0~1℃,相对湿度82%~87%,储藏期间冷库要4~5d换气1次,每10~15d抽检蛋1次。此法冬、春季可储藏鲜蛋5~6个月,夏秋季3~4个月。

(2)涂膜保鲜法

该法是将保鲜剂涂抹到禽蛋表面使其在表面形成一层薄膜,从而阻止禽蛋水分的散失,同时防止外部微生物侵入蛋内,以此达到保鲜的目的。这种方法成本低廉,操作简单,在常温下就可以延长禽蛋的保鲜期,具有十分广阔的应用前景。现有的保鲜剂多数是人工合成的化学产品,这类产品不仅保鲜效果不好,而且毒性会残留其中,对人们的健康有害。因此,保鲜界已经把研究与开发天然无毒副作用的新型绿色保鲜剂作为热门课题。

①石蜡

当石蜡高于一定的温度(熔点)时,会融化成液态,此时流动性很好。将液体石蜡涂抹到禽蛋表面,然后降低温度使其在表面形成一层薄膜,能够取得不错的保鲜效果。将鲜蛋放入液体石蜡中浸染1~2min取出,经24h晾干后置于坛内保存,100d后检查,保鲜率可达100%。

②蜂胶

蜜蜂收集植物树脂同时融合自身的分泌物以后,会形成一种多成分的化学物质——蜂胶,它的抗菌和抗氧化性能极强。试验证明,质量分数为3%的蜂胶溶液抗菌效果很好,能够明显抑制大肠杆菌等多数细菌的生长。蜂胶融入酒精或乙醚形成的溶液成膜性能良好,在实验室配置质量分数为1.5%和3%的蜂胶溶液,然后用浸渍和喷雾两种不同方法分别涂抹鸡蛋,能够降低鸡蛋保鲜时品质的损失。

③聚乙烯醇

醋酸乙烯经聚合、醇解形成一种溶于水的高分子聚合物——聚乙烯醇,它性能良好,无危害性,普遍运用于食品涂膜保鲜。聚乙烯醇涂抹在禽蛋表面会形成一层薄膜,但聚乙烯醇同时具有半透膜的性质,少量的水分和气体仍然可以通过,所以采用单一聚乙烯醇保鲜禽蛋的效果不是很好,通常将其混合某些防腐剂一并使用。防腐剂可以杀灭蛋壳外部的细菌,聚乙烯醇保护膜能够抵制细菌的入侵,并能阻止蛋内水分的散失,以此完成保鲜作用。目前通用的防腐剂有 $Ca(OH)_2$ 和双乙酸钠等。

④壳聚糖

壳聚糖是甲壳素脱乙酰基的产物,具有良好的成膜性、抑菌作用、生物相溶性和生物降解,在医药、食品、化工、生物技术、环保等领域有着良好的应用。壳聚糖的保鲜机理主要表现为膜机理和抗菌机理。壳聚糖的膜机理表现为:壳聚糖涂抹到食品表面会在其表面形成一层薄膜,阻止外界的空气进入膜层内,调节体内的 $O_2$ 和 $CO_2$ 浓度,从而抑制食品原料的呼吸作用,达到保鲜的目的壳聚糖的抗菌作用主要有两种机理:一是壳聚糖吸附在细胞表面,形成一层高分子膜,阻止营养物质进入细胞内,从而起到抑菌杀菌作用;二是壳聚糖通过渗透进入细胞体内,吸附细胞体内带有阴离子的细胞质,并发生絮凝作用,扰乱细胞正常的生理活动,从而杀灭细菌。

壳聚糖大多都用于果蔬保鲜,对禽蛋保鲜的应用研究甚少。以前,蛋品工业中一直使用食品级的矿物油作为涂膜保鲜剂。由于壳聚糖天然无毒副作用,而且成本低廉,因此,将壳聚糖用于禽蛋储藏保鲜技术的研究具有重要的学术价值和现实意义。

(3)气调法

气调法又称 CA 法。它是通过改变禽蛋储藏环境中的气体成分,使其不利于微生物的生长繁殖,抑制禽蛋本身的新陈代谢,从而达到禽蛋保鲜的目的。气调法常用的气体是二氧化碳、氮气、臭氧、二氧化硫(焦硫酸钠等)。此法需备有气密性较高的库房或容器,以保持储藏环境中有效的气体浓度。如在密闭的容器中充入低浓度的二氧化碳(占体积的 15%)就可抑制蛋内酶的活性,使蛋内生化反应减缓,同时蛋白的 pH 值稳定在中性左右,这样蛋白就能发挥其抗菌能力。气调法贮蛋,霉菌一般不会侵入蛋内,浓蛋白很少水化,蛋黄膜弹性较好且不易破裂。不足之处是对包装材料的气密性要求较严,需要专门设备,成本也相对较高。

(4)浸泡法(石灰水储藏法)

选优质洁净的生石灰块 1.5 ~3kg 于缸中,加水 100kg,自然溶解后搅拌,静置后捞去残渣即可使用,此溶液为石灰水饱和溶液。

必须是经照检后无裂纹、非破壳的正常优质蛋才能作为储藏蛋。贮蛋车间气温夏季不能高于 23℃,石灰水温不能高于 20℃,冬季室温不应低于 3 ~5℃,水温不能低于 1 ~2℃,石灰水液面必须高出蛋面 15 ~20cm,以便全部淹没蛋,并形成碳酸钙薄膜。

储藏期间要定期检查,如发现石灰水溶液发混、发绿、有臭味应及时处理。发现有漂浮的蛋、破壳蛋、臭蛋等应及时捞出,液面上的碳酸钙薄膜应保持完整。用石灰水溶液储藏鲜蛋,材料来源丰富,保管费用低,既可大批储藏,也适于小批量储藏,保存效果良好,但石灰水储藏鲜蛋壳色泽差,有时会有较强的碱味,由于闭塞气孔,煮蛋时,可在大头处扎一小孔,以防“放炮”。

另外还有水玻璃储藏法、萘酚盐贮蛋法等。

(5)巴氏杀菌法

利用巴氏杀菌储藏鲜蛋,可以防止蛋内 $CO_2$ 和水分损失,并能防止外界微生物侵入。在多雨或潮湿地区保存鲜蛋时,可采用此法。其做法是:先将鲜蛋放入特制的铁丝筐内,然后浸入90~100℃热水中,浸泡5~7s,立即取出,待蛋壳表面水分干燥,蛋温降低后,即可进行储藏。

(6)其他方法

①草木灰储藏

选一木桶或缸等干净容器,先铺上一层厚2~3cm鲜草木灰,接着在灰上放一层蛋,如此一层灰一层蛋,最上层灰应铺3~4cm厚并适当压紧,最后给容器加盖即可。如无草木灰,也可用干净的干细沙代替,效果不受影响。蛋储藏时,一般15~20d检查1次,此法可储藏蛋5~6个月。

②粮食储藏

此法适合散养户小批量储藏,方法是:将鲜蛋放于晒干的稻谷、豆类等粮食中,一层鲜蛋一层粮食埋好,最上层粮食厚度应不低于4cm。贮存中一般15~20d检查1次,同时将贮蛋的粮食暴晒5~6h,待粮食晾凉后再贮放禽蛋。此法可保存鲜蛋3~4个月。

③明矾保鲜

取明矾500g,加入60~70℃温开水7.5kg溶解。水完全冷却后倒入贮蛋缸内,接着将蛋放入溶液中,最后使上层蛋完全浸没,再盖上盖,放阴凉通风处。此法夏季可保鲜蛋2~3个月,冬季可保鲜4~5个月。

④淡盐水储藏

适于小批量短期储藏。方法是:清水5kg、食盐350g,水烧开后慢慢放入食盐并不停搅匀,后取出置凉备用。贮存时将适量无破损鲜蛋放于缸、钵或桶等容器中,用竹编的压蛋盖压住蛋,再将盐水倒入并浸没蛋面4~5cm。夏秋高温季节不宜用此法储藏鲜蛋。

## 二、鲜蛋主要种类

### (一)鲜鸡蛋

**1. 品种及产地**

根据鸡的饲养条件可以将其产的卵分为土鸡蛋和饲料蛋两种。全国范围内均产。

①土鸡蛋

土鸡蛋又称山鸡蛋、柴鸡蛋。山鸡蛋、柴鸡蛋几乎是一个概念,特指产于山区丘陵地带的鸡蛋,当地以高粱、红薯、玉米、土豆、芋头、山药等粗杂粮喂食土鸡。如图6-39所示。

**图6-39 土鸡蛋**

②饲料蛋

饲料蛋包括红心蛋、混蛋、红皮蛋等。一般指养鸡场生产的鸡蛋,也就是人们常说的"饲料蛋"。养鸡场里的鸡所吃的饲料都是经过科学配比的,营养素含量全面均衡,因此产出的蛋中铁、钙、镁等矿物质元素的含量都高于土鸡蛋,如图6-40所示。

**2. 营养价值**

鸡蛋被认为是营养丰富的食品,含有蛋白质、脂肪、卵黄素、卵磷脂、维生素和铁、钙、钾等,鸡蛋含有自然界中最优良的蛋白质。中医认为鲜鸡蛋清性微凉,蛋黄性微温,蛋清能清热,蛋黄能补血,二者合一则性平和,是独一无二的平衡食品。

图 6-40 饲料蛋

**3. 烹饪运用**

鸡蛋吃法是多种多样的,有煮、蒸、炸、炒等。就鸡蛋营养的吸收和消化率来讲,煮、蒸蛋为100%,嫩炸为98%,炒蛋为97%,荷包蛋为92.5%,老炸为81.1%,生吃为30%~50%。由此看来,煮、蒸鸡蛋应是最佳的吃法。

## (二)鲜鸭蛋

**1. 品种及产地**

鸭蛋为鸭科动物家鸭的卵。根据鸭的饲养条件可以将其产的卵分为海鸭蛋和普通鸭蛋两种。

①海鸭蛋

海鸭以捕食海边小海鲜为生,所以又形象的称之为叫弄潮鸭。海鸭蛋是中国南海北部湾海域国家红树林保护区等沿海地区的海边域涂滩养殖的海鸭所产的蛋,带有明显的海鲜味,如图 6-41 所示。

②普通鸭蛋

普通鸭蛋指饲养在淡水区域的鸭,当地以高粱、红薯、玉米、土豆、芋头、山药等粗杂粮和饲料喂养的鸭所产的卵,如图 6-42 所示。

图 6-41 海鸭蛋

图 6-42 普通鸭蛋

**2. 营养价值**

鸭蛋含有蛋白质、磷脂、维生素 A、维生素 $B_2$、维生素 $B_1$、维生素 D、钙、钾、铁、磷等营养物质。中医认为鲜鸭蛋性味甘、凉,具有滋阴清肺的作用,入肺、脾经,有大补虚劳、滋阴养血、润肺美肤等功效,适于病后体虚、燥热咳嗽、咽干喉痛、高血压、腹泻痢疾等病患者食用。

**3. 烹饪运用**

鸭蛋吃法多种多样,可煮、蒸、炸、炒等,可以用于制作各种小吃、糕点、皮蛋、咸蛋等。

### (三)鲜鹅蛋

**1. 品种及产地**

鹅蛋是家禽鹅生下的卵。鹅蛋成椭圆形,个体很大,味道有些油,新鲜的鹅蛋必须烹饪后食用。全国各地均有饲养,一年四季均产蛋,如图6-43所示。

图6-43 鹅蛋

**2. 营养价值**

鲜鹅蛋含蛋白质、脂肪、维生素A、维生素E、钙、磷、钾、钠、镁、硒等。中医认为鲜鹅蛋性味甘微温,有补中益气的作用,可在寒冷的节气里多食用一些,以补益身体,防御寒冷气候对人体的侵袭。

**3. 烹饪运用**

新鲜的鹅蛋可供煮、蒸、炒、煎等,熟制食用,或者作为食品工业原料,加工蛋糕、面包等。

### (四)鹌鹑蛋

**1. 品种及产地**

鹌鹑蛋近圆形,个体很小,一般只有10g左右,表面有棕褐色斑点,如图6-44所示。

图6-44 鹌鹑蛋

**2. 营养价值**

鲜鹌鹑蛋含蛋白质、脂肪、维生素A、硫胺素、维生素E、钙、磷、钾、钠、镁、硒等。鹌鹑蛋中氨基酸种类齐全,含量丰富,铁、核黄素、维生素A的含量均比同量鸡蛋高出两倍左右,而胆固醇则较鸡蛋低约三分之一。中医认为鲜鹌鹑蛋性味甘、凉,具有补气益血,强筋壮骨的功效。

**3. 烹饪运用**

鹌鹑蛋吃法多种多样,可煮、蒸、炸等,可以用于制作各种皮蛋、咸蛋等。

## 三、蛋制品主要种类

蛋制品主要以不去壳的新鲜鸭蛋、鸡蛋、鹌鹑蛋经加工制作而成。蛋制品种类不多,但特点鲜明,在烹饪应用中范围广泛,既可做主料,也可当配料使用,还可制作出各式各样的花色品种。

### (一)松花蛋

**1. 品种及产地**

松花皮蛋,又称皮蛋、变蛋、灰包蛋等,是一种汉族传统风味蛋制品。较著名的产地有湖南、江苏高邮、山东微山湖、北京等。目前,市场上的松花蛋,大致有两种制法:一种是生包法;一种是浸泡法。

①浸泡法皮蛋

浸泡法制作是一种皮蛋加工新方法。浸泡法制作皮蛋是先按配方将各种辅料配制成料液,将选好的蛋浸泡在料液中,待皮蛋成熟后取出,再进行包装操作,如图6-45所示。

②生包法皮蛋

先将热水倒入大缸里,把茶叶、食盐、面碱、黄丹粉放入水缸中拌匀,再将筛过的白石灰、黄土、草木灰放入缸里,搅拌均匀成为料泥。戴上胶皮手套,将蛋用配好的料泥逐个包泥,包均匀后放缸里,用塑料薄膜封严,在室温15℃~30℃条件下,贮30~40d即为成品,如图6-46所示。

**图6-45　浸泡法皮蛋**

**图6-46　生包法皮蛋**

**2. 营养价值**

松花蛋含蛋白质、脂肪、胆固醇、维生素A、维生素E、钙、磷、钾、钠、镁、硒等。中医认为松花蛋味辛、涩、甘、咸,性寒,入胃经,有润喉、去热、醒酒、去大肠火、治泻痢等功效。

**3. 烹饪运用**

松花蛋多作为冷菜食用,也可熘、炸、煮等用于热菜,并可以制作小吃、粥品等。

### (二)咸蛋

**1. 品种及产地**

咸蛋,又称盐蛋、腌蛋等。全国一年四季均产,以江苏高邮咸鸭蛋最为著名,具有鲜、细、嫩、松、沙、油六大特点。

由于制作方法的不同,咸蛋可分为黄泥蛋(将鲜鸭蛋加黄泥和食盐制成);灰蛋(将鲜鸭蛋加草木灰及食盐制成);咸卤蛋(将鲜鸭蛋在盐水中浸泡制成)。通常使用鸭蛋作为原料,如图6-47所示。

**2. 营养价值**

咸蛋与新鲜蛋相比较,由于经过一段时间的腌制,其营养,有显著的变化,蛋白质含量明显减少,脂肪含量明显增多,碳水化合物含量变化更大,矿物质保存较好,钙的含量大大提高。中医认为咸蛋性寒,味甘、咸,入肺、胃经,有滋阴清热、生津益胃的功效。

**3. 烹饪运用**

通常煮后即可食用,常作随饭小菜或制作冷菜。咸蛋蛋黄油炒后颇似蟹黄,故常用于热菜中,以咸蛋代替

**图6-47　咸蛋**

蟹黄制作菜肴,如赛蟹黄、蟹黄豆腐、金沙炒蟹等。此外,咸蛋黄还常作为糕点的馅心用料,如蛋黄月饼。

### (三)糟蛋

**1. 品种及产地**

糟蛋是新鲜鸭蛋用优质糯米糟制而成,是中国别具一格的特色传统美食,以浙江平湖糟蛋、陕州糟蛋和四川宜宾糟蛋最为著名。

糟蛋蛋壳柔软,蛋质细腻,蛋色晶莹,蛋白呈乳白色的胶冻状,蛋黄呈橘红色半凝固状,食之沙甜可口,回味悠长。以饱满完整,蛋壳脱落后蛋膜柔软,不破不流,色正味醇者为佳,如图6-48所示。

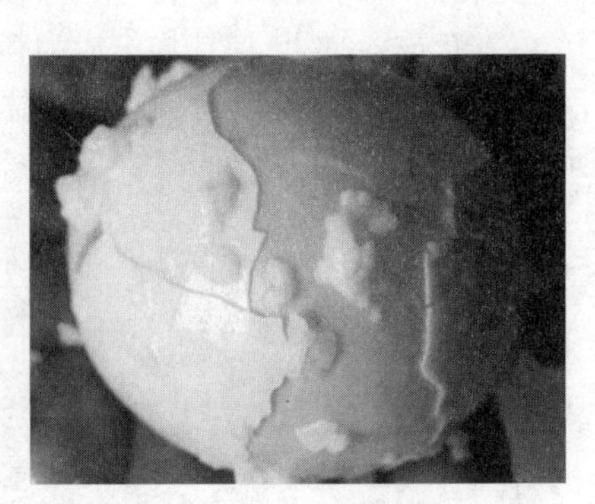

图6-48 糟蛋

**2. 营养价值**

糟蛋富含蛋白质、钙、磷、铁,并含有维持人体新陈代谢必需的18种氨基酸。中医认为糟蛋性温,味甘、咸,入肺、胃、肝经,有活血、散结消肿、调经通乳、补肾虚、生津益胃的功效。

**3. 烹饪运用**

糟蛋多为冷食,作为冷菜使用,也可作为调味品使用。

## 练习题

**一、填空题**

1. 禽类按用途分为________、________、兼用型、药食兼用型等四类。

2. 家禽肉与家畜肉相比较其肌肉组织纤维________。

3. 根据巢窝的外表色泽和品质不同,燕窝分为________、________、________、________四类。

4. 自古流传“滋补胜甲鱼,养伤赛白鸽,美容如珍珠”的是指________。

5. ________是我国最大的鹅种。

6. 南京板鸭俗称________。

7. 风鸡是指风干的________。

8. 土鸡蛋又称________、________。

9. 糟蛋是新鲜鸭蛋用优质________制而成。

**二、选择题**

1. 在对冰鲜鸡进行鉴别时发现鸡的眼球饱满,角膜有光泽,属于(　　)。

A. 新鲜　　B. 次新鲜　　C. 变质　　D. 腐败

2. 在蛋的组织结构中,起泡性最好的是(　　)。

A. 蛋壳　　B. 蛋黄　　C. 蛋清　　D. 蛋黄膜

3. 禽蛋品质鉴定一般采用的方法是(　　)。
   A. 感官鉴定法　　B. 物理检测法　　C. 化学检测法　　D. 生物检测法
4. 鸡肉中最嫩的一块肉是(　　)
   A. 鸡颈　　B. 鸡里脊　　C. 鸡脯肉　　D. 栗子肉

**三、简答题**

1. 为什么家禽肉比家畜肉细嫩?
2. 如何鉴别新鲜的光禽的质量?
3. 如何鉴别燕窝的品质?
4. 简述野禽的品质特点。
5. 简述禽蛋的理化性质在烹饪中的应用。

## 参考答案

一、1. 肉用型、卵用型
  2. 较细
  3. 白燕、毛燕、血燕、红燕
  4. 黑凤鸡
  5. 狮头鹅
  6. 琵琶鸭
  7. 腌制鸡
  8. 山鸡蛋、柴鸡蛋
  9. 糯米糟
二、1. A
  2. C
  3. A
  4. B
三、(略)

# 模块七　水产品类烹饪原料

## 学习目标

1. 了解水产品的概念、分类及营养价值。
2. 了解鱼类、两栖爬行类、虾蟹类、贝类及其他水产品的种类和特点。
3. 掌握常用水产品类原料在烹饪中的应用。
4. 掌握常用水产品类原料的质量鉴别及储存方法。

## 任务一　水产品概述

### 一、水产品的概念

水产品是指生活或生长在水中,具有一定经济价值,能供人们食用的一类原料,如鱼类、虾蟹类、软体动物类等。

我国疆域北起黑龙江,南至南沙群岛,跨温带、亚热带及热带。内陆较大的江河有5000多条,江河湖库等内陆淡水水面3亿多亩(1亩≈666.7平方米),水域辽阔,气候适宜,水产资源丰富,品种繁多。水产品是人类蛋白质食品的良好来源。在本章中我们主要介绍水产品类烹饪原料中的动物性原料。

### 二、水产品的分类

水产品分类见图7-1。

### 三、水产品的营养价值

#### (一)蛋白质

水产品的蛋白质含量一般在15%~19.5%,有些高过20%,如对虾的蛋白质含量为20.6%,鲐鱼的蛋白质含量为21.4%。水产品的蛋白质消化率高达87%~89%,其中含有人体必需的多种氨基酸,如乙氨酸、色氨酸、组氨酸、苯丙氨酸、亮氨酸、异亮氨酸、苏氨酸、蛋氨酸、胱氨酸、缬氨酸和精氨酸等。贝类中的蛋白质等于或稍低于优质蛋白质,虾蟹类水产则高于畜禽食品,这是因为水产品原料中各种必需氨基酸之间的比值与全蛋模式基本相似。因此,水产品已经成为人类理想的优质蛋白或完全蛋白的良好来源。鱼类的一些制品虽然蛋白质含量高,但是不属于完全蛋白质,如鱼翅,蛋白质含量虽高,但主要成分是胶原蛋白和弹性蛋白,这两种蛋白质的氨基酸组成不与人体需要相符合,缺乏色氨酸,因此属于不完全蛋白质。

#### (二)脂肪

鱼类脂肪的含量因品种的不同而不同,脂肪含量可在0.5%~11%,一般在3%~5%。如

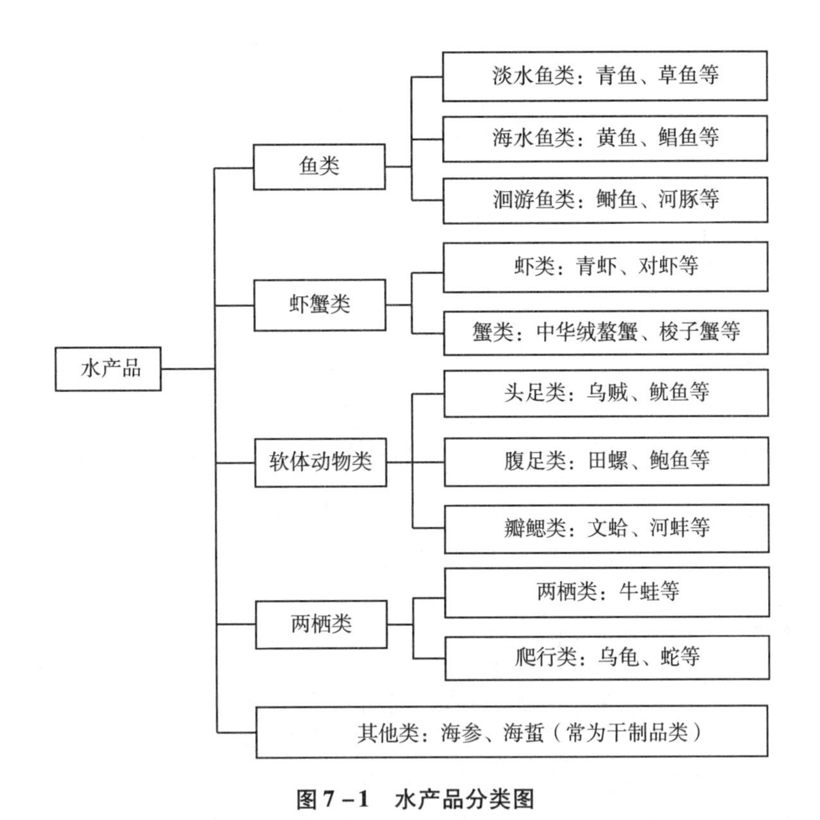


**图7－1　水产品分类图**

鳕鱼的脂肪含量低于1%，而河鳗的脂肪含量可高达28.4%。并且鱼体本身脂肪分布也不均匀，它主要存在于皮下和脏器的周围，肌肉组织中含量非常少。虾类脂肪含量较低，蟹类脂肪主要存在于蟹黄中。

鱼类脂肪中含不饱和脂肪酸较高，且脂肪多呈液态，熔点较低，消化吸收率较高，可达到95%，其中不饱和脂肪酸占70%~80%，特别在海产鱼中，不饱和脂肪酸含量高，用海产鱼油来防治动脉粥样硬化，具有明显的效果。鱼类中胆固醇含量较低，一般为(50~70)mg/100g。虾蟹、贝类和鱼子中的胆固醇含量较高，如黄花鱼的鱼子中含量为819mg/100g。

### (三)维生素

水产品中所含的维生素A、维生素D、维生素E均高于畜肉，有的还含有较高的维生素$B_2$。鱼类中核黄素和尼克酸的含量也比畜肉高，还含有SOD(超氧化物歧化酶)。SOD是非常重要的自由基清除剂，它能清除体内代谢产生的过量的氧自由基，起到延缓衰老的作用。虾、蟹类原料含有较多的维生素A、视黄醇和维生素B。

### (四)矿物质

水产品中还含有丰富的矿物质，为1%~2%。一般以钾，钙、磷、碘、铜较多，其中钙、硒等元素的含量明显高于畜肉，其利用率也较高。虾、蟹、贝类的矿物质含量最丰富。水鲜鱼类中含碘、钙比淡水鱼高。

### (五)水分

鱼肉中含有大量的水分,烹调时仅损失不到一半,与畜肉相比,其失水量小。因此,鱼肉烹调后能保持质地软嫩,易于人体消化吸收。

### (六)氧化三甲胺

氧化三甲胺是一种呈鲜物质,主要存在于海水鱼中,淡水鱼次之。氧化三甲胺极不稳定,容易还原成具有腥味的三甲胺。鱼死后其体内的氧化三甲胺就会不断地还原为三甲胺,从而使鱼产生腥味,随着鱼新鲜度的降低,鱼体内三甲胺的成分随着增加,鱼的腥味也就更突出。如要除去腥味,可根据三甲胺易溶于酒精,并能与醋酸中和的特性,在制作鱼类菜肴时放入适量的黄酒、食醋等调料,可使一部分三甲胺随酒精受热挥发掉,另一部分与醋酸中和生成盐类,从而减轻鱼腥味。

## 四、水产品类原料在烹饪中的运用

### (一)鱼类在烹饪中的运用

鱼类在烹饪中用途广泛,菜品极多,适宜于各种烹调方法。大部分鱼均可红烧,而新鲜含脂肪高的鱼,多以清蒸氽汤为主。肉厚刺少的鱼,可取鱼肉切丝、片、丁、粒成菜。肉色白、蛋白质含量高、持水性好的鱼,可取鱼肉制缔子,制作花色造型菜肴。鱼类除鱼肉供食用外,其鱼鳍、肝、鳔、皮、唇、软骨等,也可做烹饪原料应用,有的还是珍贵的烹饪原料。

### (二)虾、蟹类在烹饪中的运用

虾的种类多,产量大,供应时间长,应用广泛,适宜多种烹调方法,成菜品种丰富。虾肉白色、质嫩,可斩茸制成造型菜。蟹类在烹饪中多用于整只蒸、煮的方法,也可斩成小件,以炒、爆、焗等烹调方法成菜,还可用酒等调料醉制,风味别致。蟹拆肉后可得蟹黄、蟹肉,口味鲜香,用于菜点,档次颇高。

### (三)软体动物类在烹饪中的运用

软体动物类原料中氨基酸及水分含量高,味鲜质嫩,但其中胚层的结缔组织多而质脆,在烹调中加热,失水很多,易老,失去鲜味,多以快速加热为主,适宜爆、炝、氽、炒等烹调方法成菜,调味以清淡为主,以突出其自身特有的鲜味。贝类性寒,成菜应配以葱、姜、蒜及胡椒粉等调味品,食用贝类以鲜活为好。

# 任务二　鱼类及其制品

## 一、鱼类的形态结构特点及检验储存

### (一)鱼类的结构

鱼类是脊椎动物亚门鱼纲动物的统称。绝大部分鱼类是终生生活在水中,用鳃呼吸,用鳍游泳且维持身体平衡,体表大多有鳞片或无鳞,体温不恒定,具有颅骨和上下颌的变温脊椎动物。

鱼类几乎分布于世界各地的水域中,全世界已知鱼类有20000多种,其中39%的种类生活在淡水中,61%的种类生活在咸水中。鱼类是我国产量最大的水产品,而且种类繁多。近年来,随着生活水平的提高,人们越来越意识到鱼类营养价值对人体健康的重要性,使得鱼类受到大众的青睐。

从外形上看鱼体主要分为三部分:头部、躯干部和尾部,其中躯干部为主要的食用部位。

根据鱼体不同部位的特点,鱼类在烹饪中的应用也有所不同,见表7－1、表7－2。

**表7－1　鱼体不同部位与食用价值(外部结构)**

| 部　位 | 部位特征 | 食用价值 |
| --- | --- | --- |
| 头　部 | 从鱼体最前端到鳃盖骨的后缘称其为头部,主要有口、须、眼睛、鼻孔和鳃等器官 | 头部在烹饪中单独作为菜肴不多,但也有少数头部较大的鱼类可作为菜肴主料,如鳙鱼头、鲢鱼头等 |
| 躯干部 | 从鱼的鳃盖后缘到肛门的部分称为躯干部,主要有鳍、鳞、侧线。其中,鳍分为背鳍、胸鳍、腹鳍、臀鳍,成对出现的被称为偶鳍,不成对出现的成对出现的成为奇鳍。大部分鱼类体表被鳞,少数鱼类头部无鳞或全身无鳞。大部分鱼体两侧有一条或多条带小孔的鳞片称之为侧线鳞,侧线鳞呈规则地排列成线纹称之为侧线,有的鱼类没有侧线 | 硬骨鱼类的骨质鳍条一般无食用价值;软骨鱼类的纤维状角质鳍条经加工可作为名贵的烹饪原料,如鱼翅。<br>鱼鳞一般不具备食用价值,通常在初步加工时将其去除,但也有极少数鱼类鳞片较薄,鳞下脂肪较多,在保证新鲜的情况下可连同鳞片一起烹制,如鲥鱼。<br>侧线是鱼类的感觉器官,无单独的烹饪应用 |
| 尾　部 | 从泄殖孔至尾鳍基部的部分称为尾部,分两部分:尾柄和尾鳍。主要有尾鳍、鳞、侧线 | 尾部食用价值一般,淡水鱼青鱼的尾部肥美,俗称“划水”,可烹制成“红烧划水” |
| 鱼　皮 | 鱼皮中含有多种色素,使鱼体呈现出微妙的色彩。有些鱼体表面为银白色,这是由于鱼皮中沉积着鸟嘌呤和尿酸等物质 | 鱼皮中富含蛋白质,特别是胶原蛋白。在烹饪应用中一般同鱼肉一起烹制,经过加工后也可单独成菜。鲨鱼、鳐鱼的背部厚皮可加工成名贵的干货“鱼皮” |

**表7－2　鱼体不同部位与烹饪应用(内部结构)**

| 部　位 | 部位特征 | 食用价值 |
| --- | --- | --- |
| 鱼体肌肉 | 鱼类的肌肉组织主要是由骨骼肌组成,分布在躯干部脊骨的两侧,分为背肌和腹肌。根据鱼肉的颜色可分为普通肉(白色肉)和血合肉(肉呈红褐色或暗紫色) | 鱼肉是鱼类在烹饪中应用最广泛的部位,可加工成丝、片、肉糜等。在食用价值和加工储藏方面,血合肉低于普通肉,在制作某些鱼类菜肴中,常将血合肉剔除、以免影响菜肴的色泽 |

续表

| 部　位 | 部位特征 | 食用价值 |
| --- | --- | --- |
| 鱼体脂肪 | 根据其分布方式和生理功能的不同可分为积累脂肪和组织脂肪,积累脂肪主要分布在皮下组织和内脏中(特别是肝脏),主要由甘油三酯组成;组织脂肪分布在细胞膜和颗粒体中,主要由磷脂和胆固醇组成 | 鱼类脂肪中含不饱和脂肪酸较多,经常食用可预防心血管疾病,但由于它不稳定,容易被氧化从而影响到鱼的适口性。另外鱼类脂肪中还含有二十二碳壬烯所形成的酸,它是形成鱼肉腥臭的主要成分之一,所以鱼油基本上不作为食用油使用。<br>有些鱼类肝脏中脂肪含量丰富可用于制造鱼肝油,如鲨鱼、鳕鱼等 |
| 鱼体骨骼 | 鱼类按照骨骼的性质可分为软骨鱼类、硬骨鱼类两类。鱼骨主要由头骨、脊柱和附肢骨三部分构成 | 大部分鱼骨没有食用价值,但有些软骨鱼类(鲨鱼、鳐鱼等)的软骨和鳇鱼的头骨可加工成名贵的烹饪原材料"明骨",脊髓的干制品称为"鱼信" |
| 鱼类内脏 | 鱼的内脏主要包括肝脏、鱼卵、鱼鳔等。这些内脏含有丰富的营养成分,如鲨鱼、黄鱼、鳕鱼等鱼类的肝脏可提取鱼肝油。鱼卵可提取卵磷脂或加工成营养价值高的食品。鱼鳔是鱼类的沉浮器官 | 小型鱼类的内脏在烹饪中应用不大,大型鱼类的内脏,如肝脏、鱼卵等可烹制食用,也可加工成其他食品。所有鱼类的鱼鳔都能食用,其中大型鱼类的鱼鳔干制后可成为名贵的原料"鱼肚" |

## (二)鱼类的体形

由于不同鱼类生活习性和水生环境不同,为了适应自然环境,形成了不同的体形,主要可分为5种体形,见表7-3。

**表7-3　鱼类体形表**

| 体　形 | 特　点 | 典型品种 |
| --- | --- | --- |
| 纺锤形 | 鱼体头尾略尖,呈纺锤形;生活在上层水中,游动快速 | 鲫鱼、鲤鱼、鲐、马鲛等 |
| 侧扁形 | 鱼体左右两侧极扁,短而高;生活在下层水中,游泳能力稍弱 | 长春鳊、胭脂鱼、银鲳等 |
| 平扁形 | 鱼体腹背扁平;生活在水底,适应于底栖生活,游泳缓慢且迟钝 | 团扇鳐、赤魟等 |
| 棍棒形 | 鱼体呈棍棒形,圆而细长;适于穴居或钻入泥沙中,游泳较缓慢 | 黄鳝、鳗鲡、海鳗等 |
| 特殊形 | 由于特殊的生活习性呈现出特殊的体型,如带形、球形、箱形等 | 带鱼(带形)、河豚(球形)、箱鲀(箱形)、比目鱼等 |

### (三)鱼类的组成成分

鱼类原料以其分布广、种类多、营养丰富、味道鲜美的特点越来越受人们的喜爱,“吃鱼健脑”“吃鱼健身”的保健意识以深入人心,烹制出既美味又营养的鱼类菜肴,对鱼类原料的组成成分的了解显得尤为重要。鱼类的组成成分包括:营养成分、风味成分、嫌忌成分三个方面,详见表 7-4。

**表 7-4 鱼类组成成分表**

| 组成成分 | | 特点 |
| --- | --- | --- |
| 营养成分 | 蛋白质 | 主要是肌肉蛋白质,含量一般为 15%~22%。含有人体必需的 8 种氨基酸,且含量较充足、种类较齐全、比例接近人体的需要,生物价较高 |
| | 脂肪 | 脂肪含量较低,一般为 1%~3%,主要为不饱和脂肪酸,海鱼中含量高达 70%~80%,消化吸收率高,对防治动脉粥样硬化和冠心病有一定的效果 |
| | 碳水化合物 | 不同鱼类含量差异较大,低者不足 0.1%,高者可达 7%,主要成分是糖原和粘多糖,糖原主要存在于肌肉和肝脏中,粘多糖与蛋白质结合成粘蛋白存在于结缔组织中 |
| | 维生素 | 鱼类肝脏中含有丰富的维生素 A 和维生素 D,海鱼中含量尤为突出,可供作鱼肝油制剂,除此之外,还含有较多的 B 族维生素 |
| | 矿物质 | 含量约为 1%~2%,主要有钾、纳、钙、镁、磷、铁等,是钙的良好来源,海鱼中含碘量丰富 |
| | 水分 | 含有大量水分,约为 70%~80%,以结合水和自由水两种形式存在,烹调时仅损失 10%~35% |
| 风味成分 | 鲜味成分 | 主要来源于肌肉中的呈味成分,如谷氨酸、组氨酸、天冬氨酸等 |
| | 腥味成分 | 一般刚出水的鱼,海鱼的腥味比淡水鱼的腥味淡。海鱼产生的腥臭味主要成分为三甲胺;淡水鱼产生的腥臭味主要成分是泥土中放线菌产生的六氢吡啶类化合物 |
| 嫌忌成分 | 天然毒素 | 如河豚毒、雪卡毒、鱼卵毒和刺咬毒等 |
| | 组胺毒素 | 一些鱼类因腐败变质而形成的组胺,如金枪鱼、沙丁鱼、鲍鱼等 |

### (四)鱼类的品质检验及储存

鱼类原料质量的好坏决定着烹制出菜肴质量的好坏。众所周知,鱼类原料越新鲜,它的风味和质量也越好,反之,则会越差。鱼类离水后很容易死亡,随着时间的延长,质量会逐步降低,直至腐败变质。为了满足人们对鱼类原料的需要,在采购鱼类原料和制作鱼类菜肴时,对鱼类的质量检验与储存必须加以重视。

**1. 鱼类原料的新鲜度变化**

鱼类死后通常都会经过僵直、自溶、腐败三个阶段。

(1)僵直

鱼类死后,由于体内所含的成分变化和酶的作用,使其肌肉组织收缩变硬,整个躯体挺直,这时鱼体进入僵直状态。鱼体僵直后,肌肉缺乏弹性,用手指按压鱼体,不易出现凹陷;手握鱼体头部,尾部不会弯曲;鱼嘴紧闭,鳃盖紧合。僵直后的鱼还处于新鲜状态,因此人们常把死后僵直作为判断鱼类新鲜度的一个重要指标。

(2)自溶

自溶状态,是指鱼体僵直一段时间后,肌肉又会重新变得柔软,但是弹性会有所降低,其质量有所降低。这也是鱼体体内所含成分的变化和酶的作用引起的。鱼体在自溶的状态下,肌肉组织中的蛋白质分解产物——氨基酸和低分子氮化物为细菌的繁殖创造了有利条件,从而使鱼进入了下一个状态——腐败。

(3)腐败

随着鱼体中微生物的大量繁殖,鱼体本身所含的一些化学成分,如蛋白质、氨基酸及其他含氮物质等被分解为氨、三甲胺、组胺等腐败产物,使鱼类产生具有腐败特征的气味,这个过程就是细菌腐败。鱼体腐败变质后便不能再食用,以免发生中毒。

**2. 鱼类原料的鉴别方法**

鱼类原料的鉴别方法主要分为理化鉴定法和感官鉴定法两种。其中,理化鉴定法又可分为理化方法和生物方法。在烹饪行业中,通常采用感官鉴定法来鉴别鱼类原料质量优劣。

所谓感官鉴定法,是指利用人的感觉器官,根据原料外部固有质量的变化对原料的质量进行鉴定的一种方法。此种方法最大的优点是简便易行、直观迅速。感官鉴定的方法主要包括视觉鉴定、味觉鉴定、嗅觉鉴定、听觉鉴定和触觉鉴定等。

市场销售的商品鱼主要是活鱼、鲜鱼和冻鱼三类。其中,鲜鱼是鱼类原料质量鉴定的重要对象,根据其新鲜程度可分为新鲜鱼、较新鲜鱼和不新鲜鱼三类。鱼类不同新鲜程度的感官鉴定标准见表7-5。

**表7-5 鱼类不同新鲜程度感官鉴定标准**

| 项目 | 新鲜 | 较新鲜 | 不新鲜 |
|---|---|---|---|
| 体表 | 新鲜鱼体表面有光泽,黏液透明,鱼鳞完整,紧贴鱼体,不易脱落 | 鱼体表面光泽变差,黏液混浊,鱼鳞较易脱落,有酸腥味 | 鱼体表面暗淡无光,黏液污秽,鱼鳞易脱落,有腐臭味 |
| 眼部 | 眼球饱满、稍突,角膜透明清亮,有弹性 | 眼球变平,眼角膜起皱,稍变混浊 | 眼球下陷,角膜浑浊,眼腔充血变红 |
| 腮部 | 鱼鳃色泽鲜红且鳃丝清晰,黏液透明,无异味 | 鱼鳃色泽变暗,呈淡红、深红或紫红色,黏液有酸腥味 | 鱼鳃呈暗红色、褐色、灰白色,黏液混浊,有酸臭味和陈腐味 |
| 腹部 | 腹部正常,无膨胀,无异味;肛门紧缩、清洁 | 稍显膨胀,肛门稍突呈红色 | 松弛膨胀,有时破裂凹陷;肛门突出 |
| 肌肉 | 坚实有弹性,切断面有光泽,不脱刺 | 稍显松弛,弹性减弱,切断面无光泽,稍有脱刺 | 肌肉松软无弹性,易与骨骼分离,内脏粘连 |
| 鱼体硬度 | 鱼体挺而不软,富有弹性,手指按压后的凹陷能迅速恢复 | 稍松软,弹性减弱,手指按压后的凹陷恢复较慢 | 松软无弹性,手指按压后的凹陷不易恢复 |

**3. 鱼类原料的储存保鲜**

鱼类原料的储存保鲜方法主要有以下几种:

(1)活养

将鲜活的鱼类放入淡水或海水中活养。由于地域限制,海产鱼类运用海水活养较少。鱼类活养既可以使鱼保持鲜活状态,又能减少体内污物,减轻腥味。

(2)低温储藏法

低温储藏法的原理:一是利用低温延缓或抑制鱼体内微生物的生长繁殖;二是利用低温抑制酶的活性,从而达到延缓鱼类原料腐败变质的目的。

低温储藏法主要包括冷藏、冷冻、冰藏和冷海水保鲜等。餐饮行业中常用的主要是冷藏与冷冻。

①冷藏

冷藏是指将初加工已去掉内脏的鲜鱼放入-3℃~-2℃的环境中储藏。该种方法保存时间较短,对鱼类原料的质量影响较小。一般用于鱼类的暂时保鲜。

②冷冻

冷冻是利用低温将新鲜鱼中心温度降至-15℃以下,使鱼体组织水分绝大部分冻结,再在-18℃以下的环境中进行保存。

冷冻可分为缓慢冷冻与速冻两类。其中,速冻比缓慢冷冻的效果好,可以使鱼能长时间保存,而且能够较好地保持鱼类原有的色、香、味和营养价值。速冻是在30min内使原料的温度迅速降低到-20℃左右。

## 二、鱼类主要品种

### (一)淡水鱼

淡水鱼是内陆江河、湖泊、池塘等所产鱼类的统称。我国主要的经济鱼类以温水性鱼类为主,就地理分布而言,以长江流域的经济鱼类种类最多。我国有20多种淡水鱼已成为主要的养殖对象,其中,青鱼、草鱼、鲢鱼、鳙鱼是我国传统养殖的"四大家鱼"。淡水鱼中,黄河鲤鱼、松江鲈鱼、兴凯湖白鱼、松花江鲑鱼并称为"四大淡水名鱼"。

**1. 青鱼**

(1)形态特征

青鱼,鱼体呈长筒形,头稍扁平,尾部侧扁,腹圆无棱,嘴端较草鱼为尖,体背部青黑,腹部灰白,各鳍均为深黑色,见图7-2。生活在水的中下层,喜食螺、蚌、蚬等小型水生物。重可达5kg以上,养殖周期为3~4年。每逢元旦、春节两大节日,青鱼便成为江南百姓不可或缺的年货。

**图7-2 青鱼**

(2)品种及产地

青鱼,又称黑鲩、青鲩、螺蛳青,属硬骨鱼纲、鲤形目、鲤科、雅罗鱼亚科、青鱼属。青鱼主要

分布在我国长江、珠江流域及其东北等地的水域,具有个体大、生长快、产量高等特点,为我国四大家鱼之一。

(3)质量标准

青鱼以肉质肥嫩,味鲜腴美,以鲜活,体表无伤,眼睛清澈,鱼肉有弹性,鱼鳃鲜红,鱼鳞不易脱落,表面粘液少量者为佳。

(4)营养价值

青鱼含蛋白质、脂肪、钙、磷、硒、碘等,此外,还含有维生素 E、维生素 $B_1$、维生素 $B_2$ 等营养成分。中医认为,青鱼性平,味甘,具有益气、化湿、补中、养肝、明目、滋阴、逐水的功效,可用于治疗脚气湿痹、烦闷、疟疾、血淋等症,还可防妊娠水肿。

(5)烹饪运用

青鱼肉厚刺少而多脂,味道鲜美。适用于多种烹调方法,如煎、炸、炒、烹、溜、烧、蒸、烤等;也可加工成各种形态,如块、条、丝、丁、片、肉糜等。经过加工后,既可以作为主料单独成菜,也可作为配料辅助于其他菜肴,既可整条使用也可以分档使用。整鱼,适于蒸、烧等烹调方法,如红烧青鱼等;中段,可整段用也可剞成花刀或加工成片、丝、条、糜等,代表菜有红烧中段、粉蒸青鱼、菊花鱼、葡萄鱼、三丝鱼卷等;头和尾,即可分开各自成菜也可合用制作成菜,代表菜有红烧白桃(眼睛)、红烧下巴、红烧划水、红烧头尾、汤头尾等。在调味方面,适于多种调味技法和味型。青鱼的内脏也可以制作成菜肴,但是值得注意的是,青鱼的鱼胆有毒,在加工时应去除。青鱼除鲜食外,还可以加工成各种制品,可腌制、干制、风制、腊制、熏制、糟制、罐制等,加工成鱼脯、鱼松、鱼香肠等食品。

**2. 草鱼**

(1)形态特征

草鱼,鱼体略呈圆筒形,头部稍平扁,尾部侧扁。口呈弧形,无须。上颌长于下颌。体呈浅茶黄色,背部青灰,腹部灰白,胸腹鳍略带灰黄,其他各鳍浅灰色,见图 7-3。生活在水的中下层,主要食物来源为水草,在我国各大淡水水系均有分布,以 9~10 月所产质量最佳。我们日常食用的草鱼重量一般在 1~2.5kg,更重者可达 35kg 以上。

图 7-3 草鱼

(2)品种及产地

草鱼,又称鲩(鱼)、草青、草棍子、混子等,属鲤形目鲤科鱼类。在我国分布极广,一年四季中以夏秋季所产为佳。

(3)质量标准

草鱼以肉质肥嫩,味鲜腴美,鲜活,体表无伤,眼睛清澈,鱼肉有弹性,鱼鳃鲜红,鱼鳞不易脱落,表面粘液少量,无损伤者为佳。

(4)营养价值

草鱼含蛋白质、脂肪、钙、磷、铁、硫胺素、烟酸等。中医认为其味甘、性温,无毒,有暖胃和中之功效。日常食用可以温暖脾胃、补益五脏。广东民间用以与有油条、蛋、胡椒粉同蒸,据说可益眼明目。草鱼肉若吃得太多,有可能诱发各种疮疖。

(5)烹饪运用

草鱼肉质细嫩,呈白色,肉厚而刺少,肉质富有弹性,肉味鲜美。《本草纲目》中记载:“鲩鱼,其形长圆,肉厚而松。状类青鱼。有青鲩、白鲩二色,白者味胜”。在烹饪应用中,适用于多种加工方法,可以整条使用,也可加工成多种形状,如片、块、条、茸、丝等;适用于多种烹调方法,如蒸、烧、煎、焖、炒等,也可制作鱼丸,比较有代表性的菜有清蒸鲩鱼、蒜香草鱼、草鱼豆腐等。

在烹制草鱼类菜肴时应注意,由于草鱼含水分多、草腥味较大、出水易烂,因此在制作菜肴时应选用鲜活的草鱼且烹制时间不宜过长,调味时可适当多放一些料酒、醋、葱、姜等调料,达到去除腥味的目的。

**3. 鲢鱼**

(1)形态特征

鲢鱼体呈侧扁形,背部呈青灰色,腹部呈银白色,鳞片细小,头较大,约为身体的1/4,口阔,下颌稍向上斜,眼的位置较低,无须。自喉部至肛门间有发达的皮质腹棱,胸鳍末端仅伸至腹鳍起点或稍后,见图7-4。

(2)品种及产地

鲢鱼又称鲢子、白鲢、边鱼,属鲤形目鲤科鲢亚科鲢属。鲢鱼生活在水的中上层,滤食游浮植物。广泛分布于亚洲东部,我国各大淡水水系随处可见。

图7-4 鲢鱼

(3)质量标准

鲢鱼以眼睛清澈,鱼肉有弹性,鱼鳃鲜红,鱼鳞不易脱落,表面黏液少,无损伤者为佳。

(4)营养价值

鲢鱼每100g可食部分含水70.9g,蛋白质18.6g,脂肪20.8g,糖类0.8g,钙31mg,磷167mg,铁13.3mg,硫胺素0.04mg,核黄素0.21mg,尼克酸2.1mg。中医认为鲢鱼味甘、性温,有温中补气、暖胃、泽肌肤的功效,适用于脾胃虚寒体质、溏便、皮肤干燥者,也可用于脾胃气虚所致的乳少等症,对久病体虚、食欲不振、头晕、乏力等还有辅助疗效。

(5)烹饪运用

鲢鱼肉薄,肉质细嫩,味道鲜美,以体较大者为佳,体重在0.75kg以上者口感较好,但小刺较多。《随息居饮食谱》中记载:“其腹最腴,烹鲜极美,肥大者胜,腌食亦佳。”在烹饪应用中,可整用也可加工成多种形状,如段、块、片、丁等。适用于多种烹调方法,如炒、煎、煮、烧、炖、焖、炸、氽等,代表菜有红烧全鱼、豆瓣鲜鱼、炒鲢鱼片等。在烹制鲢鱼类菜肴时,由于鱼胆有毒,加工时应予以去除。

**4. 鳙鱼**

(1)形态特征

鳙鱼体型侧扁稍高,头极肥大,约为体长的1/3,吻宽,口大,眼小,鳞细小,腹部从腹鳍至肛门有皮棱,鱼体背部呈暗黑色,具不规则小黑斑,腹部为银白色,见图7-5。一年鱼体重1kg左右,3年鱼体重可达5kg。肉质细嫩,细刺多。

图7-5 鳙鱼

生活在水的中上层,滤食浮游生物。我国各大淡水水系均有分布,以冬季所产质量最佳。

(2)品种及产地

鳙鱼又称花鲢、胖头鱼、黑鲢、黄鲢、松鱼、鳙鱼、大头鱼,属鲤形目鲤科鲢亚科鳙属。鳙鱼分布于亚洲东部,我国各大水系均有此鱼,但以长江流域中下游地区为主要产地。

(3)质量标准

鳙鱼以新鲜,少腥味、少淤血,肌肉富有弹性,无污染,无伤痕,夏秋季所产者为佳。

(4)营养价值

鳙鱼含蛋白质、脂肪、钙、磷、铁等。中医认为其肉味甘、性温,有暖胃益筋骨之功效。鳙鱼头入药可治风湿头痛、妇女头晕,常用的养生方如人参鳙鱼汤。

(5)烹饪运用

鳙鱼肉质细嫩,但小刺较多,味道鲜美,尤其是其头部,大而肥美,早在《本草纲目》中就有记载:"鲢之美在腹,鳙之美在头。"除此之外,在《随息居饮食谱》中也有记载:"盖鱼之鳙,常以此供馐食者,故命名如此。其头最美,以大而色较白者良。"在烹饪应用中,可整用或经刀工处理。鳙鱼头部较大,常单独烹制成菜。制作时,适用于多种烹调方法,如蒸、烧、炖、焖、炸等,代表菜有四川的砂锅鱼头、广东的鱼头煲、豆腐鱼头汤、四川的剁椒鱼头等。如果将鱼头拆烩,鱼头的选择宜大不宜小。

**5. 鲤鱼**

(1)形态特征

鲤鱼,是我国分布最广,养殖历史最悠久的淡水经济鱼类,鱼体呈侧扁形,口部有须 2 对,背鳍基部较长,背鳍、臀鳍均有粗壮的带锯齿的硬刺,背部灰黑,体侧金黄,腹部白色,雄性成体尾鳍、臀鳍呈橘红色,肉厚质嫩,见图 7-6。产于我国各地淡水河湖、池塘。一年四季均产,但以 2~3 月产的最肥。

图 7-6 鲤鱼

(2)品种及产地

鲤鱼又称龙门鱼、鲤拐子、赤鲤、黄鲤、白鲤、赖鲤、属于鲤形鲤科。除我国青藏高原、新疆和甘肃河西走廊,以及阴山北侧、内蒙古的内陆河、湖无天然分布外,广布于其他各地。以黄河鲤鱼为最佳,现多为人工养殖。鲤鱼有野生种、家养种两大类。野生种的品种较多,知名而质优的主要有黑龙江所产的"龙江鲤",产于黄河流域的"黄河鲤"(其中,以河南开封、郑州一带所产为佳),产于长江、淮河水系的"淮河鲤"等。家养品种中比较著名有江西婺源的"荷包红鲤",广东高要县的"高要文鲤",广西桂林、全州的"禾花鲤"(因其放到稻田中养殖,故又称田鱼)。按生长水域的不同,鲤鱼可分为河鲤鱼、江鲤鱼、池鲤鱼。河鲤鱼体色金黄,有金属光泽,胸、尾鳍带红色,肉脆嫩,味鲜美,质量最好;江鲤鱼鳞内皆为白色,体肥,尾秃,肉质发面,肉略有酸味;池鲤有青黑鳞,刺硬,泥土味浓,但肉质较为细嫩。此外,还有从国外引进的鳞鲤、镜鲤、锦鲤等。

(3)质量标准

按鲤鱼的生长环境来说,河鲤鱼尾红、肉嫩味鲜为佳品。以 500~750g 重者为最佳。优质鲤鱼眼睛凸起,澄亮有光泽;鳃盖紧闭,鳃片呈鲜红色或红色,无黏液和污物;鳞片大而圆,整齐无脱落现象,排列紧密,有黏液和光泽;体形直,鱼肚充实、完整,头尾不弯曲;肉质有弹性,骨肉不分离。

(4)营养价值

鲤鱼含蛋白质、脂肪、钾、锌、硒、维生素 A、维生素 E 等,此外,还含有丰富的氨基酸、肌酸、磷酸肌酸以及组织蛋白酶等。中医认为,其性平,味甘,具有补脾健胃、利水消肿、通乳、清热解毒、止嗽下气等功效,可用于治疗水肿胀满、脚气、黄疸、咳嗽气逆、乳汁不通等症。

(5)烹饪运用

鲤鱼肉质肥厚细嫩,刺少,肉味纯正。陶弘景曾对鲤鱼有这样的描述:“诸鱼之长,食品上味。”在烹饪应用中,多以整形烹调,经过花刀处理后使其成形美观,也易于烹调入味;也可经刀工处理后加工成多种形状,如块、条、段、茸等。制作时,适用于多种烹调方法,如炒、烧、溜等,代表菜有金毛狮子鱼、抓炒鱼片、糖醋瓦块鱼、干烧中段、糖醋黄河鲤、三鲜脱骨鱼等。

在加工时值得注意的是,鲤鱼脊背两侧分别有一条白筋,俗称“腥线”,会使菜肴带有特殊的腥气。因此,在加工时要将其去除。去除方法:在靠腮的地方和脐门处分别割开一个小口至骨,用刀面拍鱼身使白筋显露,再用镊子夹住将其轻轻抽出即可。

**6. 鳜鱼**

(1)形态特征

鳜鱼,为我国名贵淡水食用鱼类之一。鳜属鱼类有鳜鱼(翘嘴鳜)、大眼鳜、斑鳜等多个品种,其中以鳜鱼分布最广,鳜鱼鱼体高而侧扁,背部隆起,长可达 60cm,身体呈浅黄绿色,腹部为灰白色,身体表面有不规则黑色斑块;背鳍一个,由两部分构成,前部为硬刺,后部为软鳍条;口大,下颌长于上颌,头部有细鳞,见图 7-7。生活在水的中下层,喜栖息于静水或微流水中,性凶猛。除青藏高原外,我国各地均有分布,一年四季均产,其中以 2~3 月所产最为肥美,唐代诗人张志和也曾有诗句描述:“桃花流水鳜鱼肥”。食用鳜鱼的规格以 750g 为佳。

**图 7-7 鳜鱼**

(2)品种及产地

鳜鱼又称鳜花鱼、季花鱼、桂花鱼、桂鱼,属鲈形目。鳜鱼与黄河鲤鱼、松江鲈鱼、兴凯湖大白鱼并称为中国“四大淡水名鱼”。常见鳜鱼有两种,即翘嘴鳜和大眼鳜。鳜鱼广泛分布于中国东部平原的江河湖泊,天然产量相当高。安徽黄山一带山间所产的石鳜,浙江湖州的湖州斑鳜等都是地方名产。

(3)质量标准

鳜鱼以巨口细鳞、骨疏少刺、皮厚肉紧、肉色洁白者为佳。

(4)营养价值

鳜鱼营养丰富,含蛋白质、脂肪、钙、磷、烟酸等。中医认为,鳜鱼味甘性平,具有补气血、益脾胃功效,可补五脏、益脾胃、充气胃、疗虚损,适用于气血虚弱体质,可治虚劳体弱、肠风下血等症。现代医学视鳜鱼为低脂高蛋白优质水产品。

(5)烹饪运用

鳜鱼肉质细嫩洁白,骨疏而刺少,味道鲜美,含有丰富的胶原蛋白质。在烹饪应用中,即可整用,也可加工成多种形状,如片、丝、丁、块、粒等。如需整用,在肛门处割断直肠,用方头竹筷从腮口插入腹腔,绞拉出内脏,可保证鱼腹完整,清洗后即可加工处理;整鱼出骨,即可保证鳜鱼整形,食之又无需去骨刺,更可填入其他原料成菜。烹调时,适用于多种烹调方法,如蒸、溜、烧、烤等,其中,最宜清蒸。适合多种味型,如咸鲜、糖醋、糟香、酱汁、酸辣、麻辣、五香等。代表菜有清蒸鳜鱼、松鼠鳜鱼、白汁鳜鱼、八宝鳜鱼等。

鳜鱼脏杂中的幽门垂多而成簇,俗称"鳜鱼花",为上等的烹饪原料,是一种附生于鱼胃的可以帮助消化、输送养分的器官,可单独成菜,可用烹、炒、烩、溜等烹调方法。因此,在加工时,应注意收集和利用。

鳜鱼的12根背鳍刺、3根臀鳍刺和2根腹鳍刺分布有毒腺,被刺伤后,可产生剧烈疼痛、发热、胃寒等症状,是淡水刺毒鱼类中刺痛最严重者之一。因此,在加工时应多加注意,以免被刺。

**7. 团头鲂**

(1)形态特征

团头鲂,是温水性鱼类,原产于我国湖北梁子湖,是长江中下游重要的淡水经济鱼类。团头鲂体高而侧扁,呈长菱形,头小,吻短而圆钝,体表被较大圆鳞,鱼体背部呈灰黑色,体侧呈银灰色,体侧鳞片基部灰黑、边缘较淡,组成多条纵纹,见图7-8。生活在水的下层,四季皆有。食用团头鲂的规格为250~400g。

**图7-8　团头鲂**

(2)品种及产地

团头鲂,又称武昌鱼、团头鳊,属硬骨鱼纲、鲤形目、鲤科、鳊亚科、鲂属。团头鲂仅分布于长江中下游附属中型湖泊,以湖北产的最为著名。

(3)质量标准

品质较好的团头鲂鳃盖紧闭,鳃片呈鲜红色或红色;鳞片排列整齐紧密,有粘液和光泽,轮层明显,有特有的鲜腥味;鱼形体直,鱼肚充实完整,鱼尾不弯曲。

(4)营养价值

团头鲂含蛋白质、脂肪、钙、磷、铁等,堪称上等鱼类。中医认为,鲂鱼味甘性平,入脾、胃经,有补脾益胃之功效。《本草纲目》称"腹内有鲂,味最腴美"。可用于脾胃虚弱、食欲不振、消化不良。《食疗本草》曾记载鲂鱼的功效为"消谷不化者,作食,助脾气,令人能食。"

(5)烹饪运用

团头鲂肉质细嫩,骨少肉多,含脂量高,味道鲜美,属上乘的鱼类原料。在烹饪应用中,以整用居多,也可切割分档使用。适用于多种烹调方法,如蒸、烧、焖、煎等,其中以清蒸为最佳,最能保持其本身所特有的鲜香醇厚的滋味。适用于多种味型,如咸鲜、五香、家常、麻辣等。代表菜有清蒸武昌鱼、红烧武昌鱼、油焖武昌鱼等。湖北的厨师还创制了"武昌鱼席",编制了《武昌鱼菜谱》等。

**8. 黄鳝**

(1)形态特征

黄鳝,我国特产的野生鱼类之一。体型细长而圆,形似蛇,体表光滑无鳞有大量粘液附着,颜色有青、黄两种;无胸鳍、腹鳍,背鳍、臀鳍低平且与尾鳍相连;头大、口大、眼小,见图7-9。

(2)品种及产地

黄鳝,又称鳝鱼、长鱼等,属鱼纲、合腮目、合腮科、黄鳝亚科。喜栖息于泥质洞穴中,常见于稻田。除青藏高原外,我国其他地区均有分布,其中以长江流域和珠江流域产量最大,夏季所产肉质最佳。

(3)质量标准

春末夏初是黄鳝的上市旺季,小暑前后一个月内质量最佳,故有“小暑黄鳝赛人参”之说。黄鳝以腹黄者为佳品。

(4)营养价值

图7-9　黄鳝

黄鳝肉含蛋白质、钙、磷、铁及维生素A、维生素$B_1$、维生素$B_2$、维生素E等。鳝鱼中含有丰富的DHA和卵磷脂,它所含有的特种物质“鳝鱼素”能降低血糖和调节血糖,对糖尿病有较好的疗效。中医认为,黄鳝有很高的滋补药用价值,其肉味甘、性温,归肝、脾、肾经,日常食用可补五脏、益气血、添精髓、壮筋骨,对气血虚弱、体形瘦弱、病后体虚、产后虚弱有疗效,是妇女和老年人常用的保健食品。民间流传“夏吃一条鳝,冬吃一枝参”的说法。常用的养生方有鳝鱼烧肉、炒鳝糊等。

(5)烹饪运用

黄鳝肉厚而刺少,从鳝肉到鳝皮,从鳝肠到鳝血,从鳝头到鳝尾,均可制作成菜肴;鳝骨也是一种制汤的良好原料。在烹饪应用中,多经刀工处理后进行烹调,可以加工成段、丝、条、片等。适用于多种烹调方法,如炒、炖、烧、蒸、爆、煸等。代表菜有干煸鳝丝、红烧鳝段、生爆鳝片、油爆鳝球等。江苏淮安有“全鳝席”,菜品达100余种。

需要注意的是,切忌吃死黄鳝。因为黄鳝死后,体内所含的组氨酸会迅速转变为有毒的组胺,食用后会引起中毒。另外,在烹制黄鳝类菜肴时,定要将其烧熟煮透,防止一种叫颌口线虫的囊蚴寄生虫感染。

**9. 银鱼**

(1)形态特征

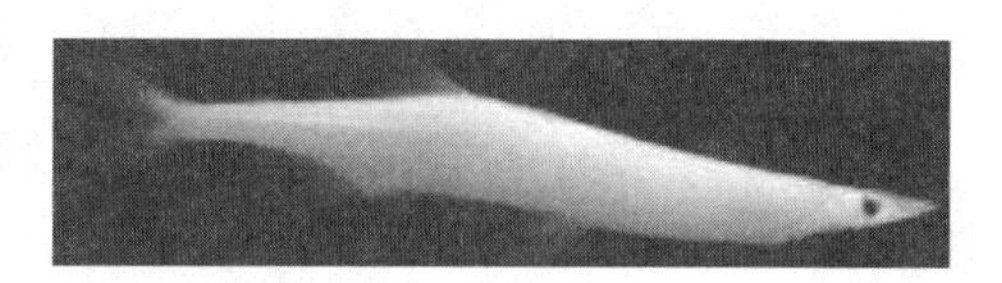

图7-10　银鱼

银鱼体细长,近圆筒形,后段略侧扁,体长约12cm。头部极扁平。眼大,口也大,吻长而尖,呈三角形。上下颌等长,前上颌骨、上颌骨、下颌骨和口盖上都生有一排细齿,下颌骨前部具犬齿一对。下颌前端没有联合前骨,但具一肉质突起。体柔软无鳞,全身透明,死后体成乳白色。体侧各有一排黑点,腹面自胸部起经腹部至臀鳍前有两行平行的小黑点,沿臀鳍基左右分开,后端合而为一,直达尾基。此外,在尾鳍、胸鳍第一鳍条上也散布着小黑点,见图7-10。

(2)品种及产地

银鱼,银鱼科鱼类的总称,又称面丈鱼、面条鱼、银条鱼,此鱼离水即死,死后鱼体洁白如银,因此而得名。属硬骨鱼纲、鲑形目。银鱼生活在淡水或河口中上层水中,长江中下游、各大、中型湖泊中均产,其中以太湖所产最为著名,驰名中外,称为上品,与白虾、白鱼并称为“太湖三白”。太湖银鱼捕捞期主要在每年的5月中旬到6月中下旬,故有“五月枇杷黄,太湖银鱼肥”之说。中国银鱼有10种左右,常见并食用的有大银鱼、尖头银鱼、长江间银鱼、间银鱼、小银鱼、白肌银鱼6种。

(3)质量标准

银鱼以体形细小均匀、内脏小、肉色洁白无杂物并有清香味者为佳。

(4)营养价值

银鱼含蛋白质、脂肪、维生素E、钾等。中医认为其味甘,性平,善补脾胃,且宜肺、利水,可治脾胃虚弱、肺虚咳嗽、虚劳诸疾。银鱼是一种不可多得的抗老、抗癌的美味食品。世界营养学界认为,银鱼属于"整体性食物",加工或食用时不用去鳍、骨等,营养完全,有利于增进免疫功能,使人长寿。日本人称银鱼为"鱼参",可见营养价值之高。

(5)烹饪运用

银鱼肉质细嫩、头骨细软、五脏俱小。在烹饪应用中,由于体型较小,多为整用且不开膛破肚。可将鲜鱼在沸水中烫一下捞出,直接拌食。适用于多种烹调方法,如炸、炒、煎、蒸、做汤羹等;也可将银鱼作为饺子、馄饨等面点食品的馅料。代表菜有银鱼炒蛋、软炸银鱼、银鱼炒肉丝、银鱼藕丝等。若取其鱼子,以酒、酱油捣烂,加香油、茴香末等和匀做成鱼子酱,是非常名贵的补品。

**10. 鲫鱼**

(1)形态特征

鲫鱼,我国重要的淡水食用鱼类之一。鱼体侧扁青黑色或红色,背鳍和臀鳍都有硬刺,最后一刺的后缘呈锯齿状,口部无须,大多生活在水草丛生的浅水湖和池塘中,见图7-11。

图7-11 鲫鱼

(2)品种及产地

鲫鱼,又称鲫瓜子、刀子鱼等,是鲤形目鲤科鱼类。鲫鱼在我国除青藏高原和新疆北部无天然分布外,全国各地淡水域常年均有生产。鲫鱼中比较有名的品种为江苏六合的"龙池鲫鱼",江西彭泽的"芦花鲫",宁夏西吉的"彩鲫"等。

(3)质量标准

优质鲫鱼鱼体具有鲜鱼固有的鲜明的本色和光泽;鱼鳞发光,紧贴鱼体,轮层明显、完整而无脱落;眼睛澄清、明亮、饱满,眼球黑白界限分明;鳃盖紧闭,鱼鳃清洁,鳃丝鲜红清晰,无黏液和污垢;肌肉坚实而有弹性,用手指压凹陷出能立即恢复。

(4)营养价值

鲫鱼含蛋白质、脂肪、碳水化合物、钙等。鲫鱼所含的蛋白质质优,氨基酸种类齐全,易于消化吸收,是肝肾疾病、心脑血管疾病患者的良好蛋白质来源。中医认为鲫鱼性温、味甘,有健脾利湿、和中开胃、活血通络、温中下气的功效,对脾胃虚弱、水肿、溃疡、气管炎、哮喘、糖尿病有很好的滋补食疗作用。产妇炖食鲫鱼汤,可补虚通乳。鲫鱼具有较强的滋补作用,非常适合中老年人和病后虚弱者使用。

(5)烹饪运用

鲫鱼肉质薄而细嫩,味道鲜美,营养价值较高,但刺较多。常分两大品系:银鲫(品质较好,味鲜而肥嫩)、黑鲫(品质较次,稍有土腥味)。在烹饪应用中,可整用也可经刀工处理后进行烹调,一般整用较多。适用于多种烹调方法,如烧、煮、炸、熏、蒸等。代表菜有豆腐鲫鱼、萝卜丝鲫鱼汤、荷包鲫鱼、清蒸鲫鱼等。

**11. 鮰鱼**

(1)形态特征

鮰鱼体修长,前部扁平,腹圆,后身渐细,下身略带粉红,无鳞,尾呈侧扁,有须四对,嘴巴两侧各有两根胡须,里面的长些,外面的短些,见图7-12。

(2)品种及产地

图7-12　鮰鱼

鮰鱼又称长吻鮠、回鱼、江团、白吉、肥头鱼。只见于大江大河的激流乱石之中,湖泊中极难见,溪或堰塘中不会有。鮰鱼栖息于江底,食小鱼虫虾。它是回游鱼类,春季天气返暖,鮰鱼从长江口往镇江、南京游去,开始繁殖;秋末,又从南京、镇江返回长江口过冬。鮰鱼为中国特产,有多款地方名产,如上海"宝山鮰鱼",贵州"赤水鮰鱼",四川"川江江团",安徽"淮河回鱼王"等。

(3)质量标准

新鲜的鮰鱼鱼体体表无破损,黏液光滑、清洁、透明;眼睛澄清、明亮、饱满;鳃盖紧闭,鱼鳃清洁,鳃丝鲜红清晰,无黏液和污垢,肌肉坚实而有弹性,用手指压凹陷处能立即恢复。

(4)营养价值

鮰鱼富含蛋白质、脂肪、碳水化合物、磷等,鮰鱼脂肪含量低,富含多种维生素和微量元素,是滋补营养佳品。中医认为,鮰鱼性平,味甘,具有补中益气、开胃、利水、养肝补血、保护心血管、滋补等功效。

(5)烹饪运用

鮰鱼肉质白嫩,鱼皮肥美,鱼鳔肥厚,兼有河豚、鲫鱼之鲜美,而无河豚之毒素和鲫鱼之多刺,烹饪上以红烧、清蒸、白汁为佳。

**12. 鲚鱼**

(1)形态特征

鲚鱼体长,身侧扁,背部较平直,胸、腹部有棱鳞。头侧扁,口大而斜,半下位。上颌骨游离,向后延伸至胸鳍基部,上下颌骨、口盖骨犁骨上均有细齿。眼小、鳃孔大。全身披有薄而透明的圆鳞,无侧线,体背和头部稍带灰黑色,见图7-13。

图7-13　鲚鱼

(2)品种及产地

鲚鱼又称刀鱼、刀鲚、毛花鱼、野毛鱼、凤尾鱼,属鲱行目鳀科鲚属。中国沿海和长江、黄河、钱塘江、辽河、海河等地均产鲚鱼,以长江为最多最好。

(3)质量标准

鲚鱼以新鲜,体表无损伤,个头大者为上品。

(4)营养价值

鲚鱼肉含蛋白质、脂肪、钙、磷及维生素 $B_2$、铁、硒、锌等。鲚鱼含矿物质多,能增进人体抗感染的能力,可提高人体对化疗的耐受力,有利于儿童身体和智力发育。中医认为鲚鱼性温、味甘,并具有补中益气、泻火解毒、活血健脾的功效。但鲚鱼又益发疮发疥,助火动痰,实为发物,故患痈疥疔疮者,切勿食之。

(5)烹饪运用

鲚鱼细嫩鲜美,被视为席上珍品,鲜食能清炖、红烧、糖醋等。渔民中还有一种特殊的"烙梅鲚",松脆异常,脆而不酥。

**13. 乌鳢**

(1)形态特征

乌鳢身体前部呈圆筒形,后部侧扁。头长,前部略平扁,后部稍隆起。乌鳢身体呈灰黑色,体背和头顶色较暗黑,腹部淡白,体侧各有不规则黑色斑块,头侧有2行斑纹。见图7-14。

图7-14 乌鳢

(2)品种及产地

乌鳢,又称黑鱼、才鲚、生鱼,属鲈形目鳢科。鳢科鱼类有两属,分别为鳢属和月鳢属。目前作为养殖对象的是乌鳢和斑鳢。乌鳢除高原地区外,主要分布于长江流域以及北至黑龙江一带,尤以湖北、江西、安徽、河南、辽宁等地居多。长江流域以南也有,但较少见。斑鳢也分布于长江流域以南,尤其是广东、广西、台湾、福建、云南等地较常见。

(3)质量标准

乌鳢以鲜活,鳞片均匀无脱落,肉质富有弹性者为佳。

(4)营养价值

乌鳢肉含18种氨基酸以及人体必需的钙、磷、铁和多种维生素。中医认为黑鱼性寒、味甘,适于身体虚弱、低蛋白血症、脾胃气虚、营养不良及贫血之人食用。两广一带民间常视乌鳢为珍贵补品,用以催乳、补血。鳢鱼还有祛风治疳、补脾益气、利水消肿之效。

(5)烹饪运用

烹饪上适用于清蒸、煮汤、煲汤、红烧、切片等,尤以煲汤的滋补作用明显。代表菜有菊花财鱼、清炒乌鱼片、番茄鱼片汤、碧绿鱼卷、香滑生鱼球等。

**14. 黄颡鱼**

(1)形态特征

黄颡鱼体长,腹平,体后侧稍侧扁。头大且平扁,吻圆钝,口大,下位,上下颌均有绒毛状细齿,眼小。有须4对,大多数种类上颌须特别长,无鳞。背鳍和胸鳍均具发达的硬刺,刺活动时发声。见图7-15。

(2)品种及产地

黄颡鱼又称黄腊丁,属鲶形目鮠科黄颡鱼属。黄颡鱼分布广,除西部高原外,全国各水域均有分布。它个体虽小,但产量大。种类有瓦氏黄颡鱼和光泽黄颡鱼,其品质和用法基本相同。

图7-15 黄颡鱼

(3)质量标准

黄颡鱼以鲜活(死了即破胆),外表无伤痕,黏液均匀无腥味者为佳。

(4)营养价值

黄颡鱼营养丰富,含蛋白质、碳水化合物、钙、磷等。中医认为黄颡鱼性平,味甘,有利小便的作用,能补脾胃、消水肿,肾炎水肿者皆宜食之。根据古代医家经验,黄颡鱼属于发物。因此,恶性肿瘤患者切勿食用,否则易引动病气,诱发或加重病情。

(5)烹饪运用

黄颡鱼肉质细嫩,无小刺,味清鲜,但因体小、无鳞,多用于家常,不上宴席,有些地方因经过精加工,也成名菜。家常烹制,甚少加配料。多取红烧法,慢火久煮。以其制作的名菜有江苏高邮的"精裹银装——金丝鱼片",四川则常与咸菜、豆腐同煮,调以胡椒红油等,熬成汤菜供食。

**15. 鲶鱼**

(1)形态特征

鲶鱼体长,前部平扁,后部侧扁。口宽大,具须两对,眼小。背鳍一个,较小;胸鳍有一锯状硬刺;臀鳍长,与尾鳍相连,体表无鳞,皮肤富含黏液腺。体灰黑色,有不规则暗色黑斑,见图 7-16。

(2)品种及产地

鲶鱼又称鲇、土鲶,鲶形鲶科。鲶鱼同类几乎遍布全世界,鲶鱼大部分栖息在淡水中,喜欢生活在江河近岸的石隙、深坑、树根底部的土洞或石洞里,以及流速缓慢的水域。在水库、池塘、湖泊、水堰的静水中,多伏于阴暗的底层或成片的水浮莲、水花生、水葫芦下面。属于海鲶科和鳗鲶科的鲶鱼则在海水中栖息。种类色别有两种:一种是青灰色,一种是牙黄色。

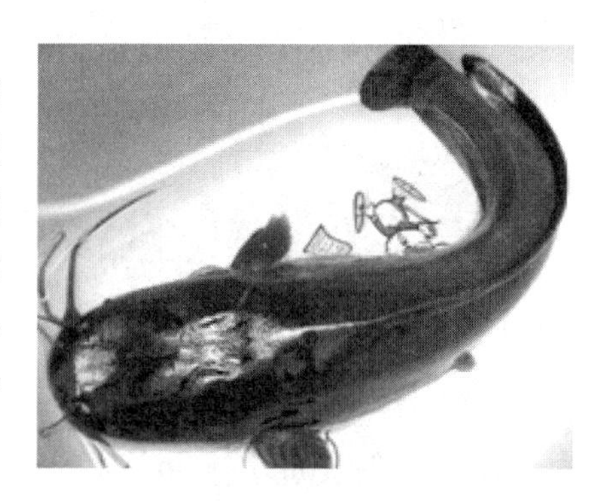

**图 7-16 鲶鱼**

(3)质量标准

鲶鱼以肉多刺少,肥美,体表粘液正常均匀覆盖,体表无损伤,新鲜者为佳。鲶鱼以春季最为肥美。

(4)营养价值

鲶鱼肉富含脂肪蛋白质等,并含有多种矿物质和微量元素。中医认为,鲶鱼性温、味甘,有补中益阳、利小便、疗水肿等功效。一般人群均能食用,老、幼、产后妇女及消化功能不佳的人最为适用。对体弱虚损,营养不良,乳汁不足,小便不利,水气浮肿有疗效;鲇鱼为发物,痼疾、疮疡患者慎食。

注意:鲇鱼不宜与牛羊油、牛肝、鹿肉、野猪肉、野鸡、中药荆芥同食。

(5)烹饪运用

鲶鱼刺少柔嫩,爽利滑润,因其体表黏液腥味较重,烹调时须汆水去除。烹制宜采用红烧、黄焖、红扒、清炖、清蒸等长时间的加热方法,调味可采用咸鲜、糖醋、酸辣等多种味型。鲶鱼可整用,也可加工成段、块、条、片、丁等。名菜有鲶鱼炖豆腐、大蒜烧鲶鱼、小笼粉蒸鲶鱼、豆汁蒸鲶鱼等。

## (二)咸水鱼

咸水鱼,又称海水鱼,是沿海一带及江、河口咸水区域所产鱼类的统称。我国沿海地处温带、亚热带和热带,纵跨渤海、黄海、东海、南海四大海域。我国海洋鱼类有 1700 余种,经济鱼类 300 余种,常见的、产量较高的有六七十种。咸水鱼种类有冷水性鱼类、温水性鱼类、暖水性鱼类以及大洋性长距离洄游鱼类和定居短距离鱼类等。

由于我国咸水鱼种类繁多,根据不同的分类方法分有不同的种类,见表7-6。

表7-6 咸水鱼分类表

| 分类方法 | 种 类 |
|---|---|
| 按照产量和分布 | 经济鱼、常见鱼和珍贵鱼 |
| 按照形态特点 | 有鳞鱼和无鳞鱼 |
| 按照肉色不同 | 红肉鱼类和白肉鱼类 |

**1.大黄鱼**

(1)形态特征

大黄鱼,鱼体长而侧扁,鱼尾较细长,头大而钝,口裂大且呈倾斜状,有牙齿且尖而细,但前端中央无齿;鱼体背部呈黄褐色,腹部呈金黄色,见图7-17。一般成鱼鱼体长约30~40cm,较大者可达50cm以上。生活在较深海区,属于暖性结群性洄游鱼类,一般在4~6月份向近海洄游产卵,秋冬季节又回深海区。因其属于我国特产,故又称"家鱼"。

图7-17 大黄鱼

(2)品种及产地

大黄鱼,又称大黄花、大鲜、桂花黄鱼,属鲈形目石首鱼科,黄鱼属鱼类。大黄鱼主要产于我国东海和南海,以舟山群岛和广东南澳岛产量最多。大黄鱼在广东沿海的盛产期为10月份,在福建为12月至翌年3月份,在江苏、浙江则为5月份。

(3)质量标准

优质的大黄鱼体表呈金黄色、有光泽,鳞片完整,不易脱落;肉质坚实,富有弹性;眼球饱满凸出,角膜透明;鱼鳃色泽鲜红或紫红,无异臭或鱼腥臭,鳃丝清晰。

(4)营养价值

大黄鱼含蛋白质、脂肪、维生素A、烟酸、维生素E、钙、磷、镁、硒等。中医认为大黄鱼味甘咸、性平,有和胃止血、益肾补虚、健脾开胃、安神止痢、益气填精之功效,对贫血、失眠、头晕、食欲不振及妇女产后体虚有良好疗效。

(5)烹饪运用

大黄鱼肉质细嫩鲜香,呈蒜瓣状,被制作出的菜肴味道鲜美清香,被视为咸水鱼类中的上品。烹饪应用中,既可整用也可经刀工处理加工成多种形状,如段、片、块、丝、丁等。适用于多种烹调方法,如蒸、炖、煎、炸、烧、焖等,且可制作成多种味型的菜肴,如酸甜、酸辣、五香、红油、酱汁等。代表菜有红烧大鲜、糖醋黄鱼、炸溜黄鱼、家常黄鱼等。值得注意的是,在黄鱼的头部含有大量的粘液,腥味较重,因此在制作前应将头皮撕掉,以降低其腥味。在制作整鱼类菜肴时,为保持鱼体的完整性,可以采用腮取法(鱼类取其内脏的一种方法,也可以叫做"口腔取")将内脏取出。

**2. 小黄鱼**

(1)形态特征

小黄鱼体长而扁侧,呈柳叶形,嘴尖,头内有耳石,背部灰黑色,腹部两侧为黄色,鳞片中等大小,背鳍较长,中间有起伏,尾鳍双截形,见图7-18。

图7-18 小黄鱼

(2)品种及产地

小黄鱼又名黄花鱼、小鲜等,为我国四大经济鱼类之一。小黄鱼主要分布在渤海、黄海和东海,如青岛、烟台、渤海湾、辽东湾和舟山群岛等渔场,以青岛产的数量最多,产期在3~5月份和9~12月份。

(3)质量标准

优质小黄鱼体表呈金黄色、有光泽,鳞片完整,不易脱落;肉质坚实,富有弹性;眼球饱满凸出,角膜透明;鱼鳃色泽鲜红或紫红,无异臭或鱼腥臭,鳃丝清晰。

(4)营养价值

小黄鱼营养价值与大黄鱼相似。中医认为小黄鱼味甘咸、性平,具有健脾升胃、安神止痢、益气填精之功效,对贫血、失眠、头晕、食欲不振及妇女产后体虚有良好疗效。但小黄鱼是发物,哮喘病人和过敏体质的人应慎食。

(5)烹饪运用

小黄鱼肉嫩且多,肉呈蒜瓣状,刺少,味鲜美,适合烧、煎、炸、糖醋等烹调方法,也可清蒸。如果用油煎的话,油量须多一些,以免将黄鱼肉煎散,煎的时间不宜过长。

**3. 真鲷**

(1)形态特征

真鲷体侧扁,呈长椭圆形,一般体长15~30cm,体重300~1000g,自头部至背鳍前隆起。体被大弱栉鳞,头部和胸鳍前鳞细小而紧密,腹面和背部鳞较大。头大,口小、左右额骨愈合成一块,上颌前端有犬牙4个,两侧有臼齿2列。前部为颗粒状,后渐增大为臼齿;下颌前端有犬牙6个,两侧有颗粒状臼齿2列、前鳃盖骨后半部具鳞、全身呈现淡红色,体侧背部散布着鲜艳的蓝色斑点。尾鳍后缘为墨绿色,背鳍基部有白色斑点,见图7-19。

图7-19 真鲷

(2)品种及产地

真鲷,又称加吉鱼、红加吉、铜盆鱼等,属鲈形目鲷科,真鲷属鱼类。分布于印度洋和太平洋西部。我国近海有分布,但近年产量不多。黄、渤海渔期为5~8月份和10~12月份;东海闽南近海和闽中南部沿海渔期为10~12月份,11月份是盛产期。

(3)质量标准

真鲷以新鲜,少腥味、少淤血,肌肉富有弹性,无污染,无伤痕,夏秋季所产者为佳。

(4)营养价值

真鲷含蛋白质、脂肪、钙、磷等,矿物质及维生素含量也较丰富。中医认为真鲷性平、味甘,营养丰富,有补脾益气暖胃,养肝养血健美的功效作用。

(5)烹饪运用

常以整条上席,作为主菜,因其名加吉鱼,被视为吉祥的象征,多数用于喜庆宴席,也可制作成鱼丸、馅心。真鲷肉质细嫩而紧密,刺少而味鲜美,尤其是真鲷的头部,因其颅腔内含有丰富的脂肪和胶质,民间素有"加吉头,鲅鱼尾,鳓鱼肚皮唇唇嘴"之说。其眼球大而多脂膏,在山东沿海一带常以鱼眼奉贵客。真鲷吃起来口味清淡,能减少人体过敏发生,且有助于生完孩子的孕妇发奶,因此也是妇女坐月子期间很好的食材选择。适用于多种烹调方法,如蒸、炖、烧、焖、烤、溜、白汁等,其中以清蒸、白汁和做汤为最佳。代表菜有清蒸加吉鱼、干烧加吉鱼、烤加吉鱼、清蒸加吉鱼等。在山东长山列岛一带每年到了春汛期,当地人就以真鲷配香椿芽同烧,鲜香四溢。

**4. 带鱼**

(1)形态特征

带鱼与大黄花、小黄花、乌贼并称为中国"四大海产"。体长呈侧扁形,带状,一般体长为60~120cm,尾部呈鞭状,背鳍很长,胸鳍较小,无腹鳍;嘴大具锐牙;体表光滑,鳞退化成表皮银膜,呈银白色,见图7-20。带鱼为暖温性近底层鱼类,喜微光,一般夜间上升至表层,白天则下降至深层,有集群洄游习性。属肉食鱼类。

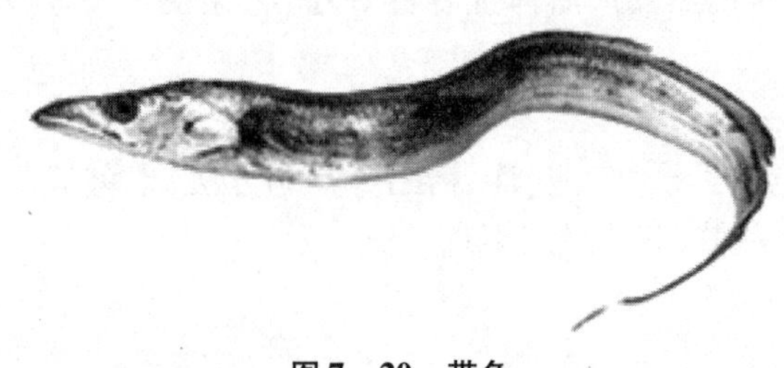

**图7-20 带鱼**

(2)品种和产地

带鱼,又称牙带、刀鱼(北方)、银刀(山东)、裙带鱼、白带鱼(南方)等,属鲈形目带鱼科,带鱼属鱼类。带鱼广泛分布于世界各地的温、热带海域。我国沿海有分布。浙江嵊山渔场是带鱼最大产地,其次是福建闽东渔场。

(3)质量标准

带鱼因生产方式不同,分为钓带、网带、毛刀三种。钓带个头大小均匀,体形大,质量好,为上品;网带因损伤程度大,大小不均匀,质量较次;毛刀质量最差。商品带鱼经过分拣、整理,分等论价,大致可以分成特极品、优等品、一般品、次等品四等。特极品,为体重在750g以上者;优等品,体形完整,大而鲜肥;一般品,光泽程度差,个头大小不均匀;次等品,体形不整,有破肚现象。

(4)营养价值

带鱼含蛋白质、脂肪、钙、磷等,还含有多种维生素。中医认为带鱼味甘,性温,有滋补强壮、和中开胃、补虚泽肤之功效,适宜久病体虚、血虚头晕、气短乏力、营养不良之人及皮肤干燥者使用。带鱼是发物,过敏体质者宜慎用。

(5)烹饪运用

带鱼属高脂鱼类,肉质肥嫩而鲜美,有"开春第一鲜"之美誉,鲜食为佳。在烹饪应用中,常经刀工成型后使用,可加工成段、块、条等。适用于多种烹调方法,如烧、煎、蒸、炸、焖等。适用于多种味型,如咸鲜、香甜、酸辣、麻辣、咸甜等。代表菜有红烧带鱼、清蒸带鱼、焖带鱼、糖醋带鱼等。需要注意的是,由于带鱼脂肪含量较高,因此在烹调时宜用冷水,不宜用热水,热水烹调后的带鱼腥味较重。

**5. 鳕鱼**

(1)形态特征

鳕鱼鱼体长，尾部向后渐细，头大，口大，上颌略长于下颌，颈部有一触须，须长等于或略长于眼径。胸鳍浅黄色，其他各鳍均为灰色，见图 7－21。

**图 7－21 鳕鱼**

(2)品种和产地

鳕鱼，又称大头鳕、大头鱼、大口鱼，水口、阔口鱼、大头腥、石肠鱼，属鳕形目鳕科鱼类。鳕鱼的品种非常多，有黑鳕鱼、蓝鳕鱼、金鳕鱼、长尾鳕等。分布于北太平洋。我国产于黄海和东海北部，常见的品种主要是银鳕鱼，主要渔场在黄海北部、山东高角东南偏东和海洋岛南部及东南海区。

(3)质量标准

鳕鱼以肉质洁白肥厚、鱼骨鱼刺少者为上品。

(4)营养价值

鳕鱼富含大量蛋白质、各种维生素以及各种矿物质，同时，鳕鱼还含有大量的胰岛素，能够有效地降血糖和血压。中医认为，鳕鱼性平，味甘，有活血消淤、利水通便之功效，可用于治疗跌打损伤、脚气、便秘等症。

(5)烹饪运用

在烹饪应用中，通常将鱼头去掉，以鱼体用于烹制菜肴。鲜食、腌制、熏制均可。适用于多种烹调方法，如烧、焖、炖、煨、蒸、煎等，主要以清炖和红焖为主。代表菜有清炖鳕鱼、红焖大头鱼、清蒸鳕鱼、红烧鳕鱼、香煎银鳕鱼、西芹鳕鱼等。以冬季味佳，如系出水鲜品，用于清蒸，风味也较好。

**6. 大菱鲆**

(1)形态特征

大菱鲆鱼体扁平，形似菱形且显圆形，两眼位于头部左侧，口大，吻短，口裂前上位，斜裂较大；背面(有眼侧)体色呈棕褐色或称沙色，颜色的深浅会随着环境和生理状况而发生深浅的变化，背面被有少量的角质鳞片，看似无鳞，用手摸略有粗糙感。腹面(无眼侧)呈白色，光滑无鳞；背鳍、臀鳍和尾鳍发达，有软鳍膜相连，见图 7－22。大菱鲆属于海洋底栖鱼类。

**图 7－22 大菱鲆**

(2)品种和产地

大菱鲆，又称多宝鱼、蝴蝶鱼等，属鲽形目鲆科，菱鲆属鱼类。大菱鲆原产于北大西洋，属于北欧冷水鱼类。20 世纪 90 年代引入我国山东、福建等水温较低的地区养殖。

(3)质量标准

大菱鲆以新鲜，少腥味、少淤血，肌肉富有弹性，无污染，无伤痕者为佳。

(4)营养价值

大菱鲆鱼含蛋白质、脂肪、钙、镁等，还富含不饱和脂肪酸、维生素 A、维生素 C、钙、铁等,尤其是裙边中含有丰富的胶原蛋白,含脂肪和胆固醇低,氨基酸平衡良好。中医认为大菱鲆性寒、味甘,有养颜美容、延缓衰老、降血脂血压、促进儿童生长发育和智力发育的作用,是一种养身保健食品中十分理想的海洋鱼类。

(5)烹饪运用

大菱鲆肉质细嫩洁白,味道鲜美,属于高档食用鱼类。在烹饪应用中,可整用也可加工成多种形状,如段、片、块、丝、丁等。一般情况下整条食用。适用于多种烹调方法,如蒸、烧、炖、炸等,以清蒸最为常见。清蒸时,白色腹部向上,可使其成熟较快,以保其嫩滑,也可以卷起来蒸。

需要注意的是,由于大菱鲆抗病能力较差,现在一些养殖者在养殖过程中食用违禁药物,用来预防和治疗鱼病,从而导致其体内药物残留量严重超标,在选购时应注意鉴别。

**7. 银鲳**

(1)形态特征

银鲳,为名贵食用经济鱼类。鱼体高而侧扁,体形呈卵圆形;头小,吻圆,口小,牙细;体被圆鳞,细小且易脱落;有背鳍、臀鳍,腹鳍成鱼时已退化,尾鳍呈深叉形;鱼体背部呈青灰色,腹部为银白色,全身具银色光泽并密布黑色细斑,见图 7 – 23。鱼体一般长 20cm 左右,长者可达 40cm,体重一般在 300g 左右。银鲳属近海暖温性中下层鱼类。

**图 7 – 23 银鲳**

(2)品种和产地

银鲳,又名平鱼、白鲳、鲳鱼、镜鱼、车片鱼、平鱼、草鲳等,属鲈形目鲳科鱼类。银鲳广泛分布在印度洋、非洲东岸及日本、中国、朝鲜温带及热带海区,中国沿海均产。同属的其他品种风味稍差,如中国鲳、双鳍鲳、灰鲳等。

(3)质量标准

银鲳以鱼体无破损,新鲜,无脱鳞者为佳。

(4)营养价值

银鲳具有极高的营养价值,含蛋白质、脂肪、维生素 A、胡萝卜素、胆固醇、烟酸等。银鲳鱼富含不饱和脂肪酸、微量元素硒和镁以及其他多种营养成分,具有降低胆固醇的功效,对冠状动脉硬化等心血管疾病有预防作用,并具有延缓衰老,预防癌症的功效。中医认为银鲳性平、味甘,具有益气养血、柔筋利骨的功效,对于消化不良、贫血、筋骨酸痛等症有辅助疗效。

(5)烹饪运用

银鲳肉质细嫩,脂肪含量高,肉多而刺少且多为软刺。在烹饪应用中,多以整条使用。适用于多种烹调方法,如炖、蒸、焖、煎、炸、溜、烤等。代表菜有清蒸鲳鱼、红烧鲳鱼、煎鲳鱼、荔枝鲳鱼等。

**8. 鳐鱼**

(1)形态特征

鳐鱼身子扁平,尾巴细长,有些种类的鳐鱼尾巴上长着一条或几条从边缘生出的锯齿形毒刺。见图 7 – 24。

(2)品种和产地

鳐鱼是多种扁体软骨鱼的统称,分布于全世界大部分水区。鳐鱼在中国沿海均有分布,黄海最多,有孔瑶、斑鳐等。

(3)质量标准

鳐鱼以全身黏液透明光滑、颜色鲜艳,肌肉弹性强者为佳品。

(4)营养价值

鳐鱼含蛋白质、烟酸、钾、钠等。中医认为鳐鱼性寒、味苦。营养不足的人食用可补充营养,可有效防治风湿性关节痛、跌打肿痛、疮疖、溃疡等疾病。

**图 7-24　鳐鱼**

(5)烹饪运用

烹饪上可采用烧、焖、炖、炸等方法。因其腥味较大,烹调时应多放些醋、酒、姜等去腥味原料。

**9. 石斑鱼**

(1)形态特征

石斑鱼口大,具辅上颌骨,牙细尖,有的扩大成犬牙。体被小栉鳞,有时常埋于皮下。背鳍和臀鳍棘发达,尾鳍圆形或凹形,体色变异甚多,常呈褐色或红色,并具条纹和斑点,为暖水性的大中型海产鱼类,见图 7-25。

**图 7-25　石斑鱼**

(2)品种和产地

石斑鱼常群繁于海底的珊瑚礁石丛中,体色鲜艳且有彩色的斑纹带,故名“石斑”。石斑鱼产于我国沿海地区,以浙江舟山、珠江口、湛江等地产量最多。石斑鱼的种类较多,常见的品种如下:

①老鼠斑,又名驼背鲈。此鱼身体布满圆形斑点,吻尖而短,背缘呈弧形,驼背,幼鱼头、身体及各鳍间均有黑圆斑点,成鱼体侧有灰褐色斑块,因其唇嘴尖长似老鼠而得名。老鼠斑主要分布在南海、热带印度洋和大西洋,其肉质细嫩,味道鲜美,鱼皮胶质丰富。

②红玫瑰。体色呈红,有五条深色横带,眼后缘有一暗斑,鳞片无白点,背鳍棘部边缘黑褐色。

③星斑。身上有斑点,因栖息在珊瑚环境故体色有纯红、纯蓝或棕色等多种颜色。按出产地可分为东星斑和西星斑。东星斑产于东沙群岛,体形浑圆稍细长,皮薄肉质鲜美、清香。西星斑产于西沙群岛,鱼体表面粗糙,星点粗大而圆,肉质脆爽而鲜甜。

(3)质量标准

石斑鱼以新鲜,少腥味、少淤血,肌肉富有弹性,无污染,无伤痕者为佳。

(4)营养价值

石斑鱼含蛋白质、核黄素、硫胺素、硒等,还含有较多的矿物质。中医认为石斑鱼性平,味甘,无毒,除具有很高的营养价值外,还具有很大的药用价值,具有活血通络等功效。

(5)烹饪运用

石斑鱼肉厚刺少,蒜瓣肉,肉鲜味美、烹饪上根据不同品种分别使用不同的烹调方法。老鼠斑最易清蒸,红玫瑰易清蒸、炒或煲汁,东星斑宜清蒸,西星斑宜炒或煲汁。

**10. 比目鱼**

(1)形态特征

比目鱼静止时一侧伏卧,部分身体经常埋在泥沙中。有些能随环境的颜色而改变体色。比目鱼最显著的特征之一是,两眼完全在头的一侧;另一特征为体色,有眼的一侧(静止时的上面)有颜色,无眼的一侧为白色。见图7-26。

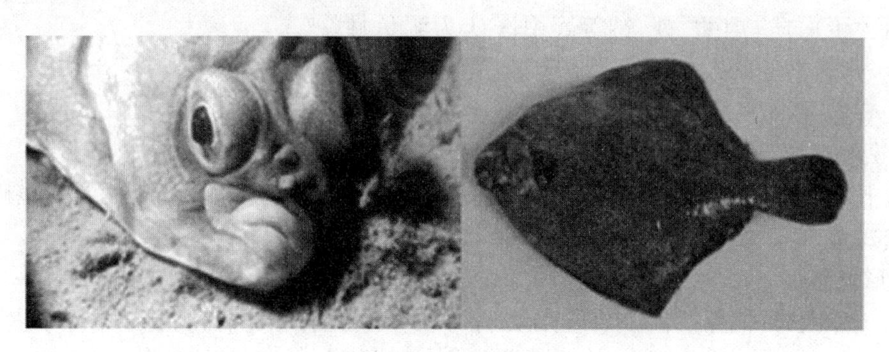

**图7-26 比目鱼**

(2)品种和产地

比目鱼是鲽形目约600种卵圆形扁平鱼类的统称,又叫獭目鱼、塔么鱼。广泛分布于各大洋的暖热海域中,主要以底栖无脊椎动物和鱼类为食,底层海鱼类,其分布与环境,如海流、水和水温等因素有密切关系。有少数种类,如华鲆、江鲽、窄体舌鳎、褐斑三线舌鳎等可进入江河淡水区生活。

(3)质量标准

比目鱼以新鲜,少腥味、少淤血,肌肉富有弹性,无污染,无伤痕者为佳。

(4)营养价值

比目鱼含蛋白质、脂肪、钙、铁、硒,以及维生素A、维生素E等。北极比目鱼能够软化和保护血管,降低人体中血脂和胆固醇,可预防贫血症、低血糖、高血压和动脉血管硬化等疾病。中医认为,比目鱼性平,味甘,具有消炎解毒、补虚益气、补脾胃之功效,可用于治疗急性肠胃炎等症。

(5)烹饪运用

比目鱼鲜品最宜清蒸,也可以红烧、油炸、清炖等。恰当使用火候,可使调味料渗入鱼肉更加均匀,风味更佳。烹前以少盐略加腌渍约1~2h,使鱼肉先脱去部分水分,并使蛋白质初步凝固,烹制中可不致散碎。比目鱼净肉还可加工成茸泥,制成鱼丸、鱼饼、鱼糕等,并可用于作馅。以比目鱼制作的菜肴有:糟溜比目鱼、比目鱼香菇卷、四喜鱼卷、酱烧比目鱼、清炖比目鱼、串烤比目鱼、香草柠檬烤比目鱼等。

**11. 海鳗**

(1)形态特征

海鳗体长一般35~60cm,大者长达1m以上,呈长圆筒形,尾部侧扁;银灰色,个体较大者呈暗褐色;头尖长,眼椭圆形,口大,上下颌延长,具强尖锐齿;体无鳞,背鳍和臀鳍与尾鳍相连,胸鳍发达,无腹鳍,见图7-27。

(2)品种和产地

海鳗,硬骨鱼纲鳗形目、海鳗科、海鳗属。暖水性近底层鱼类。集群性较差,具有广温性和广盐性。通常栖息于水深50~80m泥沙底海域。有季节洄游习性。产卵场水深一般在20~40m,底质为沙泥,平均水温13.5~20℃,盐度29~34,为较长寿命种类,最高可达16龄。凶猛肉食性鱼类,主要摄食虾、蟹、鱼类及部分头足类。广泛分布于非洲东部、印度洋及西北太平洋。中国沿海均产,东海为主产区。

图7-27 海鳗

(3)质量标准

海鳗以鱼体藏青色,鱼身光滑、肉质坚实,尾端脊肉完整没有损伤的为好。

(4)营养价值

海鳗含蛋白质、脂肪、钾、钙、硒,以及维生素A、维生素E等。中医认为,海鳗性平,味甘,具有补虚、养血、祛湿、抗痨等功效;同时,海鳗还具有治疗肺结核的功效。

(5)烹饪运用

海鳗既可烧、煮、炖、焖,又可熘、烹、爆、炒、煎,还可熏、烤成菜。口味变化幅度亦大,五香、葱油、酱汁、红油、酸甜、酸辣、甜香、椒麻等多种味型无所不可。以海鳗制作的菜肴有:生炒星鳗、蚝油康鳗、熘海鳗片、干炸海鳗、桔烧海鳗、干烧海鳗、红焖芦笋鳗鱼、辣椒海鳗条、白炖海鳗块等。

**12.弹涂鱼**

(1)形态特征

弹涂鱼呈圆筒形,后部稍侧扁;头大,近圆形;眼小,突出于头顶;吻钝圆,口大无须,有唇褶;体被细小圆鳞;背鳍两个,胸鳍基部具肌肉柄,腹鳍短且左右愈合成吸盘状;因腹鳍肌肉发达,故可跳出水面运动;体长10~15cm左右,体呈淡褐色或青蓝色,体侧散布暗色小斑,见图7-28。

(2)品种和产地

弹涂鱼,又名跳跳鱼,江边、海边常见,为刺鳍鱼科。世界上共有25种弹涂鱼,根据其形体和行为特点可将其归为4个种类。中国沿海主要有3属6种,分别为弹涂鱼、大弹涂鱼、青弹涂鱼、大青弹涂鱼。常见的种类有弹涂鱼、大弹涂鱼,青弹涂鱼。弹涂鱼有鳃,是真正的鱼,是一类进化程度较低的古老鱼类小动物。在中国主要分布于南海及东海。世界范围内分布于非洲西岸、印度、太平洋水域、新赫布里底群岛热带及亚热带近岸浅水区

图7-28 弹涂鱼

(3)质量标准

弹涂鱼以鲜活,无污染,无异味,肉质鲜美细嫩,爽滑可口,肉肥腥轻的为佳。

(4)营养价值

弹涂鱼含蛋白质、脂肪、碳水化合物,并含有多种维生素和矿物质。中医认为弹涂鱼性温、

味甘,具有补肾壮腰、活血止痛、解毒等功效,可用于肾虚腰痛、扭伤、坐骨神经痛等症。民间将其与当归、熟地黄一同清煮,用于滋补,并促进伤口愈合,常用于手术后病人及产妇;还认为其具有催乳、止夜尿和小儿盗汗等作用。

(5)烹饪运用

弹涂鱼经初步加工后,即可用清蒸、油焖、清炖、汆汤等常法烹制。可将之洗净倒入沸水锅中,烫至口张开,捞入冷水,以竹片剔取鱼体两侧的肉,切段、片、条及米粒状等供用。以弹涂鱼制作的菜肴有:炒跳鱼片、鸡粥弹涂鱼、弹涂煮豆腐等。

## (三)洄游鱼类

洄游是鱼类的一种周期性、定向性和群体性的迁徙运动。鱼类洄游所经的路径被称为"洄游路线"。从烹饪原料分类的角度来看,某些洄游鱼类既不属于淡水鱼也不属于咸水鱼。

洄游鱼类,根据不同的分类方法分有不同的种类:

(1)根据洄游距离的远近分为洄游鱼类和半洄游鱼类两类。

(2)根据洄游的路线方向分为溯河洄游鱼类和降河洄游鱼类。溯河洄游鱼类,是指在海洋中生活成长,溯河到淡水中产卵的鱼类。降河洄游鱼类,是指在淡水中生活成长,到海洋中产卵的鱼类。

(3)根据鱼类活动的目的不同可分为生殖洄游、索饵洄游和越冬洄游三类。

下面选取鲥鱼、鲑鱼、鳗鲡、河鲀四种洄游鱼类进行介绍。

**1. 鲥鱼**

(1)形态特征

鲥鱼,属溯河洄游鱼类。鱼体侧扁呈长椭圆形,口大,吻尖;体被大而薄的圆鳞,但尾鳍基部鳞片则较小,腹部具棱鳞,形成箭簇;鱼体背部与头部呈灰黑色,略带蓝绿色光泽,体侧及腹部为银白色;腹鳍和臀鳍为灰白色,其他鳍呈暗蓝色,见图7-29。

图7-29 鲥鱼

(2)品种及产地

鲥鱼又名三来鱼、三黎鱼、迟鱼、鲥刺,属鲱科,是名贵的食用鱼类,列"长江三鲜"之首。鲥鱼平时生活在海水中,每年的4~6月份会溯河洄游到长江中下游、珠江和钱塘江水系中繁殖,其中江苏的镇江、南京、安徽的芜湖、安庆、江西为著名产地,尤以镇江所产最佳,端午节前后最为肥美。鲥鱼以长江产为最好,另外还有花点鲥鱼、云鲥,此两种和长江鲥鱼品质相似。

(3)质量标准

鲥鱼以新鲜个大,出水时间短,体表完整,少血污者为佳。

(4)营养价值

鲥鱼含蛋白质、脂肪、铁、核黄素、烟酸等。中医认为鲥鱼味甘、性平,无毒,有补虚劳、快胃气之功效。鲥鱼的脂肪含量很高,几乎居鱼类之首,有"鱼中之王"的美称;富含不饱和脂肪酸,具有降低胆固醇的作用,对防止血管硬化、高血压和冠心病等大有益处。鲥鱼鳞有清热解毒的功效,能治疗疮、下疳、水火烫伤等症。

(5)烹饪运用

鲥鱼初入江时,丰腴肥硕,脂肪含量高,鳞片下也富含脂肪,在制作菜肴时可使鱼肉更加鲜美。因此,鲥鱼在初加工时不用去鳞。在烹饪应用中,适合清蒸、红烧和清炖等。代表菜有清蒸鲥鱼、酒酿蒸鲥鱼等。

**2. 鲑鱼**

(1)形态特征

鲑鱼属溯河洄游鱼类。鱼体体长稍扁,头后逐渐隆起;口裂大,有锐牙,眼小,背鳍、胸鳍和腹鳍较小,尾鳍呈叉状,背部靠尾端处有脂鳍。产卵后就会死亡,因此,在黑龙江一带的渔民都有“海里生,江里死”的说法。见图7-30。

**图7-30 鲑鱼**

(2)品种及产地

鲑鱼也称大马哈鱼、三文鱼,是我国著名鱼类之一。鲑形目鲑科,大麻哈鱼属。原生活在太平洋北部,在海水中成长发育后便成群结队向西游,最后落脚在我国乌苏里江、松花江产卵,秋季最肥。

(3)质量标准

鲑鱼以肉色橙红色,肉质细嫩鲜美,鱼体完整无伤痕和血污者为佳。

(4)营养价值

大马哈鱼含蛋白质、脂肪、烟酸、钙、镁、锌等,还含有一般淡水鱼类所没有或很少有的DHA和EPA。丰富的不饱和脂肪酸能有效降低血脂和血胆固醇,防治心血管疾病,因此,鲑鱼享有“水中珍品”的美誉。中医认为大马哈鱼性平、味甘,有补虚劳,健脾胃、暖胃和中的功效,对消化不良、呕吐酸水、胸闷胀饱、抽搐等症有一定的治疗作用。

(5)烹饪运用

鲑鱼肉质紧实、细嫩,富有弹性,脂肪含量较高,味道鲜美;肉色呈橘红色或红玫瑰色。在烹饪应用中,适用于多种烹调方法,如烧、焖、炖、蒸、煮等,可制作生鱼片,也可作馅心。代表菜有清蒸大麻哈鱼、干烧大麻哈鱼、清炖大麻哈鱼等。因其生产季节气温较高,过去鲜运不太容易,因此将大麻哈鱼进行腌制加工,腌制后的肉质紧密、红润、细嫩,可加工成段、块等,以清蒸供食,自动出油,味道清香。值得注意的是,大麻哈鱼的卵比一般鱼卵要大,大小如珍珠,呈红色,精品莹透亮,可制成“红鱼子”,深受西方人的喜爱。

**3. 鳗鲡**

(1)形态特征

鳗鲡,属降河洄游鱼类。鱼体细长,类似蛇形,无腹鳍,背鳍与臀鳍与尾鳍相连,体表被鳞但细小,隐蔽于皮肤下,见图7-31。

(2)品种和产地

鳗鲡,又称白鳝、青鳝、河鳗、鳗鱼等,属鳗鲡目、鳗鲡科鳗鲡属鱼类。鳗鲡平时生活在淡水中,产卵时进入深海,鳗鲡分布于长江、闽江、珠江等水系及海南岛

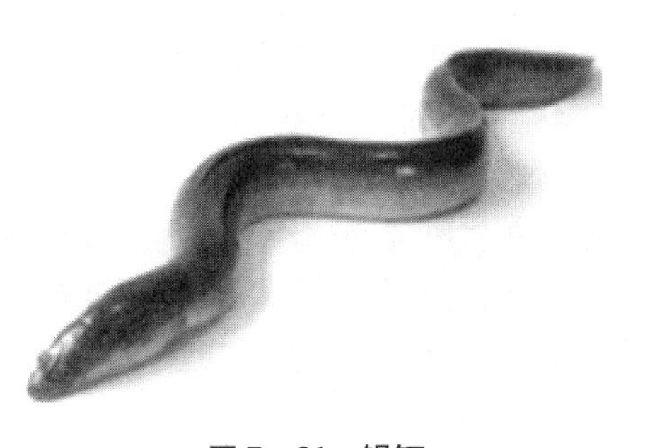

**图7-31 鳗鲡**

等江河、湖泊中。我国许多地方均有大量养殖,以江河出海口处所捕最佳,冬春季最肥。

(3)质量标准

鳗鲡以身体细长,体背灰黑色,腹部白色或者浅黄色,身体无伤痕者为佳。

(4)营养价值

鳗鲡含蛋白质、脂肪、钙、磷等。鳗鲡的肉、骨、血、鳔等均可入药。中医认为鳗鲡肉味甘、性平,有滋补强壮、祛风杀虫之功效,对治疗肺结核经久不愈而造成的身体虚弱、结核发热、赤白带下、风湿、骨痛、体虚等症有一定的效果。

(5)烹饪运用

鳗鲡肉质细嫩洁白,味道鲜美,富含胶质、脂肪,入口肥糯。在烹饪应用中,常加工成段,也可剔骨后加工成片、丝、条、糜、块等。成段做菜时,先用小量的盐腌制,晾至半干,然后入烹。适用于多种烹调方法,如蒸、烧、炖、焖、炸、煨、溜、烤等。代表菜有黄焖鳝、清蒸青鳝、红烧鳗鱼、豉汁蟠龙鳝等。

值得注意的是,鳗鲡血清中有毒,因此大家不要吃生鳗鲡和生饮鳗鲡血,以免引起中毒。除此之外,口腔黏膜、眼黏膜和受伤的手指均应避免接触到鳗鲡血,以免引起炎症。

**4. 河鲀**

(1)形态特征

河鲀体粗大,嘴中有牙,眼大且位高;无腹鳍,背鳍与臀鳍相对各一个,胸鳍一对,尾鳍截形;鱼体背部色深,腹部为乳白色,体表有花纹,因品种的不同各有差异,见图7-32。

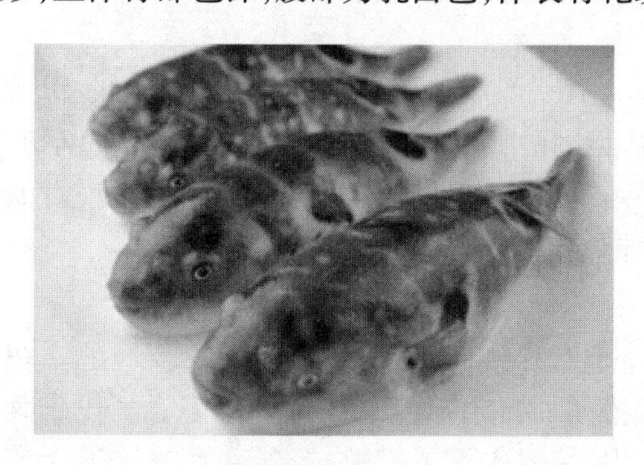

**图7-32　河鲀**

(2)品种和产地

河鲀,又称河豚、龟鱼、气泡鱼等,为鲀形目鲀科东方鲀属鱼类的通称。河鲀属于溯河洄游鱼类。东方鲀属我国约有16种,常见的种类有暗纹东方鲀、虫纹东方鲀、星点东方鲀、条纹东方鲀、弓斑东方鲀等。我国长江、鸭绿江、辽河等各大河流都有产出,以长江所产最多,集中在江阴、镇江一带。每年春、夏两季为主要捕获季节。河鲀产卵时生活于近海底层或河口半咸水区,少数品种也可进入淡水中产卵。幼鱼在淡水中成长后,即返回海洋中生活。当其遇到敌害时,食道会扩大成气囊使腹部膨大如球,浮于水面进行自卫,离水后吸气膨胀,发出咕咕的响声。

(3)质量标准

河豚以新鲜,少腥味、少淤血,肌肉富有弹性,无污染,无伤痕者为佳。

(4)营养价值

河豚含蛋白质、脂肪、钙、磷等。中医认为,其性温,味甘,具有除风湿、补脾、利湿等功效,适用于久患风湿、腰腿无力、疼痛酸楚、脾虚水肿者食用。

注意:河豚鱼肉虽然鲜美,但处理不当或者贪食太多则会让人一命呜呼。河豚毒素为神经毒素,其毒性比氰化钾要高近千倍。在日本,每年都有一些人因误食河豚毒而死。

(5)烹饪运用

河鲀肉质肥腴,味道极为鲜美,无芒刺,被誉为"三鲜"之冠(河鲀与鲥鱼、刀鱼并称为"长江三鲜")。河鲀鱼含有河鲀毒素,因此它的烹制过程严格缜密而精细,在江阴须有专门制作河鲀鱼菜肴的专职厨师,厨师必须经过培训并取得相关证件后才可以宰杀、加工或烹制河鲀。由专职厨师烹饪的河鲀菜肴有:红烧河鲀、白汁河鲀、河鲀刺身、巴鱼汤、河鲀三鲜煲等。河鲀可以被加工成生鱼片,属于高档的水产类原料。河鲀鱼所含的毒素,主要分布在肝脏、卵巢、皮、肠、血、眼、腮等部位,误食可引起中毒,严重者可致死亡。食用时务必将其内脏去除干净将其鱼皮去掉,肉中的血浸洗干净后方可烹制。在日本,宰杀或烹制河鲀必须要经通过严格训练和考试合格的厨师之手。我国有对食用河鲀的相关规定:河鲀必须经专人的严格去毒处理后,方可食用或加工,整鱼不得在市场上销售。为了满足人们对河鲀的需要现已进行人工养殖,且毒性很低。

### (四)鱼类制品

鱼类属于易腐烹饪原料,通过各种加工处理后可加工成各种鱼类制品。根据加工方法的不同可分为干制品、腌制品、熏制品、鱼糜制品、冻制品、罐头制品、副制品等。

**1. 干制品**

干制品是利用自然热源太阳的热量和风力进行干燥或人工干燥的鱼制品。代表制品如鱼翅、鳕鱼干、黄鱼鲞等。

**2. 腌制品**

腌制品是使用食盐腌制,利用食盐的渗透作用,降低鱼类的水分活性,防止细菌腐败的储藏加工制品(包括以盐渍为基础的制品)。代表制品有咸鱼、糟醉鱼等。

**3. 熏制品**

熏制品是将鱼类先用盐渍熏干的加工制品。熏制品常用阔叶树的木材作为熏材,如白桦、苹果、山核桃等,使之不完全燃烧,周围摆放鱼类熏制而成。例如,鲱鱼、鳕鱼、鲑鱼等鱼的熏制品。

**4. 鱼糜制品**

鱼糜制品是将鱼肉绞碎,经调味,制成稠而富有黏性的肉糜,在制作成一定形状后,进行加热处理而制成的食品。常见的鱼糜制品有鱼糕、鱼丸、鱼肉香肠、鱼卷等。

**5. 冻制品**

冻制品是将新鲜的整鱼或经过加工成型的鱼类原料(以片、块、段最为常见)进行速冻,并放入-18℃以下的冷库中冷藏的鱼类制品。除此以外,有些鱼类原料经油炸后也可制成冷冻品。

**6. 罐头制品**

罐头制品是以鱼类为原料,经过加工或制熟后,利用加工罐头食品的方法来保持和提高鱼类的食用价值。根据加工工艺的不同可分为:清蒸、调味、茄汁、油浸和红烧五大类。

**7. 副制品**

鱼类副制品种类较多,通常包括鱼糜制品、烘干制品、熏鱼和鱼松等产品,下面主要介绍鱼翅、鱼肚、鱼骨和鱼卵四种。

(1)鱼翅

鱼翅是用大、中型软骨鱼类的鳍经过干制加工而成的制品。常见的鱼翅都是鲨鱼、鳐鱼的鳍加工而成,见图7-33。

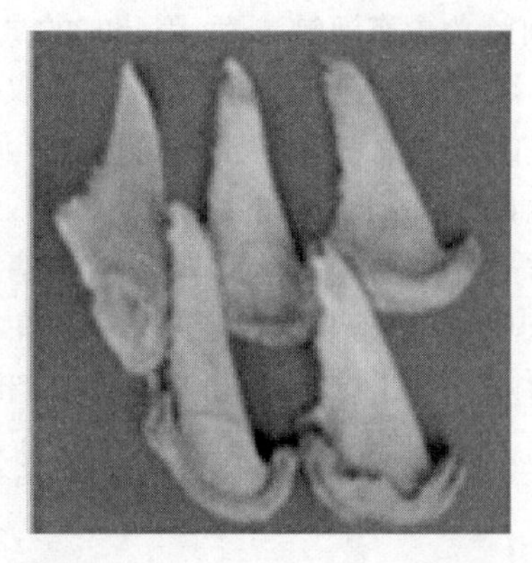

图7-33　鱼翅

鱼翅作为"海八珍"之一,与燕窝、海参和鲍鱼合称为中国四大"美味"。我国沿海均产,主要产于福建、浙江、广东、台湾等地。日本、菲律宾等国也有生产,进口鱼翅以菲律宾所产的吕宋黄质量最佳,被奉为上品。主要的食用部位是鱼鳍中的角质鳍条,通常被称为翅针或翅筋。

①鱼翅的种类:鱼翅种类繁多,根据不同的分类方法分为不同的种类,见表7-7。

表7-7　鱼翅分类表

| 分类方法 | 种类 | 特征 |
| --- | --- | --- |
| 按鳍的生长部位 | 背翅<br>胸翅<br>腹翅和臀翅<br>尾翅 | 背翅又称披刀翅、脊翅,呈三角形板面宽,顶部略向后倾斜,后缘略凹;两面为灰黑色,肉少,翅针多而粗壮,质量最好。<br>胸翅又称青翅、划翅、肚翅等,呈三角形,板面背部略凸,一面为灰褐色,一面呈白色,翅少肉多翅体稍瘦薄,品质中等。<br>尾翅又称钩翅、尾勾翅、勾尾,肉多骨多,翅短翅少,品质最差 |
| 按加工与否或加工品的形状 | 原翅<br>毛翅<br>净翅 | 原翅即未经加工去皮、去肉、退沙而直接干制而成,又可分为咸水翅(用海水漂洗)和淡水翅(用淡水漂洗),以淡水翅品质为佳。<br>毛翅即为无沙翅,以原翅为原料,经冷水、热水浸泡处理后,刮去表层砂皮,洗净晒干而成。<br>净翅即以原翅为原料,经过浸洗、加温、退沙、去骨、挑翅、除胶、漂白、干燥等工序加工而成。按照加工方法不同,可分为明翅、大翅、长翅、青翅、翅绒、净翅六种。按成品形态可分为散翅、排翅、翅饼、翅砖五类 |
| 按翅的颜色 | 白翅<br>青翅 | 白翅以真鲨、双髻鲨等的鳍制成。<br>青翅以灰鲭鲨、宽纹虎鲨等的鳍制成。<br>一般情况下,热带海洋中所产的鱼翅颜色黄白,质量最佳;温带海洋中颜色灰黄,质量较差;寒带海洋中色青,品质最差 |
| 按鱼的种类和鱼翅大小 | 群翅<br>锯鲨翅<br>白骨翅<br>杂翅<br>翅仔等 | 群翅是由犁头鳐的鳍制成,价值最高。<br>锯鲨翅是由锯鲨的鳍制成,价值同群翅。<br>白骨翅是用白眼鲨的鳍制成。<br>杂翅是其他鲨鱼鳍制品的总称。<br>翅仔用体形较小的鲨鱼的鳍制成,价值最低 |

②鱼翅的品质鉴别

在选择原翅时,以翅板大而肥厚,不卷边,板皮无褶皱,有光泽,无血污、无水印,基根皮骨少,肉洁净者为佳。选择净翅时,以翅筋粗长,洁净干燥,色泽金黄且呈透明状,有光泽,无霉变、无虫蛀、无油根、无夹砂、无石灰筋者为佳。

③营养价值

虽然干品鱼翅含蛋白质高达83.5%,但由于缺少色氨酸,属不完全蛋白质,吃了以后对人体不能发挥作用。烹调应用中最佳的补充措施是选好配料,而鱼翅是必须要加配料以赋味的。一般禽畜肉和虾、蟹等,都含有较多色氨酸,与鱼翅配既能赋予鲜美之味,又弥补缺少色氨酸的缺憾。中医认为鱼翅味甘咸性平,可以益气、开胃、补虚。《调鼎集》还说:"鱼翅以金针菜、肉丝炖烂常食,和颜色,解忧郁,有益于人。"

④烹饪运用

在使用前均应用水涨发的方法,涨发后才可制作菜肴。再者,由于鱼翅本身并无显味,所以在制作鱼翅类菜肴时,常用鲜汤赋予其味道。常用的烹调方法有烩、蒸、烧、焖、扒、煨等,其中以烧扒最多。适用于多种味型。代表菜有黄焖鱼翅、红烧大群翅、清炖鱼翅、蟹黄鱼翅等。

(2)鱼肚

鱼肚,是用大中型鱼类的鱼鳔干制而成,这些鱼类主要有鮸鱼、鳇鱼、大黄鱼、鲟鱼、毛鲿鱼、黄唇鱼、鮰鱼、海鳗等,这些鱼类的鱼鳔比较发达,鳔壁厚实,是制作鱼肚的良好原料,因其富含胶质又称为鱼胶,在清代被列为"海八珍"之一,常作为宴席的主菜或大菜,见图7-34。

图7-34 鱼肚

①鱼肚的种类

鱼肚的种类较多,一般根据鱼的种类进行分类,常见的有黄唇肚、毛鲿肚、大黄鱼肚、鲟鱼肚、鮰鱼肚、鳇鱼肚、鮸鱼肚、鳗鱼肚等,其中以黄唇肚质量最佳,色泽金黄,鲜艳有光泽,因产量稀少而名贵;以鳗鱼肚质量最差,色淡黄;其他鱼肚质量均较好。根据产地的不同使得鱼肚也有不同的名称,如在餐饮行业中,通常被称为"广肚"的是产于广东、广西、福建、海南沿海一带的毛鲿肚和鮸鱼肚的统称;湖北一带的鮰鱼肚因外形似笔架山,被称为"笔架鱼肚";原产于中南美洲的鱼肚称为札胶,当地称之为"长肚"等。

②质量标准

鱼肚的质量以板片大,肚形平展整齐、厚而紧实、厚度均匀。色泽淡黄,整洁干净,有光泽,半透明者为佳。质量较次者,板片小,边缘不整齐,厚薄不均匀,色泽暗黄,无光泽,有斑块。

③营养价值

鱼肚食疗功效高,含有丰富的蛋白质、胶质、磷质及钙质,是养颜珍品,对身体各部分均有补益能力,是补而不燥之珍贵佳品。鱼肚味甘、性平,入肾、肝经,具有补肾益精,滋养筋脉、止血、散瘀、消肿之功效,治肾虚滑精、产后风痉、破伤风、吐血、血崩、创伤出血、痔疮等症。

④烹饪运用

干制鱼肚在正式烹制之前,都需经过涨发,经常用的涨发方法有油发、水发和盐发,一般肚形较大,厚实或当补品吃的以水发为好。肚形小而薄或制菜肴者宜用油发,避免因水发导致鱼肚软烂,发生糊化。油发后的鱼肚,密布着大小不同的细气泡,成海绵状,烹制成菜肴后可饱吸汤汁,使得滋味纯美浓郁,口感膨松舒适。适用于多种烹调方法,常用的有扒、烧、炖、烩等烹调方法。代表菜有红烧鱼肚、白扒鱼肚、蟹黄鱼肚、鸡丝鱼肚等。

值得注意的是,由于鱼肚本身并无滋味,如单独成菜,必须用上汤调制,赋予其味道。

(3)鱼骨

鱼骨,又称明骨、鱼脆、鱼脑,是以鲨鱼、鳐鱼的头骨、脊骨、支鳍骨等部位以及鳇鱼、鲟鱼的腮脑骨、鼻骨加工干制而成。其制成品为长形或方形的块和片,呈白色或米色,有光泽,半透明状,坚硬。明骨富含胶原蛋白,所含硫酸软骨素对人体的神经、肝脏、循环系统起着滋补的作用。

①鱼骨的种类

常见的鱼骨主要是由姥鲨的软骨加工制成,分长形和方形两类。呈白色或米色,半透明状。

根据鱼类的不同及生长位置的不同,其质量也有所差异。一般以头骨或颚骨所制鱼骨为佳,尤以鲟鱼的鼻骨制成的为名贵鱼骨,称其为龙骨。

②质量标准

鱼骨以均匀完整、坚实、色白,呈半透明状,洁净干燥者为佳。鲟鱼和鳇鱼的腮脑骨所制品质较好;鲨鱼和鳐鱼软骨因骨质薄而脆,品质较差。

③营养价值

鱼骨含有丰富的钙质和微量元素,中医认为经常吃可以防止骨质疏松,对于处于生长期的青少年和骨骼开始衰老的中老年人都非常有益。鱼骨炖软后,营养成分成为水溶性物质,很容易被人体吸收。从鱼骨中提取的硫酸软骨素,可治疗肝炎、动脉硬化、头痛、神经痛等。

④烹饪运用

鱼骨在烹制菜肴之前需涨发,一般采用水发的涨发方法。涨发后,经刀工处理后切成片或条。因其本身并无滋味,在烹制菜肴时需用上汤或与鲜美原料同烹赋予其味道。适用于多种烹调方法,如煨、烧、烩、煮等,制作汤羹菜肴,也可以配以果品制作甜菜。代表菜有烧鱼骨、芙蓉鱼骨、桂花鱼骨、烩三鲜鱼骨、清汤鱼骨、明玉鱼骨等。

(4)鱼子

鱼子是鱼卵经过腌制和干制而成,最常见的加工产品是鱼卵盐藏(渍)品。制作鱼子的主要鱼类有鲑、鳟、鲟、鳇、鲱、鳕、金枪鱼等,见图 7 - 35。

**图 7 - 35　鱼子**

①鱼子的种类

鱼子按其颜色主要分为红鱼子、黑鱼子和青鱼子。除青鱼子外,红鱼子和黑鱼子被欧美人称为世界三大美食之一,尤以黑鱼子最为名贵。

红鱼子:是由鲑科鱼类的鱼卵加工而成,其中最为著名的是由大麻哈鱼的鱼卵腌制而成的鱼子。鲑鱼卵卵粒较大,形似赤豆,直径约为7mm,色泽鲜红,呈半透明状,故称“红鱼子”。

黑鱼子:是由鲟科鱼类或鳇鱼的鱼卵加工制成,为盐渍品。其中尤以鲟鱼卵制品最为著名。黑鱼子呈颗粒状,形似黑豆,包裹一层衣膜,外附着一薄层黏液,半透明状,黑褐色,故称“黑鱼子”。用鲟科鱼类鱼卵制作成的鱼子酱,有“黑黄金”之称,以产自里海的大白鲟鱼卵制成的鱼子酱品质最高。

青鱼子:是鲱鱼的鱼卵经盐渍或干制而成,形状较小,颜色泛青,故称“青鱼子”。因其具有坚韧的齿感和沙粒样舌感,成为日本人最喜爱的食品之一。

②营养价值

鱼子含有脂肪、粗蛋白质等。鱼子中维生素A、B、D的含量也很丰富。中医认为鱼子性温、味甘,鱼子中含有的营养素对人体,尤其是对儿童生长发育极为重要,是人们日常膳食中比较容易缺乏的一类营养素,鱼子中丰富的营养物质是人类大脑和骨髓的良好补充剂、滋长剂。

③烹饪运用

在菜肴制作中,鱼子主要用于凉拌,也可烹炒、调汤或作鱼子酱,涂夹于面包片或馒头片中食用。

需要注意的是,鱼子酱切忌与气味较重的原料搭配食用,也不能使用银质餐具,以免破坏鱼子酱的特有风味。

# 任务三　两栖爬行类

两栖爬行类,是脊椎动物中的两栖类动物和爬行类动物的总称。两栖类动物的种类在自然界中相对较少,爬行类虽然相对较多些,但多为国家保护动物,长期以来都是以野味的形式出现在餐桌上,人工养殖的种类和数量较少,烹饪中的应用也较少。因此,在本节中我们将这两类动物合并在一起介绍。

## 一、两栖、爬行类原料的特点

两栖、爬行类原料的特点见表7-8。

## 二、两栖、爬行类原料常用品种

### (一)两栖类原料

常见的两栖类原料主要是蛙类,下面选取牛蛙、中国林蛙、棘胸蛙、美国青蛙四种进行介绍。

**表7-8　两栖、爬行类原料各组织特点**

| 种类 | 概述 | 项目 | 特点 |
| --- | --- | --- | --- |
| 两栖类 | 两栖类是从水生生活过渡到陆生生活的脊椎动物。幼体在水中生活,腮呼吸,无成对附肢;成体后大多栖于陆地,少数种类栖于水中,一般用肺呼吸,有成对附肢。也有四肢完全退化且适应穴居生活的,如蚓螈等。为卵生动物,有冬眠习性。分无尾目、有尾目和无足目三目 | 皮肤组织 | 由表皮和真皮构成,皮肤裸露,富于腺体,能帮助呼吸。皮肤细胞内具有色素,可引起体色的改变;皮肤与肌肉两节不紧密,加工时易于剥除。有的皮肤可再利用,有些则不能,如蟾蜍(皮肤有毒腺) |
| | | 骨骼组织 | 两栖类属于较低等的动物,无肋骨,没有形成胸廓,胸腹部柔软,剥皮后扁平的背部直接露出;脊椎骨的数量因其种类不同存在较大差异,约为10~200块。无尾目脊椎骨较少,脊柱变短,尾椎骨愈合后退化成尾杆骨 |
| | | 肌肉组织 | 鱼状水生类的躯体肌肉组织仍保持分节现象,蛙类的躯体肌肉已分化为肌肉群,多为纵行或斜行的长肌肉群;腹侧肌肉薄而分层。鱼状类躯体部位肌肉发达,蛙类四肢肌肉发达,特别是后肢肌肉。<br>由于结缔组织较少,两栖类原料肌肉组织色白柔软,细嫩而鲜美,可适用于多种烹调方法 |
| | | 脂肪组织 | 脂肪含量低,在肌肉组织中更少,是典型的高蛋白、低脂肪原料,深受人们的喜爱 |
| 爬行类 | 爬行类是真正的陆栖动物的祖先,但有些种类的生活仍离不开水。<br>爬行类是以肺呼吸、混合型血液循环的四足变温脊椎动物,体表被鳞或骨板。多数为卵生,少数为卵胎生 | 皮肤组织 | 皮肤干燥,缺乏腺体;由于皮肤角质化,变得粗糙,部分种类体表被鳞片或骨板,因此食用价值较低。但鳖类除外,因为鳖类的背腹甲由结缔组织相连,身体两侧形成厚且柔软的裙边,具有很高的食用价值。皮肤色素细胞发达,可用来自我保护,躲避敌害 |
| | | 骨骼组织 | 具有较发达的肋骨,且与胸骨共同构成坚固的胸廓,起支撑和保护作用。但蛇类四肢退化,因其特殊的运动方式,不具有胸骨,其肋骨活动性增大 |
| | | 肌肉组织 | 肌肉不在出现分节现象,形成复杂的肌肉群,出现了肋间肌和皮肤肌。肌纤维较粗糙,结缔组织含量高,胶质重。但蛇类肌肉色白,质地细嫩而柔软,味道鲜美 |
| | | 脂肪组织 | 脂肪含量少,集中在腹腔,肌肉间较少,富含亚油酸,胆固醇含量低 |

**1. 牛蛙**

(1)形态特征

牛蛙体形与一般蛙相同,但个体较大。牛蛙腹部呈白色,背部呈褐色(雌蛙)或深绿色(雄蛙),咽部呈黄色(雄蛙)或有淡黑色斑点(雌蛙)。后肢较长较大,趾间有蹼,属于世界上体型较大的蛙类,见图7-36。

(2)品种和产地

牛蛙,又称食用蛙、喧蛙,属无尾目科;因鸣叫声大,远听似牛叫而得名,生活于池沼和水田等处。原产于北美洲。1959 年从古巴、日本引进我国内陆,现已人工饲养,全国各地均产。商品蛙主要产在秋冬季,供应源主要来自广东、福建地区。

图 7-36 牛蛙

(3)质量标准

牛蛙以体大粗壮,皮肤粗糙,体背绿棕色,有暗棕色斑纹,腹部灰白色,雄蛙咽部黄皮,鲜活无伤痕者为佳。

(4)营养价值

牛蛙的营养价值非常丰富,味道鲜美,是一种高蛋白质、低脂肪、低胆固醇的营养食品。中医认为牛蛙性温、味甘,具有滋补解毒的功效,消化功能差或胃酸过多的人以及体质弱的人可以用来滋补身体。

(5)烹饪运用

牛蛙肉色洁白,质地细嫩,味道鲜美,营养丰富,蛙卵也可入馔,为高蛋白、低脂肪的名贵原料。适用于多种烹调方法,如爆、炒、溜、烩、炸、蒸、烧等。代表菜有红烧牛蛙、腰果牛蛙、鱼香牛蛙、泡椒牛蛙等。

**2. 中国林蛙**

(1)形态特征

中国林蛙背部呈墨绿色、草绿色或棕黄色,腹部为白色(雄蛙)或棕红色(雌蛙)散有深色斑点,鼓膜处有一黑色三角形斑,体被和腿部有黑白相间的条纹。后肢较大,趾间有蹼,见图 7-37。

图 7-37 中国林蛙

(2)品种和产地

中国林蛙又名蛤士蟆、雪蛤、蛤什蚂、黄蛤蟆、红肚田鸡等,属两栖纲无尾目蛙科动物。蛤士蟆是我国东北长白山特有的珍惜野生动物,主要生长在我国的黑龙江、吉林的长白山。由于在冬天雪地下能冬眠 100 多天,故又称"雪蛤"。

(3)质量标准

中国林蛙以体大粗壮,自然状态下生长 3~4 年,鲜活无损伤者为最佳。

(4)营养价值

中国林蛙油是集食、药、补为一体的纯绿色珍品。林蛙油含钙、磷、铁、镁、锌等,尤其是锰的含量较高,对人体有特殊功能的油酸、亚油酸、亚麻酸含量也很高,并且含有多种维生素和激素。尤其是雌蛙输卵管提取后的阴干品,即蛤士蟆油,为名贵的中药材,具有补肾益精、养阴润肺、补虚等功效。

(5)烹饪运用

蛤士蟆油,满族人视其为能赐福消灾的吉祥之物,被称之为"产于北方的冬虫夏草"和"软黄金"。烹制时需涨发后才可使用。一般用清水涨发,去除杂质洗净即可使用。多作为主料,适合于多种烹调方法,如氽、烩、炖、蒸、煨等,火力不宜太强,调味多取甜味,做甜羹菜,如冰糖蛤士蟆油等,亦可做咸味菜肴,但需借助鲜汤增味。代表菜有鸡粥蛤士蟆、雪梨炖蛤士蟆等。

蛤士蟆肉质细嫩鲜美,冬眠体更佳,与"熊掌、猴头蘑和飞龙"并称为"东北四大山珍"。适用于多种烹调方法,如烧、炖、煨、炸等。代表菜有芙蓉蛤士蟆、软炸蛤士蟆、宫保田鸡腿、烧海米蛤士蟆等。

**3. 棘胸蛙**

(1)形态特征

石鸡形似一般的青蛙,但比青蛙粗壮肥大得多,成蛙体长超过 10cm,体重 250g 以上,大的接近 500g。头又宽又扁,吻端圆并且突出于下颌,吻棱不很明显。皮肤粗糙,背部暗灰色,有许多疣,雄性的胸部长有分散的角质黑丁肉刺,如同黑棘,固有有棘胸蛙之名。因体大肉多,且细嫩味美如鸡肉,人们便将其唤作石鸡,见图 7-38。

(2)品种和产地

棘胸蛙,又称石鳞、石蛙、石鸡等,属无尾目蛙科。我国特有大型野生蛙,分布于我国南方诸省,庐山三石(石鸡、石鱼、石耳)之一。喜阴凉潮湿,畏烈日,白天躲在溪流旁、石窟里、岩沟内,晚上出来在水上觅食,并时常发出鸣叫声。

图 7-38 棘胸蛙

(3)质量标准

棘胸蛙以体形粗壮,体重接近 500g,药物残留量少,寄生菌少,鲜活无损伤者为最佳。

(4)营养价值

石蛙富含蛋白质,还含有多种维生素以及丰富的铁、磷等矿物质。其氨基酸含量中以脯氨酸和丙氨酸尤为丰富。中医认为,石蛙味甘性平,入心、肝肺三经,能够健脾消积,可治疗消化不良、食少虚弱等症状,且有清热解毒、滋补强身、清心润肺、滋阴降火、壮筋强骨、健肝胃、补虚损、化毒疮等功效,尤其适合病后身体虚弱、心烦口燥者食用。

(5)烹饪运用

棘胸蛙肉质细嫩,味道鲜美,富含蛋白质,脂肪含量较低,钙含量丰富。在烹饪应用中,适于多种烹调方法,适宜清蒸、软炸、红烧、干煸等。代表菜有软炸石鸡、香油石鳞腿、清蒸石鸡等。

**4. 美国青蛙**

(1)形态特征

美国青蛙个体比牛蛙小,具有很强的抗寒能力,无冬眠习惯,只要喂食,即可生长,是一种非常适合人工养殖的蛙类,最大者可达 500g 左右,见图 7-39。

(2)品种和产地

美国青蛙,又称美蛙、猪蛙,属无尾目蛙科。现已在我国各地发展养殖,集中于广东等地。

(3)质量标准

图 7-39 美国青蛙

美国青蛙以体大粗壮,药物及细菌残留量较少,鲜活无损伤者为最佳。

(4)营养价值

美国青蛙铁元素含量比其他肉类高百倍,达到130mg,美国青蛙血清固醇含量很低,只有141mg,肉质洁白,营养丰富,为高蛋白、低脂肪,低固醇的高级营养品。中医认为美国青蛙性凉、味甘,具有健脾开胃、清热解毒、补虚止咳的功效,可治疳积、膨胀、咳嗽、毒痢、黄疸等病症,尤其是体虚阴衰、贫血、心脏病和高血压患者宜多吃。

(5)烹饪运用

美国青蛙肉白、鲜、香、嫩,味道鲜美,在烹饪应用中,适于多种烹调方法,适宜清炖、软炸、红烧、干煸等,如清炖美蛙、红烧美蛙。还可制成五香蛙肉罐头、清蒸蛙肉罐头、林蛙肉肉松等风味食品。

## (二)爬行类原料

常见的爬行类原料主要有龟鳖类和部分蛇类。

**1. 龟鳖类**

(1)龟类

①形态特征

龟背腹皆具硬甲,在侧面联合形成完整的龟壳,龟背甲壳上有三条纵走的棱脊,背甲呈棕黑色或黑色;腹甲呈棕黄色,生长缓慢,见图7-40。

②品种和产地

龟为爬行纲龟鳖目龟科动物总称。龟分布于我国黄河流域、长江流域及其以南地区。龟类按照水生习性可分为两类,一类是陆栖性的或生活在淡水中的龟类,一般包括龟科和平胸龟科,具体种类主要有乌龟、黄喉龟、金钱龟、平胸龟等平胸龟为出口珍品之一。另一类是生活于热带或亚热带海洋中的龟类,一般指海龟科和棱皮龟科,具体种类主要有玳瑁、棱皮龟等。

**图7-40 龟**

③质量标准

龟以鲜活,无死亡,无损伤,寄生虫含量少,药物残留量少体型较大者为最佳。

④营养价值

龟肉中含蛋白质、脂肪、糖类,还含有维生素A、维生素$B_1$、维生素$B_2$、脂肪酸、肌醇、钾、钠等营养成分。中医认为龟肉性平、味甘,具有除湿痹、补阴虚、滋肾水、止血、解毒等功效。龟类在烹饪中也常用作药膳原料,与多种中药材搭配使用,从而发挥其药食兼用的功效。

⑤烹饪运用

龟肉结缔组织含量较多且胶质重,味道鲜美但较老,适用于长时间加热的烹调方法,如烧、焖、炖、煨、蒸等。代表菜有乌龟炖鸡、汽锅金龟、白果炖金龟、龟羊汤等。

(2)鳖类

①形态特征

鳖类,体略成圆形,体表无胶质盾片,覆盖以柔软的皮肤,颜色通常为橄榄绿色,边缘有厚

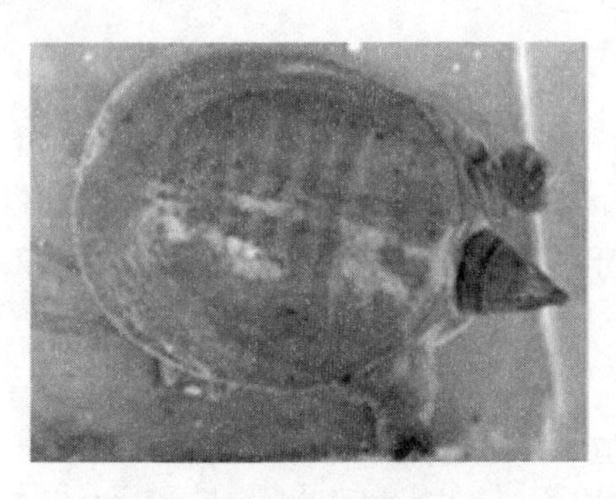
图7-41 鳖

实的裙边,腹面呈乳白色或稍显黄色,见图7-41。柔和裙边味道鲜美,为著名的滋补品。

②品种和产地

鳖又称团鱼、甲鱼、水鱼、王八等,属爬行纲龟鳖目鳖科。鳖的分布很广,我国各地湖泊、河流、池塘等处均产(新疆、青海、西藏除外),目前已人工饲养,四季均产。

③质量标准

鳖以鲜活,无损伤,寄生虫含量少,药物残留量少体型较大者为最佳。

④营养价值

鲜鳖肉含蛋白质、脂肪、碳水化合物、镁、钙、铁、磷等。中医认为,鳖味甘、咸,性平,能滋阴益肾、补骨髓、除热散结,可治骨蒸痨热、肝脾肿大、崩漏带下、血瘕腹痛、久疟、久痢等。鳖全身都是宝,其肉、甲、血、头、胆、卵、脂肪均可入药。现代营养学研究发现,鳖营养丰富,不仅有利于肺结核、贫血等多种病患的恢复,还能降低血胆固醇,对高血压、冠心病患者有益。

⑤烹饪运用

在烹饪应用中,适用于长时间加热的烹调方法,如炖、焖、煨、烧等,且最宜整只使用。调味时应清淡,以保持其原汁原味。代表菜有红烧甲鱼、霸王别姬、生炒甲鱼、冰糖甲鱼、清蒸甲鱼等。春、秋两季所产甲鱼最为壮实,分称"菜花甲鱼""桂花甲鱼",又以后者为佳,民间有"初秋螃蟹深秋鳖,吃好鳖肉过寒冬"的说法。值得注意的是,死鳖不可以食用,因其体内含有较多的组氨酸,死后极易腐败变质,组氨酸会分解成有毒的组胺物质,食用后会引起中毒。再者,一些饲养者为了提高自己的经济效益,在喂养的过程中使用大量的违禁药物,这样一来甲鱼不但不会给人体带来健康,还会对人体安全构成威胁,因此,药物催生的甲鱼不宜食用。

总体来说,从烹饪角度出发,龟和鳖的烹制方法基本一致。可整用,也可经刀工处理后使用。在选择龟鳖类原料时,一般选择500~750g重的成菜较好,太小的话骨多肉少,肉的香味不足;过大过老肉质会变得老硬,滋味不佳。

需要注意的是,在加工时,龟鳖的黑色皮膜骚气甚重,宰杀后需用热水适当浸泡,细心刮除。剖腹时切勿弄破膀胱,除脏时摘尽黄色油脂,否则肉味腥苦。

**2. 蛇类**

(1)形态特征

蛇身体细长,四肢退化,身体表面覆盖鳞片。身体分头、躯干、尾三个部分。舌头细长而深具分叉。下颌通过方骨与脑颅相连,左右下颌之间以韧带相连,因而可张得很大。无胸骨。大部分是陆生,也有半树栖、半水栖和水栖的。蛇有毒蛇与无毒蛇之分。毒蛇的头一般呈三角形,口内有毒牙,牙根有毒腺,能分泌毒液,一般情况下尾很短,并突然变细,无毒蛇头部呈椭圆形,口内无毒牙,尾部是逐渐变细,见图7-42。

图7-42 赤链蛇

(2)品种和产地

蛇类属于爬行类,有鳞总目、舌亚目。主要分布在热带和亚热带的荒野草地、山川森林湖泊等地。蛇类属变温动物,到冬季时需钻入洞穴冬眠,春末夏初出蛰。吃蛇的最佳季节是秋、冬季,此时蛇最肥美,故民间有“秋风起,三蛇肥”之说。

①水赤链

水赤链,又称水游蛇、水火链等。属无毒蛇。背面呈灰褐色,体侧呈黄色有黑色环纹;腹部呈粉红色和灰白色斑纹交叉排列。主要生活在广东、广西、福建等地山涧附近的田野和平原的水田、池沼、水沟中。

②水蛇

水蛇,又称中华水蛇、泥蛇、水律蛇等。属有毒蛇。头扁,头颈区分不明显,背面暗灰棕色,有不规则小黑点;腹面呈浅黄色,有黑斑、尾部略显侧扁。生活在池沼和河沟等地。主要分布在广东、广西、福建等地。

③红点锦蛇

红点锦蛇,又称水蛇、黄领蛇等。属无毒蛇。头背有3个黑褐色“∧”形斑,背部呈淡红褐色或黄褐色,腹部呈黄棕色,密布黑色方斑。半水栖性,在平原水网地区常见,主要分布在东北和华北地区。

(3)质量标准

蛇以鲜活,无损伤,寄生虫含量少,药物残留量少体型较大者为佳。

(4)营养价值

蛇肉含有大量的蛋白质和氨基酸,其中包括人体所必须的8种氨基酸,这8种氨其酸人体本身是不能合成制造出来的,必须从食物中摄取。另外,蛇肉中还含有一种叫谷氨酸的特殊物质,具有增强脑细胞活力的作用。蛇肉还含有钙、铁、磷、锌等无机盐以及维生素A,维生素$B_1$、维生素$B_2$等微量元素。中医认为常食用蛇肉性寒、味甘,可以祛风活血,消炎解毒,补肾壮阳,对痱子疮疖、关节风湿、肾虚阳痿等有着很高的食用疗效。此外,用蛇加一些中药材泡酒,可以起到治疗肌肉麻木,祛风散湿,滋补强壮的作用,特别适用于中老年朋友,被人们誉为“健康之酒”。

除了蛇肉外,蛇的其他部位也有较高的药用价值。蛇胆:蛇胆虽小,但早就被奉为珍贵的中药,具有疗疳杀虫、清热明目之功效,主治咳嗽多痰、赤眼目糊、风湿关节骨痛等症。蛇皮、蛇骨:蛇骨入药在《本草纲目》中有记载,“赤链蛇骨主治久痍、劳痍,而蛇皮则有治疗牙痛及作为滋补品的作用。蛇血:作为一种很好的食疗物品,它不仅可以作为肿瘤辅助治疗用药,而且有一定的强身健体、促进活力、养颜美容的作用。蛇鞭:具有很好的补肾壮阳、温中安胎的功效,对阳痿、肾虚耳鸣、慢性睾丸炎、妇女宫冷不孕等有很好的疗效。蛇油:蛇油可以食用,因为蛇油中含有人体必需的不饱和脂肪酸、亚油酸、亚麻酸等。尤其以亚麻酸的含量特别高,而亚油酸等物质有防止和缓解血管硬化的功效。民间利用蛇油治疗水火烫伤、冻伤等,有较好的疗效。

(5)烹饪运用

总体来说,蛇肉色白而细嫩,是宴席中的珍品,特别是蛇柳尤为鲜嫩。蛇在加工时,可先去皮,也可以不去掉皮而刮去鳞片。可加工成多种形状,如块、丝、段、丁等。适用于多种烹调方法,如煎、炸、烧、焖、炖、炒、烩等。代表菜有五彩蛇丝、烧凤肝龙片、龙虎斗、龙凤汤等。行业上通常将金环蛇、眼镜蛇和灰鼠蛇合称为三蛇,再加上三索锦蛇和尖吻腹(五步蛇)则成为五蛇。

值得注意的是,加工时蛇肉不可浸水,否则会变的老韧;炒制时采用热锅冷油的方法,以保持蛇肉完整。此外,蛇肉内含有很多寄生虫,少吃为宜。

# 任务四　虾蟹类

虾蟹类属于甲壳纲动物,广泛分布于淡水和海洋中,具有很高的经济价值。虾蟹类的身体上都包裹着一层甲壳,被称为外骨骼。它们一生中要蜕壳多次,否则会限制其身体的生长。由于虾蟹类原料味道鲜美且营养价值较高,已成为人们最喜爱的水产品之一。

## 一、虾蟹类的形态结构特点

### (一)虾类的形态结构特点

**1. 外形结构**

虾类是甲壳纲十足目长尾亚目动物的通称。其体型长,体大而侧扁,前端额剑侧扁,呈锯齿状,腿细长,能游泳或爬行;外骨骼薄而透明,软且有韧性,腹部的尾节与其附肢合称尾扇。

**2. 组织结构**

虾类腹部发达,肌肉多,内脏少,肉质洁白细嫩,持水性强,营养丰富;虾的内脏主要位于头胸部。在虾的背部有一条黑色的沙线,称为虾肠或泥肠,含有较多的泥沙等杂物,加工时应予以去掉。在繁殖季节,虾子和虾黄都可作为烹饪原料。

### (二)蟹类的形态结构特点

**1. 外形结构**

蟹类是甲壳动物十足目爬行亚目短尾派的统称。背腹扁平近圆形。头胸甲发达,坚而脆,腹部很小,折曲在头胸部的下方,通常称其为“脐”。第一步足强壮,呈钳状,被称为“螯足”。从蟹的整体外形看,坚甲利足,因此,第一个吃螃蟹的人被称为勇士。

**2. 组织结构**

蟹类腹腔内容物多,肌肉少,但蟹的螯肢和附肢以及与头胸部连接螯肢和其他附肢的部位肌肉发达,肉质洁白细嫩,味道鲜美。在繁殖季节,雌蟹的卵块因其色泽金黄、松沙多油被称为“蟹黄”;雄蟹的生殖腺因其色泽玉白、细嫩肥润被称为“脂膏”,两者都是味道鲜美的名贵原料。

虾蟹类原料的共同点是,因其外骨骼上有许多色素细胞,主要为虾青素,在虾蟹活着时虾青素与蛋白质相结合,使体色呈青灰色。加热后或遇酒精时,蛋白质发生变性,虾青素析出后被氧化成虾红素,使虾蟹体表呈现出美丽的红色。由于色素细胞分布不均匀使得蟹类并不是全身变红,而且幼小的虾蟹虾色素细胞较少,致使色泽变化不明显。

## 二、虾蟹的品质检验及储存

### (一)虾类的品质检验及储存

**1. 品质检验**

(1)质量良好

质量好的虾,虾壳硬,色青灰而发亮,有透明感,须硬,眼睛突出,头部与颈部连接紧密,气味新腥。

(2)质量较差

质量较差的虾,虾壳稍软,呈灰色而不发亮,无透明感,略变黑,须软,眼略显凹陷,头部与颈部连接不紧密,或有微臭。

**2. 虾类储存**

虾类原料保鲜储存可采用冰藏保鲜、冷海水保鲜及冻结保鲜等方式。

(1)冰藏保鲜

冰藏保鲜是用冰作为冷却介质,将虾体温度降至冰的融点附近,并在该温度下进行冷却保鲜。外包装可采用白色泡沫塑料箱进行保温。由于虾的甲壳较软,虾肉细嫩,如用块冰轧碎后的碎冰保鲜,因棱角锐利,很容易损伤虾体,所以宜用片冰、粒冰等来冷却保鲜。如果能采用新型的海水制冰机制得的直径仅为2~3mm细小冰粒(又称为冷却粉)来储藏虾体,保鲜效果特别好。因为冷却粉可以完全覆盖虾体,没有空气,冰融化速度慢,温度可保持在-1~0.5℃,虾体温度可达到略低0℃的冰温状态,保鲜期可显著延长。

(2)冷海水保鲜

冷海水保鲜是将鲜虾浸渍在温度为0~-1℃的冷海水中进行保鲜的方法。冷海水的制备可以是碎冰和海水混合制得,也可以用机械制冷设备制得。如果在冷海水中通入$CO_2$,海水的pH下降,可抑制细菌生长。

(3)冻结保鲜

冻结保鲜是将虾体的中心温度降至-15℃以下,体内90%以上的水分冻结成冰,并在-18℃以下或-25℃的低温下储藏和流通的保鲜方法。虾体的冻结宜采用卧式平板冻结装置的小盒形式冻结,也可采用回转式冻结装置和钢带连续式冻结装置的单体快速冻结形式。我国出口的对虾大多采用卧式平板冻结装置快速冻结。

虾体在冻结储藏中,其头、胸、足、关节及尾部常常会发生黑变,使商品价值下降。产生黑变的原因主要是氧化酶(酚酶或酚氧化酶)使酪氨酸氧化,生成黑色素。黑变的发生与虾的新鲜度有很大关系。新鲜的虾冻结因酶无活性,不会发生黑变;而不新鲜的虾其氧化酶活性化,在冻结储藏中就会发生黑变。防止黑变方法如下:①将虾煮熟后冻结,使氧化酶失去活性;②除去虾体内氧化酶活性强、酪氨酸含量高的内脏、头部和外壳,水洗后冻结;③虾体冻结后包冰,并作真空包装,因为这类酶是属于需氧性脱氢酶类;④使用水溶性抗氧化剂:在冻结前将原料虾先浸渍在L-抗坏血酸及钠盐的0.1%~0.5%的溶液中,冻结后用同一种溶液包冰衣虾体冻结保鲜的储藏期:-18℃,6个月;-25℃,12个月;-30℃,12个月。

### (二)蟹类的品质检验及储存

**1. 品质检验**

(1)质量良好

质量好的蟹,关节处无褶皱,色淡,断肢处流出透明液体,嘴紧闭,脐部不易被揭开,肢体不易压扁,活动时动作灵敏,河蟹在嘴部有白沫吐出。

(2)质量较差

质量较差的蟹,关节处有褶皱,色泽较暗,断肢处流出的液体浑浊,嘴张开,脐部易揭开,肢体也易被压扁,河蟹不吐白沫。

**2. 蟹类储存**

海产的三疣梭子蟹和青蟹都是我国名贵的海鲜,其肉鲜味美,营养丰富,商品价值高,通常都以活蟹直接供应市场。此外,鲜度好的蟹也可加工成冷冻蟹肉段、冻碎蟹肉等冷冻小包装食品,以及加工成炝蟹、蟹酱、梭子蟹糜、蟹肉罐头等产品。淡水产的中华绒螯蟹肉质鲜美,尤其是阳澄湖的大闸蟹,多以活蟹供应市场。

(1)梭子蟹的低温保活

活的梭子蟹可以在流动的海水池中暂养,然后用低温木屑保活运输。共具体做法是:将木屑放在冷库内降温至0~1℃,然后把梭子蟹螯足末端用绳子扎牢,将活的梭子蟹埋入低温木屑中,外面用纸板箱包装。

(2)梭子蟹肉段的冷冻保鲜

冷冻梭子蟹肉段是指剥盖、斩螯、除脏、切段的带有步足的梭子蟹。冻结梭子蟹肉段的成品率为鲜蟹总重量的40%~45%,其冻结保鲜的储藏期约为:-18℃,6个月;-25℃,12个月;-30℃,15个月。

(3)中华绒螯蟹的保活

中华绒螯蟹作为食用,必须吃活的。如果吃死的蟹,会发生食物中毒。因为中华绒螯蟹的肺中有大量细菌,体内还含有丰富的组氨酸,一旦死亡,细菌大量繁殖,可使蛋白质大量分解及组氨酸变为有毒的组胺类物质,引起食物中毒。

中华绒螯蟹运输前,需要用绳子扎好。到达目的后,可将绳子解开,使其呈自由状态放入洁净箱、盒内。然后,存入6~8℃的冷藏室内,少则三五天,多则十天半个月都能存活。

## 三、虾蟹的主要种类

### (一)虾类

虾的种类多,分布广。世界上虾类约有2000种,近400种具有经济价值。我国虾类分布较广,其中生活在南海的200余种,东海有100余种,黄海和渤海近60种,产量最大的是毛虾,其次为对虾。此外,黄海、渤海产的脊尾白虾和鹰爪虾,南海产的新对虾、仿对虾和龙虾都是重要的经济虾类。按照虾类的水生环境可分为淡水虾和海水虾。常见的淡水虾种类主要有白虾、罗氏沼虾(半淡水)、日本沼虾以及螯虾类;常见的海水虾种类主要有龙虾、对虾、毛虾、鹰爪虾等。

**1. 沼虾**

沼虾,是甲壳纲十足目长臂虾科、沼虾属的总称,是温、热带重要的淡水经济虾类。常见的种类有日本沼虾和罗氏沼虾。

(1)形态特征、品种与产地

日本沼虾,俗称"河虾""青虾"。我国有20多种沼虾,其中,日本沼虾分布最广,我国各地均有分布,是我国重要的淡水食用虾。日本沼虾体形粗短,体色青丽透亮,额角基部两侧呈青蓝色并有棕绿色斑纹,故又称"青虾"。日本沼虾前两对步足呈钳状,其中第2对步足特别长,超过身体长度,尤其是雄虾长度可超过身体的2倍,见图7-43。罗氏沼虾,又称马来大虾、淡水长腿虾、金钱虾,分布于东南亚一带,是沼虾中个体最大的一种,体长可达40cm,体重可达600g,体色呈淡青色且带有棕黄色斑纹,现已在我国多地进行养殖。

沼虾广泛分布于我国各地的江河湖沼中，其中著名产区有太湖、洪泽湖、白洋淀、徽山湖、潘阳湖和洞庭湖等，产量十分丰富。沼虾每年春夏季产卵，抱卵的青虾在渔业上称为“带子虾”，味道鲜美，受到大众的青睐。

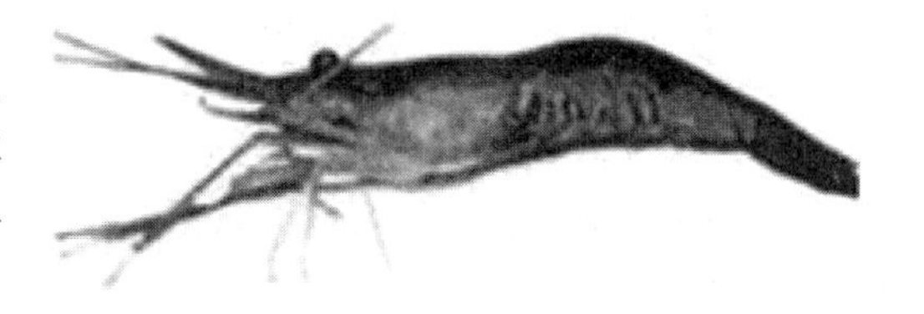

图7－43 日本沼虾

(2)质量标准

沼虾以鲜活，体长40cm左右，体重600g左右，体色呈淡青色且带有棕黄色斑纹，药物含量及寄生菌含量较少者为最佳。

(3)营养价值：日本沼虾含蛋白质、脂肪、碳水化合物、钙、磷、铁、锌，还含有维生素A、维生素E等。中医认为，河虾性温，味甘，具有补肾、壮阳、通乳、托毒等功效，可用于治疗阳痿、腰膝酸痛、神疲乏力、健忘、乳汁不下、丹毒、痈疽、臁疮等症。中老年人、孕妇、心血管病患者、肾虚阳痿、男性不育症、腰脚无力之人适合食用，对中老年人缺钙所致的小腿抽筋有疗效。宿疾者、正值上火之时不宜食虾；体质过敏，如患过敏性鼻炎、支气管炎、反复发作性过敏性皮炎的老年人不宜吃虾。另外，虾为动风发物，患有皮肤疥癣者忌食。

(4)烹饪运用

沼虾，生命力较强，易保鲜，肉质细嫩烹制后味道鲜美。烹熟后的沼虾周身通红，色泽好，有很高的营养价值。根据加工方法的不同可烹制出不同的菜肴，如淮扬菜中常有的“炝虾”，是将活虾用酒等调味料生炝而成；将沼虾的须、钳剪去后，可适用于多种烹调方法，如爆、炒、炸等，代表菜有油爆虾，盐水虾等；将虾肉挤出后可作为虾仁，又称大玉，可烹制成清炒虾仁、龙井虾仁等名菜；挤虾仁时将虾尾留下，可制成“凤尾虾”。除此之外，还可以作为馅料，也可配以其他辅料制成各种菜肴。

河虾肉干制后，为虾米中之“湖米”；虾卵干制后，为我国传统的鲜味调味品“虾子”。值得注意的是，沼虾中有肺吸虫囊蚴寄生，因此在烹调时务必将其加热熟透，不可生食。

**2. 螯虾**

(1)形态特征

克氏原螯虾是一种大型的淡水虾，体长10～15cm，重60g左右，体躯粗壮，甲壳厚而坚实，头胸部很大呈卵圆形，中部较光滑，两侧有粗糙的颗粒，颈沟很深，第1对螯足最发达，形似蟹螯，第2、3对步足细小，但也呈螯状，体表深红色或红黄色，见图7－44。

图7－44 螯虾

(2)品种和产地

螯虾属甲壳纲十足目蝲蛄科螯虾属。最常见的螯虾类是克氏原螯虾，因其外形与龙虾相似，常被误认为龙虾或小龙虾。欧美国家是淡水螯虾的主要消费国，淡水螯虾是江苏重要出口水产品之一，其中江苏盱眙县所产的“盱眙龙虾”最为有名。

(3)质量标准

螯虾以鲜活，体长10～15cm，体重60g左右，体表深红色或红黄色，药物含量及寄生菌含量较少者为最佳。

(4)营养价值

螯虾鲜品含蛋白质、脂肪、钾、磷、钙、铁、锌、维生素E等。中医认为，螯虾肉性平，味甘、涩、咸,具有止血、止泻、利水、消肿、壮筋骨之功效。

(5)烹饪运用

克氏原螯虾肉质细腻,味道鲜美,但出肉率低,价格便宜,主要用于家常菜品。一般多带壳烹制,适用于多种烹调方法,如烧、煮、爆、炒等,也可剥取虾仁,烹制成菜,还可经刀工处理在成型后烹制菜肴。代表菜有十三香龙虾(盱眙县特有)、麻辣龙虾等。

需要注意的是,初步加工时,要将附足及鳃等不干净的器官去掉,在摘除中间一片尾叶时,将相连在腹内的线肠一并抽出。因螯虾体内寄生有肺吸虫囊蚴,因此在烹制时务必将其加热熟透后才可食用,防止感染。专家建议,不宜食用太多。

**3. 龙虾**

(1)形态特征

龙虾全身披着坚硬的外壳,体形粗大,体长一般为 20~40cm,体重最大者可达 3~5kg;体表色泽鲜艳,带有美丽的斑纹,见图 7-45。

**图 7-45 龙虾**

(2)品种和产地

龙虾,是甲壳纲龙虾科龙虾属动物的通称,是体形最大的虾类。常见的龙虾主要有中国龙虾、锦绣龙虾、日本龙虾等,其中锦绣龙虾最大,中国龙虾数量最多。龙虾分布在热带至温带沿岸海域,栖息于岩礁质海岸,通常营穴于岩礁底下较多贝壳、沙砾及海藻繁茂之处。我国东海和南海均有出产,广东东西部海域的产量较多,是我国龙虾的主要产区。

(3)质量标准

龙虾以鲜亮饱满,肉质紧,有一定的弹性,新鲜无损伤,泥沙残留量少者为佳。

(4)营养价值

龙虾富含蛋白质,并含有维生素 A、维生素 $B_1$、维生素 $B_2$、维生素 C、维生素 E 及矿物质等。中医认为龙虾性平、味甘,具有滋阴镇静、补肾健胃的功效,对神经衰弱、皮肤溃疡、扁桃体炎,头疮、疥癣等病症因吃虾引起的过敏反应有一定疗效。此外,龙虾能很好的保护心血管系统,可减少血液中胆固醇含量,防止动脉硬化。龙虾还有通乳作用,对小儿、孕妇尤有补益功效。

(5)烹饪运用

龙虾体大肉多,肉质细嫩鲜美,是名贵的海鲜原料。在烹饪应用中,既可生食也可运用多种烹调方法烹制成菜肴,常见有蒸、煮、炸、溜、炒等。也可经刀工处理后,加工成丁、条、块、茸等烹制成菜肴。代表菜有龙虾刺身、清蒸龙虾、汤焗龙虾、鲜溜龙虾片、蒜蓉蒸龙虾等。

**4. 对虾**

(1)形态特征

对虾体形较大,长而侧扁,身弯如弓,头有枪刺,有钳,须长,腹前多爪,有三叉尾,甲壳薄、光滑而透明,雌虾体色呈青蓝色,俗称“青虾”,雄虾体色呈棕黄色,俗称“黄虾”。头胸甲前端额剑上下缘有锯齿,触角呈细丝状,见图 7-46。

(2)品种和产地

对虾,又称明虾、大虾,是对虾总科的概称,属甲壳纲十足目游泳亚目,著名的海产经济虾

图 7－46 对虾

类。"对虾"并不是因雌雄相伴而得名,而是在北方市场上以"对"为单位出售而得名。常见的品种主要有:中国对虾、长毛对虾、日本对虾、墨吉对虾、斑节对虾等。对虾与墨西哥棕虾、圭亚那白虾并称为"世界三大名虾",主要产于我国黄海和渤海。

(3)质量标准

对虾以新鲜,无异味,色泽均匀一致,甲壳不脱落,联结膜未破裂者为佳。

(4)营养价值

对虾富含蛋白质、硒、钙、磷等。中医认为对虾性温、味甘咸,虾肉有补肾壮阳,通乳抗毒、养血固精、化瘀解毒、益气滋阳、通络止痛、开胃化痰等功效。

(5)烹饪运用

对虾皮薄肉多,肉质细嫩而洁白,味道鲜美,具有很高的营养价值。在烹饪应用中,既可整只使用也可经一定的刀工处理后进行烹制,如可加工成段、片、泥、茸等。常用烹调方法有烧、蒸、溜、炒、爆、焖等,代表菜有琵琶大虾、红焖大虾、干烧大虾、五彩大虾、炒虾仁、溜虾段等。

**5. 虾蛄**

(1)形态特征

虾蛄体呈窄长筒状,背腹扁,长 15cm 左右;头胸甲小,上隆脊发达;具带柄复眼 1 对;胸部后四节裸露;第二对胸肢特大,很像螳螂的前足;步足三对,腹部有尾鳍。穴居在浅潮和深海泥沙或珊瑚礁中,以甲壳类和小鱼、海滨蚯蚓、沙蚕等为食,见图 7－47。

图 7－47 虾蛄

(2)品种和产地

虾蛄,属于节肢动物门,甲壳动物亚门,软甲纲,掠虾亚纲,口足目。我国长江口以北沿海均产。主要品种有:断脊口虾蛄、猛虾蛄、斑琴虾蛄、大指虾蛄、细指假虾蛄和蝉形齿虾蛄等。

(3)质量标准

虾蛄以新鲜,无异味,色泽均匀一致,甲壳不脱落,联结膜未破裂者为佳。

(4)营养价值

虾蛄鲜品含蛋白质、脂肪、碳水化合物、钾、钠、磷、钙、铁、锌、硒,还含有维生素 E 等。中医认为,虾姑性湿、味甘咸,入肾、脾经,虾肉有补肾壮阳,通乳抗毒、养血固精、益气滋阳、通络止痛、开胃化痰等功效。

(5)烹饪运用

虾蛄可生食,酒醉或出肉蘸芥末酱味料颇佳。将虾蛄开片加蒜茸清蒸,剥肉蘸调味料食用,最能体现虾之本味。虾蛄也可用炸、煎、烹、水煮、油泡、熏烤等方法烹制。此外,虾蛄还可用于炒饭、煲粥等。还可将其用沸水焯熟后,以面杖擀压出虾肉,或切段炒、熘、烩、烧成菜,或切粒炸酱,或斩茸做馅等。其肉如一般虾肉应用,可制成多款虾菜。以虾蛄制作的菜肴有:白灼虾蛄、椒盐虾蛄、花雕酒醉富贵虾、虾蛄膏漫凉瓜青等。

食用虾蛄后不宜吃水果,两者相克。

## (二)蟹类

世界上蟹类有4500多种,其中中国约800种,并且以海蟹居多。常见蟹类主要分为两类:淡水蟹和海水蟹。海水蟹中常见的种类有三疣梭子蟹、青蟹等;淡水蟹主要品种为中华绒螯蟹、蟛蜞。

**1. 三疣梭子蟹**

(1)形态特征

三疣梭子蟹头胸甲呈菱形,稍隆起,两侧具有梭形长刺,因其背部有三个疣状突起,故称三疣梭子蟹,雄性腹部呈三角形,雌性腹部呈圆形;体色背部呈茶绿色,螯足、游泳足呈蓝色,腹部呈灰白色,见图7-48。

**图7-48 三疣梭子蟹**

(2)品种及产地

梭子蟹是梭子蟹属的总称,我国古称蝤蛑。分布广泛,我国群体数量以东海居首,南海次之,黄海渤海最少。最为常见的梭子蟹有三疣梭子蟹、远海梭子蟹和红星梭子蟹。三疣梭子蟹,又称枪蟹、海蟹、三点蟹等,属甲壳纲十足目梭子蟹科,俗称海蟹、花蟹,我国沿海均产,以渤海湾所产最著名。雌蟹圆脐,雄蟹尖脐。

(3)质量标准

梭子蟹以新鲜,无异味,色泽均匀一致,甲壳不脱落,无破裂,泥沙含量较少,寄生虫较少者为佳。

(4)营养价值

梭子蟹鲜品含蛋白质、脂肪、钾、钙、磷,还含有维生素A、维生素E等。中医认为,梭子蟹性寒,味咸,具有清热解毒、滋阴、养血、解毒疗伤的功效。

(5)烹饪运用

三疣梭子蟹肉质肥厚,味道鲜美。在烹饪应用中,既可整只使用也可经加工后将蟹肉和蟹黄取出另作菜肴。常用的烹调方法有蒸、炖、炒、煮、烧等。代表菜有红烧梭子蟹、炒海蟹、清蒸梭子蟹、韭菜炒蟹肉、梭子蟹蒸蛋、蟹肉豆腐羹等。梭子蟹可制成风蟹:将梭子蟹洗净蒸熟,用绳系吊在阴凉通风处晾干,供食用;也可将蟹肉取出后制成"蟹肉干"。

**2. 青蟹**

(1)形态特征

青蟹甲面平滑,前额有4个等大的齿科,前侧缘含眼窝外齿共有9同个大之齿,第4步足扁平特化成桨状游泳足,适于游泳。见图7-49。

(2)品种和产地

青蟹在动物分类学上属于梭子蟹科海洋蟹类,因其具有个体巨大、成长速度快肉味鲜美、营养丰富等特点,在近代以及现代被视为珍贵海鲜食品,也是沿海地区人工养殖的重要海洋经济物种。青蟹是温暖海区沿岸生活的蟹类,广泛分布于印度洋及西太平洋地区,多栖息于河口、内湾、红树林等盐度稍低的泥沼中。除越冬产卵在较深深海区外,基本上是栖息于河口、内湾的潮间带。凡是沿岸潮水畅通,潮差较大的泥滩等处,特别是红树林地带,都有青蟹栖息。

(3)质量标准

青蟹以新鲜,蟹肉饱满,蟹壳青,肚皮呈白色,有光泽,爪尖呈红色,二螯八爪肉感强,强劲有力,无损伤,体重达到200g~250g以上者为佳。

(4)营养价值

青蟹鲜品含蛋白质、脂肪、碳水化合物、钾、磷、钠、钙、锌,还含有维生素A、维生素E等。中医认为,青蟹性寒,味咸,具有健肾壮腰、消积健脾、养心安神之功效。

图7-49 青蟹

(5)烹饪运用

青蟹宜配入紫苏叶、鲜姜一同烹调,以解蟹毒,减其寒性。可整只制馔,也可切块制肴,更可蒸熟剔取蟹肉、蟹膏、蟹黄制成多种菜点。以青蟹制作的菜肴有:生炊红蟳、醉烧青蟹、香汁炒蟹、炊鸳鸯膏蟹、脆皮炸肉蟹钳、清蒸和乐蟹、油焗红蟳、莲心蟹肉羹、蟳肉萝卜珠、蟳肉冬瓜茸等。

**3. 中华绒螯蟹**

(1)形态特征

中华绒螯蟹螯足密,出茸毛,头胸甲背面隆起,头胸部背面呈墨绿色,腹部位灰白色,额宽,有四个额齿,均较尖锐,腹部扁平,俗称蟹脐。雌蟹呈圆形,称为“团脐”,雄蟹呈三角形,称为“尖脐”。中华绒螯蟹的足关节因只能上下移动而不能前后移动,所以横向爬行,见图7-50。

图7-50 中华绒螯蟹

(2)品种和产地

中华绒螯蟹,又称河蟹、大闸蟹、毛蟹、湖蟹等,属甲壳纲十足目方蟹科绒螯蟹属。根据所产水域的不同,可分为湖蟹(清水蟹)、江蟹(浑水蟹)、溪蟹、河蟹、沟蟹和坑蟹。中华绒螯蟹有生殖洄游的习性,原产于我国东部,分布广泛,以长江流域产量最大,最为驰名的是产于阳澄湖的“清水大闸蟹”。农历的9月、10月间(生殖洄游季节)正是中华绒螯蟹黄满膏肥之际,民间有“九月圆脐十月尖”的说法,充分说明了食用绒螯蟹的最佳时节。

(3)质量标准

中华绒螯蟹以新鲜、蟹肉饱满,蟹壳青,肚皮呈白色,有光泽,爪尖呈烟丝般金黄色,二螯八爪肉感强,强劲有力,蟹螯上的绒毛密而软,毛色清爽,显黄色,无损伤者为佳。

(4)营养价值

河蟹鲜品含蛋白质、脂肪、碳水化合物、钾、钠、磷、钙、铁、锌,还含有维生素A、维生素E等。中医认为,河蟹性寒,味咸,具有清热、散淤血、滋阴、理胃消食、舒筋益气的功效。

(5)烹饪运用

中华绒螯蟹肉味鲜美爽甜,烹饪应用中常以整只使用,也可单取成熟的蟹肉、蟹黄(蟹肉和蟹黄合称蟹粉)或蟹膏再次烹制成菜肴或制作成点心。适用于多种烹调方法,整只用时最适宜清蒸,分档后可用于爆、炒、炸、煎,做汤和制馅等;还可熬制蟹油充当调味料。代表菜有清蒸大闸蟹、香辣蟹、葫芦虾蟹、蟹粉狮子头、蟹黄鱼肚等。

值得注意的是,大部分淡水蟹是肺吸虫的第二中间宿主,因此在烹制、加工时应将其充分洗净,煮透,不吃死蟹、生蟹,不吃蟹胃、肠、鳃、心脏。在食用时应蘸姜末醋汁,以达到祛寒杀菌的作用。另外,螃蟹与柿子、梨同食会引起腹痛、呕吐或腹泻;与泥鳅同食会引起肠胃不适、中毒;与香瓜同食易伤脾胃,会至呕吐、腹泻;与花生同时易引起腹泻;与茄子同食易引起胃痛、腹痛,配菜时应注意。

**4. 蟛蜞**

(1)形态特征

蟛蜞头胸甲略呈方形,侧缘平行,体宽2~3cm;雄性螯足较大,雌性螯足较小,步足有毛。多栖息于近海地区江河堤岸、沟渠等处的洞穴中,喜食腐殖质,也用螯足钳断稻叶吸取液汁,见图7-51。

**图7-51　蟛蜞**

(2)品种和产地

蟛蜞是淡水产小型蟹类,又称磨蜞、螃蜞。学名相手蟹。甲壳纲,方蟹科。常见的种类有红螯相手蟹、无齿相手蟹,另还有中型相手蟹等。分布在我国辽东半岛、江苏、福建、台湾、广东、浙江沿海等地。

(3)质量标准

蟛蜞以新鲜,蟹肉饱满,蟹壳呈灰褐色,二螯呈红色,二螯八爪肉感强,强劲有力,无损伤者为佳。

(4)营养价值

蟛蜞鲜品含卵蛋质、脂肪、磷、钙、铁等,维生素A含量高于其他陆生及水生动物。中医学认为,蟛蜞性寒,味咸,具有清热、散淤、续断伤、敛疮生肌、解毒、治湿癣、入脾经、理经脉和滋阴等功用。

(5)烹饪运用

蟛蜞多采用腌、酱、糟、醉等烹调方法制馔。把蟛蜞洗净切两半,螯敲扁,加食盐、砂糖、红酒糟、高粱酒等调料,腌制数日即成蟛蜞酥;将蟛蜞以石磨磨成浆,加调味料和炒米可制成黏稠的蟛蜞酱。以蟛蜞制作的菜肴有:醉蟛蜞、香辣干葱炒蟛蜞、咖喱蟛蜞、蟛蜞咸扒、红烧蟛蜞、蟛蜞煲仔饭等。

## 四、虾蟹制品

虾蟹制品是用虾类和蟹类作为原料经过加工而成的各种制品。常见的虾蟹类制品有虾米、虾皮、虾干、虾丸、虾子、虾酱、蟹粉、蟹子等。

### (一)虾类制品

**1. 虾米**

虾米,又称金钩(体弯如钩)、开洋、海米(海虾制作)、湖米(淡水虾制作)等,是将中型虾类的虾仁取出后,经煮制后的熟干品。虾米的加工方法主要是水煮法和蒸煮法,常以白虾、鹰爪虾和赤虾等虾类作为原料。

成品特点:前端粗圆,后端尖细呈弯钩形;以含盐量少、肉质饱满,色泽暗红有光泽、大小均匀、体形完整、脱壳完全者为佳。

在烹调前用开水浸泡或用凉开水加黄酒浸泡至软即可使用,适用于多种烹调方法,如爆、炒、炝、拌、烧、烩、煮、煨等,最适宜汤水较宽的烧、烩菜式,或长时间加热的煮、煨菜式,虾米中的呈味物质能很好地溶入于汤汁中,增强风味。因虾米具有很强赋鲜性,所以特别适用于本身无鲜味原料的烹制,如鱼皮、鱼肚、蹄筋、白菜、冬瓜、豆腐等,通过与虾米同烹可赋予其鲜味。此外,虾米还可用于火锅,也可作为馅料等。代表菜有海米芹菜、开洋冬瓜、虾米炖豆腐、海米蹄筋、海味抄手等。

**2. 虾皮**

虾皮,又称毛虾皮、虾米皮、皮米,以毛虾为原料煮熟干制而成。少数为生干制品,称为生晒虾皮。因其毛虾体小,干制后形态干瘪,故称虾皮。

成品以色泽淡黄,有光泽,含盐量低,无沙粒,肉质饱满者为佳。

虾皮中含有丰富的蛋白质、矿物质,其中钙的含量尤为突出,素有“钙库”之称,是补充钙质的良好来源。

虾皮是人们使用最多的虾类制品之一,烹调中多用于凉拌、做汤、做馅或作为提鲜赋味原料。代表菜有虾皮拌豆腐、虾皮炒鸡蛋、虾皮冬瓜汤等。

**3. 虾油**

一种调味品。虾油是用新鲜虾为原料,经腌渍、发酵、熬炼后得到的一种味道极为鲜美的汁液。我国虾油主要产于天津市,河北省和辽宁省的一些沿渤海地区。

虾油清香爽口,是鲜味调料中的珍品。可用于炒、扒,烧、烩、炸、熘等菜肴的调味增鲜,使菜肴的风味别致,鲜醇爽口。还常用于蘸饺子、涮羊肉或拌面、凉菜,以及制卤味和菜汤调味等。

### (二)蟹类制品

**1. 蟹粉**

蟹粉是将体型较大的蟹类煮熟或蒸熟后,取出蟹肉、蟹黄和脂膏后经干制或速冻而成的名贵蟹类制品。

成品以色泽油黄,香味浓郁,无杂质、无碎骨者为佳。

蟹粉在使用前,必须先煸制。烹调中经常作为提鲜的主料和配料,适用于多种烹调方法,如蒸、炒、烧、烩、扒、炖等,也可作为馅心。代表菜有蟹粉狮子头、炒蟹粉、蟹粉水晶饺、蟹粉扒鱼翅、蟹粉豆腐等。

**2. 蟹卵**

蟹卵是以海蟹的卵粒经加工干制而成。有生、熟两种,均为上品。

成品以杏红色或深红色、光洁鲜亮、颗粒松散光滑者为佳。

蟹卵常作为辅料或调料,因其色泽艳丽,可作为配色料,佐以主食、糕点、小吃食用,适用于烧、蒸、煮等菜式。代表菜有蟹子豆腐、蟹子烧腐竹、蟹子燕条、蟹子紫菜寿司饭等。

# 任务五 软体动物类

## 一、贝类

### (一)贝类形态结构特点

贝类属软件动物门中瓣鳃纲动物。瓣鳃纲动物的鳃呈瓣状,体形侧扁,因有两枚贝壳,所以又称双壳纲。

贝壳左右对称或不对称;贝壳表面有壳肋,壳肋即贝壳表面以壳顶为中心或起点形成的环形生长线和向腹缘伸出的放射状排列的放射肋。两壳在背缘以韧带相连,两壳间有闭壳肌柱相连,通过它的收缩和舒张达到闭合和张开贝壳的目的。根据种类的不同,闭壳肌也有所变化,有的前后闭壳肌都有;有的前闭壳肌退化,后闭壳肌变大;有的前闭壳肌完全消失,后闭壳肌更大,并移动到贝壳中央。

瓣鳃纲原料以发达的足和发达的闭壳肌为主要食用部位。当海洋局部环境适合浮藻生长而超过正常数量时,海水就会发生"赤潮",贝类在"赤潮"的环境中生长,会摄入有毒藻类并有效浓缩其所含的神经毒素,人食用后会中毒。因对麻痹性中毒目前还没有有效的解毒剂,所以在食用贝类时应注意食用安全。

### (二)贝类的主要种类

瓣鳃纲动物一般生活在海水中,少部分生活在淡水中。瓣鳃纲动物包括蚶科、扇贝科、贻贝科、牡蛎科等,约有20000种,但只有10%为淡水种类。

**1. 牡蛎**

(1)形态特征

牡蛎因种类的不同其外部形状也有所差异,一般有三角形、卵圆形、狭长形、扁形等。壳面颜色一般由青灰至黄褐,有的有彩色条纹,见图7-52。

**图7-52 牡蛎**

(2)品种和产地

牡蛎,又称蚝(广东)、海蛎子(北方)等,为牡蛎属贝类的通称。除极地和寒带外,世界各地沿海均产。我国沿海牡蛎约有20多种,常见的牡蛎品种有褶牡蛎、大连湾牡蛎、近江牡蛎等。我国较为著名的牡蛎有广东广州湾的"石门蚝"、深圳的"沙井蚝"、海丰"搞螺蚝"等;其中以深圳的"沙井蚝"最为著名,因其体大肉嫩肚薄,故称之为"沙井蚝""玻璃肚"。北方以山东文登南海西海庄出产的"滚蛎"最具代表性,因其多随海水的涨退而滚动得名。在西方,牡蛎仍被誉为"神赐魔食";日本人则誉之为"根之源"。在我国有"南方之牡蛎,北方之熊掌"之说。牡蛎肉质肥美爽滑,味道鲜美。浅水牡蛎肉色雪白,外形略显椭圆,俗称"白肉",以冬春两季为最佳食用期,故民谚有"冬至到清明,蚝肉亮晶晶""正月肥蚝甜白菜"之说。其中以未产卵者(俗称泻膏)最佳;深水牡蛎因其肉色微红,外形修长而扁,被称为"赤肉",产卵在

6月以后,因此,清明过后为最佳食用期,素有“寒食白肉,暑进赤肉”之说。

(3)质量标准

牡蛎以个头大,壳坚硬无破损,壳青灰至黄褐色且有条纹,表面泥沙含量较少,寄生虫较少者为佳。

(4)营养价值

牡蛎含蛋白质、脂肪、维生素A、胡萝卜素、烟酸、钙、磷、钾、钠、锌、硒、铜、镁等。牡蛎所含牛磺酸可降血脂、降血压。中医认为牡蛎性微寒、味咸,归肝、胆、肾经;可平肝潜阳、重镇安神、软坚散结、收敛固涩,具有强肝解毒、提高性功能、净化淤血、恢复疲劳、滋容养颜、提高免疫力、抑制衰老、促进新陈代谢等功效。

(5)烹饪运用

鲜牡蛎可生食亦可熟食。多数为熟食。因其仅食硅藻类,肠胃较洁净,全体可食,因此在加工时无须摘拣。烹制牡蛎时,将肉冲洗干净即可入烹,作主配料均可,适用于多种烹调方法,如氽、炸、炖、烩、烧、煎、炒、烤、蒸等。牡蛎中因含游离谷氨酸较多,故鲜味较高,其汁尤为鲜美,色白如牛奶,故有“海底牛奶”之美称,代表菜有炸蛎黄、生炒明蚝、生煎牡蛎、豉油蒸蚝、炸芙蓉蚝等。值得注意的是,一般深海的无污染的鲜活牡蛎可少量生食。在污染的水中生活的牡蛎常含有“诺瓦克病毒”,是一种高致病性且传染性极强的肠胃病毒,人食用后会导致急性肠胃炎,因此,最好不要生吃牡蛎等贝壳类海鲜。

**2. 贻贝**

(1)形态特征

贻贝壳略呈三角形,前端尖细,后端宽圆,身体左右对称,两壳同型,表面光滑有细密生长纹,壳皮呈黑褐色,壳内颜色呈白色带青紫色;后闭壳肌发达,前闭壳肌退化,以足丝附于海底岩石上生活,见图7-53。

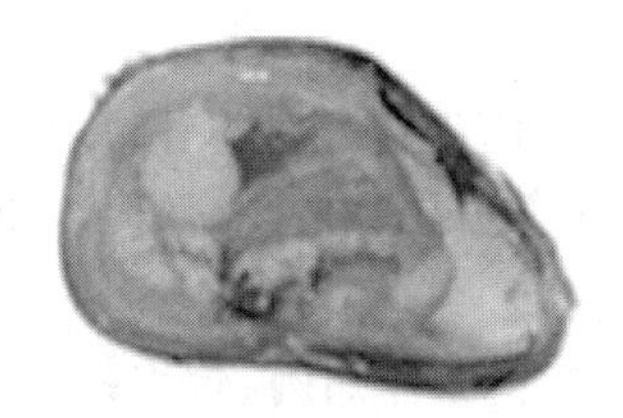
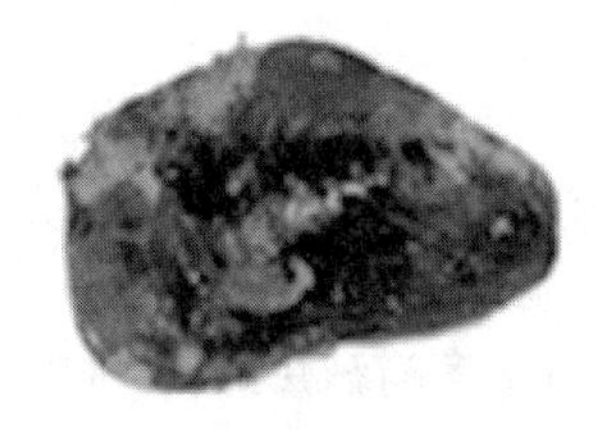

**图7-53 贻贝**

(2)品种及产地

贻贝,又称壳菜、海红或淡菜,为贻贝科贝类的通称。我国常见的品种主要有翡翠贻贝、厚壳贻贝和紫贻贝等,我国沿海均产,以渤海和黄海为主要产区,每年的5~6月份为盛产期。

(3)质量标准

贻贝以颜色光亮肉向外伸出,无破损,泥沙含量较少,表面无寄生虫者为佳。

(4)营养价值

贻贝含蛋白质、脂肪、糖类、钙、磷、铁,还含有多种维生素和微量元素,其营养价值高于一般的贝类和鱼、虾等,对促进新陈代谢,保证大脑和身体活动的营养供给具有积极的作用,所以有人称之为“海中鸡蛋”。中医认为贻贝性温,味甘、咸,有补肝肾、益精血、消瘿瘤、调经血和降血压之功效,且可为妇女产后滋补之用。贻贝还含大量的碘,对甲状腺亢进的患者是极好的保健食品。贻贝中所含脂肪里不饱和脂肪酸较多,对于维持机体的正常生理功能、对促进发育有作用,还有降低胆固醇作用。

(5)烹饪运用

在烹饪应用中,即可带壳烹制,也可取其肉后再制作菜肴。适用于多种烹调方法,如爆、炒、烩、凉拌等,也可氽汤。代表菜有,木须炒海红、油爆鲜淡菜、烧瓤贻贝等。

**3. 蚶类**

(1)形态特征

蚶类贝壳坚硬厚实,左右两个贝壳很结实。毛蚶右壳稍小,不易剥开,长卵圆形,壳面放射肋较多,约有35条,壳表面为白色,有绒毛状的褐色表皮;泥蚶有贝壳两枚,大小相等,卵圆形,顶部突出,壳面放射肋发达,为18~20条,壳表面白色,有褐色薄皮,见图7-54。

图7-54 泥蚶

(2)品种及产地

蚶类又称"瓦楞子",为蚶科贝类的统称。常见的品种主要有泥蚶(18~22条壳肋)、毛蚶(30~34条壳肋)和魁蚶(44条),其中泥蚶是我国重要的养殖和食用贝类之一,以浙江乐清最为著名,被称为"中国泥蚶之乡"。

(3)质量标准

蚶类以鲜活无破损,泥沙含量较少,无刺激腥臭气味,含较少寄生虫者为佳。

(4)营养价值

蚶肉含蛋白质、铁,还含有丰富的维生素A、维生素$B_1$、维生素$B_2$、维生素$B_{12}$、血红素和其他微量元素。中医认为蚶类性寒、味甘,具有补血益气、温中健胃、润五脏、滋补强壮的功效。

(5)烹饪运用

蚶类肉质鲜美,肥嫩丰满。在烹饪应用中,入烹前先将其放入清水中静养半天,使其吐尽泥沙。入烹取肉的方法有熟开法(沸水煮开壳)、半熟开法(沸水烫开壳)和生开法。生开法是用刀背将斧足拍几下,破坏其肌纤维组织,可保持肉质细嫩。适用于多种烹调方法,如炒、蒸、熘、烩、焖及氽汤等。代表菜有葱爆蚶肉、韭黄炒蚶肉、凉拌蚶肉、软炸蚶等。值得注意的是,在烹调过程中要注意掌握其火候,温度过高,时间稍长,蚶肉就会变得老韧难消化,但加热时间都应在5min以上,忌生食,因为蚶为多种病原微生物和寄生虫的中间宿主,尤其以甲肝病毒尤为突出。

**4. 扇贝**

(1)形态特征

扇贝壳呈扇面状,两壳大小相等,右壳较平,左壳稍凸,壳面多茶褐色、黄褐色或淡红色,有的具有枣红烟云斑纹。见图7-55。

(2)品种和产地

扇贝为扇贝属贝类的总称,因其背壳似扇面而得名。铰合部有耳突,足很小,有1条发达的后闭壳肌。我国沿海均产。常见的品种有栉孔扇贝、华贵栉孔扇贝、虾夷扇贝(原产日本和朝鲜)、海湾扇贝(从美国引进)、日本日月贝等。其中栉孔扇贝最为常见,壳面颜色呈紫褐色或淡褐色等,多变化。主要产于辽宁、山东沿岸,现已人工养殖。

(3)质量标准

扇贝以颜色较亮,扇贝露肉出,无破损,表面无寄生菌者为佳。

(4)营养价值

扇贝肉含蛋白质、碳水化合物、胆固醇、核黄酸、维生素E、镁、铁、锌、硒等。中医认为扇贝性寒、味甘,一般人群均可食用,高胆固醇、高血脂体质者以及患有甲状腺肿大、支气管炎、胃病等疾病的人亦可食用。

**图7-55 扇贝**

(5)烹饪运用

扇贝软体部分肉质肥嫩鲜美,清鲜爽滑,营养丰富,属高级水产品。可带壳烹制也可先取其闭壳肌后进行烹制,适用于多种烹调方法,如爆、炒、汆、熘、清蒸等。代表菜有鲜贝冬瓜球、八宝原壳鲜贝、豉汁蒸扇贝、生炒扇贝肉、白沙扇贝、油爆鲜贝等。闭壳肌干制后即是“干贝”,被列入八珍之一。

**5. 文蛤**

(1)形态特征

文蛤贝壳较大而厚,背缘略呈三角形,腹缘呈弧形,壳面光滑似釉质,色泽多变,有斑纹;内面呈白色,见图7-56。

**图7-56 文蛤**

(2)品种及产地

文蛤,又称花蛤、黄蛤、海蛤等,属帘蛤科、文蛤属贝类。产于我国东海、黄海、南海、渤海等海域的泥沙中,大小不等,以辽宁营口、江苏连云港、南通较多,在南通烹饪界运用较多,有“天下第一鲜”的美誉。全年出产,以清明节前后为旺季。

(3)质量标准

新鲜文蛤有触角伸出,沉于水底,污泥较少,表面清洁无寄生虫附着。

(4)营养价值

文蛤含有蛋白质、脂肪、碳水化合物,还含有人体易吸收的各种氨基酸和维生素及钙、钾、镁、磷、铁等多种人体必需的矿物质。中医认为文蛤性微寒,味甘、咸,有清热利湿、化痰、散结的功效,对肝癌有明显的抑制作用,对哮喘、慢性气管炎、甲状腺肿大、淋巴结核等病也有明显疗效。

(5)烹饪运用

文蛤肉质鲜美,营养丰富,属蛤中上品。因肉质较韧,不宜带壳烹制,在烹制前需将蛤肉挖出,在清水中清洗去沙。鲜活的文蛤可直接用酒、酱腌制后生食。常用的烹调方法有汆、炒、爆、煮、炖、炝等,旺火速成的菜肴需将调味料与蛤肉一同入锅,以保证鲜嫩的口感。如果烹调时间稍长,会使肉质变老味道变差。除此之外,蛤肉也可做馅,代表菜有文蛤狮子头、文蛤汤、文蛤豆腐汤、天下第一鲜等。

**6. 鲍**

(1)形态特征

鲍,壳形成耳状,大而坚厚,螺旋部小,螺层有三层,螺旋部只留有痕迹,占全壳极少部分,体螺层突出;壳表面有螺纹,侧边有九个小孔,故又称"九孔螺",壳表绿褐色,生长纹与放射肋交错,使壳面呈细密布纹状,贝壳内面银白色,有珍珠光泽,壳口大内唇向内形成片状遮缘。鲍鱼足部非常发达,上部有许多触手(即感觉器官),下部展开呈椭圆形,用来附着礁石爬行,这块软嫩而肥厚的足部肌肉是可食用部位,见图7-57。

图7-57 鲍

(2)品种及产地

鲍,俗称鲍鱼,是软体动物中腹足纲、鲍科、鲍属贝类的总称。鲍生活在清澈的海水中,全世界鲍类有100多种。经济价值较高的有10多种。我国大连、长山八岛、南海诸岛均有出产,以广东所产鲍鱼最有名。每年的夏秋季节,天气暖和,海藻繁茂之时,鲍鱼最肥美。常见的品种有北方的皱纹盘鲍和南方的杂色鲍。鲍是一种药、食两用的珍贵海产贝类,在世界水产市场上被视为海珍品,我国自古便已将鲍列入了"八珍"之一。鲍之所以价格高,是由于鲍鱼散居,捕捉时须潜入水底逐个寻找,捕捞困难。

(3)质量标准

质优的鲍颜色呈米黄色或浅棕色,质地新鲜有光泽,外形呈椭圆形,鲍身完整,个头均匀,干度足,表面有薄薄的盐粉,在灯影下鲍鱼中部呈红色,鲍鱼肉厚,鼓壮饱满,新鲜。

(4)营养价值

鲜鲍鱼肉含丰富的蛋白质,脂肪,钙,还有铁,碘,锌,磷和维生素A、D、$B_1$等。从鲍肉中提取的鲍灵素能够抑制癌细胞生长,有显著的抗癌效果;鲍肉的提取物还可以促进淋巴球细胞增生,是目前已知增强人体免疫力效果最显著的水产品。中医认为鲍鱼性平、味咸,具有滋阴补阳,止渴通淋的功效,是一种补而不燥的海产,吃后没有牙痛、流鼻血等副作用。《食疗本草》记载,鲍鱼"入肝通瘀,入肠涤垢,不伤元气。壮阳,生百脉"。主治肝热上逆、头晕目眩、骨蒸劳热、青盲内障、高血压、眼底出血等症。鲍鱼的壳,中药称石决明,因其有明目退翳之功效,古书又称之为"千里光"。石决明还有清热平肝,滋阴壮阳的作用,可用于医治头晕眼花,高血压等症。

(5)烹饪运用

鲍鱼肉质细嫩,味道鲜美,肉爽嫩,被誉为海味之冠,每年7、8月水温升高,鲍鱼向浅海繁殖性移动,称"鲍鱼上床",此时肉质丰厚,最为肥美,是捕捉的好时期,故有"七月流霞鲍鱼肥"之说。在烹饪应用中可炖汤、用蒜蓉蒸、炒片等。适合爆、炒、炝、拌等多种烹调方法。代表菜有扒原壳鲍鱼、红焖鲍鱼等。

**7. 河蚌**

(1)形态特征

河蚌壳形多变化,两壳相等,壳顶部刻纹常为同心圆型或折线型,但多少有些退化。见图7-58。

(2)品种及产地

图7-58 河蚌

河蚌是软体动物门蚌科的一类动物统称,在一些地方称为蚌壳、歪儿。在自然环境中,蚌一般生活在江河、湖泊、池沼、小溪等的泥、沙或石砾之中。河蚌冬春寒冷时利用斧足挖掘泥沙,使蚌体部分潜埋在泥沙中,前腹缘向下,后背缘向上;仅露出壳后缘部分进行呼吸摄食。天热时则大部分露在泥外。无齿蚌一般生活在泥质底、pH为5~9的静水或缓流的较肥的水中;三角帆蚌主要分布于江苏、湖南、江西、安徽、浙江等地的中大型江河中。

①三角帆蚌

贝壳大而扁平,外形略呈不等边三角形。壳质坚硬而厚实,有较发达的铰合齿,壳面呈黑褐色带绿框黄褐色,有明显的生长轮脉。壳顶低而平坦,位于壳前方。壳顶处有皱纹,后背部有数条由结节突起组成的斜肋。后背缘向上突起形成一个帆状的后翼。此翼脆弱易碎,成年蚌的后翼常残缺不全。壳内平滑,珍珠层具有美丽的光泽。该蚌具有很多良好培育珍珠的性状。不仅操作简便,且育珠率高,培育出的珍珠质量好。

②褶纹冠蚌

壳厚而大,壳质坚硬而膨突,外形略似不等边三角形,个体一般比三角蚌大。前部短而低,前背缘冠突不明显;壳后部长而扁,后背缘向上斜出伸展成大形的冠,成年蚌的冠易破碎。壳后背部自壳顶起向后有10余条逐渐粗大的纵肋。壳表面呈黄绿色至黑褐色。铰合部强大,韧带粗壮。壳内具有珍珠光泽。用该蚌培育珍珠,速度快,产量高,珍珠层质粗糙,珠光淡黄,故培育出的珍珠质量不如三角帆蚌育的珍珠好。

③背角无齿蚌

壳长达20cm,具有两瓣卵圆形外壳,左右同形,壳顶突出。前端圆,后端略呈斜截形。腹缘弧形,背缘平直。壳薄,微膨胀,壳面平滑,壳面生长线细但明显,无铰合齿。

④珍珠蚌

壳长卵圆形,坚厚,珍珠层发达,壳顶部刻纹常为同心圆型。铰合部有大的中央齿。无鳃水管。

(3)质量标准

优质河蚌蚌壳颜色呈浅棕色,质地新鲜有光泽,无破损,无异味,蚌内部肉质新鲜并且鲜活,蚌肉厚,鼓壮饱满。

(4)营养价值

河蚌含蛋白质、钙、铁、锌、磷、维生素A、硒,还含有较多的核黄素和其他营养物质。中医认为河蚌味甘咸、性寒,滋阴平肝、肾经;有清热解毒,滋阴明目之功效;可治烦热、消渴、血崩、带下、痔瘘、目赤、湿疹等症。

(5)烹饪运用

河蚌肉质细嫩,味道鲜美,肉爽嫩,蚌肉是不可多得的滋补原料,可清热、滋阴、明目、解毒等。蚌肉加适量的洋参片、枸杞煲汤,有降压降脂的功效;蚌汤里放上些野菊花,不仅可使汤鲜香可口,还有驱风化痰,滋阴清热的功效。

**8. 田螺**

(1)形态特征

田螺为软体动物,身体分为头部、足、内脏囊等3部分,头上有口、眼、触角以及其他感觉器官。体外有一个外壳,田螺的足肌发达,位于身体的腹面。见图7-59。田螺的血液颜色较为特殊,为白色。

图7-59 田螺

(2)品种及产地

田螺泛指田螺科的软体动物,属于软体动物门腹足纲前鳃亚纲田螺科。田螺在中国大部地区均有分布,一般长在水塘里或者在水库边上。淡水中常见有中国圆田螺等,田螺雌雄异体。可在夏、秋季节捕取。

(3)质量标准

优质田螺饱满,新鲜,含泥沙较少,无寄生虫。

(4)营养价值

田螺肉含蛋白质、脂肪、碳水化合物、钙、磷、铁,还含有硫胺素、核黄素、维生素 $B_1$、维生素 E、镁、锰、锌、钾、钠等。中医认为,田螺肉味甘、性寒、无毒,可入药,具有清热、明目、利尿、通淋等功效,主治尿赤热痛、尿闭、痔疮、黄疸等。田螺壳入药,有散结、敛疮、止痛等功效,主治湿疹、胃痛及小儿惊风等。

(5)烹饪运用

螺肉适用于多种烹调方法,如炒、爆、烧等,代表菜肴有爆炒田螺、香辣田螺、法式烧田螺等。

## 二、其他软体动物

**1. 鱿鱼**

(1)形态特征

鱿鱼头部两侧具有一对发达的鳃,围绕口周围。常活动于浅海中上层,垂直移动范围达百余米。身体细长,呈长锥形,以磷虾、沙丁鱼、银汉鱼、小公鱼等为食,本身又为凶猛鱼类的猎食对象。见图7-60。

(2)品种和产地

鱿鱼又称枪乌贼、柔鱼等,为头足纲枪乌贼科动物。中国枪乌贼(俗称"鱿鱼"),肉质细嫩,干制品称"鱿鱼干",肉质特佳,在国内外海味市场负有盛名。鱿鱼主要分布于热带和温带浅海。主要渔场在中国海南北部湾、福建南部、台湾、广东、河北渤海湾和广西近海以及菲律宾、越南和泰国近海,其中以南海北部湾、渤海湾出产的鱿鱼为最佳。

图7-60 鱿鱼

(3)质量标准

鲜鱿鱼的膜紧实,有弹性,头与身体连接紧密,不易扯断。

(4)营养价值

鱿鱼富含碳水化合物、脂肪、蛋白质。中医认为鱿鱼性平、味酸,有补虚养气、滋阴养颜等功效,可调节血压,预防老年痴呆症。此外,鱿鱼还有助于肝脏的解毒、排毒,可促进身体的新陈代谢,具有抗疲劳功效。

(5)烹饪运用

枪乌贼既可以鲜食,也可以干制。鲜食采用爆、炒、炝等旺火快熟的烹调方法;干制品为筵席中常用的主料或辅料,涨发后适于烧、煸、烩或制作汤菜。枪乌贼也是意大利菜肴中最常使用的一种原材料,如夹馅鱿鱼色拉。

**2. 乌贼**

(1)形态特征

乌贼胴部呈袋状,左右对称。背腹略扁平,侧缘绕以狭鳍。头发达,眼大。共有 10 条腕。内壳呈舟状,很大,后端有骨针,埋于外套膜中。体色苍白,皮下有色素细胞,体内墨囊发达,见图 7－61。

**图 7－61　乌贼**

(2)品种和产地

乌贼又称墨鱼、乌鱼、目鱼,为头足纲乌贼科动物。乌贼约有 350 种,有针乌贼、金乌贼、枪乌贼、无针乌贼、火焰乌贼、荧光乌贼、大王乌贼、斑乌贼、细乌贼、飞乌贼等。乌贼多分布于高盐温暖的海洋中,近海、远洋,水层、海底均有分布。

(3)质量标准

新鲜乌贼体形完整,眼球完整无破损,无腐败异味。膜紧实、有弹性,头与身体连接紧密,不易扯断。

(4)营养价值

乌贼富含蛋白质,还含有碳水化合物和维生素 A、B 族维生素及钙、磷、铁等,是一种高蛋白低脂肪滋补食品。中医认为乌贼性平,味甘、咸,具有壮阳健身,益血补肾,健胃理气的功效,是女性的理想食材,无论经、孕、产、乳各期,食用墨鱼皆有益,有养血、明目、通经、安胎、利产、止血、催乳等功效。

(5)烹饪运用

乌贼鲜品肉色洁白,质地柔韧,口感鲜美,适用于爆、炒、熘、烧、焖或炝、拌等烹调方法。干制品经涨发后香鲜腴美,肉质脆嫩爽滑,别具风味,可用于炖、烩等烹调方法;若采用炒爆方法成菜,则应予以勾芡。适用于多种调味方式。

## 三、贝类的品质检验及储存

### (一)品质检验

质量好的贝类,壳闭合紧密,肉质饱满有弹性,有光泽;稍次的贝类,壳闭合不紧易揭开,肉质松弛,有黏液但无臭味;质量最次的贝类,壳闭合不全且有裂缝出现,肉质呈污灰色,有粘液流出并带有臭味。

### (二)贝类的储存

贝类生物适应环境的能力强,能忍受数小时甚至几天的干涸而不会死亡,这是因为每种贝类生物的体腔内部含一定量的水分,被捕捉后仍能自行调节,不会立即死亡。贝类生物的这种生理特性,对保活贮运是十分有利的。

**1. 毛蚶、魁蚶**

对于毛蚶、魁蚶等硬壳贝类原料可用草袋或麻袋包装。使用草袋,夏季利用通风,冬季还有一定的保暖作用。硬壳贝类的壳较厚,运输时不怕重压,但要避免碰撞。贝类的最适温度为5～10℃。冬季贝类怕冻,应设法保温防冻;夏季贝类怕热,应尽量在捕捞后1～2d内销售,不适宜长时间运输。

**2. 杂色蛤、贻贝**

对于杂色蛤、贻贝等贝类,采用编织袋包装较好。用汽车运输时,夏季气温较高,最好夜间行驶。用船只运输时,如果近距离也可不包装。不管是何种运输工具,都应有遮盖,防止日晒雨淋。

**3. 蛏**

蛏通常装于竹筐或木桶内,每筐约25kg,装筐不宜满出筐面。运输时,筐与筐之间不留间隙;重叠装载时,上下筐之间要用木板隔开,并固定好,防止车船颠簸时损伤。

蛏的保鲜有水蛏和泥蛏两种。水蛏是将蛏用海水洗净后,仍浸于海水中;泥蛏是将蛏从泥滩上捞起,保持原状,或特意多让它附着些泥,延长其存活时间。

**4. 扇贝**

扇贝大多在冬季从海上收获,用海水洗净贝壳上的浮泥、杂藻,装入提前用海水浸泡的蒲包,然后用草绳捆好,用车或船运到市场销售。如果长时间运输,可将扇贝装入编织袋内,然后放入柳条筐中,筐的四周铺上海带草,袋口也用海水浸泡的海带草盖住,盖好筐盖,捆好后装车运输。

## 四、贝类干制品

贝类制品是用贝类作为原料经过加工而成的各种制品,包括牡蛎干、蛤蜊干、干贝、淡菜、干鲍鱼等。

**1. 牡蛎干**

牡蛎干是牡蛎肉的干制品,也称蚝豉。近似淡菜,但较枯瘦,颜色呈金黄色有光泽,主要产于广东和福建,见图7－62。

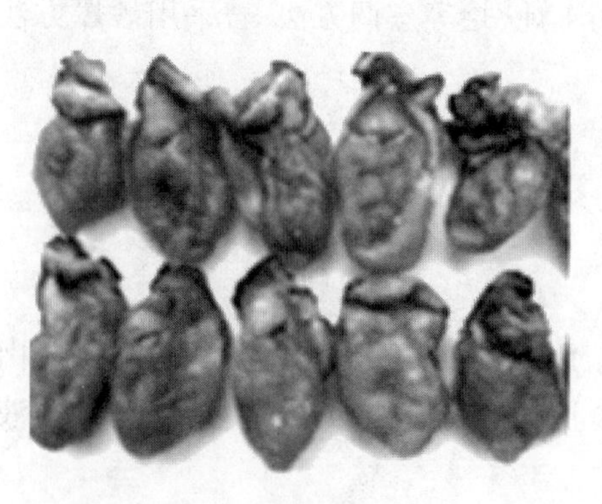

图7－62 牡蛎干

牡蛎干根据干制方法的不同分为生蚝豉和熟蚝豉两类。生蚝豉,是生牡蛎肉直接晒干而成,以肉质饱满、色泽金黄者为佳。熟蚝豉,是将牡蛎肉取出后,放入沸水锅中经煮制后再捞出晒干而成,以色泽暗黄,有光泽,形态饱满者为佳。煮牡蛎肉的汤经浓缩后可制成鲜味调味品“蚝油”。

牡蛎干味道甘香而鲜,软嫩可口,烹饪上以扒、炖、扣为多。如“发财好市”,其制法是:将牡蛎干涨发好后,整齐地砌在碗内,调入味料、汤汁、上蒸笼约1h取出,取出原汁,将牡蛎干反扣于碟中,周围拌以烹制好的发菜,用原汁勾芡淋上。此菜香滑、味鲜,且寓意很深,香港、广东人过年、开张等喜庆日子特别喜欢吃。

**2. 蛤蜊干**

蛤蜊干是将鲜蛤煮熟后剥取蛤肉干制而成。以体形大小均匀、肉质饱满,色泽棕红有光泽、干燥者为佳。常用于汤菜的制作和其他菜肴的配料,提供鲜美的滋味,但与鲜品相比较稍逊。

**3. 干贝**

干贝,是用瓣鳃纲原料的闭壳肌(贝柱)加工的煮干品,见图7-63。如以扇贝、日月贝和江瑶等贝类的后闭壳肌加工而成的干制品。现分为三种:①扇贝后闭壳肌的干制品为干贝,质量最好;②日月贝后闭壳肌的干制品为带子,质量较好;③江瑶后闭壳肌的干制品为瑶柱,质量较差。商品干贝按产地分有日本产、越南产、中国产、朝鲜产四大类。质量分三级,其中一级品的标准为:贝体大小均匀、完整、不破不碎,颜色淡黄略白,新鲜有光泽,口味鲜淡,有甜味感,干度足,似带透明状,肉丝有韧性。属高档烹饪原材料,有“海味极品”的美誉。因种类的不同,部分干贝的闭壳肌不适合制作干贝,如海湾扇贝,因其闭壳肌水分较多,不宜加工成干贝。

图7-63 干贝

干贝在烹调前,需涨发,多用蒸发。涨发后可整用也可拆散用,可作主料亦可作配料及调味料使用。因干贝鲜味突出,在烹饪中经常用于给无味的原料赋味,起到增鲜的作用。

## 任务六 其他水产品

### 一、海参

海参,为棘皮动物门、海参纲动物的概称。海参纲动物有900多种,我国海域约有120种,可供食用的有20余种,其中以南海所产品种最多。以黄海、渤海产的刺身和南海、西沙群岛产的梅花参最为名贵,有“北刺南梅”之说。

#### (一)海参的分类

一般将商品海参分为两大类:刺参和光参。

刺参,体表生有肉疣、管足者,多为黑色,常见品种有梅花参、灰刺身等。

光参,体表光滑,无肉疣,多为白色、灰色,常见品种有大乌参、克参、糙海参、海地瓜、白底靴参等。

## (二)主要品种

**1. 刺参品种**

(1)灰刺参

灰刺参,又称仿刺参等,是刺参科最好的海参品种,被誉为“参中之冠”,属寒温带品种。主要分布在我国的山东、辽宁和河北沿海等地,见图7-64。

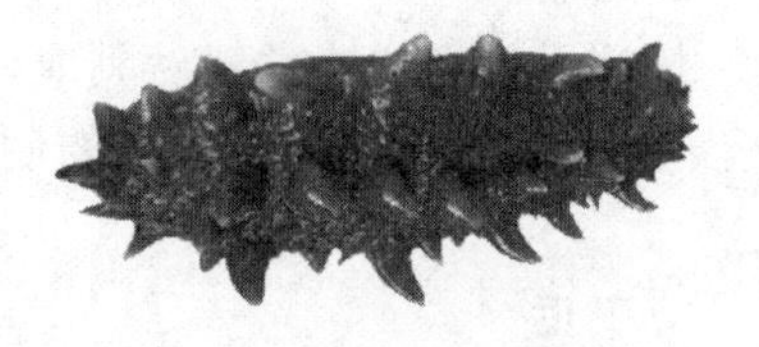

图7-64　刺参

灰刺参体呈圆柱形,体长20~40cm,背面有4~6列肉疣,腹面有3行管足。灰刺参体壁厚而软糯,是北部沿海食用海参中品质最好的一种。干制品中,以肉质肥厚、刺多而挺、干燥的淡干品为佳。涨发率较高,每500g可发3750~4000g。其生殖腺俗称“参花”,味甚鲜美,经腌渍、发酵后制成参花酱食用,非常名贵。

(2)梅花参

梅花参,又称凤梨参、海花参,质量仅次于灰刺参。主要产于我国东沙、西沙群岛和海南岛等地。见图7-65。

梅花参体呈长圆筒状,背面的肉刺形似梅花瓣,故名“梅花参”;又因体形与凤梨相类似,故又称“凤梨参”,是海参纲中个体最大的一种,一般体长为60~70cm,最长可达90~120cm。加工后的干制品重量可达500g,被誉为“海参之王”。

**2. 光参品种**

大乌参,又称黑乳参、黑猪婆参等,在无刺参中质量最佳,主要产于广西北海及西沙群岛、海南岛等地。见图7-66。

图7-65　梅花参

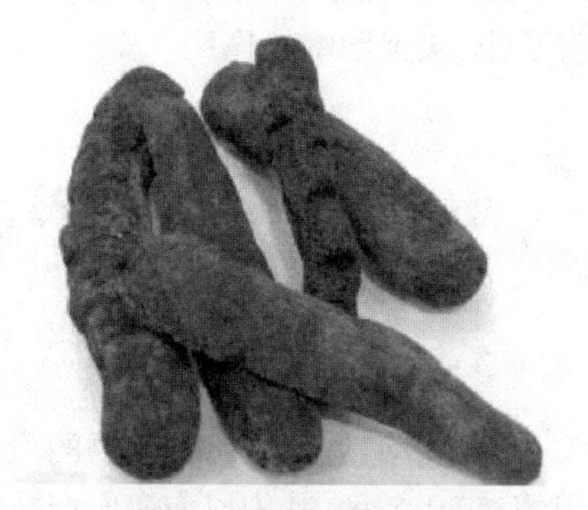

图7-66　大乌参

鲜活参体形呈圆筒形,体色呈黑色或有黄白色斑点,体长约30cm。因身体长有数个大的乳房状突起,故又称“乳房参”,海南岛渔民称为“乌尼参”。涨发率高,每500g干海参可涨发2750g。

## (三)质量标准

干制海参以体形饱满,皮薄而质重,肉壁肥厚,水发时涨性大,涨发率高,涨发后的海参质地糯而爽滑、富有弹性、质细无沙粒者为佳。

### (四)营养价值

水发海参含蛋白质、钙、磷、铁,还含有维生素 $B_1$、维生素 $B_2$、烟酸等。海参高蛋白、低脂肪,被人们称为“海中人参”。中医认为海参性温、味甘,足敌人参,海参中精氨酸含量甚高,号称“精氨酸大富翁”。精氨酸是构成男性精细胞的主要成分,对机体细胞的再生和修复机体组织起着非常重要的作用,能提高人体的免疫功能。海参中的黏多糖具有抗凝血、抗辐射、抗氧化、抗肿瘤的作用。但由于刺参中活性成分较强烈,过多的食用可致鼻衄,每天食用 10 ~ 20g 即可。

### (五)烹饪运用

烹饪中常用的海参原料多为干制品。干制品在烹调前需经涨发后才可使用,一般常用泡、煮等水发方法涨发;但外皮坚硬厚实的干制海参,需经火发后,用刀刮去焦皮层,再用热水涨发,如大乌参、克参、白石参等。

在烹饪应用中,海参即可做主料也可做辅料,在宴席中多以高档菜出现。制作菜肴时整用居多,也可经刀工处理加工成各种形状,如段、条、片、块、丁等。适用于多种烹调方法,如烧、烩、焖、煮、蒸等。因其本身无味,制作时应与呈鲜原料一同烹制赋予其味道。代表菜有葱烧海参(山东)、虾子大乌参(上海)、扒烧四宝开乌参(福建)、家常海参等。

值得注意的是,某些鲜活海参含有毒素,溶血作用较强,鲜食者处理不当可导致中毒。因此,在制作时应延长其水洗和加热时间。

## 二、海蜇

海蜇属腔肠动物门、钵水母纲、根口水母目、根口水母科海蜇属。因其口腕处有许多棒状或丝状触须,附有密集的刺丝囊,可分泌毒液,蛰人皮肤后,可引起刺痒和红肿而得名。主产于我国沿海、朝鲜、日本等地。见图 7 – 67。

**图 7 – 67　海蜇**

### (一)海蜇的分类

根据产期不同,可分为梅蛰(夏至到大暑)、秋蛰(立秋至处暑)、白露蛰(白露至秋分)、寒蛰(寒露至霜降)四类;根据产地不同,可分为南蛰(粉蛰)、北蛰和东蛰三类,以南蛰产量最高、质量最好,主要产于浙江、福州沿海。

### (二)形态特征

伞状海蜇,体呈半球形似馒头状,伞体表面光滑,中胶层厚,含大量水分和胶质物;体色一般成青蓝色。口腕愈合,大型口消失,在口柄基部有 8 枚口腕,各枚裂成许多瓣片,下部口腕分三翼,边缘有许多小孔,称之为吸口,是海蜇的摄食器官。

### (三)质量标准

人们日常食用的多为海蜇制品,其中海蜇的伞部制品称为“海蜇皮”,见图 7-68,口腕部制品称为“海蜇头”见图 7-69。海蜇皮,以形状完整呈立体珊瑚状,颜色呈白色或淡黄色,光泽鲜润,肉质厚实均匀有韧性,无泥沙者为佳。海蜇头,以颜色呈白色、黄褐色或红琥珀色,有光泽,外形完整,无蛰须,肉质厚实,有韧性口感松脆,无泥沙者为佳。海蜇皮的商品价值多于海蜇头。

**图 7-68 海蜇皮**

**图 7-69 海蜇头**

### (四)营养价值

海蜇含蛋白质、碳水化合物、钙、碘等,还含有多种维生素。中医认为海蜇性平、味咸,可清热解毒、降压消肿,有预防动脉硬化,治疗气管炎、哮喘、胃溃疡、风湿性关节炎,防治肿瘤等功效。

### (五)烹饪运用

烹饪中常用的海蜇多为腌制品,在使用前需用清水浸泡或温热水(80℃左右)速烫后,将盐、矾、泥沙洗净,将红皮撕净。根据制品不同可加工成相应的形状,海蜇头多加工成片,海蜇皮多加工成丝,因其清脆爽口,多作为凉拌菜式。也可以热菜形式出现,适用于多种烹调方法,如爆、炒、炸、烧、烩等;同时也适用于多种味型,如咸鲜、酸辣、麻辣等。代表菜有芙蓉海底松、海蜇羹、炒什锦海蜇、鸡火海蜇等。

除此之外,海蜇也可鲜食。鲜食者多为沿海居民,食用部位多为海蜇的伞部。食用前先刮净蛰血和黏膜,切成细而长的条,再用水冲洗数遍,海蜇条渐薄渐细,腥味也随之减轻,呈清亮透明状似粉丝,再用调料拌匀食用,口感脆嫩,清亮爽滑如凉粉。但因鲜品含有毒素,故不宜长食和多食。再者,海蜇容易受嗜盐菌污染,因此在食用前最好切丝,用凉开水反复冲洗干净,加醋调味,可防细菌性食物中毒。

## 三、沙蚕

沙蚕,为环节动物门多毛纲沙蚕科动物的通称。多为海产,我国黄海、渤海均有分布,居泥沙中,昼伏夜出,亦常在海中游泳。

### (一)形态特征

沙蚕体形扁长,头部明显,身体分有很多体节。每节两侧都有一对具刚毛的疣足,但末节无疣足,而有一对肛须;中间为肠腔;体软如蚕,外表呈青黄色,含有白浆。

### (二)品种及产地

沙蚕常见的种类主要有日本沙蚕和疣吻沙蚕两类。我国供食用的主要是疣吻沙蚕。疣吻沙蚕,又称禾虫、沙虫。疣吻沙蚕,体形稍扁而细长,体色前端背面到口腔基部呈绿褐色,后面略显红色,背部中央呈浅红色,见图 7－70。分布于广东、福建等地的海边、河口及稻田,其中以广东斗门县所产品质较好。

图 7－70　沙蚕

### (三)质量标准

沙蚕以鲜活、无异味、颜色鲜艳、泥沙含量少、重金属含量少者为佳。

### (四)营养价值

沙蚕含粗脂肪、碳水化合物等,此外,沙蚕体内含有大量人体所需要的氨基酸、微量元素和维生素,尤其富含纤维蛋白溶解酶、纤溶酶原激活物、胶原酶等三种酶系,是预防高血压、动脉硬化和消除疲劳的有效保健食品。沙蚕体内所含的沙蚕激酶具有治疗脑血栓、心肌梗塞等血栓性疾病的功能,所含的不饱和脂肪酸具有增强免疫力、提高记忆力的功效,还具有防止动脉硬化的作用。此外,沙蚕含有丰富的羟氨酸,具有美容养颜、抗衰老的作用,被称为海中的“冬虫夏草”。中医认为沙蚕味甘、咸、性寒,营养甚丰,有开胃明目、养肝补脾、健胃润肠、清肺,滋阴降火的功用,主治骨蒸潮热、阴虚盗汗、肺痨咳嗽、胸闷、痰多、牙龈肿痛等病症。

### (五)烹饪运用

沙蚕肉质韧而爽脆,味道鲜美。鲜食前必须将腹内的泥沙清洗干净,方法是将头尾剪去,剖身清洗。常用的烹调方法有炒、煎、炖、爆等。制成的干制品称为沙虫干或禾虫干,烹制前需用盐干炒,膨胀回软后再进行烹制,常用烹调方法有炒、烩或做汤。代表菜有炖禾虫、炒禾虫、禾虫蒸蛋、油爆沙蚕等。

## 四、海胆

海胆是生长在海洋里的一种棘皮动物,其半球形的外壳由带有棘刺的坚硬石灰质构成,外壳包裹的体腔内有五小块黄色的稠粥样物,即为海胆黄。海胆黄为海胆的生殖腺,有强精、壮阳、益心、强骨的功效。

### (一)形态特征

海胆身体呈半球形、心形或薄饼状;壳上生有许多能活动的长棘;壳由 20 列相互嵌合的骨板组成;较窄的为步带区,其上有许多小孔;较宽的为间步带区;步带区与间步带区相间排列;口位于腹面中央,肛门位于背面中央;雌雄异体,见图 7－71。

图 7-71　海胆

### (二)品种

海胆为海胆纲动物的通称。一般生活在岩石的裂缝中,少数穴居泥沙中。常见的有马粪海胆、紫海胆和大连紫海胆等。

### (三)质量标准

海胆污泥较少,表面清洁无寄生虫附着者为佳。

### (四)营养价值

海胆黄含蛋白质、脂肪、糖、钙、磷,此外,海胆黄还含有较多的维生素 A、维生素 D 及其他多种矿物质。其中,海胆黄含有的蛋白质由 17 种氨基酸组成,不但品质好,而且量大。中医认为海胆性平、味咸,黄有强精、壮阳、益心、强骨、补血的功效。我国民间将其视作海味中的上等补品,素有吃海胆黄滋补强身的说法,称其能提神解乏、增强精力,特别受到一些男士的青睐,有人将其誉为“海之精”。典籍记载,明代道家的炼丹师用海胆作原料,炼制强精壮阳的“云丹”,贡奉朝廷。

### (五)烹饪运用

海胆可以生食,也可以熟食。生食时取新鲜海胆洗净,把腹面口部撬裂,露出海胆黄,用小匙舀出,直接食用。熟食可将洗净的海胆煮熟,蘸姜汁、醋、芥末等佐料食用。也可取海胆黄与蛋类、肉类合炒,或氽汤,或拌上面粉油煎,还可与鸡蛋拌匀后放回海胆壳内蒸。还可用盐和酒腌制成海胆酱(日本人称为“云丹”),一般用作高级调味性发酵食品,既可生吃,也可熟吃,可用于面条、氽汤、拌姜丝、拌小菜以及西餐烤面包等。

## 练习题

**一、填空题**

1. 四大家鱼包括________、________、________及________。
2. 洄游鱼类包括________、________、________和________等。
3. 鱼类死后通常都会经过________、________、________三个阶段。
4. 虾类原料保鲜储存可采用________、________及________等方式。

**二、选择题**

1. 下列水产品类不属于软体动物的是(　　)。

A. 田螺　　B. 河蚌　　C. 鱿鱼　　D. 黄鳝

2. 下列不属于我国的四大经济鱼类的是(　　)

A. 大黄鱼　　B. 小黄鱼　　C. 鱿鱼　　D. 石斑鱼

3. 海蜇根据产期不同可分为梅蜇、秋蜇、(　　)、寒蜇四类。

A. 南蜇　　B. 北蜇　　C. 东蜇　　D. 白露蜇

4. 我国沿海地处温带、亚热带和热带,纵跨渤海、黄海、东海、(　　)四大海域。

A. 南海　　B. 印度洋　　C. 太平洋　　D. 大西洋

### 三、简答题

1. 什么是水产品烹饪原料? 简单列举水产品种类。
2. 鱼的腥味主要源于鱼体内的氧化三甲胺,请简述氧化三甲胺产生腥味的化学原理。
3. 请简述洄游鱼类的特点。
4. 食用虾蟹类应该注意哪些方面?

## 参考答案

一、1. 青鱼、草鱼、鲢鱼、鳙鱼

　2. 鲥鱼、鲑鱼、鳗鲡、河鲀

　3. 僵直、自溶、腐败

　4. 冰藏保鲜、冷海水保鲜、冻结保鲜

二、1. D

　2. D

　3. D

　4. A

三、(略)

# 模块八　调辅类烹饪原料

学习目标

1. 了解烹饪中常用的辅助原料的种类。
2. 掌握各种调辅料的性质、特点及烹饪运用。
3. 掌握影响各种调辅类原料品质的因素及品质检验的标准。

## 任务一　调味料概述

"民以食为天,食以味为先",调味料是形成味的基础,是制作美味佳肴不可缺少的原料。据文献记载,我国商周时期已有了比较成熟的调味理论,确定了常用的调味品。在大约3600年前我国就有了五味之说,五味之说出现使烹饪技术有新的飞跃。在长达3000多年的历史中,我国研制出各种复合调味品已达1000多种,有天然和人工合成的,有动、植物和微生物来源的,有固体、半固体、液体等多形态的,每种调味料都具有独特的性质,有些调味料有明显的地域特征。因此,熟悉调味料的种类、属性和调味原理,掌握调味料的烹饪应用,才能烹制出安全、卫生、营养、健康、色、香、味俱佳的美味菜肴。

### 一、调味料的概念与分类

#### (一)调味料的概念

调味料又称调味品、调味原料、调料,是在烹调过程中用于调整或调和菜点滋味的一类烹饪原料的统称。用量虽少,但对菜肴的色、香、味、营养与安全起重要作用。调味料各呈味成分在烹调过程中与菜肴的主配料发生物理化学反应,形成菜肴各自独特的风味,从而体现出"一菜一格,百菜百味"。

#### (二)调味料的分类

目前,烹饪中的调味料种类繁多,有多种方法进行分类,有的按加工方法分;有的按形态分;有的按商品经营习惯分;有的按味别不同分。本模块按原料的味别将其分为6大类:

(1)咸味调料:如食盐、酱油、酱类、豆豉等。

(2)甜味调料:如蔗糖、淀粉糖、蜂蜜等。

(3)酸味调料:如食醋、番茄酱、柠檬汁、酸菜汁等。

(4)麻辣味调料:如花椒、辣椒、芥末、胡椒、咖喱粉等。

(5)鲜味调料:如味精、鱼露、蚝油、虾油等。

(6)香味调料:如八角、桂皮、孜然、陈皮等。

## 二、调味料在烹饪中的作用

中国民间有“开门七件事,柴米油盐酱醋茶”和“五味调和百味鲜”的说法,很好阐释了调味料在烹饪中重要性。在烹调过程中,调味料有丰富菜肴色泽,增加菜肴风味,减少菜肴异味,丰富菜肴的口感和杀菌消毒等作用。其中,调节味感是调味料最主要作用。

**1. 去除异味**

动物内脏、牛羊肉、各种水产品有较浓的臭、腥、膻等不良气味,经过调味后,通过味的相互抵消作用,可使不良气味减弱以至除去。

**2. 减轻烈味**

有些原料如辣椒、萝卜、茴香等具有较强的气味,通过调味可冲淡或减缓其烈味,宜于食用。

**3. 增加滋味**

有些原料味道很淡或无味,如豆腐、粉丝等,通过调味可增加滋味变得鲜美可口。

**4. 形成菜肴味道**

调味是使菜肴味道多样化的重要手段,加入一定量的调味料后,可确定菜肴具体的味型,如酸辣味、鱼香味等。

**5. 增加菜肴色泽**

调味使加热中的调料与其他物质发生呈色反应,增加菜肴色泽,如酱油、辣椒酱、蕃茄酱等调味品的使用。

## 三、烹饪上常用的调味料

### (一)咸味调料

自古以来就有“酸甜苦辣咸,以咸为主”“咸为百味之王”等说法。咸味是一种能独立存在的味道,它不仅是基本味的主味,也是各种复合味的基础味,许多味道都必须与咸味结合才能更充分地表现出来。咸味调料不仅可以调和口味,还可改善色泽和增加香味。烹饪中常用的咸味调味料有天然食盐和经过微生物发酵作用产生的咸味调味料,如酱油、酱类、豆豉等。

**1. 食盐**

食盐又称餐桌盐,是以氯化钠为主要成分的普通盐,是提供咸味最普通的调味料,烹饪中最常用的调味品之一,也是唯一有重要生理作用的调味料。

(1)形态特征

食盐是白色晶体,因加工粗细不同,结晶有大有小,还可能会有一些颜色。正常烹饪中用的食盐要求色泽洁白,颗粒细小,干燥,没有结块现象,没有苦涩味。

(2)品种及产地

①粗盐:由海水或盐井、盐池、盐泉中的盐水经煎晒而成的结晶,是未经加工的大粒盐,主要成分为氯化钠,但因含有氯化镁、氯化钾、硫酸镁等杂质,所以有苦涩味,一般不适合烹调中调味,而适合腌制食物。

②精盐:由粗盐经过溶解除杂质,蒸发结晶而成,呈粉末状,色洁白,含氯化钠达96%,是理想的烹饪用盐,也是主要食用盐。

③加味盐:又名混合盐、调味盐,是以精盐为基本原料,配以各种香辛料生产的有特殊风味的盐类产品,如辣味盐、五香盐、汤料盐、椒盐、香菇盐、香芹盐、蒜香盐、芝麻盐等,以及添加营养强化剂的强化营养盐,如加碘盐。

我国食盐的产地分布很广,从东北到海南、台湾,从新疆、青海、川藏到内蒙出产着种类繁多的盐。辽宁、山东、两淮、长芦各盐场盛产海盐;四川自贡市的自流井盛产井盐;云南、湖北、湖南、新疆、青海等地盛产岩盐;陕西、山西、甘肃、青海、新疆、内蒙古、黑龙江等地有很多咸水湖盛产池盐。

(3)质量标准

食盐以色泽洁白,呈透明或半透明状,具有正常的咸味,晶粒整齐,晶粒间缝隙较少,颗粒坚硬干燥者为质量优。

(4)营养价值

食盐含有钙、钾、钠、镁、铁、锌等营养物质。中医认为食盐味咸,性寒。

(5)烹饪运用

食盐在烹饪中应用广泛,具有提鲜增味的作用,不仅提供咸味,同时还可调节酸、甜、苦及辛辣味的强弱。食盐有较强的渗透作用,加入少量的食盐可提高动物性原料的保水性及嫩滑程度,提高植物性原料的脆嫩度。食盐可作为传热介质烹制风味独特的菜肴,如盐焗类菜肴(东江盐焗鸡),也可进行干制原料的涨发加工(盐发猪皮)。另外,平衡膳食宝塔规定食盐每日用量不超过6g为宜。

**2. 酱油**

酱油是我国传统调味料,是以富含蛋白质的豆类和富含淀粉的谷类及其副产品为主要原料,在微生物酶的催化作用下分解熟成,并经浸滤提取的特殊色泽、香气、滋味的液体调味料。

(1)形态特征

酱油色泽为浅褐色或红褐色,有独特酱香,滋味鲜美,以咸味为主,亦有鲜味、香味等。

(2)品种及产地

①生抽:以大豆或黑豆、面粉为主要原料,人工接入种曲经天然露晒发酵而成。颜色比较淡并且呈红褐色。生抽多用于色泽要求较浅的菜肴调味。

②老抽:在生抽的基础上加入焦糖,经特殊工艺制成的浓色酱油。老抽主要用来肉类增色,尤其适用于色泽要求较深的菜肴。

③白酱油:以黄豆和面粉为原料,经发酵成熟后提取而成。白酱油色泽呈浅黄色或无色,多用于要求保持原料原色的菜肴,如白蒸、白煮、白拌等。

④甜酱油:以黄豆制成酱胚,配以红糖、食盐、饴糖、香料、酒曲酿造而成的酱油。甜酱油色泽酱红,香气浓郁,质地粘稠,咸甜兼备,鲜美可口,多用于浇拌白切鸡、牛肉冷片等风味菜肴。

⑤美极鲜酱油:以大豆、面粉、鲜贝、食盐、糖色等加工制成的浅褐色酱油。味道极鲜,多用于清蒸、白灼、白煮等菜肴的浇蘸佐食,也用于凉拌菜肴。

⑥辣酱油:酱油中加入辣椒、姜、砂糖、红枣、丁香、鲜果等经提取而成。味道有咸、鲜、辣、甜、酸、香等多种,适用于各种油炸菜肴的佐料及调拌冷菜。

⑦加料酱油:酿造过程中加入动物性或植物性原料,制成具有特殊风味的酱油,如草菇老抽王、蟹子酱油、五香酱油、蚌汁酱油、鱼露、香菇酱油、虾子酱油等。其中,鱼露在广东、福建使用较多,代表菜肴有鱼露三鲜、鱼露扒菜胆等。

我国酱油产量主要集中在华南、华东、华中三大地区。

(3)质量标准

酱油以浅褐色或红褐色,鲜艳、有光泽、不发乌,入口滋味鲜美,咸甜醇厚,无异味,浓度适当,无沉淀、无异物者为质量优。

(4)营养价值

酱油含有蛋白质、钙、镁、磷、钾、钠、铁、锌、硒等营养物质。中医认为酱油味咸、甘,性寒。

(5)烹饪运用

酱油在烹饪中主要具有调味、调色、增香等作用。酱油含盐量一般为16%~20%,调味时可以考虑先用酱油调好色再用食盐调味。另外,对于长时间加热的菜肴,为防止加热时间过长使菜肴变黑,影响菜肴色泽,可以考虑出锅前调色。

**3. 酱**

酱是以豆类、小麦粉、肉类或鱼虾等为主要原料加工而成的糊状调味品。酱起源于中国,有着悠久的历史。酱的色、香、味独特,营养丰富。

(1)品种及产地

①黄豆酱:也称黄酱,色泽金黄,酱味芳香,咸淡适中,可用于炸酱及酱爆类菜肴。

②甜面酱:又称面酱,色泽金黄有光泽,呈稠粥状,味醇厚而鲜甜,可用于北京烤鸭、香酥鸭的葱酱味碟;也可用于制作酱爆肉丁、酱肉丝和酱烧类菜肴。

图8-1 豆瓣酱

③豆瓣酱:如图8-1所示,豆瓣酱以四川郫县豆瓣酱最为出名,以咸辣味为主,用于制作水煮牛肉、回锅肉等菜肴。

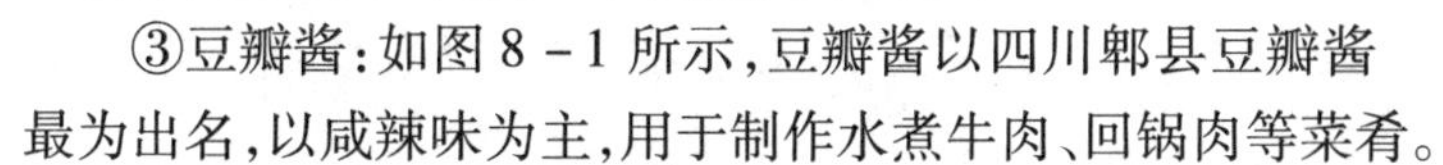

④沙茶酱:也称沙爹酱,在黄酱里加入虾干、花生、香葱、沙姜、比目鱼和油脂等,经高温油炸制而成,味鲜而微辣,可用于拌、炒和佐食的调味料。

⑤XO酱:以黄豆、面粉等酿造成酱后加入扇贝、火腿、虾、鱿鱼丝及香料等酿制而成,味鲜美可口,用于酱爆类菜肴制作及佐食的调味料。

酱在我国各地均有生产。

(2)质量标准

酱以色泽黄褐或红褐,有光泽,粘稠适度,酱味芳香,无霉变、杂质、异味者为质量优。

(3)营养价值

酱含有蛋白质、硫胺素、核黄素、钙、磷、钾、钠、镁、铁、锌、硒等营养物质。中医认为酱味咸,性寒。

(4)烹饪运用

酱在烹饪中可改善菜肴的色泽,增加酱香味,还具有去腥、解腻的作用,多用于炒、爆、烧、焖、烤、蒸、凉拌等烹调方法,如酱炒里脊、酱爆肉丁、酱汁排骨、酱焖茄子、酱烤鸭片、酱烧茄子等。其次,热菜烹调时应先将其炒香出色,以防止菜肴口味和色泽不佳。若以酱作味碟蘸食,必须加热后才能食用。酱的用量多少要根据菜肴咸度、色泽等要求来确定。

**4. 豆豉**

豆豉又称豉、香豉、幽寂、康伯,是以黑大豆或黄大豆加酒、姜、花椒等香辛料,经过蒸熟、霉菌发酵制成的调味料。如图8-2所示。

图8－2　豆豉

(1)品种及产地

豆豉按原料分为黄豆豉、黑豆豉。黄豆豉以黄豆为原料制成;黑豆豉是以黑豆为原料加工而成,呈黑色,香气浓郁,质量比黄豆豉好。按加工技法分为干豆豉、湿豆豉。干豆豉颗粒松散;湿豆豉含水量较高,光滑油润,质地细腻,清香回甜。按口味分为淡豆豉、咸豆豉。咸豆豉经发酵加工用食盐或酱油腌制而成,咸味较重,而淡豆豉味淡鲜香。

我国贵州、广东、安徽、河南、湖南、江西、山东、四川、重庆以及陕西南部地区均有生产,如江西丰城豆豉、四川永川豆豉、山东临沂八宝豆豉、广东阳江豆豉等。

(2)质量标准

干豆豉以颗粒饱满、干燥,色泽乌亮,香味浓郁,甜中带鲜,咸淡适口,中心无白点,无霉腐气味及其他异味者为质量优。

(3)营养价值

豆豉含有蛋白质、维生素A、维生素E、钙、磷、钾、钠、镁、铁、锌等营养物质。中医认为豆豉味咸,性平。

(4)烹饪运用

豆豉在烹饪中主要起提鲜、增香、增味、去异味及赋色作用,适用于炒、烧、爆、蒸等方法制作的菜肴,如豆豉肉丝、豆豉烧牛肉、豆豉白鱼、豉汁蒸排骨、潮洲豆豉鸡等。豆豉投量不宜过大,否则会掩盖原料本味。豆豉一般要剁成茸泥,炒香后用来调味,或将豆豉炒熟后作味碟使用。

### (二)甜味调料

甜味是烹饪中独立存在的基本味,人的舌尖对甜味最敏感。甜味调料在烹饪中的作用仅次于咸味调料,主要包括蔗糖、饴糖、蜂蜜、糖精、甜菊糖等。

**1. 食糖**

食糖是从甘蔗、甜菜等植物中提取的一种甜味调料,主要成分是蔗糖。我国最早出现"砂糖"一词是在南朝齐梁时期陶弘景的《名医别录》中,而我国第一部关于制糖的专著是《糖霜谱》。

(1)品种及产地

①白砂糖:以蔗糖为主要成分,色泽白亮,蔗糖含量在99%以上,甜度高且味纯正,易溶于水。

②绵白糖:又称为细白糖,颜色洁白,晶粒细小、均匀,质地绵软、细腻,纯度低于白砂糖,蔗糖含量在97.9%以上。

③赤砂糖:又称赤糖,颜色较深,呈棕红色或黄褐色,晶粒连在一起,有甘蔗味。

④土红糖:又称红糖、粗糖,是以甘蔗为原料土法生产,未经脱色和净化的食糖。土红糖按外观不同,可分为红糖粉、片糖、条糖、碗糖、糖砖等,以红糖粉为主。土红糖颜色深,结晶颗粒小,口味甜中带咸,稍有甘蔗的清香气和糖蜜,易吸潮溶化。

⑤冰糖:纯度较高的大晶体蔗糖,是白砂糖的再制品,因形如冰块而得名。

⑥方糖：以白砂糖为原料加工制成，色泽洁白，表面光滑，外形规正，结晶体均匀，结构紧密无杂质，蔗糖含量在99.6%以上。

食糖在我国各地均有生产。

(2)质量标准

食糖以色泽明亮，味甜质干，晶粒均匀，无杂质，无异味，不结块，不粘手为质量优。

(3)营养价值

食糖含有碳水化合物、钙、磷、钾、钠、镁、铁、锌等营养物质。中医认为食糖味甘，性平。

(4)烹饪运用

食糖在红烧类菜肴中具有调味、上色作用；在不同温度下可制作拔丝、琉璃、挂霜、蜜汁菜肴，如拔丝苹果、潮汕翻砂芋、水晶梨等；食糖可与其他调味品组成复合味，调节酸味、咸味、苦味的强弱。

**2. 饴糖**

饴糖又称麦芽糖、糖稀、米稀，是将粮食中淀粉在淀粉酶作用下制成一种浅棕色、半透明，甜味温和的粘稠状糖液。如图8－3所示。

(1)品种及产地

①硬饴糖：淡黄色。

②软饴糖：黄褐色、糊稠状液体。

饴糖在我国各地均有生产。

(2)质量标准

饴糖以色泽浅黄，透明澄清，具有饴糖特有的香气，味浓纯正，无杂质，无异味者为质量优。

(3)营养价值

饴糖含有碳水化合物、蛋白质、脂肪、硫胺素、核黄素、烟酸等营养物质。中医认为饴糖味甘，性温。

(4)烹饪运用

图8－3 饴糖

饴糖具有良好持水性、上色性、不易结晶和使用方便等特点，在烹饪中广泛用于菜肴、面点、小吃的甜味调味料；在烧烤类菜品中常用饴糖为增色剂，可使菜品红亮有光泽，如烤乳猪、烤鸭、脆皮乳鸽等菜肴的上色；在糕点制作中，饴糖不仅可使糕点制品质地松软富有弹性，口感甜香滋润，色泽光彩亮丽，还可改良面筋结构，可用以制作月饼、酥饼、麻饼等。

**3. 蜂蜜**

蜂蜜是蜜蜂采集花蜜酿造加工而成的一种浓稠状透明或半透明液体。由于蜜的来源不同，蜂蜜的色泽、气味和成分等存有差异。

(1)质量标准

蜂蜜以色白黄，半透明，水分少，味纯正，无杂质，无酸味者为质量优。

(2)营养价值

蜂蜜含有碳水化合物、蛋白质、脂肪、核黄素、钙、磷、钾、钠、镁、铁、锌等营养物质。中医认为蜂蜜味甘，性平。

(3)烹饪运用

蜂蜜多用于甜味菜肴,也适用于少量咸味菜肴,在烹调中起到矫味、调味、增色的作用,多用于蜜汁、烧、焖、蒸、扒、烤、焗等方法,如四川冰汁燕菜、山西阳泉蜂蜜糕、山东密汁山药等。其次,可直接抹在面包、馒头等面食上佐食。在使用时应注意用量,防止用量过多而造成制品吸水变软,相互粘连。同时,要掌握温度及加热时间,防止制品发硬或焦糊。蜂蜜最好用温水冲服,不能用沸水冲烫,以免营养成分被破坏。

**4. 糖精**

糖精是一种人工合成的不参与人体代谢,在人体内不分解,不产生热量,无营养价值的甜味剂。主要使用的是糖精钠,又称可溶性糖精,呈白色粉末,无臭或微有香气,味浓甜带苦。糖精钠是限制使用甜味剂,按我国食品添加剂使用卫生标准的规定,目前主要用于调味品、酱菜类、浓缩果汁、蜜饯类、糕点、冷饮、配制酒等食品的生产中。我国规定最大用量为0.15g/kg。

**5. 甜菊糖**

甜菊糖又称甜菊,是从原产于南美洲高原的甜叶菊中提取的甜味成分。它比蔗糖的热量低,没有合成糖的毒性,比蔗糖甜250~300倍,为天然调味料。甜菊糖为白色粉末状结晶,无毒,具有热稳定性,在烹饪中可根据需要酌量代食糖使用。

### (三)酸味调料

酸味是由呈酸味物质(无机酸、有机酸、酸性盐等)分离的氢离子对味蕾刺激所引起的感觉,人的舌头两侧中部对酸味最敏感。酸味不能单独呈味,需与其他味一起调和。酸味调料具有去腥、解腻、赋味、提鲜、增香、杀菌等作用。烹饪中常用的酸味调料有食醋、番茄酱、柠檬汁等。

**1. 食醋**

食醋是烹饪不可缺少的酸味调料,多用于醋溜、酸辣、糖醋等菜肴和各种小吃中。

(1)品种及产地

一般可以把食醋分为两大类。一类是酿造醋(发酵醋),另一类是合成醋。酿造醋是以粮食、水果、植物种子、谷糠、麸皮、果酒、酒精为原料,经微生物发酵酿制而成的液体酸性调料。色泽为琥珀色、红棕色,具有特殊的香味,酸味柔和,稍有甜味,澄清,无沉淀物。

①山西老陈醋:山西省特产,以产于山西清徐县的老陈醋最为著名,也是我国北方最著名食醋。山西老陈醋具有色泽黑紫,酸香浓郁,质地浓稠,醇厚不涩的特点。

②镇江香醋:又称金山香醋,江苏省镇江特产。镇江香醋色泽深褐,芳香浓郁,酸而不涩,香而微甜。

③四川保宁麸醋:以四川省阆中县所产最为著名。色泽黑褐,有特殊的芳香,酸味浓厚。

④福建红曲老醋:色泽棕黑,香中带甜,酸味醇厚,风味独特,多与芝麻一起调味。

⑤江浙玫瑰米醋:江浙一带的普通食醋,因呈鲜艳透明的玫瑰红色而得名,具有特殊的清香,含醋量不高,醋味适口,多用于凉菜、小吃。

除了以上发酵醋之外,烹饪中还常用到丹东白醋、红糖醋、色拉醋、葡萄醋、麦芽醋、酒醋、凤梨醋、苹果醋等。

合成醋是在冰醋酸或醋酸加水的稀释液里添加食盐、糖类、酸味剂、香辛料、食用色素等配制而成的食醋,主要品种有白醋和色醋。这类醋酸味单一,具有一定刺激性,并缺乏鲜香味。

(2)质量标准

食醋以色泽呈琥珀色、棕红色或白色,液体澄清,具有食醋固有气味和醋酸气味,酸味柔和,无悬浮物及沉淀物,无其他不良气味,无霉花浮膜,无醋鳗、醋虱者为质量优。

(3)营养价值

食醋含有碳水化合物、蛋白质、脂肪、硫胺素、核黄素、烟酸、钙、磷、钾、钠、镁、铁、锌、碘等营养物质。中医认为食醋味酸、苦,性温。

(4)烹饪运用

食醋在烹饪中运用较为频繁,能起增色、增味、解腻、去腥、矫味、护色、杀菌、致嫩等的作用,常用于糖醋味、荔枝味、鱼香味、酸辣味等菜肴的制作,如广东咕咾肉、糖醋排骨、山东酸辣乌色蛋汤、福建酸甜竹节肉等。也可用于炸、烤、溜等烹调法制作的菜肴,如广东脆皮鸡、烤乳猪、醋溜土豆丝等。还可用于凉拌、炝、腌等冷菜调味,如老醋海蜇头、炝腰丝、酸辣瓜柳等,以及作蘸味料。

**2. 番茄酱**

番茄酱又称茄汁,是用番茄的新鲜果实经洗涤、剔除皮籽、磨酱、筛滤、装罐、消毒、添加砂糖而成的糊状调料。

(1)质量标准

番茄酱以色泽红艳,汁液滋润,味酸鲜香,质地细腻,无杂质者为质量优。

(2)营养价值

番茄酱含有碳水化合物、蛋白质、硫胺素、核黄素、烟酸、维生素 E、钙、磷、钾、钠、镁、铁等营养物质。中医认为番茄酱味甘、酸,性微寒。

(3)烹饪运用

番茄酱最初多用于西餐,现在广泛应用于中西式烹调的各种菜肴,包括冷菜、热炒、汤羹、面点和小吃,主要起到增色、增味、增香等作用。可用于炒、熘、煎、烹、扒、烧、烤等方法,如茄汁鸡丁、松鼠鳜鱼、茄汁锅巴等,也可用于各种菜点的蘸料。

**3. 柠檬汁**

柠檬汁是以柠檬经榨挤后所得到的汁液。柠檬汁色淡黄,有着浓郁的芳香,味极酸并略带微苦味。柠檬汁是西餐常用的调料,常用于西式菜肴和面点的制作,近年来在中餐烹调中也逐步有所应用,如柠檬汁煎鸭脯、柠檬汁炸鸡片等。

除了以上酸味调料之外,烹饪中还常用柠檬酸、浆水、酸梅酱、山楂酱等酸味调料。

### (四)麻辣味调料

麻辣味是一种刺激性很强的味道,包括麻味和辣味两大类。辣味可分为热辣味和辛辣味。热辣味是一种在口腔引起烧灼感的辣味,如辣椒、胡椒的味道;辛辣味是在味觉和嗅觉中都能体现的味道,如辣根、芥末的味道。麻辣调味料具有除异味、增香味、开胃解腻、刺激食欲的作用。

**1. 辣椒制品**

辣椒制品是指各种秦椒、朝天椒、羊角椒、海椒等品种的干制品或者加工制品。包括干辣椒、辣椒粉、辣椒油、泡辣椒等。

(1)干辣椒:指各种新鲜辣椒经加工干制而成的原料,如图 8-4 所示,质干且脆,色泽紫红,辣中有香,多用于炒、炝、炸、煮、炖、烧等方法,如宫保鸡丁、香辣肉丝、炝黄瓜、炝炒土豆

图 8-4　干辣椒

丝等。

(2)辣椒粉:也称辣椒面。用成熟辣椒经干制后,加以少量桂皮混合磨成粉末状,也可将干红辣椒磨成细粉状的调料。辣椒粉色红,籽少细腻,具有较浓的辣香味,多用于冷菜的制作。

(3)辣椒油:又称红油、辣油。以辣椒干为主要原料用油炸后制得的液态调味料,具有较强辣味。主要用于调制冷菜、冷食中的辣型复合味,如红油味、麻辣味、酸辣味、怪味、蒜泥味等,还用于部分小吃,如油泼面、担担面、凉粉、粉蒸牛肉等。

(4)泡辣椒:又称鱼辣椒、泡海椒、鱼辣子、泡椒。用鲜红的辣椒加入盐、酒和调香料腌制而成。产地主要在四川。泡辣椒能起到提辣、提鲜、增香的作用。泡辣椒色红亮,肉厚籽少,咸甜微酸而香辣,多用于炒、烧、炖、蒸、拌等方法。同时也广泛运用于鱼香味型的菜肴,如鱼香肉丝、鱼香茄子、鱼香尖肚等。

**2. 花椒**

花椒也称川椒、红椒、秦椒等,是芸香科植物花椒果实或果皮的干制品,如图 8-5 所示。我国主要生产地分布在四川、陕西、甘肃、河南和河北等地区,著名品种有四川茂纹花椒、陕西韩城大红袍花椒、河北涉县花椒。花椒粒大均匀,气味芳香,味微甜而麻辣,在烹饪中可除腥去异,解腻,增香提鲜,可单独调香,也可同其他调味料一起调香。

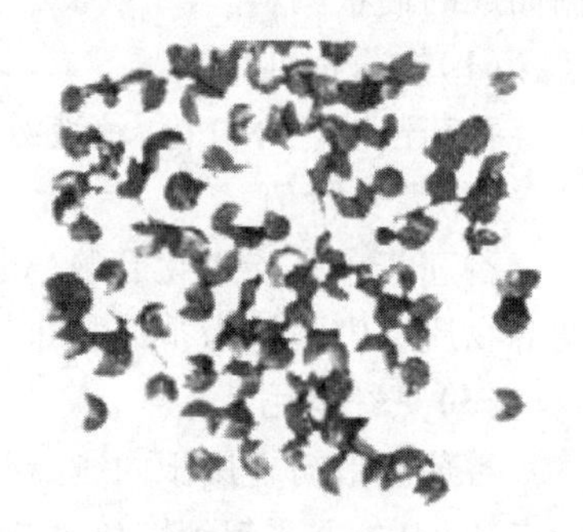
图 8-5　花椒

(1)营养价值

花椒含有碳水化合物、蛋白质、脂肪、维生素 A、硫胺素、核黄素、烟酸、维生素 E、钙、磷、钾、钠、镁、铁、锌、碘等营养物质。中医认为花椒味辛,性温。

(2)烹饪运用

花椒多用于炒、炝、拌、炸、蒸、烩、汆等烹调方法,如火锅、水煮鱼等,还可用于制作面点和小吃的调味料。另外,花椒还可以制作成花椒油、花椒盐、花椒粉、花椒水等。花椒油多用于炒、炝、烧、烩、炖等菜肴,如花椒油炒芹菜、麻婆豆腐、麻香莲藕、花椒泥鳅等。花椒盐亦称椒盐,多用于味碟,在炸制类菜肴时可蘸食,如香酥鸡、椒盐排骨、炸虾排、软炸里脊等。花椒粉亦称花椒面,多用于调配馅料(如麻辣牛肉馅)等。花椒水多用于调配动物性馅料、汤菜等。

**3. 胡椒**

胡椒又名古月、浮椒、大川、玉椒,是胡椒科植物胡椒的果实,如图 8-6 所示。

(1)品种及产地

①黑胡椒:果实还没成熟时采收加工。

②白胡椒:果实成熟时采收加工。

胡椒主要产于我国海南、广东、广西、福建、云南、台湾等地。

(2)质量标准

黑胡椒以粒大、色黑、皮皱、气味强烈者为质量优;白胡椒以个大、粒圆、坚实、色白、气味强烈者为质量优。

(3)营养价值

胡椒含有碳水化合物、蛋白质、脂肪、维生素A、烟酸、磷、钾、镁等营养物质。中医认为胡椒味辛,性热。

(4)烹饪运用

胡椒在烹饪中主要有提鲜、增香、去异味等作用。经加工制成的胡辣粉是汤羹、面点、小吃和馅心等的重要调料,如胡椒海参汤、鸡肝酸辣汤等。

图8-6　黑胡椒

**4. 芥末**

芥末是芥菜成熟种子(芥子)干燥后研磨而成的一种粉末状辣味调味料,又称芥辣粉,如图8-7所示。芥末原产中国,现我国各地都有生产,以安徽、河南产量最大。

图8-7　芥末粉

(1)质量标准

芥末以含油多、辣味大、无异味、无潮解、无霉变者为质量优。

(2)营养价值

芥末含有维生素A、钙、磷、钾、钠、镁等营养物质。中医认为芥末味辛,性温。

(3)烹饪运用

芥末常用于冷菜和小吃的调味,如芥末鸭掌、芥末墩儿、芥末肘子、芥末拌粉皮、凉粉等。目前市场上大量出现芥末油、芥末膏等芥末加工品,可供直接使用。

**5. 咖喱粉**

咖喱粉原产印度,盛行于南亚和东南亚,是以小茴香、姜黄、八角、郁金根、麻绞叶、豆蔻、丁香、番红花、肉桂皮等碾制而成的粉状调味品。咖喱粉以色深黄、粉精细、无杂质、无异味者为质量优。烹饪中常用来提辣增香、去异味,有增进食欲的作用,多用于制作咖喱味菜肴,如咖喱鸡、咖喱牛肉等。

## (五)鲜味调料

鲜味是体现菜肴滋味的一种复杂美味感。鲜味有效成分是各种酰胺、氨基酸、有机盐、弱酸和一些糖、酒石酸、食盐、谷氨酸钠等混合物。鲜味在烹饪中不能独立存在,只有在咸味的基础上才能发挥作用。鲜味调味料也称鲜味剂,主要包括动物性调味料(蚝油、鱼露、虾油、鸡精等)、植物性调味料(味精、菌油等)、复合鲜味调味料。

**1. 味精**

味精又称味素、味粉,最早出现在日本,1923年进入中国市场。味精是目前使用最广的鲜味调味料,主要成分是谷氨酸钠,还含有食盐、水分、脂肪、糖、磷、铁等。我国生产味精含谷氨酸钠的规格有99%、95%、80%、70%、60%五种,使用99%的颗粒味精和80%的粉末状味精为多。优质味精颜色具有光泽、无异味、无杂质。最适宜味精溶解的温度为70℃~90℃,若长时间在高温条件下,味精会变成焦氨酸钠,失去鲜味。



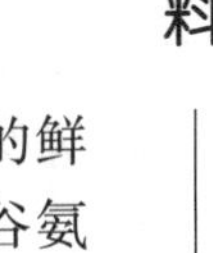

(1)营养价值

味精含有碳水化合物、蛋白质、钙、钠等营养物质。中医认为味精味酸,性平。

(2)烹饪运用

味精在使用时一般在菜肴成熟出锅前加入,以便保证其鲜味。味精使用量需根据菜肴原料分量、食盐用量和其他调味料的多少来确定。一般味精在菜肴中的浓度是0.2%~0.5%为宜,过多可能会掩盖原料本味。另外,味精不适宜在酸性或碱性较强的条件下使用,酸性条件下生成谷氨酸或谷氨酸盐会使鲜味下降,碱性条件下生成谷氨酸二盐会失去鲜味。除以上普通味精,还有强力味精(超鲜味精、特鲜味精、味精精王),主要呈味物质是谷氨酸钠(MGS)与5′-鸟苷酸钠(GMP)与5′-肌苷酸钠(IMP),属于第二代味精,在烹饪中的运用与普通味精一样。

**2. 蚝油**

蚝油又称牡蛎油,是用牡蛎为原料,经熬煮的汤汁浓缩后加入辅料调制而成的棕色或褐色的,具有蚝油固有滋味的液体调味料。蚝油是广东、福建、台湾、香港等沿海地区的重要调味料。

(1)质量标准

蚝油以色泽棕黑、鲜香浓郁、汁稠滋润、无异味、无杂质者为质量优。

(2)营养价值

蚝油含有碳水化合物、蛋白质、维生素A、钙、锌等营养物质。中医认为蚝油味咸,性微寒。

(3)烹饪运用

蚝油具有提鲜、提色、增香、去异味的作用,在烹调中既可烧菜,又可随菜点上桌蘸食,如蚝油牛肉、蚝油生菜、蚝油豆腐、蚝油鸡等。

**3. 虾油**

虾油是用鲜虾为原料,加入盐和香料腌制、发酵、滤制而成的液体鲜味调料。多产于沿海各地,是沿海地区人们喜欢的鲜味调料。

(1)质量标准

虾油以色泽黄亮、滋味鲜美、汁液浓郁、无杂质、无异味者为质量优。

(2)营养价值

虾油含有蛋白质、钙、钾、钠、镁、铁等营养物质。中医认为虾油味甘,性平。

(3)烹饪运用

虾油可起到提鲜增香作用,多用于汤菜、烧、炒、蒸、拌等菜肴的制作,也可用于腌制原料及作为佐料,如虾油焖虾、虾油炝莴笋等。

**4. 鱼露**

鱼露是也称鱼卤、鱼酱油、白酱油、水产酱油,是以鱼类、贝类为原料,添加食盐,经发酵后提炼而成的液体调味料。鱼露产于我国浙江、广东、福建,以福州天酱蜞厂出产的"民生牌"鱼露为上品。

(1)质量标准

鱼露以色泽橙黄、棕红或琥珀色,液体透明清澈、气香味浓、不发黑者为质量优。

(2)营养价值

鱼露含有蛋白质、钙、镁、钾、钠等营养物质。

(3)烹饪运用

鱼露味极鲜美,具有特殊风味,烹调中用法与酱油相似。

**5. 菌油**

菌油又称蘑菇油,是鲜菇和植物油调制的新型鲜味调料,以湖南长沙所产为佳。菌油鲜味成分主要是鸟苷酸和谷氨酸。菌油可用于烧、炖、炒、焖等方法,如菌油煎鱼饼、菌油烧豆腐等,也可用于冷菜、面条、米粉和制汤中,提鲜增香。

**6. 腐乳**

腐乳又称豆腐乳、酱豆腐,是将豆腐坯霉制、盐渍,根据品种需要,加入红曲或酒酿封闭发酵而成。腐乳为我国特产,是人们喜欢的一种佐餐的食品。市场上有红腐乳、白腐乳、青腐乳和酱腐乳四种。

(1)营养价值

腐乳含有蛋白质、维生素 A、磷、钾、镁等营养物质。中医认为腐乳味甘,性温。

(2)烹饪运用

腐乳在烹调中常与酱油、盐、糖、味精等调料复合使用,能起到提鲜、增香、解腻等作用,可用于炒、烧、炸、蒸、焖等方法,如腐乳炒通菜、南乳排骨、腐乳烧肉、粉蒸肉等。也可用于冷菜制作和调制味碟。

## (六)香味调料

香味调料是指具有浓厚的挥发香气成分(包括醇、酮、酯、萜、烃及其衍生物等),可用来调配菜点香味的一类调味料。香料调料很早就在烹饪中使用,在《周礼》《礼记》等文献早已有记载香料的运用,现在广泛用于各种菜点、小吃中,具有增香、去异味、杀菌及增进食欲等作用。香味是一种复合味型,只有在咸味或甜味的基础上才能发挥出来。根据香味的类型不同,可将香味调料分为芳香料、苦香料和酒香料三大类。

**1. 芳香料**

(1)八角茴香

八角茴香又叫大茴香、大料、八月珠,种子蕴藏在豆荚里,由 8 个果荚组成,呈星形状排列于中轴上,故名“八角”,如图 8－8 所示。八角茴香是我国特有香料,主要产于西南地区、广东及广西,尤其是广西产量最高。

**图 8－8 八角**

①质量标准

八角茴香以个大均匀、色泽棕红、有光泽、香气浓郁、完整质干、果实饱满、无杂质者为质量优。在鉴别八角茴香时应注意假八角茴香混入,假八角又叫莽草果,果瘦小,果尖上翘呈弯钩状,味苦,有一定毒性,不能食用。

②营养价值

八角茴香含有碳水化合物、维生素 A、钙、磷、镁、铁等营养物质。中医认为八角茴香味甘、辛,性温。

③烹饪运用

八角茴香在烹饪中具有除异味、增芳香、增进食欲等作用。多用于卤、酱、烧、炖等烹调方法,如元宝肉、腐乳扣肉等。也是制作五香粉、八大料的主要原料。

图8-9　小茴香

(2)小茴香

小茴香又叫茴香、香丝菜、怀香、野茴香、谷茴香,为伞形科植物茴香的干燥果实,如图8-9所示。全国多数地区都有栽培,主要产于山西、内蒙古、甘肃等地区。

①质量标准

小茴香以颗粒均匀、质干饱满、色泽黑绿、气味香浓、无杂质者为质量优。

②营养价值

小茴香含有维生素A、钙、钾、钠等营养物质。中医认为小茴香味辛,性温。

③烹饪运用

小茴香在烹饪中具有增香气、除异味和防腐等作用,多用于卤、酱、烧等方法,如云雾肉等。另外,使用时应用纱布包住,避免粘附原料,影响菜肴美观。

(3)桂皮

桂皮又称肉桂、玉桂、丹桂,为樟科植物常绿乔木肉桂的树皮或枝干干制而成的卷曲状圆筒形香料。桂皮总体分为肉桂(也称玉桂)与菌桂(也称宫桂、柴桂)。按产地大致可分为天竺桂(湖北产量较多)、阴香桂(广西产量较多)、香桂(江西产量较多)、川桂(贵州产量较多)。

①质量标准

桂皮以皮细肉厚,表面灰棕色、油性大、香气浓、无虫蛀、无霉斑者为质量优。

②营养价值

桂皮含有碳水化合物、钙、钾等营养物质。中医认为桂皮味辛,性温。

③烹饪运用

桂皮在烹调中起到增香、去异味等作用,多用于卤、酱、烧、炖、扒等菜肴,也是五香粉、咖喱粉的用料之一。

(4)丁香

丁香又叫鸡舌、公丁香、丁子香,是丁香树的花蕾采摘下来干燥而成的调香料,如图8-10所示。丁香原产印尼摩鹿加群岛,现在我国广东、广西、海南等地区都有种植。

①质量标准

丁香以个大均匀、色泽棕红、油性足、无异味、无杂质、无霉变为质量优。

图8-10　丁香

②营养价值

丁香含有碳水化合物、钠、钙等营养物质。中医认为丁香味辛,性温。

③烹饪运用

丁香具有浓郁的芳香气味,在烹饪中起增香、去异味的作用,常用于卤、酱、蒸、烧等方法,使用时宜用纱布包扎。另外,丁香味重不宜用量过大,否则会影响菜肴的风味。

(5)月桂叶

月桂叶又称桂叶、香叶、香桂叶,为樟科植物月桂的叶子,如图8-11所示。原产于地中海沿岸及南欧,我国浙江、江苏、福建、广东及台湾等地均有栽种。月桂叶有清新芳香气味,在烹饪中起增香、去异味的作用,多用于酱类、汤类、卤类菜肴的调味,也是西餐常用芳香调味料。

图 8-11　月桂叶

(6)桂花

桂花也称岩桂、九里香,为木樨科植物桂花的花,主要产于我国南方各省。桂花色泽黄亮,其味是甜中带有清香。桂花在烹饪中起提味、增香等作用,多用于各种甜菜及糕点等,如桂花八宝饭、桂花莲子等。

(7)紫苏

紫苏别名荏、赤苏、白苏、香苏、赤苏、红苏、红紫苏、皱紫苏等,为唇形科一年生草本植物,主要产于将江苏、广东、湖北、河北、四川等地。紫苏具有特异的清鲜草样的芳香,在烹饪中能去腥除膻、增香味,还可防腐抑菌,可用于炒、煎、焗等方法或腌制蔬菜的调味料,如炒溪螺、紫苏排骨等。

(8)孜然

孜然又称藏茴香、安息茴香、野茴香,为伞形花科孜然芹一年生草本植物。印度是世界第一孜然大国,在我国主要产于新疆(喀什、和田、吐鲁番等地)。孜然具有独特的薄荷和水果样香,在新疆是不可缺少的调味料。孜然在烹饪中起到除膻、增香及解油腻等作用,多用于烤、煎、炒、烧、炖等方法,如孜然烤羊肉、孜然煎猪扒、孜然牛肉、孜然红烧鱼块、孜然炖鸡块等。

(9)玫瑰花

玫瑰花又称湖花、刺玫花,为蔷薇科落叶灌木植物的干燥花蕾。玫瑰花红褐色,花瓣厚,具有甜味的特殊芳香味,可用于面点的馅心及特色小吃等。

(10)百里香

百里香又名地椒叶、山椒、千里香等,为唇形科百里香属植物的茎叶,如图 8-12 所示。我国主要在河北、内蒙古、新疆、甘肃等地种植。百里香具有强烈的芳香味,在烹饪中具有去腥膻、矫异味、增香等作用,多用于肉类烹制及汤类调味。

除了以上芳香料,还有高良姜、香茅、莳萝、迭迭香、番红花、芝麻酱、芝麻油等调料,它们在烹饪中都能起到增芳香的作用。

图 8-12　百里香

**2. 苦香料**

(1)草果

草果又称草果仁、草果子、姜草果,是姜科植物草果的成熟干燥果实,如图 8-13 所示。果实呈椭圆形,具有三钝棱,果皮坚韧呈棕褐色,主要产于我国广西、贵州、云南等地。草果以个大均匀、饱满、质干、香气浓郁者为质量优。草果在烹饪中具有增香、去异味的作用,通常用于炖、卤及烧等方法。

(2)陈皮

陈皮是橘子或柑橙成熟的果皮经干制而成。产于我国广东、四川、江苏、福建、浙江等地,

图8-13　草果

以广东新会陈皮较好。陈皮以色红、皮薄、质干、香气足、无霉变者为质量优。陈皮在烹饪中主要起到提味增香、去异味、解腻等作用,多用于炖、烧、炒、炸等菜肴,如陈皮鸭、陈皮兔丁、陈皮牛肉、陈皮虾等。陈皮使用时先泡发,使质地变柔软,香气溢出,苦味水解后再处理使用。

(3)砂仁

砂仁又叫春砂仁、阳春砂仁、盐砂仁、蜜砂仁,是植物阳春砂的干燥成熟果实,主产于广东、广西、云南、福建、海南等地,以广东阳春所产为著名。砂仁以个大、坚实、仁饱满、气味浓厚者为质量优。在烹饪中具有去异味、增香味、增食欲等作用,多用于卤、酱、烧、焖、蒸等方法,如砂仁鸡、砂仁鱼、砂仁蒸鲫鱼等。

(4)肉豆蔻

肉豆蔻也称玉果、肉果、肉蔻,是豆蔻科常绿乔木肉豆蔻的种仁,如图8-14所示。主产于马来西亚和印度尼西亚,我国广西、广东、云南、台湾有栽培。肉豆蔻以浅褐色、个大坚实、香气足者为质量优。在烹饪中能起到去异味、赋味增香的作用,多用于卤、酱、烧、蒸等方法制作的菜肴及糕点、小吃。使用时用量过大会导致菜肴口味发苦,应酌情少量使用。

(5)草豆蔻

草豆蔻也称为漏蔻、草蔻、大草蔻、偶子、草蔻仁、飞雷子、原豆蔻,是姜科多年生草本植物草豆蔻的果实,如图8-15所示。主要产于我国广东、广西、台湾、海南、云南等地。草豆蔻以个大、壳薄、种仁饱满者为质量优。草豆蔻在烹饪中可除异味、增香味,并与其他调味料用于卤、烧、炖等方法制作的菜肴,如酱牛肉、卤鸡爪、卤鸡翅、烧鸡等,也常用于复合香料粉的配制。由于草豆蔻风味浓郁,使用时应注意用量。

图8-14　肉豆蔻

图8-15　草豆蔻

(6)山奈

山奈又称沙姜、山辣、山柰子等,是姜科草本植物山柰的干燥地下块状根茎制成的调味料。原产于印度、马来西亚,我国广东、广西、云南、台湾等地有栽培。山奈以片大、身干、色白、厚薄均匀、芳香者为质量优。山奈在烹饪中与其他调味香料一起使用,可起到去腥除异、增香、防腐的作用。多用于烧、卤、酱等方法。

(7)白芷

白芷又称大活、香白芷,为伞形科当归属多年生草本植物,兴安白芷、杭白芷、川白芷等植物的干燥根,如图 8 - 16所示。我国东北、华中、西南等地有种植。白芷以独支、光滑、皮细、坚硬、香气浓郁者为质量优。白芷在烹饪中可去腥、除异、增香,多用于卤、酱、烧等方法,形成独特的风味,如天津酱猪肉、河南道口烧鸡、川芎白芷鱼头等菜肴。

(8)荜拨

荜拨又称为鼠尾、荜勃、椹圣,为胡椒科植物荜拨的干燥果实,如图 8 - 17 所示。原产于印度尼西亚、越南、菲律宾,我国云南、贵州、广西等地均有种植。荜拨以肥大、深褐色、质干、味浓者为质量优。荜拨具有与胡椒相似的香气,在烹饪中可以起到矫味去异、增香赋辛的作用,多用于烧、烤、烩、卤等方法,如荜拨头蹄、荜拨鲫鱼羹、荜拨粥等。

**图 8 - 16　白芷**

**图 8 - 17　荜拨**

(9)茶叶

茶叶是由山茶科山茶属植物的鲜嫩叶芽加工干燥制成,按制法不同分红茶、绿茶、黑茶、青茶、白茶和黄茶六大类。烹饪中常用的种类有龙井茶、云雾茶、毛峰茶、乌龙茶、雀舌茶、红茶、花茶等。烹饪中茶叶可直接用于菜肴、小吃的调味,也可直接烧煮或用作熏料等,如茶香虾、樟茶鸭、茶叶熏鸡、龙井虾仁、五香茶叶蛋等。

除了以上的苦香料之外,还有葫芦巴、可可、咖啡等调料,它们在烹饪中都能起到增香的作用。

**3. 酒香料**

(1)黄酒

黄酒又称为米酒,是以糯米和黍米等谷类为原料,经酿造制成的低度酒,酒精含量为 12% ~ 18%。黄酒是我国特产,也是世界三大酿造酒(黄酒、葡萄酒和啤酒)之一。

①品种及产地

黄酒按产地可分为三个主要区域,并由此形成黄酒的三大流派和风格。以山东省即墨老酒为代表的北方黄酒,采用优质黍米为原料,色泽黑紫明亮,酒香浓郁,有特殊焦香气味。以福建省龙岩沉缸酒为代表的南方黄酒,酒液鲜艳透明呈红褐色,有琥珀光泽,酒味芳香扑鼻,醇厚馥郁。以江、浙、沪为代表的江南黄酒,以绍兴所产最为著名,包括元红酒、加饭酒、花雕酒和善酿酒等。

②烹饪运用

黄酒在烹饪中应用极为广泛,能起到去腥、解腻、增香、增色、增味、杀菌的作用,广泛应用于菜肴、点心的制作,如黄酒焖肉、坛子肉、酒卤肉、黄酒醉鸡、酒蒸鸭、醉虾、醉蟹等。

(2)白酒

白酒,又称烧酒、白干、烧刀子,是由大米、高粱、玉米、甘薯等含糖量高的原料制成酒醅或发酵醪经蒸馏而得,是中国特有的一种蒸馏酒,也是世界六大蒸馏酒(白酒威士忌、白兰地、老姆酒、金酒、伏特加)之一。

①品种及产地

白酒按香型不同,可分为酱香型(如贵州茅台酒等)、清香型(如山西汾酒、西凤酒等)、浓香型(如四川泸州老窖大曲酒、五粮液、古井贡酒等)、米香型(如广西桂林三花酒、广东长乐酒等)、复香香型(如贵州董酒、陕西西凤酒等)5种香型。中国各地区均有生产,以四川、河南、江苏、贵州、山西等地所产白酒最为著名。

②质量标准

白酒以酒质无色(或微黄)透明,气味芳香纯正,入口绵甜爽净,酒精含量较高者为质量优。

③烹饪运用

白酒的酒精度数较高,容易破坏菜肴口味,烹调中使用并不广泛,主要针对腥膻味较重的原料进行加工,如酒焗花螺、炝虾、醉鸡等。

(3)啤酒

啤酒是以大麦芽、玉米、高粱、啤酒花、水为原料,经酵母发酵酿制而成的饱含二氧化碳的低度酒类饮料,被人们称为液体面包。

①品种及产地

啤酒根据色泽分为淡色啤酒、浓色啤酒和黑色啤酒;根据杀菌方法分为纯生啤酒、鲜啤酒、和熟啤酒等;根据原麦汁浓度分为低浓度啤酒(酒精含量0.8%~2.5%,如无醇啤酒)、中浓度啤酒(酒精含量3.2%~4.2%,如各种淡色啤酒)和高浓度啤酒(酒精含量4.2%~5.5%,少数高达7.5%,如黑色啤酒)。啤酒在我国各地区都有生产。

②烹饪运用

啤酒具有去腥除膻、增香增味、嫩肉的作用,在烹饪中应用广泛,如啤酒烩大虾、啤酒炖鱼、啤酒牛肉、啤酒鸭、啤酒鸡等。在制作面点时,加入鲜啤酒有助于发酵,使成品松软,而且风味别致,如啤酒味面包、啤酒馅饼等。

(4)葡萄酒

葡萄酒是以鲜葡萄经破碎、榨汁、发酵、陈酿而成的一种酿造酒。葡萄酒为世界上产量最大的果酒,生产历史已有7000年。在我国主产于山东省烟台。葡萄酒的酒精含量较低,一般在14%以下。葡萄酒的色泽主要来自葡萄皮的花色素和单宁等成分。葡萄酒的滋味是酒味、甜味、酸味和涩味的综合感受。按酒的颜色分红葡萄酒、白葡萄酒、桃红葡萄酒;按酒的糖分含量分为干葡萄酒、半干葡萄酒、半甜葡萄酒、甜葡萄酒;按酿造方法分为天然葡萄酒、加强葡萄酒、加香葡萄酒。葡萄酒以法国出产最为著名,我国著名品牌是王朝、张裕等。葡萄酒在烹饪中已是一种极为广泛的调香料,具有增进芳香和酒香、除腥膻、增色泽的作用,可用于烧、烩、焖、烤等方法,如红酒烧牛肉、贵妃鸡翅、葡萄酒烧鹌鹑、红酒焖猪排、酥皮烤牛里脊等。葡萄酒的酒精易挥发,不宜长时间加热,否则会影响菜肴的香气。

(5)香糟

香糟又称酒膏。制造酒或酒精后的发酵醪经蒸馏或压榨后余下的残渣,加炒熟的麸皮和茴香、花椒、陈皮、肉桂、丁香等香料,入坛密封3~12个月而成具有特殊香气的香糟。香糟分白糟和红糟,白糟即普通的香糟,由绍兴黄酒的酒糟加工而成,白色至浅黄色;红糟是福建红曲黄酒的酒糟加工而成,含有一定量的红曲色素成分,颜色为粉红与枣红色。香糟在烹饪中主要起到去腥除膻、增香和调香等作用,多用于熘、爆、炝、炒、烧、烩、蒸等方法,如糟溜鱼片、糟扣肉、红糟鸡丁、红糟里脊、香糟鱼、糟烩蛋、糟鸭等。另外,红糟还可起到美化菜肴色泽及增色的作用。

(6)酒酿

酒酿又称醪糟、甜酒酿,是以糯米为原料,经浸泡、蒸煮后拌入甜酒曲发酵而成的渣汁混合物。酒酿味醇香甘甜,为我国传统的酿造食品,以福建、浙江、四川所产质量最好。酒酿以色白汁稠、香甜适口、无酸苦、无异味、无杂质者为质量优。在烹饪中具有增香、去腥、提鲜、解腻等作用,还是制作糟菜的重要调料,如醪糟鱼、醪糟茄子等。

# 任务二　食用油脂

## 一、食用油脂概述

### (一)食用油脂的概念

食用油脂是来源于生物体内可供人类烹饪运用的脂肪和油的总称。在常温下液态称油,固态或半固态称脂。这两者之间实际上并无严格的界限,常统称为油脂。

### (二)食用油脂的成分

食用油脂含有多种成分,主要是甘油和各种脂肪酸所组成甘油三酯的混合物,还含有游离脂肪酸、磷脂、色素,脂溶性维生素及腊质等成分。其中,脂肪酸可分为单不饱和脂肪酸(如花生油、菜子油等)、多不饱和脂肪酸(如大豆油、葵花子油、玉米油、棉子油、芝麻油及亚麻油等)、饱和脂肪酸(如猪油、牛油、羊油等)。脂溶性维生素主要是维生素 A、维生素 E、维生素 D。食用油脂的色素主要来自叶绿素、类胡萝卜素、黄酮素和花甘素等。

### (三)食用油脂的性质

**1. 物理性质**

食用油脂一般均具有一定的色泽,纯净的油脂是无色透明的。天然油脂带有颜色与油脂溶有色素物质有关,类胡萝卜素是导致油脂带色的重要成分,使油脂带有黄红色,其在棕榈毛油中含量最高,达到0.05%~0.2%。大豆油、菜子油、橄榄油因为含有叶绿素或类似物质呈现绿色。猪油、羊油等为乳白色,鸡蛋油为浅黄色。纯净的油脂没有特殊气味,但实用中各种天然油脂都有其固有气味,这些气味的产生与脂肪含有的脂肪酸有关,也与油脂中所含的某些特殊物质有关。例如,椰子油的香气是由于含有壬基甲酮,菜籽油的气味成分主要是甲基硫醇,芝麻油的芳香气味主要是由乙酰吡嗪产生。由于空气中的氧或者油脂中所含有的微生物缘故,也会使油脂中的脂肪酸发生氧化、水解和酮酸败等反应,生成的产物大多具有较强的挥发性,导致油脂产生不正常的气味。

**2. 化学性质**

(1)热水解作用

食用油脂在酶作用或加热条件下,能使其部分水解出脂肪酸和甘油,促进人体对油脂的消化吸收。

(2)氧化聚合作用

食用油脂的氧化作用可分为常温下引起的自动氧化和在加热条件下引起的热氧化两种。自动氧化是油脂在储藏中自动生成过氧化物,导致含食用油脂产生不良风味,一般称为哈喇味,降低食用油脂的食用价值。热氧化多发生在加热的条件下,反应速度快而且随着加热时间的延长和温度过高还容易分解,其分解产物会继续发生氧化聚合,并产生聚合物,对人体有害。

## (四)食用油脂的作用

**1. 食用油脂对人体的营养作用**

食用油脂是人类的重要营养素,也是人们生活中不可缺少的食物,主要作用包括:供给人体热量,供给人体必需脂肪酸,供给脂溶性维生素,促进脂溶性维生素的吸收,供给磷脂和固醇等。

**2. 食用油脂在烹饪中的作用**

(1)热传导作用

食用油脂在短时间内能很好得到相对稳定的温度,是烹饪中主要传热介质之一。食用油脂受热后不仅油温上升快,产生高温,而且上升幅度也较大,如停止加热或减少火力,其温度下降也较迅速,这样便于烹饪中火候的控制和调味。另外,油脂在烹饪中作为热媒介物使原料较快成熟,有利于菜肴的色、香、味、型、质达到最好品质,多用于煎、炸、炒等方法。

(2)调色作用

食用油脂在加热中能满足焦糖化和羰氨反应的条件,是菜肴获得诱人色泽的最好传热介质,如红烧肉、炸子鸡等菜肴的上色。其次,恰当利用油本身色泽对菜肴调色,能起到很好效果,如奶油色泽洁白,用于糕点制作,可以美化糕点色泽;添加红油使菜肴色泽红亮。

(3)调味作用

食用油脂通过加工可以赋予菜肴独特的风味,如麻油、葱油、蒜油和辣椒油等。另外,用油加热烹制菜肴,能产生更明显的香气,特别是经炸制能产生焦香风味。

(4)调节质感作用

根据食用油脂本身的性质和运用不同的烹调方法,可烹制出不同口感的菜肴,例如,软炒类、滑炒类、油浸类菜肴可增加滑嫩细腻的口感,如大良炒牛肉、香滑鱼球、油浸虾等;炸制类菜肴可以增加酥脆干香、外脆里嫩口感,如干炸里脊、脆炸牛奶、九转大肠等。在面点制作中具有起酥作用,能改变面团的弹性和韧性,常利用油脂的疏水性做油酥面团,可用作各种酥类点心,如桃酥、牛角包、仁酥、酥皮月饼、鸳鸯酥等。另外,由于食用油脂油温高,还易使原料定形,并有利于造型。

(5)保温作用

食用油脂在水中液面扩散形成一层薄厚均匀的致密油膜,可防止的热量跑到空气中,达到保温效果。

(6)润滑作用

烹制菜肴时,添加少量的油脂滑锅,能防止原料粘锅和原料之间相互粘连,保证菜肴质量;上浆原料在下锅前加些油,原料在滑油时容易散开,便于成形。

### (五)食用油脂品质检验与储存

**1. 食用油脂品质检验**

(1)气味:各种食用油脂应具有自身的特殊气味,无酸败、焦糊等异味。

(2)颜色:以色泽浅和无色为佳。

(3)透明度:熔化时完全透明。

(4)沉淀物:沉淀物越少,油品质越纯净。经过高温烹调反复使用的油脂会有粘稠的黑色胶状物,影响食物的色、香和味感。长期炸制用的“老油”,还会产生致癌物,故不宜用“老油”来烹制菜肴。

**2. 食用油脂储存**

食用油脂储存过程中注意储存温度,因为食用油脂的氧化速度跟温度有直接联系,一般在20~60℃之间,温度每升高10℃,油脂氧化速度提高一倍。经研究证明,油脂最适宜的储存温度是4~10℃;应尽量避光;选用陶瓷缸盛装(不要使用金属及塑料容器),并加盖密封,不宜与空气、水分等接触。

## 二、食用油脂的主要种类

在烹饪中常根据食用油脂的来源和制作方法可将其分为植物性油脂、动物性油脂和再造油脂。

### (一)植物性油脂

**1. 菜油**

菜油,又称青油、菜籽油,是用油菜籽加工榨出的一种食用油。菜油主要产于我国长江流域及西南、西北地区,是我国主要食用油之一,约占我国植物油年产量1/3以上,产量居世界首位。

(1)质量标准

菜油以色泽黄亮,气味芳香,油液清澈、不浑浊,无异味者为质量优。

(2)营养价值

菜油含有脂肪、维生素E、钙、磷等营养物质。中医认为菜油味甘、辛,性温。

(3)烹饪运用

菜油在烹饪中应用广泛,多用于炒、爆、炝、炸、煎、贴、熘等方法制作菜肴和干货的油发。另外,菜油也是制作色拉油、人造奶油和氢化油的重要原料。

**2. 豆油**

豆油是从大豆种子中榨取的半干性油脂。热压的豆油色泽较深,呈黄色,有较重的豆腥味,热稳定性较差,加热时会产生较多的泡沫。冷压豆油色泽较浅,豆腥味较淡。

(1)质量标准

豆油以色泽淡黄,生豆味淡,油液清亮、不浑浊,无异味者为质量优。

(2)营养价值

豆油含有不饱和脂肪酸、磷酸酯等营养物质。中医认为豆油味甘、辛,性温。

(3)烹饪运用

豆油为烹饪中常用的油脂,可制作各类菜肴、汤羹等。

**3. 花生油**

花生油是从花生种子中提取的半干性植物油脂。冷压花生油颜色浅黄,味道和气味均好;热压花生油色泽橙黄,有炒花生的香味,味道不如冷压花生油。

(1)质量标准

花生油以透明清亮、色泽浅黄、气味芬芳、无水分、无杂质、不浑浊、无异味者为质量优。

(2)营养价值

花生油含有脂肪、锌等营养物质。中医认为花生油味淡、性平。

(3)烹饪运用

花生油在烹饪中广泛应用于炒、煎、炸、拌等方法,能改善菜肴色泽和增加香味。

**4. 葵花油**

葵花油,又称瓜子油,是用向日葵种子加工榨制而成。向日葵起源于秘鲁和墨西哥,在我国主要分布在华北和东北地区。葵花油未精炼时呈琥珀色,精炼后呈清亮浅黄色或青黄色,有特殊芳香味。

(1)质量标准

葵花油以颜色淡、清澈明亮、味道芳香、无酸败、无异味者为质量优。

(2)营养价值

葵花油含脂肪、维生素 E 等营养物质。中医认为葵花油味甘,性平。

(3)烹饪运用

葵花油在烹饪中可以作起酥油或高温烹炸油,可使菜肴色美、味香、酥脆。但葵花油稳定性较差,不宜久存。

**5. 芝麻油**

芝麻油,俗称麻油、香油,是用芝麻种子加工榨出的植物油脂。芝麻原产于非洲西部,我国主要产区在河南、河北、湖北等地,产量居世界首位。芝麻油按加工方法可分为冷压麻油、大槽麻油和小磨麻油。冷压麻油无香味、色泽金黄;大槽麻油为土法冷压麻油,用生芝麻制成,香气不浓,不宜生吃;小磨麻油是传统工艺方法提取,具有浓郁的特殊香味,呈红褐色,质量最好。

(1)质量标准

芝麻油以色质光亮,香味浓郁,无水分、无杂质,不涩口,不浑浊者为质量优。

(2)营养价值

芝麻油含有脂肪、维生素 E 等营养物质。中医认为芝麻油味甘,性平。

(3)烹饪运用

芝麻油在烹调中常用作调香料,能起去腥、增香等作用。芝麻油也可以用于炸类菜肴,可使菜肴色泽金黄,香气浓郁,不易回软。但油炸过的芝麻油不宜用来制作冷菜。

**6. 橄榄油**

橄榄油是用油橄榄果经压榨、提取的油脂。橄榄油是世界上最古老和最重要的油脂。橄榄油的外观为浅黄色,黏度较小,具有一种特殊令人愉快的香味和滋味,在较低的温度(10℃左右)时仍然保持着澄清透明。橄榄油富含不饱和脂肪酸,人体对橄榄油的吸收率较高。另外,橄榄油稳定性好,不易氧化耐贮存,贮存几年也不会变味,是一种理想的烹饪用油,适用于高温烹炸、冷拌、腌渍等方法,特别适合于沙拉类菜肴的制作。

**7. 棉籽油**

棉籽油是从棉花的种子中提取的半干性油脂。粗制的棉籽油红褐色,粗制的棉籽油因含有毒素棉酚不可食用。精炼后为淡黄色,澄清透明,无异味,味道较佳,为优良食用油脂。冬天较低温度下棉子油的下层有沉淀析出,除去沉淀后即使在0℃冷冻5h仍澄清透明,这种棉籽油叫做冷棉籽油,在烹饪中可作为冷菜制作的凉拌油脂。

**8. 棕榈油**

棕榈油是以新鲜的棕果为原料榨取、加工而成的油脂。棕榈油主要含有棕榈酸、油酸、类胡萝卜色素。棕榈油色泽深黄至深红,略带甜味,具有令人愉快的紫罗兰香味,在阳光和空气的作用下,棕搁油会逐渐脱色。棕榈油适用于煎炸类菜肴,也适合作为糕点、面包的辅助用油,也是人造奶油、起酥油的重要原料,但不宜长时间加热。

**9. 米糠油**

米糠油是从稻谷的米糠中提取的植物油脂。粗制的米糠油色泽深暗质量差,有浓厚的米糠味。精制的米糠油色泽淡黄,气味芳香,透明澄清。米糠油中含有大量的不饱和脂肪酸,消化率极高。米糠油耐高温煎炸,多次高温煎炸也不变色,且耐长时间贮存,也适合凉菜的制作。

**10. 玉米油**

玉米油是从玉米种子的胚芽中提取的植物油脂,玉米油色泽淡黄、清香、爽口,含有大量的不饱和脂肪酸,消化率较高。玉米油稳定性好,可用于高温煎炸和凉拌菜肴,也可生产色拉油、起酥油、代可可脂、人造奶油等专用油脂。

在烹饪中除了以上常用的植物油脂之外,也会用到可可脂、椰子油、茶油、红花籽油、核桃油等植物性油脂。

### (二)动物性油脂

**1. 猪油**

猪油又称大油,是由猪的脂肪组织板油、肥膘、网油中提炼出来的油脂,常温下为固体。我国猪油产量居世界首位。猪油以液态时透明清澈,固态时色白质软,纯净无杂质,香而无异味者为质量优。猪油含大量饱和脂肪酸、油酸等营养物质。猪油具有猪脂特有的香味,是烹饪中食用最广泛的食用动物油脂,可用于各种白汁菜肴和酥点的制作,还可用于一些甜菜的制作,如八宝锅蒸、雪花桃泥等,还可作为传热介质来涨发干料。

**2. 牛脂**

牛脂是从牛脂肪组织中提炼出来的油脂,色泽淡黄色或黄色,在常温下为固体状。牛脂食用口感不好,很少直接用于菜肴制作,但牛脂是信奉伊斯兰教民族的主要食用油。少数传统菜肴中有少量使用,如四川火锅。也可在一些小吃和糕点中使用,起到增香的作用,如牛油炒面、牛油蛋糕等。牛油还可作人造奶油和起酥油的重要原料。

**3. 鸡油**

鸡油又称明油,由鸡的脂肪组织提炼,常温下为半固体状油脂。鸡油以色泽金黄、鲜香味浓、水分少、无杂质、无异味者为质量优。鸡油富含不饱和脂肪酸,易被人体消化吸收,为烹饪中常用的辅助原料,具有增色、增光亮、增滋味等作用。

在烹饪中除了以上常用的动物性油脂之外,很多时候也会用到鸭油、羊脂、鹅脂等。

### (三)再造油脂

**1. 人造奶油**

人造奶油又称麦淇淋,是用精制食用油添加水或其他辅料,经过加工,具有天然奶油特色的制品。优质的人造奶油具有良好的可塑性、延展性、可溶性,不含胆固醇。人造奶油在烹饪中广泛用于糕点的制作,尤其是油酥糕点,也可将其涂抹在面包上食用,以增加风味和滋润感。另外,在西餐制作中,人造奶油可调节汤汁的浓稠度,还用于肉类和蔬菜菜肴的制作。

**2. 色拉油**

色拉油是指用植物毛油经脱胶、脱色、脱臭(脱脂)等工序精制而成的高级食用油。色拉油食用安全性好,不易变质,高温下也不易发生氧化、热分解、热聚合等劣变。色拉油呈淡黄色,澄清、透明、无气味、口感好,烹调时不起沫、烟少。在烹饪中色拉油可直接用于凉拌、各种沙司的制作,也可用于菜肴保色、增色等。

**3. 起酥油**

起酥油是精炼过的动、植物油脂、氢化油或它们的混合物,经速冷捏合制成的固体状油脂,或不经速冷捏合制成的固体或流动状具有可塑性的油脂制品。我国从20世纪80年代初开始生产起酥油。起酥油具有起酥性、可塑性、酪化性和吸水性、氧化稳定性和油炸性。起酥油主要用于糕点、面包等面点制作,可使面点具有酥脆可口的口感。

**4. 氢化油**

氢化油也叫硬化油、植物奶油、植物黄油、植脂末,是以植物油脂为原料,经氢化作用,使不饱和脂肪酸饱和,提高油脂饱和度,变成的固体油。氢化油以色泽白或淡黄色,无嗅无味者为质量优。氢化油具有良好的可塑性、起酥性、乳化性,是制作糕点的重要油脂。

在烹饪中除了以上常用的再造油脂之外,也会用到类可可脂、代可可脂、风味调和油、营养调和油等。

# 任务三　烹调添加剂

## 一、烹调添加剂概述

烹调添加剂是指为改善菜肴品质,在烹调加工中添加的天然物质或化学合成物质的总称。烹调添加剂在烹调加工中的使用量一般较少,但对改善菜肴的色、香、味、质等感官品质具有很大的作用。在使用烹调添加剂时,首先考虑的应是菜肴的安全。因此,必须在满足烹调需要的前提下,注意控制用量。烹调添加剂的类型很多,根据性质和作用分为食用色素、膨松剂、增稠剂、致嫩剂等。

## 二、食用色素

食用色素是以菜肴着色为目的,对健康无害的各种着色剂,分为天然食用色素和人工合成色素两类。食用色素具有补充或改变烹饪原料色泽的作用,促进食欲。

### (一)天然食用色素

天然食用色素是指从自然界生物体组织中直接提取的有色物质。天然食用色素的种类繁多,主要可分为植物色素、动物色素、微生物色素三类。在烹饪中常用的天然食用色素有以下几种:

**1. 红曲色素**

红曲色素又称红米、红曲、赤曲,古称丹曲,是由红曲霉将蒸熟的糯米发酵产生的色素。红曲米外表呈棕红色或紫红色,质轻脆,微有酸味。红曲色素主要呈色成分为红色色素、红斑素、红曲红素,以红、绿色为主。红曲米主要产于福建、广东,以福建古田所产最为著名。红曲色素以色红、质酥、无虫蛀、无异味者为质量优。用红曲色素着色,色调鲜艳有光泽,不易改变,且较稳定,对蛋白质染着性好。红曲米在烹调中多用于肉类菜点及肉类加工制品的着色,可对叉猪肉、香肠、樱桃肉、粉蒸肉、火腿及豆腐乳红方着色,产生诱人的色泽,如烹制红烧肉、樱桃肉、火腿粉蒸肉等。使用时用量应少,过多会使菜肴色泽过暗。

**2. 姜黄素**

姜黄素是由姜科生草本植物姜黄的根状茎中提取的黄色色素。姜黄的根状茎干制磨成粉末,制成姜黄粉,即为姜黄素,纯品为橙黄色粉末。姜黄色素是东南亚地区和我国传统的天然食用色素,具有辛辣气味。姜黄素常用于各种腌渍菜肴、果脯蜜饯及糕点制作中,不仅能增色,还能增香、增辣,使菜肴具有辛辣风味。姜黄粉也是配制咖喱粉的主要原料之一,咖喱粉的黄色主要是由姜黄色素呈现的。

**3. 叶绿素铜钠**

叶绿素铜钠是以绿色植物或干燥蚕沙为原料,用酒精或丙酮等提取叶绿素,再使之与硫酸铜或氯化铜作用,由铜取代叶绿素中的镁,再用苛性钠溶液皂化制成的粉末状制品。粉末状制品为墨绿色,有金属光泽。绿素铜钠在烹饪中用于给菜肴的染色、点缀,如菠面、菠饺鱿鱼、绿色豆腐、双色蛋、白菜烧卖等,最大使用量为0.5g/kg。

**4. 焦糖色素**

焦糖色素又称焦糖色、酱色,是将糖类物质(蔗糖、麦芽糖、葡萄糖等)在160~180℃的高温下加热使之焦化后加碱中和而成的一种红褐色或黑褐色胶状色素。味略甜微焦苦,易失水凝固。焦糖色素在烹饪中广泛用于红烧、红扒、卤、酱等方法,如红烧肉、红扒羊肉、五香熏鱼等,成品色泽红润光亮,风味独特。糖色的使用量不宜过多,且不能在汤汁少时加热过长时间,否则会使菜肴产生苦味,色泽变褐变黑。另外,工业上以铵盐催化生产的焦糖色素具有一定毒性,最大规定使用量为0.1g/kg。

**5. β-胡萝卜素**

β-胡萝卜素是一种广泛存在于植物中的色素,过去多从植物中提取,现以合成制取为多,适用于人造奶油、干酪等油脂性食品的着色,最大规定使用量为0.2g/kg。

天然食用色素还有藏花素、辣椒红色素、甜菜红色素、玫瑰茄色素、紫胶色素、可可色素等。

### (二)人工合成色素

人工合成色素是指用人工的方法合成的食用色素。我国关于食品添加剂使用的国家标准规定,允许使用苋菜红、胭脂红、柠檬黄、日落黄、靛蓝等5种食用合成色素。人工合成色素在烹饪中常用于面点、红绿丝、胶冻及食品雕刻等制品的着色。人工合成色素成本较低廉、使用方便,但没有较高的营养价值,对人体健康有影响。因此,使用人工合成色素时必须严格控制用量。其中,苋菜红、胭脂红、柠檬黄、日落黄、靛蓝最大规定使用量分别为0.05g/kg、0.05g/kg、0.1g/kg、0.1g/kg、0.05g/kg。

## 三、膨松剂

膨松剂又称为疏松剂、膨胀剂、发粉,是指在菜肴及点心制作中加入的,能使制品膨松、柔软或酥脆的一类添加剂。

膨松剂通常可分为化学膨松剂(碱性膨松剂、酸性膨松剂、复合膨松剂)和生物膨松剂。

### (一)化学膨松剂

在一般温度下,化学膨松剂在制品里产生气体较少,而在加热时能均匀地分解产生大量气体,使制品具有酥脆或膨松的效果,加热分解后的残留物不影响制品的风味和质量。

**1. 碱性膨松剂**

碱性膨松剂是化学性质呈碱性的一类膨松剂,包括碳酸氢钠(钾)、碳酸氢铵、碳酸钠等。我国应用最广泛的碱性膨松剂是碳酸氢钠、碳酸氢铵、碳酸钠。

(1)碳酸氢钠

碳酸氢钠又称小苏打、重碱、酸式碳酸钠等,为白色结晶性粉末,无臭,味稍咸,水溶液呈弱碱性,加热60~150℃时能产生二氧化碳。碳酸氢钠对蛋白质有一定的腐蚀作用,可使较老的肉质形成质嫩的口感,也多用于小吃、糕点、饼干的制作及面团的起发。腌制牛肉及猪肚时,碳酸氢钠用量一般为原料的0.5%~1.5%。另外,在使用时宜先溶于适量的冷水中,防止在制品中出现黄色斑点或膨松不均匀。

(2)碳酸氢铵

碳酸氢铵又称碳铵、重碳酸铵,俗称臭粉,为白色粉状结晶,有强烈的氨臭味,易风化,易溶于水,加热时产生带强烈刺激性的氨气和二氧化碳。一般将碳酸氢铵和碳酸氢钠混合使用,以减弱各自的不足,使制品膨松柔嫩。在烹饪中多用于蛋糕、酥点、油条、麻花、饼干等面点制作。使用时应注意控制用量,防止制品过松和残留物过多带来不良风味。

(3)碳酸钠

碳酸钠又称纯碱、苏打、食用碱面,为白色粉末或细粒,遇热、遇潮都能产生二氧化碳。碳酸钠溶液呈强碱性,在烹饪中广泛用于面团的发酵,起到酸碱中和的作用,可增加面团的弹性和延展性,也常用于干制原料的涨发加工,如碱发鱿鱼、墨鱼等。碳酸钠使用量一般为原料的0.5%~1%,以防止残留物给制品带来碱味。

**2. 酸性膨松剂**

酸性膨松剂主要包括硫酸铝钾、硫酸铝铵、酒石酸氢钾和磷酸氢钙,不单独用作膨松剂,主要作为复合膨松剂的酸性成分。

**3. 复合膨松剂**

复合膨松剂是一种高效膨松剂。一般包括碳酸氢钠、碳酸盐、淀粉、脂肪酸等物质。复合膨松剂能取代单一膨松剂的缺点和不足,使制品质量更好。目前常用的复合膨松剂有发酵粉和明矾。

(1)发酵粉

发酵粉又称焙粉,是由碱性剂、酸性剂和填充剂配制的复合膨松剂。碱性剂主要是碳酸氢钠,用量占总量的20%~40%;酸性剂主要有柠檬酸、明矾、酒石酸氢钾、磷酸二氢钙等,用量为总量的35%~50%;填充剂主要是淀粉、脂肪酸等,用量占总量的10%~40%。发酵粉为白色粉末,遇水加热产生二氧化碳。在烹饪中主要用于面点的制作,使面团发酵膨松,适用于馒头、包子等糕点的制作,尤其适用于油炸食品。

(2)明矾

明矾又称钾明矾、钾矾、白矾、钾铝矾,是含有结晶水的硫酸钾和硫酸铝复盐,为无色透明坚硬的大块结晶或结晶碎块和白色结晶性粉末,无臭,味微甜,有酸涩味,溶于水,但不溶于乙醇,在甘油中也能缓缓溶解。主要产于湖北、安徽等地。明矾多与碳酸氢钠配合使用,多用作油条、笑口枣等油炸食品的膨松剂,可使成品膨松酥脆。

### (二)生物膨松剂

生物膨松剂是指含有酵母菌等发酵微生物的膨松剂,具有较高营养价值,含丰富的蛋白质、维生素、纤维素及无机盐等。发酵过程中还可产生某些成分,促进面团的糖分解成二氧化碳,并生成乙醇、醋酸、乳酸、乙醛、酯类等风味物质。因此,生物膨松剂不仅能使面团膨松多孔,体积膨大,具有一定的弹性,还可增加制品的风味和营养价值。

目前,广泛使用的生物膨松剂主要包括压榨酵母、活性干酵母和老酵面。

**1. 压榨酵母**

压榨酵母又称面包酵母、新鲜酵母,是将纯酵母菌培养,经离心、压榨而成的块状成品。压榨酵母的水分含量为70%左右,呈乳白色或淡黄色,软硬适度,不发黏,无腐败气味,具有酵母特有的清香味。压榨酵母常用于馒头、糕点、面包等发酵制品的制作。压榨酵母活力较强,发酵前无需促活,使用量一般为面粉的0.5%~1%。在使用时,先用30℃的温水将压榨酵母化开,搅拌成酵母悬浮液,然后和入面团中。压榨酵母应保存于4℃以下,保存期为半个月。

**2. 活性干酵母**

活性干酵母是将压榨酵母在低温、真空条件下脱水后制成的淡褐色粉末。含水量低于10%,发酵力较压榨酵母弱,使用量为面粉的1.5%~2%。由于活性干酵母处于休眠状态,在使用前必须在一定条件下活化一段时间,以恢复酵母的活力,提高发酵能力,同时也有利于酵母在面团中的均匀分布。活化的方法是用30℃的温水添加适量的砂糖和酵母营养盐制成培养液,使干燥酵母粉均匀悬浮其中,并保温20~30min。活性干酵母可在常温下保存,开封后的活性干酵母应保存于冰箱或其他阴凉干燥处。

**3. 老酵面**

老酵面,又称老面、老肥、发面、酵头等,是含有乙醇、二氧化碳并带有酸性的面团。目前,老酵面多用于民间家庭。老酵面常用于面包、馒头、包子、花卷、面饼、糕点等发酵面制品的制作,使面团膨松并带有酒香味。但由于含有大量的杂菌,在生醇发酵的同时也有生酸过程,所以需加入少量食碱中和酸味,使用量一般为面团的10%~40%,在使用和贮存时应注意防止老酵面的发霉变质。

## 四、增稠剂

增稠剂又称为黏稠剂、糊料,是指用于改善制品物理性质,增加黏稠度,使制品润滑适口、柔软鲜嫩的添加剂,具有较好的溶水性和稳定性。增稠剂的品种很多,根据来源可分为植物性增稠剂和动物性增稠剂两大类。植物性增稠剂是从含有淀粉的粮食、蔬菜或含有海藻多糖的海藻等多糖植物中制取的,这一类占多数,如淀粉、果胶、琼脂等。动物性增稠剂是从含有胶原蛋白的动物原料中制取的,如明胶、蛋白胨等。

## (一)植物性增稠剂

### 1. 淀粉

淀粉在烹饪行业又称芡粉,是以含淀粉丰富的植物原料中提取的粉状干制品。淀粉是由许多葡萄糖缩合而成的多聚糖,一般是白色粉末,在冷水和乙醇中不溶解,在水中加热55~60℃时,膨胀变成有黏性的半透明凝胶或胶状溶液。遇碘呈紫色至紫红色,吸水性好,涨性大,粘性强,不易吐水,可提高原料的吸水与保水能力,防止菜肴的营养流失,增加菜肴的光泽,并在不同条件下使菜肴具有柔滑鲜嫩或外酥里嫩的质感。

(1)菱角淀粉

菱角淀粉又称菱粉,是用菱角加工而成的淀粉,呈粉末状,颜色洁白且有光泽,细腻而光滑,黏性大,但吸水性较差,产量也较少,是所有淀粉中质量最好的一种。

(2)绿豆淀粉

绿豆淀粉又称绿豆粉,是用绿豆加工成的淀粉,色泽洁白,粉质细腻,淀粉颗粒小而均匀,热黏度高,热黏度的稳定性和透明度均好,糊丝也较长,凝胶强度大,胀性好,宜作勾芡,是制作粉丝、粉皮、凉粉的原料,为淀粉中的上品。

(3)豌豆淀粉

豌豆淀粉又称豆粉,是用豌豆种子加工而成的淀粉,颜色洁白,质地较细,手感滑腻,黏度高,胀性大,是淀粉中的上品。

(4)马铃薯粉

马铃薯粉又称土豆粉,是用马铃薯的块茎加工制得的淀粉,色泽白,有光泽,粉质细,淀粉颗粒为卵圆形,颗粒较大,黏性较大,糊丝长,透明度好,但黏度稳定性差,胀性一般,可作上浆、挂糊、拍粉,为淀粉中的上品。

(5)玉米淀粉

玉米淀粉又称粟粉,是目前在烹饪中使用最普遍、用量最大的一种淀粉,颗粒小而不均匀,糊化速度较慢,热黏度高,糊丝较短,透明度较差,但凝胶强度好,在使用过程中宜用高温使其充分糊化,以提高黏度和透明度。

(6)甘薯粉

甘薯粉又称山芋粉、红薯粉,是用甘薯的块根加工而成的淀粉,色泽灰暗,淀粉颗粒呈椭圆形,粒径较大,胀性一般,且味道较差,在勾芡中易吐水,为淀粉中的下品。

(7)木薯粉

木薯粉又称生粉、树薯粉、木薯粉,是用木薯的块根加工干制而成的淀粉,主要产于我国南方,粉质细腻,色泽雪白,黏度好,胀性大,杂质少。木薯粉含有氢氰酸,不宜生食,必须用水久浸,并煮熟解除毒性后方能食用。木薯淀粉是广东、福建等地主要的芡粉原料。

(8)荸荠粉

荸荠粉又称马蹄粉,是用莎草科植物荸荠的球茎为原料,磨碎去渣后,分出湿粉,再烘干、磨细后制成的白色粉状物质。荸荠粉的粉质细腻,结晶体大,味道香甜,是多用途的食品辅料,为咸、甜菜肴勾芡、挂糊、拍粉的常用淀粉,尤其在粤菜中运用较多,具有冷却后不稀化成汁的优点。荸荠粉也可作为清凉饮料及冰糕食品的用料,还可以制作多种点心、小吃,如马蹄糕、九层糕等。

(9)藕粉

藕粉又称藕澄粉,是用睡莲科植物藕的根状茎为原料加工而成的淀粉,每年的立冬到翌年清明之间为加工期。藕粉加工一般要经过清料、磨浆、洗浆、漂浆、干燥五道工序。市售藕粉一般采用真空包装,为白色或白里透红,呈片状或粉末状。藕粉以色白,气味清香、浓郁,无杂质,无杂粉,冲熟后无皴嘴感,含水量10%~15%者为质量优。藕粉在烹饪中主要作为勾芡粉料以及制作一些花色菜肴。

此外,还有蚕豆淀粉、百合粉、蕨粉、葛粉、蕉芋粉、小麦淀粉、首乌粉、桄榔粉、芡实粉等。

**2. 果胶**

果胶是广泛存在于高等植物细胞壁间的中胶层中的一种酸性杂多糖,与糖、酸、钙作用可形成凝胶,为常用增稠剂之一,主要成分是半乳糖醛酸长链缩合而成的产物。果胶为白色或淡黄色粉末,稍带酸味,具有水溶性,不溶于乙醇等有机溶剂,对酸性溶液稳定。果胶在烹饪中可作为水果冻,如桃冻、枇杷冻等的凝胶剂;可作为果酱馅料等的用料;可提高菜点质量,改善风味;还可增加面包的体积和防止糕点硬化等。

**3. 琼脂**

琼脂又称洋粉、冻粉、琼胶,是用红藻类石花菜等藻类浸制、干制而成的一类以半乳糖为主的海藻多糖。琼脂的商品有条状和粉状两种,条状琼脂呈细长条状,长26cm~35cm,宽约3mm,末端皱缩成十字形,淡黄色,半透明,表面皱缩,微有光泽,质地轻软而有韧性,干燥后脆而易碎;粉状琼脂为鳞片状粉末,无色或淡黄色。琼脂在加热煮沸后分散成溶胶,冷却至45℃以下即变成凝胶。在烹饪中运用较广,可用于制作凉拌菜、胶冻类、花式工艺菜和一些风味小吃,如小豆羹、芸豆糕、蜜饯、沙琪玛等。

### (二)动物性增稠剂

**1. 明胶**

明胶是从富含胶原蛋白的动物性原料(如皮、骨、软骨、韧带、肌膜等)中提取的高分子多肽凝胶物质。明胶为白色或淡黄色半透明薄片或粉末,在热水中溶解成溶胶,冷却后成为凝胶。明胶在烹饪中广泛用于制作高级水晶冻类菜肴和糕点,如水晶鸭方、水晶肴肉、汤包等。明胶不宜在水溶液加热煮沸过久,以避免继续水解难以凝结成胶。

**2. 蛋白胨**

蛋白胨是一种富含蛋白质的凝胶体。用各种动物的肌肉组织、骨骼等为原料,通过长时间焖煮使原料中的蛋白质溶于水中,浓度越高,其黏稠度愈强,经冷冻处理后即可凝结成柔软而有弹性的蛋白胨。一般适合制作羊糕、水晶肴肉等冷菜。

其他的增稠剂还有黄原胶、羧甲基纤维素钠等。

## 五、致嫩剂

致嫩剂又称嫩化剂、肉类嫩化剂,是指可以使肉类组织软化从而提高嫩度的添加剂。目前使用的致嫩剂主要可以分为碱性类致嫩剂和蛋白酶类致嫩剂两类。

## (一)碱性类致嫩剂

碱性类致嫩剂的成分是碳酸钠或碳酸氢钠,对肌肉纤维有一定破坏腐蚀作用,通过使组织变疏松,肌肉纤维变短,促进蛋白质吸收水分等来提高肉质的嫩度。但碱性类致嫩剂对原料的营养素破坏性较大,且残留物具有一定碱味,嫩化的原料需进行脱碱处理。

## (二)蛋白酶类致嫩剂

蛋白酶类致嫩剂主要有木瓜蛋白酶、菠萝蛋白酶、无花果蛋白酶、生姜蛋白酶和猕猴桃蛋白酶、米曲蛋白酶等。蛋白酶能够将肉中的结缔组织及肌纤维中结构较复杂的胶原蛋白和弹性蛋白进行降解,使这些蛋白质中的部分肽键发生断裂,使肉纤维变短,组织变松,从而提高肉类的嫩度,改善菜肴的口感和风味。蛋白酶本身在烹调加热后可以被消化吸收,安全无毒。蛋白酶致嫩剂是具有生物活性的物质,需要在适合的温度、pH 值、水分使用下才能发挥良好作用。

**1. 木瓜蛋白酶**

木瓜蛋白酶是从未成熟的番木瓜果实胶乳中提取的一种蛋白质水解酶,为白色至浅黄褐色的粉末,可溶于水、甘油和70%的乙醇,不溶于有机溶剂。水溶液的颜色由无色至亮黄色,透明状。最适宜 pH 为 5 ~7,耐热性较强,可在 50 ~60℃下使用。烹饪中主要用于肉类及肉制品成熟前对肌肉纤维的软化,使菜肴具有软嫩滑爽的口味特点,如蚝油牛肉、铁板牛柳等。使用时先用温水或调味汁将木瓜蛋白酶粉进行溶解,放入已切好的肉类原料拌和均匀并加热到 50 ~60℃,放置 0.5 ~1h 后即可烹制。

**2. 菠萝蛋白酶**

菠萝蛋白酶是从凤梨科菠萝的根、茎或果实的压榨汁中提取的一种蛋白质水解酶,含糖量约为2%,黄色粉末,最适 pH 为 6 ~8,具有水解肽键的作用。烹饪中主要用于肉类的嫩化处理。使用时,先将菠萝蛋白酶粉末用30℃温水或调味浆汁溶解,然后放入已切好的肉片或肉丝中拌和均匀,静置 0.5 ~1h 后进行烹制。菠萝蛋白酶的使用温度不宜超过45℃,否则会失去活性。另外,菠萝蛋白酶主要作为酒的澄清剂,以分解蛋白质而使酒液澄清。

**3. 无花果蛋白酶**

无花果蛋白酶是从桑科植物无花果的胶乳中提取的一种蛋白质水解酶,为橙黄色至乳白色粉末,稍具苦味,粉末疏松而易吸湿,pH 6 ~8 时最稳定。无花果蛋白酶在烹饪中主要用于肉类的嫩化处理,菠萝蛋白酶的使用温度为 40 ~50℃,不宜超过 70℃,否则会失去活性。

## 练 习 题

**一、填空题**

1. 调味料在烹饪中的作用包括________、________、________、________、________。

2. 食盐品种包括________、________、________。

3. 豆豉按原料分有________、________,其中质量较好的是________。

4. 烹饪常用植物性油脂包括________、________、________、________、________等。

5. 烹调添加剂的类型很多，根据性质和作用分为________、________、________、________等。

## 二、选择题

1. 烹饪中咸味调料包括(　　)。
   A. 食盐　B. 酱油　C. 酱类　D. 豆鼓　E. 胡椒
2. 烹饪中甜味调料包括(　　)。
   A. 蔗糖　B. 淀粉糖　C. 蜂蜜　D. 鱼露　E. 蚝油
3. 烹饪中酸味调料包括(　　)。
   A. 食醋　B. 番茄酱　C. 柠檬汁　D. 酸菜汁　E. 鱼露
4. 烹饪中香味调料包括(　　)。
   A. 八角　B. 桂皮　C. 孜然　D. 陈皮　E. 酱类
5. 烹饪中麻辣味调料包括(　　)。
   A. 花椒　B. 辣椒　C. 芥末　D. 胡椒　E. 咖喱粉

## 三、简答题

1. 试述酱油的品种及烹饪运用。
2. 试述烹饪中常见的苦香料品种。
3. 试述食用油脂中油脂品质检验方法。
4. 试述烹饪中常见的天然食用色素品种。
5. 试述烹饪中常见的化学膨松剂品种。

## 参考答案

一、1. 去除异味、减轻烈味、增加滋味、形成菜肴味道、增加菜肴色泽
　2. 粗盐、精盐、加味盐
　3. 黄豆豉、黑豆豉，黑豆豉
　4. 菜油、豆油、花生油、葵花油、芝麻油
　5. 食用色素、膨松剂、增稠剂、致嫩剂

二、1. ABCD
　2. ABC
　3. ABCD
　4. ABCD
　5. ABCDE

三、(略)

# 综合试题

## 一、填空题

1. 高等动物有四大组织,即________、________、________、________,其中与食品加工质量和储藏性能关系最密切的是________与________。

2. 品质检验标准中感官指标包括原料的____、____、____、________、________、________、________、__________等。

3. 畜禽宰杀后其肉品一般发生四个阶段,即________、________、________和________的变化。前两个阶段的肉品称为______。

4. 僵直阶段肉类特点是最适宜________及肉品不适宜做________。

5. 自溶阶段肉类特点是________下降、失去______。

6. 粮食按性质分为________、________、________、________。

7. 大米品种包括______、______、______,特殊品种稻米,包括______、______、______、______等。

8. 大豆根据种皮颜色分为________、________、________。

9. 蚕豆按其子粒的大小可分为________、________、________,按种皮颜色不同可分为________、________、________等。

10. 百叶又称____,是一种薄的豆腐干片。

11. 豆芽为豆类种子在温度与湿度适合的情况下发的芽,包括________与________。

12. 粉丝又称________、线粉等,是利用淀粉糊化与老化原理加工成的丝线状制品。

13. 萝卜又名________,长圆形、球形或圆锥形,皮色有白、粉红、紫红、青绿等色。

14. 辣根又名________、山葵萝卜等,外皮粗糙,呈黄白色。

15. 胡萝卜又名________、黄萝卜、番萝卜、丁香萝卜等,伞形科胡萝卜属二年生草本植物。

16. 豆薯别名________、地萝卜,很少有地方也叫地瓜。

17. 竹笋按上市季节分为冬笋、春笋、鞭笋,以________品质较好。

18. 菜薹又称为________,广东的特产蔬菜。

19. 茎用芥菜又叫______、菜头等,植物学名“茎瘤芥”,是制作榨菜的原料。

20. 荸荠又叫________、水栗、乌芋等,形状扁圆形,表面光滑。

21. 茨菰又叫________、燕尾草、白地栗等,茨菰生长在浅水、池塘中。

22. 藕的品种有两种,即________与________,________宜煲汤,________宜凉拌。

23. 乌塌菜又称塌菜,分________型和________型两种。

24. 茼蒿又称春菊,种类分为________茼蒿、________茼蒿两种。

25. 大白菜品种很多,分为________、________及________。

26. 芫荽又称________、香荽等,有特殊浓郁香味,质地柔嫩。

27. 花椰菜又称________、花菜、白花菜等,质地细嫩,粗纤维少。

28. 青花菜又称绿菜花、青花菜、________等,品质柔嫩,纤维少。

29. 金针菜又称________、萱菜、黄花等,以幼嫩花蕾供食。

30. 朝鲜蓟又称洋蓟、________、菜蓟,为菊科多年生草本植物。

31. 菜豆又称________、芸豆、四季豆、梅豆等,品种繁多。

32. 四棱豆又名翼豆、________、翅豆等,绿色或绿紫色。

33. 茄子品种分为________与________,夏季上市。

34. 番茄又称________、洋柿子、爱情果等,品种繁多,大小差异较大。

35. 甜椒又称________、菜椒等,肉厚,味甜不辣。

36. 西葫芦又称美国南瓜、番瓜、________等,以嫩果供食。

37. 龙眼又称________、圆眼、龙目等,为我国特产鲜果之一。

38. 菠萝又称________、黄梨、草菠萝等,原产于巴西,是世界著名热带果品之一。

39. 木波罗又称________、树波罗,原产于印度和马来西亚。

40. 家畜肉的品质检验主要从________、________、________、________、________对原料的品质进行检验。

41. 猪又名________、黑面郎、黑爷,为杂食类哺乳动物。

42. 畜肾仅指动物的肾脏,俗称________。

43. 畜胃俗称________,烹调中常用的有猪肚、牛肚、羊肚等。胃为动物消化道的扩大部分,是肌肉层特别发达的部位。

44. 我国四大家鱼为________、________、________、________。

45. 鲢鱼又称为________、扁鱼、苦鲢子等,为我国四大淡水养殖鱼类之一。

46. 鲤鱼又称为龙鱼、________等,我国重要的食用鱼类之一。

47. 带鱼又称为________、裙带鱼、鞭鱼等,为我国首要经济鱼类之一。

48. 银鲳又称为________、车片鱼,为名贵食用经济鱼类,我国沿海均产。

49. 牙鲆又称为________、地仔,为鱼纲鲆科动物,比目鱼的一类。

50. 鱼翅按鱼鳍的位置可分为________、________、________和________、________。

51. 鱼肚为大黄鱼、鳇鱼、鲟鱼等大中型鱼类的________的干制品。

52. 中国林蛙又称为________、田鸡、雪蛤,为两栖纲无尾目蛙科动物。

53. 烹饪原料中含有的原料成分有碳水化合物、________、________、________、________及水。

54. 感官鉴别有________、________、________、________、________。

55. 影响烹饪原料质量变化的外界因素有:__________、__________、__________。

56. ________、________、________、________是鉴别面粉质量的重要依据。

57. 维生素的种类很多,一般按其溶解性可分为两大类,即______维生素和______维生素。

58. 面粉按筋力可分为________、________、________。

59. 谷物一般由________、________、________和________四部分组成。

60. 谷物原料是________的烹饪原料,其烹饪应用范围________。

61. 糖类主要是由碳,氢,氧三种元素组成的一大类化合物,期中氢和氧的比例为2∶1与水相同,故也称__________。它是绿色植物________作用的产物。根据分子结构和组成的不同,可分为________、________、________三大类。

62. 组成蛋白质的基本单位是________。

63. 鹌鹑营养价值高，又称为________。

64. 结缔组织按其组成、分布及作用的不同，可分为________、________、________、软骨组织、________和血液、淋巴等。

65. 脂肪组织一般分为________和________。

66. 从细胞组成上看，肌肉组织是由有强有力收缩性能，多呈纤维状的________组成，又常称________。

67. 肌纤维的细胞基质称为________或________。

68. 肉的物理性质主要指肉的________、________、风味、持水性等。

69. 肌肉的颜色主要来源于________和________。

70. 骨骼肌中的蛋白质可分为__________和__________。

71. 畜兽类原料副产品主要有__________、肾脏、__________、胃、肠、__________、筋、舌、__________、鞭等。

72. 畜兽制品指以畜类的__________为原料，经各种加工方法制成的可供食用的制品。

73. 影响烹饪原料质量变化的生物因素有________________和________________。

74. 根据加工方法的不同，将畜兽制品分为七类，即腌腊制品、______、灌制品、________、熏烤制品、________、乳制品。

75. 酱卤制品根据所用调味料和加工方法的不同，通常又分为______、蜜汁制品、______、白煮制品和糟制品。

76. 火腿主要是以猪后腿为原料，经腌制、________、________、晾挂等工序制作而成。

77. 家禽是指人类为了满足对________、蛋等的需要，经长期饲养而驯化的鸟类。

78. 野禽的________与家禽相似，但飞翔能力大多较强。

79. 禽类副产品包括________、禽胃、禽肝、禽肠等。

80. 禽蛋的理化性质在烹饪中应用较多的是蛋清的________和蛋黄的________。

81. 按加工方法的不同，禽类制品可分为________、干制类、________、煮制类、熏制类等。

82. 人工燕是用天然燕窝和________制成。

83. 现存的两栖类动物可分为________、有尾目和无尾目三目。

84. 鱼类是________亚门鱼纲动物。

85. 生物分类上，根据骨骼组织的差异，将鱼类分为________和________。

86. 根据鱼类的生活环境和习性，将鱼类分为海水鱼、________、淡水鱼三类。

87. 低等动物一般指身体结构简单且____________________不具脊椎的无脊椎动物。

88. 在烹饪应用中，要根据昆虫的变态阶段、虫体大小、________等选择适宜的烹调方法。

89. 软体动物包括掘足纲、________、________、________、头足纲五个纲。

90. 海参常根据其背面是否有刺，分为________和________两大类。

91. 比目鱼中常见的有牙鲆、花鲆、斑鲆等。其中以________最著名。

92. 鲳鱼以东海、南海出产较多，其中以________和________产的为最好。

93. 鲅鱼的肝不能食用，因其含有________和________。

94. 加吉鱼主要产地是辽宁________；河北________、________；山东________。其中，以________的品质最好。

95. 鲈鱼主要产于黄海、渤海，以辽宁省的________、山东省的________、天津的________

等处产量较多。

96. 鲱鱼主要产于山东半岛及黄海沿岸,以山东________和________沿海一带产量较多。鱼子有________之称。

97. 鲥鱼以长江下游所产最多最肥,特别是________省镇江市的________一带所产的最负盛名。此鱼节令性较强,以________前后50天左右所产的最佳,是我国名贵的食用鱼,有________美称,一则该鱼时令性强;二则________;三则________。

98. 鳜鱼主要产于________、________一带,以________为最好。

99. 蚶子较为著名的有________和________;西施舌在我国主要产于福建、山东。山东主要产于________、________、青岛、________沿海一带;乌贼以________产量较多。

100. 动物性干货制品主要富含________、________、________等成分。

101. 干货制品类原料常用的干制方法有________、________、________。

102. 干货制品类原料按环境和性质分类,大体分为______________、______________、植物性陆生干货制品、______________。

103. 干货制品类原料按传统方法可分为________、________和一般干货制品三大类。

104. 干货制品类的特点是____________,便于运输、储存;另一个特点是组织紧密,质地较硬,____________。

105. 哈士蟆油学名________,哈士蟆油是________________的干制品。

106. 鱼翅按部位分为________、________、臀翅、腹翅四种。鱼翅的质量以________为最好。按形态分主要有排翅、________、________和________。鱼翅蛋白质含量较高,可达80.5%,但是蛋白质中缺少________,是不完全蛋白质。

107. 我国的鱼肚主要产于_______、福建、_______等省沿海。较著名的鱼肚有________、鮸鱼肚、_______、毛鲿肚、_______、鲟鳇肚。以大黄鱼的鱼鳔干制而成的干货制品称_______,其中体厚、片大者为"________",质量最好;体薄较小者为"________";几片小黄肚搭在一起为________。

108. 高级鱼子是指________、________、鳇鱼、________等鱼的卵加工干制而成的鱼子。

109. 海米又称________、________;鱼信是鲨鱼、鲟鳇鱼等鱼类________的干制品。

110. 燕窝又称________,按其质量的优劣可分为白燕、________、________,其中白燕又称________、________。

111. 菌藻类原料是指那些可供人类食用的________、________和________类等。

112. 香菇按外形和质量分为________、________、________、________四种。

113. 素菜三菇指的是________、________、________。

114. 口蘑主要产于________和________。

115. 江西庐山三绝指________、________、________。

116. 果品类原料是人工栽培的木本和草本植物的________及________等一类烹饪原料的总称。

117. ________是构成果实的细胞壁和输导组织的重要成分,它不溶于水。

118. 果品类原料当中所含的维生素是比较丰富的,主要有________、________、________。

119. 果品类原料按果实的结构特点分为________、核果类、________、坚果类、________、复果类、________。

120. 苹果主要产区为________和________;西洋梨又称洋梨,原产于________;香蕉主要有________和________两大类;葡萄有________的美称;菠萝原产于________;猕猴桃主要有________和________两种。椰子主要产于海南岛________、________等地;腰果原产于________、________。

121. 我国盐源非常丰富,按食盐来源可分为________、________、________、________。

122. 味精的主要成分为________。

123. 泡辣椒为________的土特产之一。

124. 胡椒可分为________和________两种。

125. 香糟可分为________和________两种。豆蔻可分为________和________。

126. 常见的饱和脂肪酸有________和________;不饱和脂肪酸有________、________和________。

127. 芝麻油中含有一种天然抗氧化剂________,所以芝麻油一般不会氧化腐败。

128. 食用油脂按加工精度分为毛油、________、色拉油、________。

129. 植物油多数为液态,习惯称为______;动物油在常温下一般为固态,习惯上称______。

130. 油脂中________所占的比例越大,脂肪越硬。________在储存过程中会发生水化现象,产生沉淀,在加热时,易产生大量的泡沫,并有焦化现象,并形成黑褐色沉淀,从而影响油脂的质量和使用。

131. 烹饪所用的油脂按其来源可分为________和________。

132. 菜籽油一般呈深黄色,含有菜籽的特殊气味,具有涩味,如果________含量过高会使菜籽油具有使人不愉快的气味和苦辣味道。

133. 脂肪是由一个分子的________和三个分子的________结合而成的。

134. 莜麦在使用前应经过"三熟",即加热时要________,和面时要________,制坯时要________,否则不易消化。

135. ________是腐败的前奏。

136. 广泛的单糖有________、________、________等。

137. 蔬菜类原料按食用部位可分为________、________、________、________、________、________六类。

138. 高温储藏法常采用________和________两种。

139. 韭菜按食用部位不同可分为________、________、________和________。

140. 结缔组织主要是由________和________组成。

141. 蛋白质是由________分子组成的高分子化合物。

142. 有机物质包括________、________、________、________等。

143. 谷皮包括________皮和________皮两部分。

144. 腌渍储藏法主要有________、________、________。

145. 小米在碾制过程中碾去外壳,保留了较多的维生素,小米中________素和________素含量丰富。

146. 面筋按不同的加工方法可制成________、________、________。

147. 烹饪原料中的水可分为________和________。

148. 双糖主要有________、________、________。

149. 谷物类原料的组织结构一般由________、________、________、________四部分组成。

150. 鱼的触须有________和________的功能。

151. 子实体结构是由________、________和__________组成。

152. 果品类原料可分为________、________、________、__________。

153. 苦味调味品主要有________和________。

154. ________以高蛋白质、低脂肪、不含胆固醇而受到人们的欢迎。

155. 等级粉中________又称“八五”粉。

156. 我国的大豆中以________质量最优。

157. 谷物类原料的保管应注意________、________、________等问题。

158. 辣椒按果型可分为________、________、________、________、________。

159. 果实的色素分成两大类:一类是__________,一类是__________。

160. 河蟹腹部扁平,雌雄腹部的形状不同,雌蟹腹部成________,雄蟹腹部成________。

161. 存在于动物肝脏的糖叫________,又叫________。植物中的________也是多糖的一种存在的形式。

162. 现代医学研究表明,大蒜有较强的________作用、________作用和________作用。

163. 风鸡是指风干的________。

164. 禽蛋的化学成分主要是________、________和________。

165. 鲈鱼又名________、________、鲈子鱼,出产旺季在________前后。

166. 我国鱼肚主要产于________、________、________等省沿海。

167. 果品中的有机酸主要有________、________、________三种,统称为________。

168. 苦味主要来源于黄嘌呤物质的________和________两大类。

169. 烹饪原料的要求是________、________、__________,可以制作菜点的材料。

170. 蛋白质是由________分子组成的高分子化合物。

171. 烹饪原料按加工与否可分为________、________、__________三类。

172. 选料的原则是:必须按照菜肴产品__________的基本要求选择原料;必须按照菜肴成品不同的________选择原料;必须按照原料本身的__________选择原料。

173. 烹饪原料的品质鉴别,就是根据各种烹饪原料的________和________等的变化,依据一定的标准,运用一定的方法,判定烹饪原料的变化程度和质量优劣。

174. 烹饪原料品质鉴别的依据和标准是:_________、__________、__________、_________。

175. 简便而有效的感官鉴别方法有________检验、________检验、________检验、________检验。

176. 动物性原料死亡后发生动物体僵直失去弹性的现象,这种作用称为________作用。

177. 烹饪原料的常用保管方法有__________、高温储藏法、__________、__________、腌渍储藏法、__________、__________、辐射储藏法、保鲜剂储藏法、活养储藏法。其中,腌渍储藏法又包括__________、糖渍储藏法、__________、酒渍储藏法。

178. 面粉按加工精度和用途分为________、________两大类。

179. 著名的小米有______________、________________、河北桃花米、________等品种。

180. 较著名的绿豆有____________、山东绿豆、_____________、________。按种皮的颜色可分为青绿、________、________三大类。

181. 百叶又称________,________等。面筋按不同的加工方法可制成________、烤麸、________。

182. 稻米的品质鉴别应从米的________、腹白、________、新鲜度判定;谷物类原料的保管应注意________、控制温度、________等几个问题。

183. 蔬菜中含有丰富的营养成分,特别是________、矿物质;________是检验蔬菜质量的主要指标。

184. 碳水化合物是蔬菜干物质的主要成分,包括糖、________、半纤维素、________、________等。

185. 菠菜、竹笋含有较多的________、鞣酸,它能与食物中的钙结合生成________、________。

186. 蔬菜中的挥发油具有________、________、________、解腥等作用。

187. 我国________喜食茼蒿。

188. 芦笋学名________,又称________,原产地为________。

189. 马铃薯原产地为________,属于________茎类蔬菜。马铃薯含有多酚酶类的________,切开后在氧化酶的作用下会变成褐色,发芽的马铃薯含有多人体有害的物质________,不能食用。马铃薯既可作为蔬菜,也可作为粮食,被一些国家称为________、________。

190. 世界五大粮食作物是________、________、马铃薯、________、________。

191. 榨菜是我国著名的特产之一,它与德国的________、欧洲的________被誉为世界三大著名腌菜。榨菜主要产于________、________两省。

192. 姜原产地为________,著名的有湖北的________,浙江的________、________。在烹调中主要用于________,起________的作用。姜含有挥发性的________、________等,有芳香辛辣味。腐烂的姜会产生很强的________,不能食用。

193. 大蒜原产于________或欧洲南部,较著名的品种有辽宁的________,山东的________,河南的________、西藏的________。

194. 肉类原料中含有能溶于水的__________,这些物质是肉汤鲜味的主要来源。

195. 畜类原料的化学成分包括________、________、脂肪、________、无机盐、________。

196. 畜、禽肉品的组织结构基本相同,一般由________、________、________、________等四个组织构成。

197. 牛、羊的瓣胃也称为"百叶"。其中羊的百叶又称"________"。

198. 猪肚幽门部最肥厚,为肚之上品,饮食业称为________、________或________。

199. 黄牛是我国最常见的一种家牛,一般可分为________、________和________三种。

200. 牦牛主要产于西藏、四川北部及新疆、青海等地区,又叫________。

201. 香猪原产于________,是________的上乘原料。

202. 羊可分为________和________两大类。

203. 火鸡又叫________,原产地是________,火鸡体形大肉多,是优良肉用禽类,而且是美国________节必备的传统菜肴。

204. 畜禽肉制品按加工方法可分为________、________、________和其他制品。

205. 根据泌乳期的不同将牛乳分为________、________和________三种。

206. 蛋壳主要由________、________、内蛋壳膜和________构成。

207. 酸奶是以全乳或________为原料经________发酵制成的乳制品。

208. 瘦肉精是一种治疗疾病的药物,全称为____________。

209. 鲜蛋的储藏保鲜方法很多,常用的有________、____________、____________及涂布法等。其中涂布法常用的被覆剂有________、聚乙烯醇、________、凡士林等。

210. 一般,水产品的营养是指其________、________的含量。

211. 鱼的体型大致有________、________、________、________四种。

212. 鱼的鼻孔无呼吸作用,主要是________功能。

213. 双糖是可水解为__________的碳水化合物。

## 二、选择题

1. 刚宰后的畜肉呈(　　)。

A. 碱性　　B. 弱碱性　　C. 酸性　　D. 弱酸性

2. 含碘丰富的食物是(　　)。

A. 黄鳝　　B. 海带　　C. 草鱼　　D. 鲫鱼

3. 宰杀牛蛙时可以先用刀背击昏,再用竹签沿(　　)部位捅一下,可使其迅速死亡。

A. 头部　　B. 心脏　　C. 颈喉　　D. 脊髓

4. 在用矾水洗涤虾仁时,其浓度应为(　　)。

A. 2%　　B. 4%　　C. 6%　　D. 8%

5. 凉拌菌类菜肴时,一定要将原料(　　)处理。

A. 清洗　　B. 烫透　　C. 冰镇　　D. 浸泡

6. 碱水涨发时,碱水浓度要根据水温和(　　)进行调节。

A. 原料多少　　B. 原料干燥度　　C. 原料产地　　D. 原料老嫩

7. 造成原料外表腐烂,但内部还没有发透的原因是(　　)。

A. 水温过高　　B. 碱水过浓

C. 涨发时间不够　　D. 原料涨发前没有泡软

8. 质量较差的火腿一般要用(　　)进行洗涤。

A. 沸水　　B. 温水　　C. 盐水　　D. 热碱水

9. 按烹饪原料的(　　)分类,可将烹饪原料分为主配料、调味料和佐助料三大类。

A. 加工与否　　B. 商品种类　　C. 烹饪运用　　D. 来源属性

10. 属于肉蛋兼用鸭的是(　　)。

A. 高邮麻鸭　　B. 金定鸭　　C. 瘤头鸭　　D. 北京鸭

11. 属于药食兼用鸡的是(　　)。

A. 北京油鸡　　B. 乌骨鸡　　C. 白来航鸡　　D. 浦东鸡

12. 不属于我国四大淡水养殖鱼的是(　　)。

A. 青鱼　　B. 黑鱼　　C. 草鱼　　D. 鲢鱼

13. 虾蟹属于(　　),身体分为头胸部和腹部两部分。

A. 甲壳类动物　　B. 软体类动物　　C. 棘皮类动物　　D. 腔肠类动物

14. 属于贝类原料中头足类的是(　　)。

A. 贻贝　　B. 竹蛏　　C. 海螺　　D. 章鱼

15. 冷藏鲜蛋时的温度最低不可低于(　　),否则鲜蛋会被冻坏。

A. 0℃　　B. -2℃　　C. -4℃　　D. -6℃

16. 下列蔬菜中属于根菜类蔬菜的是(　　)。

A. 土豆　　B. 荸荠　　C. 慈姑　　D. 芜菁

17. 结球甘蓝又称(　　),是目前产量较高的叶菜。

A. 生菜　　B. 卷心菜　　C. 大白菜　　D. 西兰花

18. 西兰花又称(　　),原产意大利。

A. 菜花　　B. 花菜　　C. 绿花菜　　D. 法国百合

19. 茄子属于(　　)蔬菜。

A. 瓠果类　　B. 浆果类　　C. 荚果类　　D. 假果类

20. 食用菌供食用的部位主要是(　　)。

A. 菌丝体　　B. 子实体　　C. 孢子体　　D. 果实

21. 下列蔬菜中属于食用藻类的是(　　)。

A. 香菇　　B. 金针菇　　C. 平菇　　D. 紫菜

22. 我国莜麦产量最高的地区是(　　)。

A. 黑龙江　　B. 新疆　　C. 内蒙古　　D. 西藏

23. 大米中黏性最强的是(　　)。

A. 粳米　　B. 糯米　　C. 香米　　D. 籼米

24. 鲜木薯中含有(　　),必须经去毒加工处理后食用。

A. 龙葵素　　B. 秋水仙素　　C. 氰苷　　D. 皂素

25. 白果中含有(　　)等有毒物质,食用时应注意。

A. 皂素　　B. 龙葵素　　C. 氰苷　　D. 秋水仙素

26. 烹饪中运用较多的干肉皮是(　　)。

A. 牛皮　　B. 羊皮　　C. 驴皮　　D. 猪皮

27. 质量最好的蹄筋是(　　)。

A. 猪蹄筋　　B. 牛蹄筋　　C. 羊蹄筋　　D. 鹿蹄筋

28. 哈士蟆油是用中国林蛙的(　　)加工而成的干制品。

A. 脂肪　　B. 卵巢　　C. 输卵管　　D. 结缔组织

29. 属于光参类的是(　　)。

A. 大乌参　　B. 梅花参　　C. 方刺参　　D. 灰刺参

30. 下列鱼翅中品质最差的是(　　)。

A. 背翅　　B. 胸翅　　C. 臀翅　　D. 尾翅

31. 下列鱼肚中品质最差的是(　　)。

A. 公鳘肚　　B. 鳝肚　　C. 花胶　　D. 炸肚

32. 云腿是指生产于(　　)地区的火腿。

A. 浙江金华　　B. 江苏如皋　　C. 云南宣威　　D. 四川成都

33. 加工风鸡的最佳时间是(　　)。

A. 农历正月　　B. 农历五月　　C. 农历九月　　D. 农历腊月

34. 辣椒是由(　　)引进的。

A. 非洲　　B. 大洋洲　　C. 欧洲　　D. 南美洲

35. 最早起源于印度的麻辣味调味料是(　　)。
A. 辣椒　B. 胡椒　C. 芥末　D. 咖喱粉
36. 鲜味在烹调中不能独立存在,必须在(　　)的基础上才能体现出来。
A. 甜味　B. 酸味　C. 辣味　D. 咸味
37. 味精的主要呈味成分是(　　)。
A. 氯化钠　B. 碳酸钠　C. 谷氨酸钠　D. 硝酸钠
38. 颈部出骨时鱼骨和内脏应从(　　)取出。
A. 尾部刀口处　B. 颈部刀口处　C. 嘴部　D. 腮部
39. 水果种类很多,但一般都以(　　)味感为主体。
A. 清香的甜味　B. 酸甜味　C. 涩味和甜味　D. 果香和甜味
40. 糖浆是以(　　)原料为主调制而成的汁液。
A. 双糖　B. 结晶糖　C. 再结晶糖　D. 麦芽糖
41. 柠檬黄耐光、耐热、耐酸性较好,遇碱会(　　)。
A. 变绿　B. 变蓝　C. 变黑　D. 变红
42. 叶绿素因(　　)较差,加热时必须控制时间,防止变色。
A. 耐热性　B. 耐光性　C. 耐酸性　D. 耐碱性
43. 烤乳猪在腌制时用的调料是(　　)。
A. 花椒盐　B. 葱椒盐　C. 孜然粉　D. 五香盐
44. 胭脂红有(　　)的特性。
A. 不溶于水　B. 溶于水　C. 不溶于油　D. 不溶于酒精
45. 红曲米是用(　　)菌接种在蒸熟的米饭中繁殖后形成的。
A. 红曲杆菌　B. 红曲霉菌　C. 红曲球菌　D. 红曲芽菌
46. OK汁本身是一种(　　)。
A. 单一味调料　B. 复合味调料　C. 中西结合调料　D. 西餐专用调料
47. 千岛汁原是(　　)使用的一种调料。
A. 中餐中　B. 面点中　C. 西餐中　D. 蛋糕中
48. 调汁XO酱时用油一般选用(　　)。
A. 花生油　B. 橄榄油　C. 色拉油　D. 芝麻油
49. 川菜中咸、甜、酸、辣、香辛兼有的味型是(　　)。
A. 家常味　B. 鱼香味　C. 椒麻味　D. 麻辣味
50. 粤菜中用于制作凉菜的特色调味汁是(　　)。
A. 局烤汁　B. 蒜茸汁　C. 柠檬汁　D. 卤水汁
51. 粤菜注重原料的上浆和腌制,动物原料上浆或腌制时一般要加入(　　)。
A. 苏打粉　B. 色素　C. 淘米水　D. 酱料
52. 天然牛奶中所含的碳水化合物主要为(　　)。
A. 蔗糖　B. 乳糖　C. 糊精　D. 淀粉
53. 下列牛肉中品质最差的是(　　)。
A. 黄牛肉　B. 水牛肉　C. 小牛肉　D. 牦牛肉
54. 自然界食物中不单独存在的是(　　)。

A. 麦芽糖　　B. 葡萄糖　　C. 半乳糖　　D. 乳糖

55. 下列牛肉中,品质最佳的是(　　)。

A. 牦牛肉　　B. 黄牛肉　　C. 水牛肉　　D. 奶牛肉

56. 鱼类脂肪中(　　)含量较高。

A. 卵磷脂　　B. 糖脂　　C. 不饱和脂肪酸　　D. 饱和脂肪酸

57. 味精是鲜味剂的代表,其主要成分是________,在强酸及碱性条件下或长时间高温加热,会使________分解,影响味精的呈鲜效果。(　　)

A. 谷氨酸钠;谷氨酸钠　　B. 焦谷氨酸钠;焦谷氨酸钠

C. 谷氨酸钠;焦谷氨酸钠　　D. 氯化钠;碳酸氢钠

58. 将鲜料制成干货原料用(　　)方法,其风味散失最少。

A. 晒干　　B. 风干　　C. 烘干　　D. 炝干

59. 传统上最适合做"狮子头"的原料是(　　)。

A. 前夹肉　　B. 五花肉　　C. 后腿肉　　D. 外档肉

60. 在下列鱼中,(　　)在初加工时需褪沙。

A. 青鱼　　B. 黑鱼　　C. 鲨鱼　　D. 鳕鱼

61. 在下列鱼中,(　　)在初加工时不需褪鳞。

A. 鲫鱼　　B. 鲥鱼　　C. 鲤鱼　　D. 白鱼

62. 鸡身最嫩的一块肉是(　　)。

A. 鸡脯肉　　B. 鸡翅肉　　C. 鸡牙子　　D. 栗子肉

63. 玉兰片在涨发过程中忌用铁锅是防止原料(　　)。

A. 腐烂　　B. 发不透　　C. 变色　　D. 有铁锈味

64. 既适合油发又适合水发的原料是(　　)。

A. 鱼翅　　B. 燕窝　　C. 香菇　　D. 蹄筋

65. 整鸡去骨的步骤是:划破颈皮,斩断颈骨,出鸡翅骨,出鸡身骨,出鸡腿骨,(　　)。

A. 翻转鸡皮　　B. 去内脏　　C. 去鸡头　　D. 去鸡爪

66. 生碱水的配制方法是将(　　)500g 和冷水 20kg 放在一起搅匀溶化。

A. 生石灰　　B. 熟石灰　　C. 石灰水　　D. 碱面

67. 最适合做"回锅肉"的原料是(　　)。

A. 后臀肉　　B. 梅条肉　　C. 五花肉　　D. 夹心肉

68. 原料干制时失去的水分主要是(　　)。

A. 自由水　　B. 分子水　　C. 液态水　　D. 纯净水

69. 按烹饪原料的来源属性,可将烹饪原料分为(　　)、植物性原料、矿物性原料和人工合成原料四大类。

A. 鲜活原料　　B. 干货原料　　C. 复制品原料　　D. 动物性原料

70. 鳊鱼是我国淡水鱼中比较著名的品种之一,以(　　)季节所产最肥。

A. 秋季　　B. 夏季　　C. 春季　　D. 冬末春初

71. 龙虾是体形较大的海水虾,以(　　)沿海海域产量较高。

A. 江苏　　B. 山东　　C. 辽宁　　D. 广东

72. 虾蟹属于(　　)。

A. 甲壳类动物　B. 软体类动物　C. 棘皮类动物　D. 腔肠类动物

73. 冷藏鲜蛋时的温度应控制在(　　)。

A. 10℃　B. 5℃　C. 0℃　D. -5℃

74. 用蛋黄制作蛋黄酱,是利用了其(　　)。

A. 黏合作用　B. 起泡作用　C. 胶体作用　D. 乳化作用

75. 下列蔬菜中不属于根菜类蔬菜的是(　　)。

A. 土豆　B. 萝卜　C. 胡萝卜　D. 芜菁

76. 鲜竹笋含有较多的(　　),故食用时要先焯水或焐油处理。

A. 碳酸　B. 单宁物质　C. 植物碱　D. 草酸

77. 竹笋中品质最好的是(　　)。

A. 春笋　B. 夏笋　C. 鞭笋　D. 冬笋

78. 莼菜是著名的水生叶菜,以(　　)所产品质最佳。

A. 杭州西湖　B. 萧山湘湖　C. 江苏太湖　D. 安徽巢湖

79. 属于我国特产的叶类蔬菜是(　　)。

A. 生菜　B. 菠菜　C. 大白菜　D. 卷心菜

80. 下列果菜中属于浆果类的是(　　)。

A. 黄瓜　B. 西葫芦　C. 茄子　D. 四季豆

81. 下列面粉中面筋质含量最高的是(　　)。

A. 普通粉　B. 标准粉　C. 富强粉　D. 糕点粉

82. 用大豆加工豆腐等豆制品,主要是利用了大豆中的(　　)。

A. 淀粉　B. 纤维素　C. 脂肪　D. 蛋白质

83. 板栗的果实属于(　　)。

A. 核果　B. 瘦果　C. 坚果　D. 颖果

84. 我国食盐产量最高的是(　　)。

A. 海盐　B. 湖盐　C. 井盐　D. 岩盐

85. 下列调味品中不属于咸味调味品的是(　　)。

A. 酱油　B. 酱　C. 豆豉　D. 番茄酱

86. 食糖的主要成分是(　　)。

A. 葡萄糖　B. 饴糖　C. 蔗糖　D. 果糖

87. 酿造醋中质量最佳的是(　　)。

A 果醋　B. 麸醋　C. 酒醋　D. 米醋

88. 下列调味料中主要呈麻味的是(　　)。

A. 八角　B. 花椒　C. 胡椒　D. 桂皮

89. 芥末是用(　　)的种子干燥后研磨成的粉末状调味料。

A. 芥菜　B. 萝卜　C. 芫荽　D. 胡椒

90. 猪夹心肉具有肌阔、(　　)、肉质紧、吸水量大的特点。

A. 结缔组织多　B. 脂肪组织多　C. 肥瘦相间　D. 肌间脂肪丰富

91. 牛的上脑位于(　　)的前部,靠近后脑,与短脑相连。

A. 脊背　B. 颈椎　C. 脖头　D. 肋排

92. 牛肋条肉的特点是(　　),结缔组织丰富,属三级牛肉。

A. 肉质坚实　B. 肥肉为主　C. 肥瘦相间　D. 瘦肉为主

93. 羊脊背肉的特点是(　　),肉色红润,属一级羊肉。

A. 肉瘦筋多　B. 肌纤维短　C. 肉质较嫩　D. 肉质粗老

94. 刚腌不久的蔬菜含有大量的(　　)。

A. 亚硝酸盐　B. 三氧化二砷　C. 砷酸钙　D. 砷酸铅

95. 牛奶中的脂肪含有较多的(　　)。

A. 饱和脂肪酸　B. 不饱和脂肪酸　C. 胆固醇　D. 脑磷脂

96. 在超过130℃时,味精可变为(　　),产生毒性。

A. 氯化钠　B. 碳酸氢钠　C. 焦谷氨酸钠　D. 谷氨酸钠

97. 对于(　　)等干制的香料,加热时间越长溶出的香味越多,香气味越浓郁。

A. 茴香、丁香、草果　B. 茴香、丁香、花椒粉

C. 茴香、丁香、胡椒面　D. 茴香、丁香、五香粉

98. 下列说法正确的是(　　)。

A. 用糖量最高的是荔枝味型菜,其次是糖醋味型菜,再次是蜜汁菜

B. 用糖量最高的是糖醋味型菜,其次是蜜汁菜,再次是荔枝味型菜

C. 用糖量最高的是蜜汁菜,其次是荔枝味型菜,再次是糖醋味型菜

D. 用糖量最高的是蜜汁菜,其次是糖醋味型菜,再次是荔枝味型菜

99. 在调制咖喱味时,加入(　　)是确定基本味。

A. 精盐　B. 香醋　C. 葱姜蒜　D. 咖喱粉

100. 在麻辣味中,麻是指(　　)之味,辣是指辣椒、辣油之味。

A. 花椒　B. 八角　C. 桂皮　D. 麻油

101. 天然色素主要是从植物组织中提取的,如(　　)等。

A. 绿菜汁、果汁　B. 绿菜汁、苋菜红

C. 柠檬黄、苋菜红　D. 柠檬黄、绿菜汁

102. 某些果品采摘后在一定的条件下继续成熟的过程,称为(　　)。

A. 完熟作用　B. 青熟作用　C. 成熟作用　D. 后熟作用

103. 宰杀后的畜禽类在自身酶的作用下,品质发生改变,其中(　　)阶段食用品质最佳。

A. 僵直　B. 成熟　C. 自溶　D. 腐败前期

104. 宰杀后的畜禽类在自身酶的作用下,品质发生改变,其中(　　)阶段储藏性最佳。

A. 僵直　B. 成熟　C. 自溶　D. 腐败前期

105. (　　)夹杂于肌纤维之间,使肌肉的横断面呈大理石纹状,肉质细嫩、风味香美。

A. 储备脂肪　B. 致密结缔组织　C. 韧带　D. 肌间脂肪

106. 富含平滑肌的(　　)在烹饪时可采用烫、涮、爆的快速加热法,烹制脆嫩的菜肴,也可采用炒、卤、熘、煮、蒸成菜。

A. 肠、肚(胃)　B. 肠、腰(肾)　C. 里脊、心　D. 肝、腰(肾)

107. 猪肚(胃)的幽门部的环形肌层特别厚实发达、质地脆韧,常用爆、炒、拌等方法烹制成菜,民间称为(　　)。

A. 肚条　B. 肚头　C. 肚仁　D. 肚块

108. 牛、羊等反刍动物的复胃中,俗称百页肚、千层肚的(　　)是四川麻辣火锅最常用的原料之一。

A. 瓣胃　　B. 瘤胃　　C. 网胃　　D. 皱胃

109. 鸡鸭烹饪中常用的肌胃,称为(　　),肌肉层厚实,质地脆嫩。常采用炸、爆、炒、卤等烹调方法成菜,并可剞花刀。

A. 肝脏　　B. 瓣胃　　C. 复胃　　D. 肫肝

110. 火腿以(　　)质量为佳。

A. 中方　　B. 上方　　C. 下方　　D. 油头

111. (　　)状似半碗形,壁内面粗糙,为丝状交织而成,质地略硬而脆,断面似角质。以燕根小者为佳。

A. 唇燕　　B. 洞燕　　C. 燕碎　　D. 加工燕

112. "金沙玉米""赛蟹黄"等菜肴是利用(　　)细、嫩、松、沙、油等特点代替蟹黄制作的菜肴。

A. 咸蛋　　B. 皮蛋　　C. 咸蛋蛋黄　　D. 皮蛋蛋黄

113. 蛙类(　　)肌肉发达,结缔组织较少,脂肪组织不太明显,为供食的主要部分,色白柔软、细嫩鲜美,可采用多种方法烹制成菜。

A. 头部　　B. 腹部　　C. 后肢　　D. 背部

114. 俗称的雪蛤、红蛤、蛤士蟆,学名为(　　),肉质细嫩鲜美,为山野珍品。

A. 棘胸蛙　　B. 虎纹蛙　　C. 牛蛙　　D. 中国林蛙

115. 鳖类的背腹甲由结缔组织相连在身体两侧形成厚实而柔软的(　　),具有很高的食用价值。

A. 干贝　　B. 淡菜　　C. 乌鱼蛋　　D. 裙边

116. 红鱼籽是以(　　)的卵腌制而成。成品呈卵粒状,风味咸鲜,有特殊腥香味。

A. 鲤鱼　　B. 鲟鱼　　C. 大马哈鱼　　D. 鲱鱼

117. 黑鱼籽是以(　　)的卵腌制而成。成品呈卵粒状,风味咸鲜,有特殊腥香味。

A. 鲤鱼　　B. 鲟鱼　　C. 大马哈鱼　　D. 鲱鱼

118. (　　)体长大而侧扁,雌体长18~24cm,雄体长13~17cm,甲壳薄而光滑透明,青蓝色至淡棕黄色。

A. 虾蛄　　B. 毛虾　　C. 龙虾　　D. 对虾

119. (　　)虾体粗壮,色鲜艳,常有美丽斑纹,头胸夹壳近圆筒形,腹部较短,体长20~40cm,体重可达500g。

A. 虾蛄　　B. 毛虾　　C. 龙虾　　D. 对虾

120. 雌性螃蟹腹部为近圆形的,俗称"团脐",最佳食用季节为(　　)。

A. 十月　　B. 九月　　C. 农历十月　　D. 农历九月

121. 通过(　　)以上温度对原料进行加热的储藏方法是高温储藏法。

A. 40℃　　B. 60℃　　C. 80℃　　D. 100℃

122. 绿豆按种皮颜色可分为(　　)三大类。

A. 青绿、黄绿、墨绿　　B. 淡绿、黄绿、墨绿

C. 湖绿、淡绿、黄绿　　D. 墨绿、湖绿、淡绿

123. 玉米的主要产地在(　　)。

A. 浙江、江苏、福建　　B. 华北、东北、西南

C. 东北、华北、青藏高原　　D. 主要在东北三省

124. 下列几种食物油脂中亚油酸含量占食物中脂肪酸总量最多的是(　　)。

A. 牛油　　B. 豆油　　C. 棉籽油　　D. 色拉油

125. 牛的胴体约占其总体积的比例正确的是(　　)。

A. 45% ~50%　　B. 60% ~70%　　C. 45% ~65%　　D. 40% ~60%

126. 猪肉具有浓重的腥燥气味,下列关于猪肉的适用方法正确的是(　　)。

A. 在烹饪前置于冷水中漂洗　　B. 在烹饪中置于热水中取出

C. 在烹饪前用盐水洗净　　D. 在烹饪前用醋洗净

127. 在去除肝脏的胆囊时,如果不小心造成胆汁污染肝脏,可以选择(　　)进行其苦味的去除。

A. 清水或酒　　B. 酒、小苏打、发酵粉　　C. 盐　　D. 醋

128. 下列关于大黄鱼的说法错误的是(　　)。

A. 大黄鱼又称为大黄花

B. 大黄鱼分布在我国的南海、东海和黄海南部

C. 大黄鱼是我国首要的经济鱼类之一,但现货量较少

D. 大黄鱼的尾柄较短,鳞片较大

129. (　　)是食盐的主要来源。

A. 湖盐　　B. 海盐　　C. 井盐　　D. 矿盐

130. 下列关于酸味调味品的叙述错误的是(　　)。

A. 酸味具有缓甜减咸、增鲜降辣、去腥解腻的作用

B. 酸味可以促进钙质的吸收和使用

C. 酸味可以帮助消化、刺激食欲

D. 酸味一般不同于其他调味料一起使用而单独成味

131. "看料做菜,因料施烹"是根据选料的(　　)原则实施的。

A. 必须按照菜肴产品营养与卫生的基本要求选择原料

B. 必须按照原料本身的性质和特点的基本要求选择原料

C. 必须按照菜肴产品不同的质量基本要求选择

D. 必须按照菜肴成品的口感与色泽基本要求选择原料

132. 番茄适宜的冷藏温度为(　　)。

A. 0℃左右　　B. 10 ~12℃　　C. 10 ~13℃　　D. 7 ~9℃

133. 低温储藏法是指低于常温在(　　)以下环境中储藏原料的方法。

A. 15℃　　B. 16℃　　C. 17℃　　D. 18℃

134. 含赖氨酸最高的谷物是(　　)。

A. 玉米　　B. 小米　　C. 荞麦　　D. 高粱

135. 谷物中的纤维素主要存在于谷物原料组织的(　　)中。

A. 谷皮　　B. 糊粉层　　C. 胚乳　　D. 胚

136. 燕麦片在国外被称为营养食品,因为它含有大量的(　　),对降低和控制血糖以及血

中胆固醇的含量均有明显的作用。

A. 氨基酸　　B. 可溶性纤维素　　C. 淀粉　　D. 麦芽糖

137. (　　)的特点是硬度低,黏性大,胀性小,色泽乳白,不透明。

A. 糯米　　B. 粳米　　C. 籼米　　D. 杂交米

138. 面粉的含水率的正常范围是(　　)。

A. 10% ~12%　　B. 11% ~14%　　C. 12% ~13%　　D. 12% ~14%

139. 有"蔬菜中的水果"之美称的是(　　)。

A. 黄瓜　　B. 莼菜　　C. 番茄　　D. 胡萝卜

140. 玉兰片属于蔬菜制品中的(　　)。

A. 腌菜类　　B. 泡菜类　　C. 酱菜类　　D. 干菜类

141. 以大小均匀整齐、色泽新鲜清洁、脆嫩多汁、肥壮、无腐烂者为好,这是针对(　　)的检验要求。

A. 叶菜类蔬菜　　B. 茎菜类蔬菜　　C. 根菜类蔬菜　　D. 芽苗类蔬菜

142. 芫荽又名(　　)。

A. 生菜　　B. 花菜　　C. 香菜　　D. 茴香

143. 适宜制作火腿的猪种是(　　)。

A. 内江猪　　B. 长白猪　　C. 金华猪　　D. 荣昌猪

144. 狼山鸡原产地是(　　)。

A. 江苏　　B. 江西　　C. 山东　　D. 上海

145. "道口烧鸡"是(　　)。

A. 脱水制品　　B. 酱卤制品　　C. 熏烤制品　　D. 罐头制品

146. 含糖量最高的蛋是(　　)。

A. 鸡蛋　　B. 鸭蛋　　C. 鹅蛋　　D. 鸽蛋

147. 最著名的咸蛋品种是(　　)咸蛋。

A. 浙江高邮　　B. 浙江平湖　　C. 四川叙府　　D. 河南峡县

148. 下列不能食用的蛋有(　　)。

A. 陈次蛋　　B. 劣质蛋　　C. 旺蛋　　D. 破损蛋

149. 被誉为"海中牛奶"的水产品类原料是(　　)。

A. 海螺肉　　B. 牡蛎肉　　C. 贻贝肉　　D. 扇贝肉

150. 下列鱼类肉呈蒜瓣状的一组是(　　)。

A. 大黄鱼、小黄鱼、大马哈鱼、鲥鱼　　B. 大黄鱼、小黄鱼、鳓鱼、鲥鱼

C. 大黄鱼、小黄鱼、鲐鱼、鲈鱼　　D. 大黄鱼、小黄鱼、鳓鱼、带鱼

151. 下列鱼类属于海洋鱼类,终生不进入淡水水域是(　　)。

A. 狼牙鳝　　B. 鳗鱼　　C. 石斑鱼　　D. 橡皮鱼

152. (　　)是虾类中最大的一类。

A. 对虾　　B. 龙虾　　C. 青虾　　D. 白虾

153. 下列动物性水生干料中,属于棘皮动物的是(　　)。

A. 淡菜　　B. 海蜇　　C. 海参　　D. 鲍鱼

154. 乌鱼蛋是由雄性乌贼的(　　)加工制成的。

A. 缠卵腺　　B. 卵　　C. 输卵管　　D. 生殖腺

155. 干货制品类原料的含水量一般在(　　)之间。

A. 5% ~10%　　B. 10% ~15%　　C. 15% ~20%　　D. 20% ~25%

156. (　　)有防止菜肴馊变的作用,可用来延长菜肴的存放时间。

A. 草菇　　B. 猴头蘑　　C. 竹荪　　D. 香菇

157. 含碘量最高的藻类品种是(　　)。

A. 海带　　B. 紫菜　　C. 裙带菜　　D. 石花菜

158. 菌藻类原料的鲜品的保管一般多用低温冷藏法,温度可控制在(　　)。

A. 0 ~2℃　　B. 0 ~3℃　　C. 0 ~4℃　　D. 0 ~5℃

159. 下列水果含酒石酸最多的是(　　)。

A. 苹果　　B. 柑橘　　C. 葡萄　　D. 梨

160. 未成熟的果实中,含有(　　)较多,故果实显得坚实脆硬。

A. 原果胶　　B. 果胶　　C. 果胶酸　　D. 维生素

161. 大枣、山楂含(　　)比较丰富。

A. 维生素 A　　B. 维生素 C　　C. 维生素 A 原　　D. 维生素 P

162. 下列果品属于复果类的是(　　)。

A. 猕猴桃　　B. 香蕉　　C. 柚子　　D. 菠萝

163. (　　)鱼肝有毒,不能食用。

A. 鲨鱼　　B. 马鲛鱼　　C. 马面鲀　　D. 贻贝

164. 下列不是食用天然色素的是(　　)。

A. 姜黄素　　B. 叶绿素　　C. 柠檬黄　　D. 红曲米

165. "虾子酱油"是按(　　)分类。

A. 形态　　B. 加工方法　　C. 质量　　D. 风味特色

166. 在烹饪实践中,适合向肉中添加小苏打、嫩肉粉和其他碱性物质进行嫩化处理的肉品是(　　)。

A. 猪肉　　B. 鱼肉　　C. 鸡肉　　D. 牛肉

167. 每年(　　)月所产的鲍鱼最鲜美。

A. 6 ~7　　B. 7 ~8　　C. 8 ~9　　D. 9 ~10

168. 下列原料属于食用藻类是(　　)。

A. 香菇　　B. 黑木耳　　C. 蘑菇　　D. 发菜

169. 包脚菇就是(　　)。

A. 草菇　　B. 蘑菇　　C. 平菇　　D. 猴头菇

170. 下列不属于酸味类的调味品是(　　)。

A. 番茄酱　　B. 辣椒酱　　C. 泡菜汁　　D. 柠檬汁

171. 对原料组织的粗细、强性、硬度及干湿度等进行检验,其方法是感官检验中的(　　)。

A. 嗅觉检验　　B. 味觉检验　　C. 触觉检验　　D. 视觉检验

172. "三角麦"是(　　)的别名。

A. 大麦　　B. 荞麦　　C. 燕麦　　D. 莜麦

173. 淀粉含量最多的是(　　)。

A. 胡萝卜　　B. 南瓜　　C. 马铃薯　　D. 洋葱

174. 四季豆的别名是(　　)。

A. 长豆角　　B. 芸豆　　C. 峨眉豆　　D. 荷兰豆

175. 关于家畜肉的组织结构,下列说法正确的是(　　)。

A. 结缔组织坚硬难溶,不易消化,没有营养价值。

B. 肌肉是最有食用价值的部分,在胴体中约占70%～80%。

C. 脂肪组织是由退化的疏松组织和大量脂肪细胞聚结而成,占胴体的20%～40%。

D. 骨骼组织没有营养价值。

176. 笋干的品种很多,一般福建、浙江所产的笋干为(　　)。

A. 白笋干　　B. 烟笋干　　C. 乌笋干　　D. 黑笋干

177. 鳞刀鱼就是(　　)。

A. 黄姑鱼　　B. 白姑鱼　　C. 鳖鱼　　D. 带鱼

178. 加吉鱼的学名是(　　)。

A. 真鲷　　B. 蓝点鲅　　C. 青花鱼　　D. 铜盆鱼

179. "广东叉烧肉"是(　　)。

A. 脱水制品　　B. 酱卤制品　　C. 熏烤制品　　D. 罐头制品

180. 下列水产品中属于鱼类的是(　　)。

A. 团鱼　　B. 鲍鱼　　C. 鳗鱼　　D. 鱿鱼

181. 被誉为"海中鸡蛋"的是(　　)。

A. 海螺肉　　B. 牡蛎肉　　C. 贻贝肉　　D. 扇贝肉

182. 鉴别果品类原料的重要品质是(　　)。

A. 形状　　B. 色泽　　C. 成熟度　　D. 损伤

183. "凤梨"是(　　)的别名。

A. 鸭梨　　B. 葡萄　　C. 菠萝　　D. 柠檬

184. 烹饪原料选择的首要原则是(　　)。

A. 必须按照原料本身的性质和特点的基本要求

B. 必须按照菜肴产品不同的质量基本要求

C. 必须按照菜肴产品营养与卫生的基本要求

D. 必须按照菜肴产品的口感与色泽的基本要求

185. (　　)是我国最古老的粮食之一。

A. 玉米　　B. 小米　　C. 大麦　　D. 荞麦

186. 被称为"散丹"的原料是(　　)。

A. 猪的瓣胃　　B. 牛的瓣胃　　C. 羊的瓣胃　　D. 狗的瓣胃

187. 有"水中之鸡"美誉的淡水鱼是(　　)。

A. 乌鳢鱼　　B. 鳇鱼　　C. 虹鳟鱼　　D. 鳜鱼

188. 有"鱼中之王"之称的鱼是(　　)。

A. 大马哈鱼　　B. 鲥鱼　　C. 银鱼　　D. 鳜鱼

189. 涨发好的干肉皮一般以(　　)的烹调方法做菜。

A. 炸、烧　　B. 烧、扒　　C. 煎、烧　　D. 炸、烩

190. 湖北石首所产的"笔架鱼肚"是(　　)。
A. 黄唇肚　B. 黄鱼肚　C. 鲟鱼肚　D. 鮰鱼肚
191. 最适合于调味的盐是(　　)。
A. 海盐　B. 原盐　C. 洗涤盐　D 再制盐
192. 下列不属于辣味调味品的是(　　)。
A. 芥末粉　B. 红油　C. 胡椒粉　D. 花椒粉
193. 下列食醋中属于米醋的是(　　)。
A. 白醋　B. 糖醋　C. 果酒醋　D. 香醋
194. 食用油脂的保管,应避免长时间在空气中露放,这是防止油脂(　　)的关键。
A. 热度　B. 乳化　C. 氧化　D. 溶解
195. 制作琼脂冻时水与琼脂的比例是(　　)。
A. 1∶2.5　B. 1∶3.25　C. 1∶5.50　D. 1∶6.25
196. 苋菜红的最大用量是(　　)g/kg。
A. 0.05　B. 0.5　C. 0.01　D. 0.1
197. 北京鸭原产于北京东郊潮白河,当地习惯称为(　　)。
A. 白鹜鸭　B. 连城白鸭　C. 北京白鸭　D. 白河鸭
198. 发芽马铃薯块根中含有的有毒物质是(　　)。
A. 龙葵碱　B. 胆碱　C. 胶黏剂　D. 氢氰酸
199. 甲鱼属于爬行类原料中的(　　)。
A. 蛙类　B. 鳖类　C. 龟类　D. 蛇类
200. 下列不属于辣味调料的是(　　)。
A. 海椒　B. 姜　C. 葱　D. 八角
201. 咸味的主要化学成分是(　　)。
A. 氯化钠　B. 氧化钠　C. 谷氨酸钠　D. 碳酸钙
202. 下列酱油品种中鲜味度最高的是(　　)。
A. 天然发酵酱油　B. 人工发酵酱油　C. 化学酱油　D. 合成酱油
203. 下列属于无毒蛇的是(　　)。
A. 眼镜蛇　B. 金环蛇　C. 银环蛇　D. 乌鞘蛇
204. 与猴头、熊掌、飞龙并称"四大山珍"的原料是(　　)。
A. 棘胸蛙　B. 黑斑蛙　C. 中国林蛙　D. 青蛙
205. 按品种区分,鱼皮中质量最好的是(　　)。
A. 虎鲨皮　B. 白耳鲨皮　C. 青鲨皮　D. 姥鲨皮
206. 新鲜黄花菜含有的有毒物质是(　　)。
A. 葫芦巴碱　B. 龙葵碱　C. 秋水仙碱　D. 草酸
207. 有"百味之主"之称的基本味是(　　)。
A. 鲜味　B. 酸味　C. 甜味　D. 咸味
208. 下列香菇品种中质量最差的是(　　)。
A. 厚菇　B. 薄菇　C. 花菇　D. 菇丁
209. 畜类的胃又称为(　　)。

A. 门腔　　B. 腰子　　C. 肚子　　D. 口条

210. 有预防和治疗夜盲症功效的内脏副产品主要是(　　)。

A. 畜心　　B. 腰子　　C. 肝脏　　D. 畜胃

211. 鱼类的肌肉组织根据肌细胞的形态结构可分为骨骼肌、平滑肌和(　　)。

A. 随意肌　　B. 不随意肌　　C. 心肌　　D. 血合肌

212. 蛋黄中含量最多的维生素是(　　)。

A. 维生素 A　　B. 维生素 $B_2$　　C. 维生素 C　　D. 维生素 E

213. 鸡蛋具有乳化作用的部分主要是在(　　)。

A. 蛋壳　　B. 蛋白　　C. 蛋黄　　D. 蛋黄膜

214. 下列鱼类制品中属于干制品的是(　　)。

A. 风鳗　　B. 鱼子　　C. 鱼翅　　D. 咸鲐鱼

215. 果实中含有对人体有害的有机酸是(　　)。

A. 酒石酸　　B. 苹果酸　　C. 枸橼酸　　D. 草酸

216. 海蜇属于无脊椎动物中的(　　)动物。

A. 软体　　B. 头足　　C. 棘皮　　D. 腔肠

217. 简称“蚝”的软体动物是(　　)。

A. 贻贝　　B. 牡蛎　　C. 蚶子　　D. 蛏子

218. 下列蛇类品种中属于有毒蛇的是(　　)。

A. 百花锦蛇　　B. 灰鼠蛇　　C. 银环蛇　　D. 乌梢蛇

219. 含碘量居所有食物之首,有“碘的仓库”之称的蔬菜是(　　)。

A. 香菇　　B. 油菜　　C. 百合　　D. 海带

220. 每年 6 ~ 8 月出产的木耳被称为(　　)。

A. 春耳　　B. 伏耳　　C. 秋耳　　D. 石耳

221. 荞麦粉中含有的对心血管有保健作用的物质是(　　)。

A. 黄酮　　B. 单宁　　C. 烟酸　　D. 胆碱

222. 清朝康熙年间被列为贡品,与白虾、梅鲚合称“太湖三宝”的是(　　)。

A. 乌鱼　　B. 鲥鱼　　C. 鲤鱼　　D. 银鱼

223. 按照各种蔬菜供食部位的不同分类,竹笋属于(　　)。

A. 叶菜类　　B. 茎菜类　　C. 果菜类　　D. 根菜类

224. 以下属于核果类的是(　　)

A. 苹果　　B. 梨子　　C. 木瓜　　D. 李子

225. 下列果品中铁含量居首位的是(　　)。

A. 樱桃　　B. 芒果　　C. 大枣　　D. 葡萄

226. 按烹饪原料的来源和自然属性可以将烹饪原料分为(　　)。

A. 植物性原料、动物性原料、矿物性原料和人工合成原料

B. 鲜活原料、干货原料和复制品原料等

C. 主料、配料和调味料

D. 农产食品、畜产食品、水产食品等

227. 按烹饪原料是否经过加工和加工的程度可以分为(　　)。

A. 植物性原料、动物性原料、矿物性原料和人工合成原料
B. 鲜活原料、干货原料和复制品原料
C. 主料、配料和调味料
D. 农产食品、畜产食品、水产食品等

228. 动物性原料在僵直后肌肉组织变得柔软并恢复弹性的作用被称为(　　)。
A. 尸僵作用　B. 自溶作用　C. 成熟作用　D. 腐败作用

229. 下列对利用腌渍储存法保存烹饪原料的叙述不正确的是(　　)。
A. 一般用食盐或食糖对原料进行加工　B. 提高原料储存环境的渗透压
C. 不适合于大部分动植物原料储存　D. 降低原料水分活度

230. 以下哪项不属于脂溶性维生素(　　)。
A. 维生素 A　B. 维生素 E　C. 维生素 C　D. 维生素 D

231. 标准粉面筋质不低于(　　)。
A. 22%　B. 23%　C. 24%　D. 25%

232. 小黄鱼产量最高是在每年的(　　)。
A. 春季　B. 夏季　C. 秋季　D. 冬季

233. 蔬菜中含蛋白质较多的品种是食用菌类和(　　)。
A. 豆类　B. 萝卜类　C. 叶菜类　D. 蕃茄类

234. 可以加工制成鱼皮的鱼类品种是(　　)。
A. 鲨鱼　B. 大黄鱼　C. 石斑鱼　D. 海鳗

235. 如发现内质为绿色,说明土豆在储存中开始发芽,产生(　　)。
A. 秋水仙碱　B. 皂素　C. 龙葵素　D. 凝集素

236. 下列海产鱼中属于软骨鱼的是(　　)。
A. 大黄鱼　B. 小黄鱼　C. 鲈鱼　D. 鲨鱼

237. 质地柔软、营养丰富、荤素皆宜、味道鲜美,有"天下第一菜"美誉的蔬菜是(　　)。
A. 大白菜　B. 小白菜　C. 包心菜　D. 黄芽菜

238. 下列最常见的海螺品种是(　　)。
A. 红螺　B. 钟螺　C. 香螺　D. 瓜螺

239. 下列食醋中营养成分含量最少、风味较差的品种是(　　)。
A. 米醋　B. 糖醋　C. 熏醋　D. 合成醋

240. 葱的辣味成分主要是(　　)。
A. 辣椒素　B. 姜酮　C. 硫化物　D. 谷氨酸钠

241. 以海鱼为原料加工制作的调味料是(　　)。
A. 怪味汁　B. 鱼露　C. 黄酱　D. 海鲜酱

242. 下列属于天然食用色素的是(　　)。
A. 姜黄素　B. 苋菜红　C. 柠檬黄　D. 靛蓝

243. 在不同种类的鱼体中蛋白质含量相差较大,大多数在(　　)。
A. 10% ~20%　B. 12% ~22%　C. 12% ~24%　D. 15% ~22%

244. 在人体内消化率最低的油脂是(　　)。
A. 芝麻油　B. 葵花子油　C. 玉米油　D. 牛脂

245. 下列畜类肉品的浸出物中,不含氮化合物的是(　　)。

A. 肌酸　B. 糖类　C. 次黄嘌呤　D. 肌酐酸

246. 自由水指原料组织细胞中容易结冰,也能溶解溶质的那部分水,又称(　　)。

A. 束缚水　B. 细胞间水　C. 流动水　D. 游离水

247. 原料中糖分子与蛋白质在高温加热时可发生的反应是(　　)。

A. 焦糖化反应　B. 水解反应　C. 美拉德反应　D. 老化反应

248. 不能被称为"田鸡"的蛙是(　　)。

A. 青蛙　B. 虎纹蛙　C. 金线蛙　D. 牛蛙

249. 俗称大头鱼的是(　　)。

A. 鳕鱼　B. 大黄鱼　C. 鳗鱼　D. 鲈鱼

250. 肉类原料冷冻储存最适宜的温度范围是(　　)。

A. －30～－18℃　B. －10～－5℃　C. 0～5℃　D. 10～15℃

251. 煮制畜肉制品时使汤色变白的物质是(　　)。

A. 矿物质　B. 蛋白质　C. 糖类　D. 维生素

252. 下列关于乌龟描述不正确的是(　　)。

A. 又称团鱼　B. 地球上最古老的动物之一

C. 有冬眠习惯　D. 生长缓慢

253. 下列属于新鲜肉特征的是(　　)。

A. 肌肉外表湿润、粘手　B. 指压后凹陷不能完全恢复

C. 色泽红润、有光泽　D. 气味略带氨味或酸味

254. 以下不属于淀粉制品的是(　　)。

A. 粉皮　B. 西米　C. 面筋　D. 粉丝

255. 鸡肉含有丰富的蛋白质,含量约为(　　)。

A. 21%　B. 16%　C. 18%　D. 14%

256. 禽蛋的品质检验一般采用的方法是(　　)。

A. 感官鉴定法　B. 物理检测法　C. 化学检测法　D. 生物检测法

257. 适用于花椰菜的储藏保鲜方法是(　　)。

A. 冰藏　B. 埋藏　C. 窖藏　D. 堆藏

258. (　　)以植物花部器官作为主要食用部位。

A. 根菜类　B. 茎菜类　C. 叶菜类　D. 花菜类

259. 在稻米的胚乳中,所含成分最多的是(　　)。

A. 蛋白质　B. 脂肪　C. 淀粉　D. 维生素

260. 蔗糖在没有含氨基的化合物存在的情况下,直接加热至150～200℃时,经过聚合、缩合会生成粘稠状的黑褐色产物,这种作用称为(　　)。

A. 水解反应　B. 焦糖化反应　C. 糊化作用　D. 老化作用

261. 将生面筋制成条状或筒状,用沸水煮熟制成的是(　　)。

A. 素肠　B. 泡麸　C. 水面筋　D. 油面筋

262. 胡萝卜素在以下那种蔬菜含量较多(　　)。

A. 根菜类　B. 茎菜类　C. 果菜类　D. 孢子植物类

263. 朝鲜蓟属于(　　)蔬菜。

A. 球茎　　B. 鳞茎　　C. 结球叶菜　　D. 花菜类

264. 在夏秋季生长于潮湿竹地,基部菌索与竹鞭和枯死的竹根相连的食用菌为(　　)。

A. 竹荪　　B. 口蘑　　C. 双孢蘑菇　　D. 鸡㙡

265. 肌肉松弛,缺乏弹性,无光泽,带有一定气味是(　　)。

A. 腐败期　　B. 自溶期　　C. 成熟期　　D. 僵直期

266. 将烹饪原料分为鲜活、干货、复制品原料的分类方法是(　　)。

A. 按自然来源分　　B. 按加工性分　　C. 按营养成分分　　D. 按商品属性分

267. 植物性原料中,蛋白质含量较高的是部分豆科植物的种子,如黄豆的蛋白质含量为(　　)。

A. 30%　　B. 40%　　C. 50%　　D. 60%

268. 以植物膨大的变态根作为食用部位的叫(　　)。

A. 根菜类　　B. 茎菜类　　C. 花菜类　　D. 叶菜类

269. 核果类果品不包括(　　)。

A. 山楂　　B. 杨梅　　C. 荔枝　　D. 樱桃

270. 以下属于硬骨鱼类的动物是(　　)。

A. 鱿鱼　　B. 鲍鱼　　C. 鲳鱼　　D. 章鱼

271. 古代五谷除了黍、稷、麦、菽,还有(　　)。

A. 粱　　B. 麻　　C. 薯　　D. 谷

272. 按照各种蔬菜供食部位的不同分类、芋头属于(　　)。

A. 块茎类　　B. 块根类　　C. 根茎类　　D. 球茎类

273. 最能体现鲥鱼食用风味的烹调方法是(　　)。

A. 红烧　　B. 油炸　　C. 爆炒　　D. 清蒸

274. 为了更好地呈现味精的鲜味,需加入的调味料是(　　)。

A. 酱油　　B. 小苏打　　C. 柠檬汁　　D. 食盐

275. 蒜的辣味成分主要是(　　)。

A. 蒜素　　B. 辣椒素　　C. 硫化物　　D. 谷氨酸钠

276. 从动物性原料中制取的增稠剂是(　　)。

A. 琼脂　　B. 明胶　　C. 果胶　　D. 蛋白冻

277. 下列肉类中蛋白质最易消化的是(　　)。

A. 猪肉　　B. 羊肉　　C. 鱼肉　　D. 牛肉

278. 原料的(　　)影响菜肴的硬度、脆度、粘度、韧度和表面的滑度等。

A. 脂肪含量　　B. 维生素含量　　C. 含水量　　D. 胶质含量

279. 肉的外观坚硬,弹性差,肉质坚硬,不易煮烂,缺少肉的特殊美味和气味是动物性原料的质量变化中的(　　)。

A. 尸僵作用　　B. 成熟作用　　C. 自溶作用　　D. 腐败作用

280. 肉质外表稍干燥,肉横切面柔软多汁,肌肉松弛,富有弹性是属于(　　)。

A. 尸僵作用　　B. 成熟作用　　C. 自溶作用　　D. 腐败作用

281. 肉色变暗呈灰绿色,肉质变软,肉汁浑浊是属于(　　)。

A. 尸僵作用　B. 成熟作用　C. 自溶作用　D. 腐败作用

282. 低温储藏鱼类,温度一般保持在(　　)。

A. －4℃～0℃　B. 0℃～4℃　C. 0℃以下　D. 4℃以下

283. 冰冻原料的最佳自然解冻环境温度是(　　)。

A. 0～5℃　B. 5～15℃　C. 15～30℃　D. 20～40℃

284. 保存蔬菜水果的最佳温度是(　　)。

A. 0～5℃　B. 5～10℃　C. 10～15℃　D. －5～0℃

285. 超低温冷冻可以有效地杀灭动物原料中潜在的(　　)。

A. 大部分细菌　B. 传染性病毒　C. 药物残留毒素　D. 寄生虫

286. 米质较疏松、硬度小,加工时易破碎、黏性小,吃水率高,涨性大,出饭率高的米是(　　)。

A. 糯米　B. 粳米　C. 香米　D. 籼米

287. 特制粉的水分含量不超过(　　)。

A. 14%　B. 14.5%　C. 12.5%　D. 13.5%

288. 标准粉的水分含量不超过(　　)。

A. 14%　B. 14.5%　C. 12.5%　D. 13.5%

289. 普通粉的水分含量不超过(　　)。

A. 14%　B. 14.5%　C. 12.5%　D. 13.5%

290. 下列哪种豆味甘,性凉,有清热解毒、利水消肿、消暑止渴的功效(　　)。

A. 小米　B. 红小豆　C. 绿豆　D. 大豆

291. (　　)粒形短圆,色泽蜡白,透明或半透明。

A. 糯米　B. 粳米　C. 香米　D. 籼米

292. (　　)具有强度高、发气性好、吸水量大的特点。

A. 面包粉　B. 饼干　C. 糕点粉　D. 面条粉

293. 我国的大米中以(　　)产量为最多,四川、湖南、广东等省为主产区。

A. 糯米　B. 粳米　C. 香米　D. 籼米

294. (　　)不是莜麦食用前必须经过的“三熟”。

A. 炒熟　B. 烤熟　C. 蒸熟　D. 烫熟

295. 豆腐制作时须经过浸泡、(　　)工序。

A. 磨浆、煮浆、点卤、滤浆　B. 磨浆、煮浆、滤浆、点卤

C. 磨浆、滤浆、煮浆、点卤　D. 磨浆、滤浆、点卤、煮浆

296. 烤麸是将大块(　　)经保温发酵后,放在盘中蒸制而成的。

A. 豆腐　B. 面粉　C. 面筋　D. 腐乳白坯

297. 生姜属于(　　)。

A. 直根类　B. 块茎类　C. 薯芋类　D. 其他根茎类

298. 笋鞭的产生季节为(　　)。

A. 春夏季　B. 夏秋季　C. 秋冬季　D. 冬春季

299. 蒲菜每年上市季节为(　　)。

A. 2～6月　B. 6～7月　C. 4～5月　D. 4～7月

300. 草莓的上市季节为(　　)。

A. 5～6月　　B. 7～8月　　C. 2～3月　　D. 2～8月

301. 属于根菜类的蔬菜品种是(　　)。

A. 洋葱　　B. 马铃薯　　C. 胡萝卜　　D. 大蒜

302. 属于水生类的蔬菜是(　　)。

A. 百合　　B. 绿芦笋　　C. 竹笋　　D. 茭白

303. 属于地下块茎类的蔬菜品种是(　　)。

A. 莴笋　　B. 马铃薯　　C. 荸荠　　D. 苤蓝

304. 属于瓜菜类的蔬菜是(　　)。

A. 洋葱　　B. 蕹菜　　C. 冬瓜　　D. 花椰菜

305. 茴香的原产地是(　　)。

A. 非洲南部　　B. 美洲中部　　C. 亚洲西部　　D. 欧洲北部

306. 蕹菜的别名叫做(　　)。

A. 茼蒿　　B. 木耳菜　　C. 赤根菜　　D. 空心菜

307. 含有较多草酸的蔬菜品种是(　　)。

A. 西红柿　　B. 莲藕　　C. 草石蚕　　D. 菠菜

308. 马铃薯的原产地是(　　)。

A. 非洲　　B. 美洲　　C. 亚洲　　D. 欧洲

309. 经过光合作用的芦笋外皮颜色是(　　)。

A. 紫色　　B. 白色　　C. 黄色　　D. 绿色

310. 未经过光合作用的芦笋外皮颜色呈(　　)。

A. 紫色　　B. 白色　　C. 黄色　　D. 绿色

311. 苤蓝在植物品种中属于(　　)。

A. 芥菜的变种　　B. 甘蓝的变种　　C. 油菜的变种　　D. 芥蓝的变种

312. 根据花茎的颜色不同,油菜薹有(　　)。

A. 紫色和青色　　B. 红色和白色　　C. 绿色和白色　　D. 紫色和红色

313. 肉质(　　)的茭白,质地细嫩,口味最佳。

A. 淡绿　　B. 淡黄　　C. 洁白　　D. 暗青

314. 以下各组蔬菜中,都是以根作为食用对象的是(　　)。

A. 萝卜、土豆　　B. 胡萝卜、藕　　C. 萝卜、胡萝卜　　D. 藕、荸荠

315. 榨菜是世界三大腌菜之一,主要产于我国的(　　)。

A. 四川、浙江　　B. 四川、云南　　C. 浙江、上海　　D. 江苏、浙江

316. 结缔组织在畜体中的分布是(　　)。

A. 前多后少、下少上多　　B. 前少后多、下少上多

C. 前少后多、下多上少　　D. 前多后少、下多上少

317. 动物体所有的瘦肉都是(　　)。

A. 内肌鞘　　B. 心肌　　C. 平滑肌　　D. 横纹肌

318. 猪胃连接十二指肠的出口是(　　)。

A. 贲门　　B. 幽门　　C. 食管　　D. 瘤胃

319. "鱼香肉丝"选用(　　)的肉。

A. 牛肉　　B. 鸡肉　　C. 猪肉　　D. 驴肉

320. 羊在(　　)出肉率最高。

A. 立冬　　B. 立夏　　C. 立秋前、霜降后　　D. 冬至后

321. 黑色食品中目前唯一的动物食品是(　　)。

A. 海参　　B. 乌鸡　　C. 淡菜　　D. 鲜贝

322. 不属于狼山鸡的产地是(　　)。

A. 马塘　　B. 石港　　C. 岔河　　D. 南莫

323. 鸡蛋中的蛋白质为完全蛋白质,其吸收率高达(　　)。

A. 98%　　B. 96%　　C. 100%　　D. 90%

324. 一般用来加工成松花蛋的蛋为(　　)。

A. 鸡蛋　　B. 鸭蛋　　C. 鹅蛋　　D. 鸽蛋

325. 制作"三不粘"所用蛋是(　　)。

A. 鹅蛋　　B. 鸡蛋　　C. 高邮鸭蛋　　D. 鸽蛋

326. 利用灯光透视检验鸡蛋时,气室较大,蛋黄阴影明显的蛋是(　　)。

A. 陈次蛋　　B. 鲜蛋　　C. 劣质蛋　　D. 破损蛋

327. 野鸡的盛产季节为(　　)。

A. 春季　　B. 秋季　　C. 冬季　　D. 夏季

328. 素有禽中的珍品的野禽是(　　)。

A. 野鸭　　B. 野鸡　　C. 禾花雀　　D. 榛鸡

329. 著名鸡种"九斤黄"原产于(　　)。

A. 山东　　B. 江苏　　C. 安徽　　D. 浙江

330. 脂肪组织是由退化了的疏松结缔组织和脂肪细胞积聚而成,占胴体的(　　)。

A. 10% ~16%　　B. 12% ~13%　　C. 20% ~30%　　D. 15% ~17%

331. 广东名菜"咕咾肉"是选用猪的(　　)部位做的。

A. 前肘　　B. 上脑　　C. 里脊　　D. 夹心

332. 四川名菜"宫保肉丁"是选用猪的(　　)部位做的。

A. 里脊　　B. 夹心　　C. 外脊　　D. 坐臀

333. 名菜"蚝油牛柳"是选用牛的(　　)部位做的。

A. 里脊　　B. 外脊　　C. 米龙　　D. 元宝肉

334. 下列不属于脂肪型的猪是(　　)。

A. 巴克夏　　B. 内江猪　　C. 金华猪　　D. 新金猪

335. (　　)的肉质细嫩,皮面光滑,毛孔细,肉易熟,熟后香味浓,味鲜美,质量最好。

A. 成年猪　　B. 老猪　　C. 乳猪　　D. 商品猪

336. (　　)鸭与其他鸭不属于同一个类型。

A. 北京鸭　　B. 高邮鸭　　C. 白洋淀鸭　　D. 娄门鸭

337. (　　)尚可食用,但应长时间加热,以杀死致病微生物。

A. 破损蛋　　B. 陈次蛋　　C. 劣质蛋　　D. 孵化蛋

338. 高邮麻鸭是江苏高邮一带的特产,属于(　　)家禽。

A. 肉用型　B. 兼用型　C. 卵用型　D. 药用型

339. 黄姑鱼在产卵期没有酸味,其产卵期为(　　)。

A. 2 ~5 月　B. 3 ~7 月　C. 3 ~4 月　D. 5 ~6 月

340. 下列不属于海产鱼的种类有(　　)。

A. 鳓鱼　B. 鲟　C. 鲚　D. 鲽

341. 在烹调鲐鱼时,通常加入(　　)减少中毒现象。

A. 食醋　B. 料酒　C. 葱　D. 生姜

342. 有"海鱼之冠"的鱼是(　　)。

A. 鲥鱼　B. 加吉鱼　C. 鲍鱼　D. 大马哈鱼

343. 下列不属于洄游鱼类的是(　　)。

A. 鲥鱼　B. 白鱼　C. 鲚　D. 大马哈鱼

344. 属于鲤科鱼类品种有(　　)。

A. 鲅鱼　B. 鲳鱼　C. 鲐鱼　D. 鲂鱼

345. 在鱼体外表有脂肪细鳞的鱼类品种是(　　)。

A. 黄鳝　B. 带鱼　C. 鲫鱼　D. 鲳鱼

346. 目前在我国淡水养殖业中的大虾类品种是(　　)。

A. 太湖白虾　B. 对虾　C. 米虾　D. 罗氏沼虾

347. 对虾的生命周期为(　　)年。

A. 1　B. 2　C. 3　D. 4

348. (　　)不是洄游鱼。

A. 鲥鱼　B. 大马哈鱼　C. 沙丁鱼　D. 鳗鲡

349. 牡蛎是高档的烹饪原料,它属于(　　)水产品。

A. 软体类　B. 鱼类　C. 甲壳类　D. 爬行类

350. 下列不属于果脯蜜饯的是(　　)。

A. 山楂糕　B. 桔饼　C. 密青梅　D. 蜜枣

351. 我国海蛰质量最好的产地是(　　)。

A. 浙江、福建　B. 山东　C. 天津　D. 吕四

352. 海参的种类繁多,其中质量最好的品种是(　　)。

A. 梅花参　B. 刺参　C. 灰参　D. 大乌参

353. "墨鱼"是指(　　)。

A. 枪乌贼　B. 乌贼　C. 柔鱼　D. 章鱼

354. "乌鱼蛋"是用(　　)的缠卵腺制成的。

A. 乌贼鱼　B. 章鱼　C. 鱿鱼　D. 鲍鱼

355. "荷包翅"是用鱼(　　)部位的鳍干制而成的。

A. 背翅　B. 胸翅　C. 臀翅、腹翅　D. 尾翅

356. 被称为鱼肚中之上品,质量好,但产量少的鱼肚是(　　)。

A. 黄唇肚　B. 黄鱼肚　C. 鳗鱼肚　D. 鲟鳇肚

357. (　　)是用鱼的胃加工而成的。

A. 鲟鳇肚　B. 鳗鱼肚　C. 黄鱼肚　D. 黄唇肚

358. 猪蹄筋是常用的干货原料,它是利用猪体中的(　　)加工而成。

A. 脂肪组织　B. 肌肉组织　C. 神经组织　D. 结缔组织

359. (　　)是最好的品种。

A. 翼翅　B. 青翅　C. 披刀翅　D. 荷包翅

360. 以鳇鱼或鲟鱼的卵加工干制成的鱼子是(　　)。

A. 红鱼子　B. 黑鱼子　C. 鲱鱼子　D. 黄鱼子

361. 有"黄色钻石"之称的鱼子,是(　　)加工干制成的。

A. 红鱼子　B. 黑鱼子　C. 鲱鱼子　D. 黄鱼子

362. 形似大豆,颗粒上有黏液,半透明的鱼子是(　　)。

A. 红鱼子　B. 黑鱼子　C. 鲱鱼子　D. 黄鱼子

363. 西施舌的贝壳肌称为(　　)。

A. 江珧柱　B. 带子　C. 海蚌柱　D. 干贝

364. 日月贝的贝壳肌称为(　　)。

A. 江珧柱　B. 带子　C. 海蚌柱　D. 干贝

365. 江珧的贝壳肌称为(　　)。

A. 江珧柱　B. 带子　C. 海蚌柱　D. 干贝

366. 不属于食用菌类的有(　　)。

A. 草菇　B. 石耳　C. 鸡枞　D. 竹荪

367. 属于食用藻类的有(　　)。

A. 猴头菇　B. 银耳　C. 石耳　D. 琼脂

368. 习惯上被称为口蘑的蘑菇品种是(　　)。

A. 榛蘑　B. 草菇　C. 双包蘑菇　D. 平菇

369. 荔枝是我国南方特产珍果,以(　　)供食用。

A. 中果皮　B. 种皮　C. 假种皮　D. 内果皮

370. 下列属于苦味调味品的有(　　)。

A. 孜然　B. 丁香　C. 茶叶　D. 草果

371. 使普通酱油具有鲜美滋味的是植物蛋白水解而成的(　　)。

A. 脂肪酸　B. 碳水化物　C. 氨基酸　D. 乙酸

372. 用于酿造镇江香醋的主要原料是(　　)。

A. 高粱　B. 小麦　C. 大米　D. 玉米

373. 在霉烂的姜中含有的有毒物质是(　　)。

A. 核黄素　B. 黄樟素　C. 氯丙醇　D. 亚硝酸钠

374. 能够用于加工纯正色拉油的油料是(　　)。

A. 花生油　B. 菜子油　C. 黄油　D. 大豆油

375. 铁皮罐装食品出厂后的有效贮存期限为(　　)。

A. 1 年　B. 2 年　C. 半年　D. 3 个月

376. 用于加工传统调料蚝油的基本原料是(　　)。

A. 蛏子　B. 贻贝　C. 扇贝　D. 牡蛎

377. 食盐的主要成分是(　　)。

A. 氯化钾　　B. 碘化钾　　C. 硫酸镁　　D. 氯化钠

378. 我国市场上的加碘食盐中添加的重要物质是(　　)。

A. 溴化钾　　B. 碘化钾　　C. 碘化银　　D. 海带提取物

379. 下列原料中,不属于辣味调味品的是(　　)。

A. 芥末　　B. 胡椒　　C. 花椒　　D. 泡椒

380. 下列哪种原料中不属于香味调味品的是(　　)。

A. 黄酒　　B. 花椒　　C. 陈皮　　D. 香糟

381. 下列调味品中,不属于香味调味品的是(　　)。

A. 黄酒　　B. 桂皮　　C. 草果　　D. 花椒

382. 醋是常用的酸味调料,其酸味主要来自(　　)。

A. 柠檬酸　　B. 碳酸　　C. 草酸　　D. 乙酸

383. (　　)还原糖的吸湿性强,所以在存放时不宜堆叠,以防挤压结块。

A. 棉白糖　　B. 赤砂糖　　C. 红糖　　D. 木糖醇

384. 酱油产生醇膜菌繁殖最适宜的温度为(　　)℃。

A. 10 ~ 20℃　　B. 30 ~ 40℃　　C. 25 ~ 30℃　　D. 10 ~ 20℃

385. 色泽洁白、有光、粉汁细腻、无异味、无杂质、黏性好,涨性大,是淀粉中上品的是(　　)。

A. 玉米淀粉　　B. 绿豆淀粉　　C. 土豆淀粉　　D. 小麦淀粉

386. 不使用人工合成添加剂的原料品种属于(　　)。

A. 有机天然食品原料　　B. 绿色食品原料

C. 转基因食品原料　　D. 冷藏原料。

387. (　　)不适合食用油脂的储存。

A. 控制食用油脂的水分　　B. 避免与空气长时间的接触

C. 避免高温　　D. 储存在阴暗的角落

388. 硫酸钙加热到(　　),失水而生成煅石膏,为烹调所用。

A. 100℃　　B. 90℃　　C. 80℃　　D. 85℃

389. 优良的猪油在(　　)以下时成固态,呈白色软膏状、有光泽、无杂质、有特殊香气、无异味。

A. 25℃　　B. 15℃　　C. 10℃　　D. 5℃

390. (　　)对储存油脂不利。

A. 蜡　　B. 甾醇　　C. 磷酸　　D. 黏蛋白

391. 新鲜蔬菜和水果的含水量较高,常达(　　)。

A. 70% ~90%　　B. 70% ~95%　　C. 80% ~90%　　D. 80% ~95%

392. 在植物组织器官中,叶子含矿物质最多,占叶子总干重的(　　)。

A. 9% ~14%　　B. 10% ~15%　　C. 11% ~16%　　D. 12% ~17%

393. 按照原料(　　)分为主料、配料、调料。

A. 来源和自然属性　　B. 是否经过加工及加工程度

C. 在菜点制作中所占的地位和作用　　D. 在商品流通领域的习惯称呼

394. 冷却贮存是指将原料置于(　　)尚不结冰的环境中贮存。

A. 0 ~ 10℃　　B. 0 ~ 15℃　　C. 0 ~ 20℃　　D. 0 ~ 5℃

395.(　　)以植物的叶片和叶柄作为主要食用部位。

A.根菜类　　B.茎菜类　　C.叶菜类　　D.花菜类

396.柑橘类果品不包括(　　)。

A.山竹　　B.芦柑　　C.红橘　　D.脐橙

397.肌肉组织是构成畜肉的最主要部分,占整个畜肉质量的(　　)。

A.40% ~50%　　B.45% ~55%　　C.50% ~60%　　D.55% ~65%

398.咸蛋在我国南北朝时已有制作,最有名的高邮咸蛋有(　　)的历史。

A.100 多年　　B.200 多年　　C.300 多年　　D.400 多年

399.我国的虾类有(　　)多种,以海产虾的种类和资源量居多。

A.100　　B.200　　C.300　　D.400

## 三、判断题

1.理化鉴别是可以用眼看、用手摸来进行的。(　)

2.烹饪原料在常温下是随时都会变质的。(　)

3.对烹饪原料进行品质鉴别是采购员的专门技能。(　)

4.原料中的营养成分为有机物质和无机物质两大类。(　)

5.烤麸是用面粉制成的。(　)

6.谷物类原料中主要营养成分是维生素。(　)

7.高粱米中所含脂肪及铁要比大米少。(　)

8.甘薯中主要含有大量的淀粉,无糖分。(　)

9.圈养的禽类肉质细嫩,风味好,适于快速成菜;散养的禽类肉质较老,且风味差,适于长时间成菜的方法。(　)

10.两栖类动物的脂肪组织不太明显,在肌肉组织中更少。因此,两栖类原料是高蛋白低脂肪的上好原料。(　)

11.鱼类脂肪中不饱和脂肪酸含量高,熔点低,常温下呈液态,容易被人体吸收,消化率可达95%左右,多食可预防心血管系统疾病的发生。(　)

12.蔬菜中含有丰富的无机盐,如钙、铁、钾等,不但含量高,而且容易利用,对维持体内的酸碱平衡十分重要。(　)

13.自由水与果蔬组织结合紧密,不易结冰,不易改变,对形成食品的风味起着非常重要的作用。在过渡脱水的情况下,自由水被强行去除,原料的风味和质地也就会大大改变。(　)

14.藻类中的营养成分主要为糖类,占35% ~60%,大多为具特殊黏性的糖类,一般难以消化。(　)

15.辅助原料不能单独成菜,但在菜点的制作过程中起着重要作用。(　)

16.一切具有可食性的食物均属于烹饪原料。(　)

17.通过烹饪手段制作各种食品的可食性食物原材料称为烹饪原料。(　)

18.能够烹调的都是烹饪原料。(　)

19.凡是口感、口味良好,又有营养价值的动植物都可作为烹饪原料。(　)

20.凡是含有糖的无毒的可食性动、植物,都可作为烹饪原料。(　)

21.有机物质包括蛋白质、脂肪、矿物质等。(　)

22. 无机物质包括维生素和水。( )

23. 植物中的纤维素也是多糖的一种存在形式。( )

24. 纤维素不属于糖类,对人体无任何营养价值。( )

25. 碳水化合物主要存在于植物性原料中,其中以水果最为丰富。( )

26. 选料的根本目的就是使原料得到合理使用,易被人体消化吸收,同时满足人体营养和口味的基本要求。( )

27. 烹饪原料都有天然的色泽和光泽。( )

28. 能熟练的掌握鉴别技术是一名厨师从事烹饪工作应有的条件。( )

29. 感官鉴别不需设备,简单可行,是最好最准确的方法。( )

30. 感官鉴别不如理化鉴别准确可靠。( )

31. 对原料外表结构、形态、色泽等外部特征进行检验,这种检验方法叫做触觉检验。( )

32. 黄瓜原产地是印度。( )

33. 丝瓜的蛋白质含量高于冬瓜、黄瓜。( )

34. 番茄属于茄果类蔬菜。( )

35. 椰菜是冬季上市的主要蔬菜。( )

36. 西兰花就是青花菜。( )

37. 香椿芽最佳的食用期是谷雨前后。( )

38. 蒲菜制作时不宜加热过度,以保其脆嫩,制作时不宜加酱油。( )

39. 畜肉风味柔滑鲜美的原因是因为畜肉含有肌间脂肪。( )

40. 肾皮质是猪腰主要的食用部位。( )

41. 猪肚的幽门部位最肥厚,属肚之上品,行业中称为肚头、肚尖。( )

42. 牛羊的胃为单室胃,称反皱胃。( )

43. 猪从十二指肠到盲肠的一段为大肠,从盲肠到肛门的一段为小肠,又称"肥肠"。( )

44. 蛋白中的浓稠蛋白的含量对蛋的品质和耐贮性有很大的影响。( )

45. 蛋白浓稠与否,是衡量蛋的质量的主要指标之一。( )

46. 皮蛋是用稻草灰、黄泥、食盐、水等腌制而成的蛋制品。( )

47. 水产品类原料是指有一定经济价值的水生动、植物原料的总称。( )

48. 鱼类含饱和脂肪酸较多,在常温下多呈液态,易被人体消化吸收。( )

49. 由于水产品的脂肪具有不饱和性,所以不容易氧化和腐败。( )

50. 鲐鱼中的组氨酸含量较高,不新鲜时其含量更高,并可分解产生组织胺,能引起食用者发生过敏性中毒现象。( )

51. 海鳗以立夏至初伏为捕捞旺季。( )

52. 鲱鱼有"海鱼之冠"之美称。( )

53. 水产品主要以感官检验方法判断其新鲜度。( )

54. 根据鱼鳃颜色的变化可以判断鱼的新鲜度。( )

55. "黑鱼子"是鲱鱼的卵加工而成的干货制品。( )

56. 海虾子比河虾子鲜味浓,质量好。( )

57. 口蘑的主要产地是浙江、山东,一般产于夏季。( )

58. 竹荪菌盖表面有臭味粘液,将臭头部分切去,晒干后有香味。( )

59. 黄裙竹荪有毒,不可食用。( )

60. 海带一般在秋季采收。( )

61. 果实成熟过程中,果实淀粉会在酶的作用下转化成糖,所以果实成熟后会变甜。( )

62. 具有咸味的调味品有酱油及其他一些酱类,它们都是具有食盐成分的加工制品,其咸味仍然是氧化钠所产生。( )

63. 鲜味是一种重要味别,所以鲜味调味品在烹调中可以独立存在和使用。( )

64. 清真菜"烩散丹"中的"散丹"指的是牛的瓣胃。( )

65. 植物中的纤维素也是多糖的一种存在形式。( )

66. 素菜中的"三菇"是指香菇、平菇和草菇。( )

67. 海蛰以山东沿海所产的"东蛰"质量最好。( )

68. 蛋清的营养价值高于蛋黄。( )

69. 刀鲚是比较名贵的烹饪原料,以清明节前后质量最好。( )

70. 发菜属于陆生植物性干料。( )

71. 胡椒是在唐朝时传入我国的。( )

72. 梅干菜为江南腌菜之一,亦称梅菜,干菜,因其腌制时正当梅子成熟,故名梅菜。( )

73. 氽鱼汤选用鲥鱼最佳。( )

74. 蛇经初加工后应用冷水浸泡,否则肉质会变老。( )

75. 鱼骨的质量鉴别以洁白明亮者为上品。( )

76. 牛蛙原产于北美洲,因鸣叫声大,远听似牛,故叫牛蛙。( )

77. 大葱属于叶菜类。( )

78. 原料干制的目的之一是为了运输。( )

79. 哈士膜主要产于我国东北。( )

80. 骨骼组织是家畜肉的主要构成部分。( )

81. 猪身上的"元宝肉"可代替里脊肉使用。( )

82. 食用油脂是指植物油及动物脂肪。( )

83. 品质好的火腿清香,无异味。( )

84. 烹饪原料是指用于制作各种菜肴的无毒原料。( )

85. 鲤鱼、黄花鱼、扁口鱼都属于淡水鱼。( )

86. 香菇的主要产地是东北的大小兴安岭一带。( )

87. 猴头磨属于上八珍。( )

88. 鲥鱼的最大特点是脂肪丰富。( )

89. "小豆"是红豆的别名。( )

90. 玉米是我国最古老的粮食之一。( )

91. 莴苣又称雪菜、春不老。( )

92. 发芽的马铃薯含有对人体有毒的物质鞣酸。( )

93. 穿山甲是国家二级保护动物。( )

94. 死甲鱼和死河蟹都不可食用。( )

95. 木耳以春耳最佳。( )

96. 果子狸有土腥味,烹调时需先用冷水泡之。( )

97. 口蘑主要产于张家口一带。(　)

98. 番茄原产于南美洲。(　)

99. 浙江金华地区所产的火腿称为南腿。(　)

100. 血脖肉适于炸、爆、溜。(　)

101. 乳牛在产犊后一周内的乳称为初乳。(　)

102. 在动物性原料中不存在维生素。(　)

103. 在有刺海参中,梅花参质量最好。(　)

104. 鱼骨的质量鉴别以洁白明亮者为上品。(　)

105. 鸡牙子最宜制鸡泥用。(　)

106. 香菇的主要产地是东北的大小兴安岭一带。(　)

107. 气室的大小是衡量蛋的新鲜度的重要指标。(　)

108. 烹饪原料品质鉴定的方法很多,主要可分为两种,即现代鉴定方法和经验鉴定方法。(　)

109. 在食用野生动物时必须注意遵守《野生动物保护条例》,对于其中所规定的珍稀动物给以保护,不得猎取和食用,但是可以猎杀的野生动物品种,就可以无节制地猎取和食用。(　)

110. 非甘油脂类化合物在油脂中的含量很低,故对于食用油脂的质量影响不大。(　)

111. 制作"水晶虾球""狮子头"这类菜肴时所调制的蓉胶为硬质蓉胶。(　)

112. 整料去骨下刀要准确,可伤破原料的表皮。(　)

113. 烹饪原料种类繁多,品质基本相同。(　)

114. 火腿是用猪的前后腿经腌、煮、陈放发酵等工艺加工而成。(　)

115. 将经低温油焐制后的干制原料,投入180℃~200℃的高温油中,使之膨化的加工过程,属于高温油成熟阶段。(　)

116. "椰丝虾球"是将虾球炸好后再滚上椰丝,属于包裹调味法。(　)

## 四、简答题

1. 简述烹饪原料具备的条件。
2. 简述蛋白质在烹饪中的变化。
3. 简述脂类在烹饪中的变化。
4. 简述维生素在烹饪中的变化。
5. 影响烹饪原料品质的主要因素是什么?
6. 简述烹饪原料低温储藏方法。
7. 简述粮食的烹饪运用。
8. 简述粮食制品的种类。
9. 简述蔬菜在烹饪中的作用。
10. 简述根菜类蔬菜的主要种类。
11. 简述地上茎蔬菜的主要种类。
12. 简述地下茎蔬菜的主要种类。
13. 简述普通叶菜的主要种类。

14. 简述香辛叶菜的主要种类。
15. 简述花菜类蔬菜的主要种类。
16. 简述豆类蔬菜的主要种类。
17. 简述瓠果类蔬菜的主要种类。
18. 简述食用菌的主要种类。
19. 简述食用藻类的主要种类。
20. 简述鲜果类主要品种。
21. 简述干果类主要品种。
22. 简述家畜与野畜的主要品种。
23. 简述家畜副产品主要品种。
24. 简述畜肉制品的种类。
25. 简述水产品的保鲜与储藏方法。
26. 简述淡水鱼类的种类。
27. 简述海产鱼类的种类。
28. 简述虾蟹的种类。
29. 简述贝类原料品种。
30. 什么是烹饪原料?
31. 蛋白质的生理功能是什么?
32. 烹饪原料常用的保管方法有哪些?
33. 日常生活中的豆制品有哪些?
34. 谷物类原料种子的结构及营养成分是什么?
35. 食用木薯时应注意哪些卫生问题?
36. 蛋黄和蛋清各有什么特点?这些特点在烹饪中如何运用?
37. 干货制品类原料的品质鉴别的基本标准是什么?
38. 简述淀粉在烹调中的作用。
39. 烹调比目鱼时要注意哪些问题?
40. 干货制品类原料有哪些烹饪应用?
41. 简述食用菠萝的注意事项是什么?
42. 简述萝卜在烹调中的应用。
43. 为什么对草酸含量较多的蔬菜要进行焯水处理?
44. 果品类原料的烹调应用有哪些?
45. 怎样除去鲐鱼中的组氨酸?孔鳐肉有氨味怎样去除?
46. 用火腿制作菜肴应注意什么问题?
47. 烹饪原料分类有哪些意义?
48. 简述新鲜鱼的品质鉴别。
49. 简述畜禽类原料的烹饪应用。
50. 简述蔬菜类原料的烹饪应用。
51. 菌藻类原料的烹调应用有哪些?
52. 食用油脂在烹调中的作用有哪些?

53. 简述水产品原料在烹饪中的应用。
54. 去腥的常用办法有哪些?
55. 简述新鲜家禽肉的感官鉴别标准。
56. 简述烹饪原料的常用保管方法。
57. 简述烹饪原料品质鉴别的依据和标准。
58. 简述火腿的品质特点。
59. 简述活禽的质量检验。
60. 简述干货制品的特点。
61. 简述果品类原料的品质鉴别。
62. 人造水产品的种类有哪些?
63. 为什么要去掉蔬菜中的草酸? 应如何去除?
64. 简述调味品类原料的保管。
65. 简述烹饪原料选择的意义。
66. 如何鉴别出用过瘦肉精的猪肉?
67. 烹饪原料感官鉴别方法有哪几种?
68. 粮食保管中应注意哪几个问题?
69. 畜禽类原料的化学成分是什么?
70. 鱼类产生腥味的主要原因是什么? 去腥味的常用办法有哪些?
71. 怎样鉴别松花蛋?
72. 按果实结构分,果品可分为哪几类?
73. 烹饪原料品质鉴别的意义有哪些?
74. 主要谷物类原料在烹饪中是如何应用的?

# 参考答案

## 一、填空题

1. 骨骼组织　结缔组织　肌肉组织　脂肪组织　肌肉组织　结缔组织
2. 色泽　气味　滋味　外观形态　杂质含量　水分含量　有无霉变　有无腐败变质
3. 僵直阶段　成熟阶段　自溶阶段　腐败阶段　新鲜肉
4. 冷藏　烹饪原料
5. 肉品品质　储藏性
6. 谷类粮食　豆类粮食　薯类粮食　粮食制品
7. 籼米　粳米　糯米　香米　黑米　红米　绿米
8. 黄大豆　青大豆　黑大豆
9. 大粒蚕豆　中粒蚕豆　小粒蚕豆　青皮蚕豆　白皮蚕豆　红皮蚕豆
10. 千张
11. 绿豆芽　黄豆芽
12. 粉条

13. 莱菔
14. 西洋山葵
15. 红萝卜
16. 土瓜
17. 冬笋
18. 菜心
19. 青菜头
20. 马蹄
21. 慈姑
22. 七孔藕　九孔藕　七孔藕　九孔藕
23. 塌地　半塌地
24. 大叶　小叶
25. 直筒型　卵圆型　平头型
26. 香菜
27 菜花
28. 西兰花
29. 黄花菜
30. 洋百合
31. 豆角
32. 四角豆
33. 圆茄　长茄
34. 西红柿
35. 青椒
36. 搅瓜
37. 桂圆
38. 凤梨
39. 波罗蜜
40. 外观　气味　弹性　脂肪　煮沸后的肉汤
41. 乌金
42. 腰子
43. 肚子
44. 青鱼　草鱼　鲢鱼　鳙鱼
45. 白鲢
46. 鲤拐子
47. 刀鱼
48. 镜鱼
49. 偏口
50. 背翅　胸翅　腹翅　臀翅　尾翅
51. 鳔

52. 蛤士蟆
53. 脂肪　蛋白质　维生素　无机盐
54. 味觉检验　视觉检验　触觉检验　嗅觉检验　听觉检验
55. 物理学方面　化学方面　生物学方面
56. 水分　颜色　面筋度　新鲜度
57. 脂溶性　水溶性
58. 高筋粉　低筋粉　中筋粉
59. 谷皮　糊粉层　胚乳　胚
60. 重要　非常广泛
61. 碳水化合物　经光合　单糖　双糖　多糖
62. 氨基酸
63. 动物人参
64. 疏松结缔组织　致密结缔组织　脂肪组织　骨组织
65. 储备脂肪　肌间脂肪
66. 肌细胞　肌纤维
67. 肌浆　肌质
68. 颜色　嫩度
69. 肌肉组织　脂肪组织
70. 肌浆蛋白质　基质蛋白质
71. 肝脏　心　皮　乳汁
72. 肉或副产品
73. 原料自身酶的作用　外界微生物的作用
74. 干制品　酱卤制品　油炸制品
75. 酱制品　卤制品
76. 洗晒　发酵
77. 禽类肉
78. 组织结构
79. 禽蛋
80. 起泡性　乳化性
81. 腌制类　烤制类
82. 海藻胶
83. 天足目
84. 脊柱动物
85. 软骨鱼类　硬骨鱼类
86. 洄游鱼
87. 组织及器官分化不明显
88. 质地软硬
89. 多板纲　瓣鳃纲　腹足纲
90. 刺参　光参

91. 牙鲆
92. 河口　秦皇岛
93. 鱼油毒　麻痹毒素
94. 大东沟　秦皇岛　山海关　烟台　秦皇岛
95. 大东沟　关角沟　北唐
96. 荣成　威海　黄色钻石
97. 江苏　焦山　端午节　鱼中之王　产量较少　味道鲜美
98. 洞庭湖　微山湖　春季
99. 泥蚶　毛蚶　日照　胶南　崂山　舟山群岛
100. 蛋白质　脂肪　矿物质
101. 烘　晒　晾
102. 动物性陆生干货制品　动物性水生干货制品　植物性水生干货制品
103. 山珍类　海味类
104. 水分含量小　不能直接加热食用
105. 中国林蛙　雌哈士膜蛙输卵管
106. 背翅　胸翅　尾部　背翅　散翅　翅饼　必需氨基酸(色氨酸)
107. 浙江　广东　黄唇肚　黄鱼肚　鳗鱼肚　大黄鱼肚　提片　吊片　搭片
108. 大马哈鱼　鲟鱼　鳇鱼　鲱鱼
109. 金钩　开洋
110. 燕菜　毛燕　血燕　官燕　贡燕
111. 真菌　藻类　地衣
112. 花菇　厚菇　薄菇　菇丁
113. 春耳　秋耳　伏耳
114. 黑龙江小兴安岭　完达山　河南伏牛山区
115. 石耳　石鸡　石鱼
116. 果实　加工制品
117. 纤维素
118. 维生素 C　胡萝卜素　维生素 P
119. 仁果类　浆果类　柑橘类　瓜果类
120. 辽东半岛　山东半岛　欧洲　粉蕉　甘蕉　水果之王　巴西　中华猕猴桃　软枣猕猴桃　三亚市　琼海　云南　巴西
121. 海盐　湖盐　井盐　矿盐
122. 谷氨酸钠
123. 四川
124. 黑胡椒　白胡椒
125. 白糟　红糟　草豆寇　肉豆寇
126. 硬脂酸　软脂酸　亚油酸　亚麻酸　花生四烯酸
127. 芝麻酚
128. 精炼油　硬化油

129. 油　脂
130. 饱和脂肪酸　磷脂
131. 植物油脂　动物油脂
132. 芥酸
133. 甘油　脂肪酸
134. 炒熟　烫熟　蒸熟
135. 自溶
136. 葡萄糖　果糖　半乳粮
137. 叶菜类蔬菜　茎菜类蔬菜　根菜类蔬菜　花菜类蔬菜　果菜类蔬菜　芽苗类蔬菜
138. 高温杀菌法　巴氏消毒
139. 叶韭　花韭　根韭　叶花兼用韭
140. 无定形的基质　纤维
141. 氨基酸
142. 碳水化合物　脂肪　蛋白质　维生素
143. 果　种
144. 盐腌储藏法　糖渍储藏法　酸渍储藏法　酒渍储藏法
145. 硫胺　核黄
146. 水面筋　烤麸　油面筋
147. 束缚水　自由水
148. 蔗糖　麦芽糖　乳糖
149. 谷皮　糊粉层　胚乳　胚
150. 触觉　味觉
151. 菌盖　菌柄　其他附属类
152. 鲜果类　干果类　果干类　糖制果品
153. 陈皮　茶叶
154. 豆腐
155. 标准粉
156. 东北大豆
157. 调节温度　控制温度　避免污染
158. 樱桃椒类　圆锥椒类　簇生椒类　长角椒类　灯笼椒类
159. 水溶性色素　非水溶性色素
160. 圆形　三角形
161. 糖原　动物淀粉　纤维素
162. 杀菌　降血压　抗癌
163. 腌制鸡
164. 水分　蛋白质　脂肪
165. 花鲈　板鲈　立秋
166. 浙江　福建　广东
167. 苹果酸　柠檬酸　酒石酸　酒酸

168. 食用油脂　淀粉　食品添加剂
169. 无毒　无害　有营养价值
170. 氨基酸
171. 鲜活原料　干货原料　复制品原料
172. 营养与卫生　质量　性质和特点
173. 性质　特征
174. 原料的固有品质　原料的成熟度和纯度　原料的新鲜度　原料的清洁卫生
175. 嗅觉　视觉　听觉　味觉
176. 尸僵
177. 低温储藏法　脱水储藏法　密封储藏法　烟熏储藏法　气调储藏法　盐腌储藏法　酸渍储藏法
178. 等级粉　专用粉
179. 山西沁县黄小米　山东章丘龙山小米　新疆小米
180. 安徽明光绿豆　河北宣传绿豆　四川绿豆　黄绿　墨绿
181. 千张　豆皮　水面筋　油面筋
182. 粒形　硬度　调节温度　避免污染
183. 维生素　酸碱平衡
184. 淀粉　纤维素　果胶
185. 草酸　草酸钙　鞣酸钙
186. 刺激食欲　帮助消化　杀菌
187. 朝鲜
188. 石刁柏　龙须菜　欧洲
189. 南美洲　地下　鞣酸　龙葵素　蔬菜之王　第二面包
190. 玉米　水稻　小麦　燕麦
191. 甜酸甘蓝　酸黄瓜　四川　浙江
192. 中国　来凤姜　红爪姜　黄爪姜　矫味　去腥异味　姜油酚　姜油酮　黄樟素
193. 中亚　海城大蒜　仓山大蒜　宋城大蒜　拉萨大蒜
194. 含氮浸出物
195. 水分　蛋白质　糖类　维生素
196. 结缔组织　肌肉组织　骨骼组织　脂肪组织
197. 散丹
198. 肚头　肚尖　肚仁
199. 蒙古牛　华北牛　华南牛
200. 高原之舟
201. 广西　烤乳猪
202. 山羊　绵羊
203. 吐绶鸡　北美　感恩节
204. 腌腊制品　灌肠制品　脱水制品
205. 初乳　常乳　末乳

206. 外蛋壳膜　蛋壳　蛋白膜
207. 脱脂乳　乳酸菌
208. 盐酸克仑特罗
209. 冷藏法　石灰水浸泡法　水玻璃浸泡法　液体石蜡　矿物质
210. 蛋白质　无机盐
211. 梭形鱼　扁形鱼　圆筒形鱼　侧扁形鱼
212. 嗅觉
213. 两分子单糖

## 二、选择题

1. B　2. B　3. D　4. A　5. B　6. D　7. D　8. D　9. C
10. A　11. B　12. B　13. A　14. D　15. B　16. D　17. B　18. C
19. B　20. B　21. D　22. C　23. B　24. C　25. C　26. D　27. D
28. C　29. A　30. D　31. C　32. C　33. D　34. D　35. D　36. D
37. C　38. B　39. B　40. D　41. B　42. B　43. D　44. C　45. B
46. B　47. C　48. B　49. B　50. D　51. A　52. B　53. B　54. C
55. A　56. C　57. A　58. B　59. B　60. C　61. B　62. C　63. C
64. D　65. A　66. D　67. A　68. A　69. D　70. D　71. D　72. A
73. C　74. D　75. A　76. D　77. D　78. A　79. C　80. C　81. C
82. D　83. C　84. A　85. D　86. C　87. D　88. B　89. A　90. A
91. B　92. C　93. C　94. A　95. B　96. C　97. A　98. D　99. A
100. A　101. A　102. D　103. B　104. A　105. D　106. A　107. B　108. A
109. D　110. B　111. B　112. C　113. C　114. D　115. D　116. C　117. B
118. D　119. C　120. D　121. C　122. A　123. B　124. A　125. A　126. A
127. A　128. D　129. B　130. D　131. B　132. B　133. A　134. C　135. B
136. B　137. A　138. C　139. C　140. D　141. D　142. C　143. C　144. A
145. B　146. B　147. A　148. C　149. B　150. A　151. A　152. B　153. C
154. A　155. B　156. C　157. A　158. C　159. A　160. A　161. B　162. D
163. B　164. C　165. D　166. D　167. B　168. D　169. A　170. B　171. C
172. B　173. C　174. B　175. C　176. A　177. D　178. A　179. C　180. C
181. C　182. C　183. C　184. C　185. B　186. C　187. C　188. B　189. B
190. D　191. D　192. D　193. D　194. C　195. B　196. A　197. C　198. A
199. B　200. D　201. A　202. A　203. D　204. C　205. C　206. C　207. D
208. B　209. C　210. C　211. C　212. D　213. C　214. C　215. D　216. D
217. B　218. C　219. D　220. B　221. A　222. D　223. B　224. D　225. A
226. A　227. B　228. C　229. C　230. C　231. C　232. A　233. A　234. A
235. C　236. D　237. A　238. A　239. D　240. C　241. B　242. A　243. D
244. D　245. B　246. D　247. C　248. D　249. A　250. A　251. B　252. A
253. C　254. C　255. A　256. A　257. A　258. D　259. C　260. B　261. A

| | | | | | | | | |
|---|---|---|---|---|---|---|---|---|
| 262. A | 263. D | 264. A | 265. A | 266. B | 267. A | 268. A | 269. A | 270. C |
| 271. B | 272. D | 273. D | 274. D | 275. A | 276. B | 277. C | 278. C | 279. A |
| 280. B | 281. D | 282. C | 283. B | 284. B | 285. D | 286. D | 287. B | 288. A |
| 289. C | 290. C | 291. B | 292. A | 293. D | 294. B | 295. C | 296. C | 297. C |
| 298. B | 299. C | 300. A | 301. C | 302. D | 303. B | 304. C | 305. C | 306. D |
| 307. D | 308. B | 309. D | 310. B | 311. B | 312. A | 313. C | 314. C | 315. A |
| 316. D | 317. D | 318. B | 319. C | 320. C | 321. B | 322. D | 323. A | 324. B |
| 325. B | 326. A | 327. C | 328. D | 329. A | 330. C | 331. B | 332. C | 333. B |
| 334. C | 335. D | 336. A | 337. B | 338. B | 339. D | 340. C | 341. A | 342. B |
| 343. B | 344. D | 345. B | 346. D | 347. A | 348. C | 349. A | 350. A | 351. A |
| 352. C | 353. B | 354. A | 355. C | 356. A | 357. A | 358. D | 359. C | 360. B |
| 361. C | 362. A | 363. C | 364. B | 365. A | 366. B | 367. D | 368. C | 369. A |
| 370. C | 371. C | 372. C | 373. B | 374. D | 375. A | 376. D | 377. D | 378. B |
| 379. C | 380. C | 381. D | 382. D | 383. D | 384. C | 385. B | 386. A | 387. D |
| 388. A | 389. C | 390. D | 391. B | 392. B | 393. C | 394. A | 395. C | 396. A |
| 397. C | 398. C | 399. D | | | | | | |

## 三、判断题

| | | | | | | | | |
|---|---|---|---|---|---|---|---|---|
| 1. × | 2. √ | 3. × | 4. √ | 5. √ | 6. × | 7. × | 8. × | 9. × |
| 10. √ | 11. √ | 12. √ | 13. × | 14. √ | 15. √ | 16. × | 17. √ | 18. × |
| 19. × | 20. √ | 21. × | 22. × | 23. √ | 24. × | 25. × | 26. × | 27. √ |
| 28. √ | 29. × | 30. √ | 31. × | 32. √ | 33. √ | 34. √ | 35. × | 36. √ |
| 37. √ | 38. √ | 39. √ | 40. √ | 41. √ | 42. × | 43. × | 44. √ | 45. √ |
| 46. × | 47. × | 48. × | 49. × | 50. √ | 51. × | 52. × | 53. √ | 54. √ |
| 55. × | 56. √ | 57. × | 58. √ | 59. √ | 60. × | 61. √ | 62. √ | 63. × |
| 64. × | 65. √ | 66. × | 67. × | 68. × | 69. √ | 70. × | 71. × | 72. × |
| 73. × | 74. √ | 75. √ | 76. √ | 77. × | 78. √ | 79. √ | 80. √ | 81. √ |
| 82. √ | 83. √ | 84. √ | 85. × | 86. × | 87. × | 88. √ | 89. √ | 90. × |
| 91. × | 92. × | 93. √ | 94. √ | 95. √ | 96. √ | 97. × | 98. √ | 99. √ |
| 100. × | 101. √ | 102. × | 103. × | 104. √ | 105. × | 106. × | 107. √ | 108. × |
| 109. × | 110. × | 111. × | 112. × | 113. × | 114. × | 115. √ | 116. × | |

## 四、简答题

(略)

# 参 考 文 献


[1] 郝志阔等. 烹饪原料. 北京:中国质检出版社,2012
[2] 陈金标. 烹饪原料. 北京:中国轻工业出版社,2015
[3] 赵廉. 烹饪原料学. 北京:中国纺织出版社,2008
[4] 蒋爱民等. 食品原料学. 南京:东南大学出版社,2007
[5] 王兰. 烹饪原料学. 南京:东南大学出版社,2007
[6] 霍力. 烹饪原料学. 北京:旅游教育出版社,2012
[7] 王全喜等. 植物学. 北京:科学出版社,2004
[8] 黑龙江商学院旅游烹饪系. 烹饪原料学. 北京:中国商业出版社,1991
[9] 崔桂友. 烹饪原料学. 北京:中国轻工业出版社,2001
[10] 阎红. 烹饪调味应用手册. 北京:化学工业出版社,2008
[11] 路新国. 中国饮食保健学. 北京:中国轻工业出版社. 2001
[12] 李秋菊. 食品化学简明教程及实验指导. 北京:中国农业出版社,2005
[13] 周绍传. 中式烹调师　川菜. 成都:四川科学技术出版社,2008
[14] 古少鹏. 禽产品加工技术. 北京:中国社会出版社. 2005
[15] 阎红. 烹饪原料学. 北京:旅游教育出版社,2008
[16] 谭仁祥. 植物成分功能. 北京:科学出版社,2003
[17] 赵建民. 烹饪营养与食品安全. 北京:中国旅游出版社,2012
[18] 王向阳. 烹饪原料学. 北京:高等教育出版社,2009
[19] 毛羽扬. 烹饪解疑. 北京:科学出版社,2006
[20] 伍福生. 餐馆实用调味. 广州:中山大学出版社,2005
[21] 石彦国等. 食品原料学. 北京:科学出版社,2016
[22] 曹雁平. 食品调味技术. 北京:化工工业出版社,2002
[23] 关培生. 香料调料大全. 北京:世界图书出版社,2005
[24] 张艳荣,王大为. 调味品工艺学. 北京:科学出版社,2008
[25] 阎红. 常用烹饪原料图集. 成都:四川科技技术出版社,2005
[26] 李晓东. 蛋品科学与技术. 北京:化学工业出版社,2005
[27] 许幸达等. 食品原料学. 北京:中国计量出版社,2006
[28] 李曦. 中国烹饪概论. 北京:旅游教育出版社,2000
[29] 翁维健. 中医饮食营养学. 上海:上海科学技术出版社,2008
[30] 李朝霞. 中国食材辞典. 太原:山西科学技术出版社,2012

"十三五"高职高专院校规划教材（食品类）

PENGREN YUANLIAO

# 烹饪原料

（第二版）

定价：49.00元

策划编辑：李保忠
责任编辑：王哲明
封面设计：田小萌

销售分类建议：教材 高职高专

# 催化裂化烟气硫转移剂的制备及其性能

姜瑞雨◎著

科学出版社